사고에서 얻은 교훈

- 사고조사 이론과 실행사례

양정모

박영사

산업현장에서 유명을 달리하신
역군들에게 이 책을 바친다.

추천사

안전은 지속 가능한 사회를 위한 필수 요소이며, 사고조사는 이를 강화하는 중요한 과정입니다. '사고에서 얻은 교훈 - 사고조사 이론과 실행사례' 도서는 사고의 정의부터 조사 체계 구축, 분석 방법론, 개선방안까지 체계적으로 다룬 실무적 지침서입니다. 특히 사고를 분석하는데 기본이 되는 도미노 이론, 스위스 치즈 모델, Bowtie 방법, FRAM, STAMP 등 다양한 분석 기법을 폭넓게 소개하며, 사고조사 과정에서 흔히 빠질 수 있는 오류와 편향을 지적합니다. 개인의 실수보다는 조직과 시스템적 요인을 고려하는 현대적 접근법이 돋보입니다. 저자 양정모 박사님의 오랜 연구와 실무 경험이 빚어낸 역작으로 산업계뿐만 아니라 항공분야까지 아우르는 폭넓은 내용이 담겨 있어 안전에 입문하시는 분부터 전문가까지 큰 도움이 되리라 생각합니다. 최근 안전하다고 여겨졌던 항공분야도 크고 작은 사고로 문제점을 드러내고 있습니다. 안전은 아는 만큼 보인다는 명언이 있습니다. 이 책은 안전 관리자, 연구자, 정책 입안자 등 모든 안전 관계자들은 반드시 필독하시기를 권합니다. 사고조사를 통해 얻은 교훈이 보다 안전한 환경으로 이어지길 기대하며, 본서를 적극 추천합니다.

한국시스템안전학회 회장 권보헌

'사고에서 얻은 교훈 - 사고조사 이론과 실행사례'는 산업 현장의 안전문화를 한 단계 끌어올릴 수 있는 귀중한 지침서입니다. 특히 중대재해처벌법 시행을 계기로 안전이 기업의 지속가능한 성장과 발전을 위한 필수조건으로 인식되는 현시점에서 이 책의 가치는 더욱 빛을 발합니다. 양정모 저자는 약 30년간의 풍부한 현장 경험과 더불어 미국 안전전문가(ASP), 국제 안전보건 자격(NEBOSH), 화재폭발조사 자격(CFEI) 등 다수의 자격을 보유한 안전 분야 전문가입니다. SK Innovation E&S에서 안전보건환경팀장으로 활동하며 축적한 실무 지식과 서울과학기술대학교 안전공학 박사 과정을 통해 쌓은 학문적 깊이를 이 책에 고스란히 녹여

냈습니다.

이 책의 강점은 사고를 개인 사고와 시스템 사고로 구분하여 조직 문화, 안전 리더십, 근로자 참여, 조직 학습 등의 요소를 체계적으로 분석한 점입니다. 특히, 사고조사에서 흔히 빠지기 쉬운 인과관계의 난순화, 사후 확신 편향 등 조사 함정을 지적하고, 이를 극복하기 위한 다양한 사고분석 방법론과 도구를 제시한 부분은 실무자들에게 매우 유용한 지침이 될 것입니다.

본 저서는 단순한 사고 예방을 넘어, 기업이 지속가능한 경영을 실현하고 사회적 책임을 다하는 데 있어 안전이 얼마나 중요한지를 일깨워줍니다. 사고조사에 대한 새로운 시각과 체계적 접근을 원하는 모든 이들에게 일독을 권합니다.

대한산업안전협회장 임무송

"무고한 사람들이 목숨을 잃는 사고는 비극적이다. 그러나 그것으로부터 배우지 않는 것이 더 비극적이다(An accident where innocent people are killed is tragic, but not nearly as tragic as not learning from it)." 미국 MIT 항공 및 우주학 교수인 Nancy G. Leveson의 이 말은 사고조사와 분석, 그리고 재발 방지 대책의 중요성을 강조하는 강력한 메시지를 담고 있습니다. 사고는 단순한 불운이 아닙니다. 그것은 시스템의 결함을 드러내는 경고이며, 이를 무시할 경우 더 큰 재앙으로 이어질 수 있습니다. 따라서 사고가 발생했다는 것은 같은 사고를 반복하지 않기 위한 마지막이자 가장 중요한 기회입니다. 이를 놓친다면 우리는 같은 실수를 반복할 수밖에 없습니다.

과거 산업혁명 이후 산업현장의 발전과 함께 기술적·관리적 개선이 이루어졌지만, 여전히 많은 사고가 반복되고 있습니다. 국내 산업재해 통계를 보면 한 해 13만여 명의 산업재해자가 발생하고 있으며, 2천 명이 넘는 근로자가 소중한 생명을 잃고 있습니다. (출처: 통계청 산재사망률 등) 이는 단순한 숫자가 아니라, 우리 사회가 반드시 해결해야 할 현실적인 문제이며, 이를 줄이기 위한 근본적인 변화가 필요합니다.

이 책은 사고의 본질과 정의를 시작으로, 사고로 인한 피해를 최소화하기 위한 조사 방법론, 그리고 효과적인 사고 분석을 위한 다양한 모델과 기법을 체계적으로 정리하고 있습니다. 특히, 순차적 분석, 역학적 기반 분석, 시스템적 분석을 종합적으로 다루며, 현장에서 실질적으로 활용할 수 있도록 구체적인 지침과 사례를 포함하고 있습니다. 사고조사는 단순한 원인 규명이 아니라, 근본적인 개선과 예방을 위한 과정입니다. 그러나 현실에서는 종종 사고의 원인을 지나치게 단순화하거나, 특정 개인에게 책임을 전가하는 함정에 빠지곤 합니다. 이 책에서는 이러한 함정을 피하는 방법을 다루며, 올바른 사고조사의 방향성을 제시하고 있습니다. 또한, 개인 사고와 시스템 사고를 명확히 구분하여, 조직 차원의 사고 예방 전략을 어떻게 수립해야 하는지도 설명하고 있습니다.

산업현장에서의 안전은 단순히 개별 근로자의 문제가 아니라, 조직 전체의 지속 가능성과 직결되는 중요한 요소입니다. CEO를 비롯한 경영진, 관리감독자, 안전보건관리자, 그리고 산업 안전을 감독하는 관련 기관 종사자들은 모두 사고 예방에 대한 책임을 공유하고 있으며, 이를 위해서는 체계적이고 과학적인 접근이 필요합니다. 이를 위해 이 책은 반드시 읽어야 할 필독서입니다. 사고조사는 단순한 절차적 대응이 아니라, 조직의 안전 문화를 형성하고 지속 가능한 개선을 이루기 위한 필수적인 과정이기 때문입니다. 사고를 줄이고 보다 안전한 근무환경을 구축하는 것은 단순한 의무를 넘어, 모든 산업 종사자의 존엄성과 생명을 보호하는 일입니다. 이 책이 보다 체계적이고 과학적인 사고조사 및 예방을 위한 지침서가 되어, 안전한 산업 환경을 만드는 데 기여하기를 바랍니다.

한국가스안전공사 경기동부지사장 허덕회

인간의 오류는 개인으로부터 시작되는 것이 아니라 조직문화와 전략적 의사결정으로부터 기인한다. 사고의 발생은 조직의 복잡성에서 발생하며, 안전하고 성숙한 사회에서는 안전사고를 안전사고 조사를 통해 그 원인을 객관적이고 체계적으로 분석하고 그 결과를 공유하여 유사 사고를 예방하고 있다. 안전사고 조사가 예방 안전 활동을 수행하는 시점이 되지만 국내 안전분야에서는 안전사고 조사에 관한 기본적인 지식과 절차에 대하여 참고할만한 기준서가 부족하였다. 이러한 문제점을 해결하기 위해 본 저서 '사고에서 얻은 교훈 – 사고조사 이론과 실행사례'는 사고의 정의에서부터 각종 사고조사 이론, 사고조사에 있어서 체계적인 분석기법의 안내와 더불어 조사절차, 조사 시 고려사항, 그리고 대책 마련 가이드라인 등을 총망라하였다. 안전을 전공하거나 안전관리 실무를 담당하시는 분들에게 상당한 도움이 될 것으로 생각된다. 사고가 어떻게 일어났는지 이해하고 노력할 때 성숙한 예방적 안전관리를 꿈꿀 수 있을 것이다. 본 저서가 예방안전의 시작점이 되기를 기대한다.

항공안전단 김대호 박사, 한국시스템안전학회 부회장, 한국항공우주인적요인학회 부회장 사고는 장르가 없다. 사고는 안타깝게도 모든 영역에서 발생한다. 사고를 예방하고 싶지만 사고 소식은 매일 우리의 눈과 귀를 사로잡는다. 결국 사고에서 배운다. 겸손한 마음으로. 무엇을 몰랐는지 또 놓쳤는지를. 그런데 사고에서 배워야 할 실무자는 사고조사 이론의 다양함과 실제 적용사례의 부재로 당황하게 된다. 선배들의 조사 관행을 답습하며 배우는 경우가 다반사다. 답답하지만 현실이다. 『사고에서 얻은 교훈 – 사고조사 이론과 실행사례』는 단비 같은 책이다. 알아두어야 할 이론들을 정리하고 실제 적용한 사례도 함께 제공하는 선물 세트와 같은 책이다. 물론 사고 조사는 실전이다. 책에서 제공한 개념과 이론을 장착하고 다시 현실에 닻을 내리기까지 시간이 필요하다. 그러나 책을 통해 훌쩍 자라난 키를 느끼며 조사에 임할 수 있으리라 기대한다.

정윤형, 전 한국원자력안전기술원 사고조사자

우리나라 안전의 현주소를 평가하자면 적어도 그 방면에선 전혀 선진국이라 할 수 없다. 그 기본적 문제의 뿌리는 인식과 관점에 있다. 안전을 곧 작업자의 조심 문제라고 여기는 경영진들과, 그것을 감독하고 서류화하는 것이 안전관리라고 통용되는 공공기관과 기업의 현실에서, 제대로 된 안전 문제에 대한 이해를 기대하기 어렵다. 그것은 해이이다. 사고 분석이 어이없을 정도로 표피적인 것은 그 극명한 표현이다. 사고는 "이 또한 지나가리라" 하며 흘려보낼 수 있는 것이 아니고 "낙엽 하나에 가을을 알 수 있는" 것이다. 즉, 진지하게 대응해야 할 문제들의 표출이다. 누가 잘못했는가를 규명하고 그것을 제재하면 안전해질 것이라는 어제의 통념은 오늘에는 편견과 오류일 뿐이다. 새로운 상식은 시스템의 현실을 직시함으로써 생긴다.

이 책은 우리가 왜 사고분석이 그렇게 간단한 일이 아니고, 또 왜 가장 중요한 진단의 기회가 되는지 알려 준다. 그리고 시스템적인 관점에서 사고의 구조를 이해하고 그 방지를 위한 실효성 있는 방향을 다루고 있다. 이것은 이제 학자들의 사치한 기술이 아니고 누구나 알고 행해야 하는 실무의 영역이다. 우리가 참 오래 외면해 왔을 뿐이다. 이제는 안전의 이해를 바꾸어야만 사고를 줄일 수 있다. 사고분석부터 바뀌는 것이 그 시작점이 될 수 있을 것이다. 이 책이 바로 그 시작점에 불꽃을 당겨줄 것으로 기대한다.

KAIST 산업 및 시스템공학과 명예교수 윤완철

사고에서 얻은 교훈 (사고조사 이론과 실행 사례, 박영사, 2025)이라는 새 저서에 대한 추천사를 작성해 달라는 요청을 양정모 박사로부터 의뢰받고 그의 책을 pdf 본으로 정독을 하였다. 나는 추천사를 작성하는 경우 저서를 다 읽어본 뒤에 추천사를 작성을 하는 것을 원칙으로 하고 있다. 내가 이해하지 못하고 모르면서 남에게 추천할 수는 없기 때문이다.

그의 저서는 11개의 장으로 구성되어 있다. 그의 서술 방식은 그가 30여년간 안전관리자로 일하면서 얻은 경험과 사례를 서울과학기술대학교 안전공학과에서 석사와 박사 과정을 거쳐서 얻은 지식으로 재해석을 하고 있다. 그는 우리나라에 몇 안 되는 Safety-II의 전문가이다. 내가 배출한 가장 우수한 대학원생으로 기억하고 있다. 아니 서울과학기술대학교 안전공학과에서 배출한 가장 똑똑한 제자라고도 할 수가 있을 것이다. 현장의 경험이 많으니 나와 조금 다르게 사고의 본질과 상황을 살펴본다.

나 역시 미국 사고조사 매뉴얼과 홀라겔 교수(Erikhollnagel.com)의 여러 저서를 압축 요약하고 FRAM을 소개한 저서(디자인21, 2023)를 출판한 바가 있다. 하지만 그의 저서는 나의 저서보다 보다 체계적으로 보다 쉽게 이해가 가능하게 설명하고 있다.

그는 이미 안전에 관해서 2023년부터 2024년까지 3권의 저서(새로운 안전문화, 새로운 안전관리론, 휴먼 퍼포먼스 개선과 안전마음 챙김)를 출판했다. 그러므로 이 저서는 이러한 그의 특징을 잘 나타내는 저서의 완성본이라고도 할 수가 있을 것이다. 그의 저서는 미국 에너지부의 사고조사 매뉴얼을 기초(base)로 하면서, 홀라겔(Hollnagel) 교수의 저서들의 핵심 개념을 이용하여 내용들을 소개하고 있다.

그의 저서는 11장으로 1) 사고의 정의, 2) 사고로 인한 피해와 사고조사의 목적, 3) 사고조사의 함정 피하기, 4) 개인사고와 시스템 사고, 5) 사고조사 체계 구축 시 고려사항, 6) 사고조사 체계 구축, 7) 사고보고, 8) 사고정보 수집, 9) 사고분석 방법론, 10) 사고분석 도구, 11) 개선방안 마련 및 결과보고로 구성되어 있고, 마지막 부록에 그의 경험과 이력을 나타내는 별첨 1에서 17까지에 많은 분석 정보와 자료를 제공하고 있다.

저서에는 Accident와 Incident의 차이부터 시작해서, 썩은 사고이론, 사후확신편향, 쇼핑백 이론, 시스템 사고, WAI & WAD의 개념, 조직문화, 세인의 안전문화의 3가지 수준, 리더십, 사고조사 절차, 사고분석, 결과보고, 영국과 미국의 항공안전 보고시스템(BASIS & ASRS), 아차사고, HRO, 사고 등급별 보고, 사고보고 양식, 보우타이 방법, 방벽의 종류, Tripod, DNV SCAT, HFACS, AcciMap, FRAM, STAMP, ECFCA(이벤트 원인요인 차트분석)

작성, 방벽분석과 변화분석, 직접/근본/기여 원인 소개, 5 Whys 방법, 개선방안 마련 등의 많은 개념들을 소개하고 있다. 부록인 별첨에서도 사고조사 용어, 항공자율안전보고서, 산업재해 조사표, HPI와 ECFCA(이벤트 원인요인 차트분석) 작성법과 AcciMap/STAMP/FRAM 방법으로 사고분석 사례를 그의 경험으로 해석하고, 중대산업재해 사후처리 가이드라인 (D-Day+1, +2, +3, +30, +60, +61 over)까지 소개하고 있다.

이 책을 읽으려면 양박사의 2024년의 새로운 안전관리론(박영사)을 먼저 읽고, 이 신간을 읽어 보기를 권한다. Safety-I과 Safety-II의 차이를 먼저 이해하고 이 책을 읽는 것이 이해에 도움이 될 것이다. 새로 나온 이 저서를 통하여 많은 독자들이 사고조사에 관한 새로운 세계로 들어가서 새로운 시각을 가져보기를 적극 추천한다.

서울과학기술대학교 안전공학과 명예교수 권영국

국내에서 한해 발생하는 산업재해자는 130,348명이고, 사망자는 2,223명에 달한다. 이로 인한 근로손실일수는 60,701,773일이며, 손실액은 26조로 그 규모가 크다. 사고가 발생하는 이유는 상황이나 환경에 따라 다르지만 사고를 일으킨 다양한 원인을 철저하게 분석하지 않기 때문이다. 모든 사고의 피해를 경험해 가면서 안전관리 수준을 높이는 방식은 너무도 고통스럽다. 하지만, 한번 발생한 사고를 다양한 방법으로 분석하고 효과적인 개선방안을 만들 경우 향후의 유사사고를 막을 수 있다. 이 책은 사고분석과 관련한 이론과 모델 그리고 사고사례를 기반으로 사업장에서 효과적으로 사고조사를 시행할 가이드라인을 제시하고 있어 경영책임자, 관리감독자 및 안전보건관계자의 탐독을 추천한다.

숭실대학교 안전환경융합공학과 교수 이준원

최근 국내에서는 전혀 예상치 못한 할로윈 축제 중 군중 압사사고, 여객기 활주로 참사 등 대형사고가 여러 건 발생한 바 있다. 이런 대형재난과 참사들은 과거에도 여러차례 발생했던 것도 주지의 사실이다. 반면에 우리나라는 경제적 규모가 OECD 국가 중 상위권에 올라와 있는데 국민과 사회의 안전문제는 이에 걸맞지 않게도 현재 진행형이다.

산업현장의 안전사고도 예외가 아니다. 답보하고 있는 중대산업재해의 발생은 사업장내 근로손실과 노동환경의 문제로 귀결되고 있다. 이런 일련의 대형사고와 사건들 중에는 우리 사회를 갈등과 반목의 환경으로 이어지게 하고 있는 것도 우리의 현실이다. 이런 예상치 못한 대형사고들이 일어나는 이유는 대부분 우리가 예상한 사고들에 대해서만 대처하는 조직과 관리를 중심으로 하고 시스템적인 사고예방에 대한 접근과 통제를 하지 못하기 때문에 발생하는 것으로 생각된다. 물론 완벽한 시스템은 없다. 그러나 실패로부터 배우는 예측과 예방활동을 보완하고 회복탄력성의 정교함을 더해준다면 사람과 조직이 저지르는 실수를 최대한 줄일 수는 있을 것이다.

이 책은 수십년간 굴지의 국내 대기업과 외국계 회사에서 재직하면서 안전과 사고의 경계에서 휴먼 퍼포먼스(Human Performance)와 시스템안전(System safety)에 대해 꾸준히 연구해온 저자의 실무경험과 생각이 고스란히 녹아 있는 책이다. 사고의 원인을 전문성과 신뢰도 있게 조사하고 조직화(Organizing) 관점으로 급변하는 환경속에서 조직의 위기관리를 하는 모든 사람들에게 꼭 추천하고 싶은 책이다.

윤여송, 한국기술교육대학교 안전환경공학과 교수 전) 대통령소속 규제개혁위원회 위원

산업사회의 발전에 따른 작업환경 변화는 사고발생 모델의 발전을 이끌었으며, 이러한 접근법들을 바탕으로 작업장에서 드러나는 리스크 모델을 실증적으로 확인할 수 있는 사고조사는 산업재해예방의 필수 과정이 되어왔다. 사고조사는 물리적으로 드러난 원인들을 발굴하여 책임을 지우기 위한 다수의 근본원인 탐구보다, 시스템 요소들 사이의 관계에 드러나는 발현적 현상 탐구를 통해 사고를 이해하는 것이 주요 목적이 되어야 한다. 즉, 근본원인들을 제거하면 사고가 발생하지 않는다는 착각에서 벗어나야 한다. 그런 의미에서, '사고에서 얻은 교훈'은 사고로 드러나는 교훈에 초점을 맞추고 사고조사에 필요한 전반적이고 실무적인 정보를 체계적으로 정리하였으며, 이를 뒷받침하는 다양한 이론적 배경을 제시함으로써 탄탄한 기반 지식을 구축할 수 있게 하였다. 더불어, 사고조사자들이 쉽게 빠질 수 있는 함정들을 자세히 설명하여 실제 사고조사 시 오류에 빠지지 않도록 하고 있다. 이 책이 우리나라 산재예방의 시금석이 되기를 기원한다.

을지대학교 안전공학 전공 교수 배계완

사고가 발생하면 손실이 발생한다. 그것을 통해 배움을 얻지 못하면 손실만 발생했을 뿐이다. 손실이 있었지만 체계적인 사고조사를 통해 교훈을 얻고 배움이 있으면 그나마 전진하는 조직이 될 수 있다. 이런 나의 생각과 부합하는 책을 만나게 되어 매우 반갑다. 이 책에서

제시한 주옥같은 사고조사 이론과 사례는 우리가 어떻게 사고조사를 하고 교훈을 얻어야 하는지를 안내할 것이다. 산업안전을 공부하는 학생과 안전전문가들의 필독을 권한다.

서울디지털대학교 산업안전공학과 교수(학과장) 현종수 (전 KOSHA 중앙사고조사단장)

미국 예일대 교수였던 찰스 페로는 정상 사고(Normal Accident)이론을 통해 현대사회의 복잡하고 상호 연결된 시스템에서 사고는 필연적으로 발생할 수밖에 없다고 주장하였다. 실제 우리가 알고 있는 여러 대형 사고들은 안전보건기술의 비약적인 발전에도 불구하고 발생하고 있으며 현실적으로 피해를 최소화하고 회복력 강화가 중요하다는 교훈을 주고 있다. 우리나라에서 발생하고 있는 사고들은 새로운 유형의 사고보다는 사고유형이나 형태가 비슷하고 반복적으로 발생하고 있다. 이를 예방하기 위해서는 철저한 사고조사를 통해 다시는 같은 일이 일어나지 않도록 사고조사 분석 기법이나 모델을 이해할 필요가 있다. 이 책에서 제시한 많은 사고조사 이론과 사례는 저자 본인의 현장 경험과 전문적인 지식이 함께 어울려져 현장을 경험해 보지 않은 학생뿐만 아니라 현장을 잘 알고 있는 안전보건관리자 및 CEO에게도 필독서로 권장할 수 있다. 사람들은 안전을 비용이라고 생각하지만 사고는 그보다 훨씬 더 비싼 유무형의 대가를 치르게 한다는 점에서 사고조사를 통해 근원적인 원인을 찾고 이를 제거하는 것이 중요하다.

한경국립대학교 사회안전시스템공학부 안전공학 전공 교수 강찬규

머리말

　영국과 미국 등 해외의 사고조사와 관련한 책자는 선진 수준으로 사고조사를 시행하는 전문가와 관리자가 참조하여 사고조사, 사고분석 및 재발방지 대책 수립을 통해 미래의 사고를 예방하는 데 많은 도움이 되는 것으로 판단한다. 하지만, 국내의 경우 사고조사와 관련한 이론과 실행사례를 포함한 책자를 찾아보기 어려운 것이 현실이다. 이로 인해 회사, 조직, 기관 및 산업계에서 근무하는 사람이 사고조사와 관련한 선진수준의 이론과 적용사례를 접하기 어려워 효과적인 사고조사와 분석이 어렵다고 생각한다. 이러한 사유로 사고로부터 효과적으로 배우지 못해 국내의 안전관리 수준은 선진국에 비해 상당히 뒤처지고, 산업재해 지표와 중대재해와 관련한 수치는 OECD 국가 중 하위 수준에 머물러 있다고 생각한다.

　이러한 배경에서 저자는 국내의 사고조사와 분석 수준을 올려 사고조사자가 효과적인 사고예방 대책을 수립할 수 있는 책자가 필요하다고 생각하였다. 저자는 미국 에너지부(DoE)의 사고조사 핸드북을 골자로 해외기업과 국내기업의 현장과 본사에서 근 30년간 경험한 내용, 한국시스템안전학회에서 배운 경험, 국제안전보건자격(NEBOSH) 취득 경험, 미국 화재폭발조사자격(CFEI) 취득 경험, 미국 안전전문가(ASP)자격 취득 경험 그리고 안전관련 학부와 대학원(석사와 박사)에서 배우고 연구한 내용을 포함하여 『사고에서 얻은 교훈-사고조사 이론과 실행사례』라는 책자를 발간하게 되었다.

　책자의 주요 내용으로는 다양한 기관과 학자가 제시하는 사고의 정의를 설명하고, 사고조사의 범위를 Accident에서 Incident로 확장해야 하는 사유를 설명하였다. 사고조사를 하는 사람이 추측, 직관적 판단 및 휴리스틱으로 인해 함정에 빠지는 요인을 설명하고, 사고로부터 충분히 배우지 못하는 요인과 근본원인 도출의 유혹과 인과관계의 단순화, 사후 확신편향, 휴먼에러에 대한 비현실적인 시각, 비난, 부적절한 사고 인과관계 모델의 사용, 체리 피킹과 쇼핑 백 이론 및 사고조사와 책임추궁의 문제에 대해 설명한다.

사고를 개인 사고(Individual accident)와 시스템 사고(System accident)로 구분하고, 회사나 조직에서 사고조사 체계를 구축할 때 고려해야 할 사항을 설명하였다. 또한 국내에서 사고보고가 원활하게 이루어지지 않는 상황을 설명하고, 이에 대한 해결방안인 영국 항공안전정보시스템(BASIS) 및 미국 항공안전보고시스템(ASRS)에 대한 설명을 한다. 아울러 아차사고의 정의, 아차사고 보고가 중요한 이유, 아차사고 보고의 걸림돌과 해결방안에 대한 설명을 하고, 아차사고, 안전탄력성 및 고신뢰조직 간의 관계를 설명한다.

순차적 분석의 도미노 이론과 Bowtie 방법을 알아보고, 역학적 방법인 스위스치즈 모델, Tripod, 4M 4E, DNV SCAT, 인적요인분석분류시스템(HFACS, Human Factor Analysis and Classification System) 및 MTO(Man, Technology, Organization) 등을 설명한다. 그리고 시스템적 분석인 AcciMap, FRAM 및 STAMP 이론과 실행사례를 설명한다.

미국 에너지부가 제안하는 사고분석의 기초와 핵심 도구인 사건 및 원인요인 차트 작성과 분석(ECFCA, Event and Causal Factors Charting and Analysis), 방벽분석(Barrier Analysis), 변화분석(Change Analysis), 원인요인(Casual Factor), 직접원인, 기여원인 및 근본원인을 살펴본다. 그리고 원인과 영향분석(Cause and Effect Analysis), Fishbone Analysis, 5 Whys의 개요 및 사고결과 보고서 작성에 대한 다양한 정보를 설명한다.

별첨에서는 사고조사 용어, 사고통계와 관련한 용어, 항공안전 자율보고서, 개선조치 보고 양식, 산업재해조사표, 중대재해 보고서, HPI(Human Performance Improvement), ISM(Integrated Safety Management) 일곱 가지 원칙, ISM(Integrated Safety Management) 다섯 가지 핵심 기능에 대한 설명을 하였다. 그리고 현장 사고사례를 기반으로 FRAM, STAMP 및 AcciMap 시행 방법, 원인요인 도출 및 개선방안 마련 방법을 설명하였다. 마지막으로 중대재해처벌법에 따른 중대산업재해 사후처리 가이드라인을 추가하였다. 이 가이드라인은 사고발생 시점부터 현장, 본사, 병원, 고용부, 경찰, 유가족, 사고조사소위원회, 사후처리 책임자 및 사고조사팀의 역할과 대응방안을 설명한다.

저자가 『사고에서 얻은 교훈-사고조사 이론과 실행사례』라는 책자를 발간하기까지 많은 가르침을 주신 서울과학기술대학교 안전공학과 권영국 교수님에게 감사의 말씀을 드린다. 저자가 사고조사에 대한 이론을 폭넓게 이해할 수 있도록 식견을 주신 한국시스템안전학회 윤완철 고문님, 권보헌 회장님, 부회장님 그리고 많은 이사님들에게 감사의 말씀을 드린다. 그리고 발전소에서 발생한 협력업체 근로자의 경미한 사고를 미국 에너지부사고조사 핸드북을 기반으로 조사하고 분석해 준 진실로/심은우/정대연/김동건 Manager님에게 감사의 말씀을 드린다. 마지막으로 사랑하는 다연이가 이 책을 기념하기 위한 그림을 별첨과 같이 그려줘 감사하게 생각한다. 책자 내용과 관련한 의견이 있다면 pjmyang1411@daum.net으로 알려주기 바란다.

서문

제1장 사고의 정의

국제노동기구(ILO), 미국 에너지부(DoE), 미국 국가안전보장회의(NSC), 국제 민간항공기구(ICAO), 국제원자력기구(IAEA), 국제보건기구(WHO), 하인리히(1931), 미국 MIT의 항공 및 우주학 교수 Leveson 및 안전보건공단이 제시하는 사고의 정의를 살펴본다.

제2장 사고로 인한 피해와 사고조사의 목적

국내에서 한 해 발생하는 산업재해자는 130,348명에 달한다. 그리고 사망자는 2,223명에 달한다. 이로 인한 근로손실일수는 60,701,773일에 달하며, 손실액은 26조를 넘는다. 이러한 피해를 막고, 근로자의 안전보건 확보와 사기진작, 회사 이미지 개선, 보험금 관련 이점, 회사의 자산보호, 환경보호 및 관련 법규를 준수하기 위한 사고조사의 목적을 설명한다.

제3장 사고조사의 함정 피하기

사고조사를 시행하는 과정은 다양한 함정을 피해야 하는 어려운 여정이다. 사고를 조사하는 사람이 쉽게 현혹될 수 있는 추측, 직관적 판단, 휴리스틱으로 인해 함정에 빠지는 요인을 살펴본다. 사고조사의 함정을 피하기 위한 나쁜 사과(Bad Apple)이론, 휴먼 퍼포먼스, 오류전조(Error Precursors), 계획된 작업(WAI, Work As Imagined)과 실제작업(WAD, Work As Done) 간의 효율성과 철저함을 절충하는 ETTO(Efficient Thoroughness Trade-Off) 원칙에 대한 설명을 한다.

그리고 사고조사 함정에 빠지는 근본원인 도출의 유혹과 인과관계의 단순화, 사후 확신 편향, 휴먼에러에 대한 비현실적인 시각, 비난, 부적절한 사고 인과관계 모델의 사용, 체리 피킹과 쇼핑 백 이론 및 책임추궁에 대해 설명한다.

제4장 개인 사고와 시스템 사고

개인 사고(Individual accident)와 시스템 사고(System accident)를 구분하여 설명한다. 개인사고는 사람과 관련된 작업범위 구분, 유해위험요인 확인, 위험관리 원칙 적용, 작업 시행 및 피드백과 지속적인 개선과 관계가 있으며, 시스템사고는 조직의 의사 결정, 자원 할당 및 문화와 관계가 있음을 설명한다.

제5장 사고조사 체계 구축 시 고려사항

효과적인 사고조사 시행과 대책수립을 위해 고려해야 할 계획된 작업(WAI, Work As Imagined)과 실제작업(WAD, Work As Done) 간의 차이 파악, 심층적인 조직 요인 파악, 조직의 잠재적 약점 및 조직문화와 안전문화 요인을 파악할 수 있는 방안을 설명한다.

제6장 사고조사 체계 구축

회사나 조직의 사고조사 체계에 반영할 적용범위, 목적 및 용어의 정의를 설명한다. 경영책임자, 전사 안전보건위원회, 안전보건 소위원회, 사고조사 소위원회, 사업부 사고조사 소위원회, 안전보건 부서장, 사업부문장, 관리감독자, 근로자 및 사고조사팀의 책임과 권한을 설명한다. 그리고 사고 현장 보존, 부상자 돌봄, 사고 현장 격리, 사고조사팀 구성, 사고 현장 조사, 피해자와 목격자 인터뷰, 사고정보 수집, 사고분석 및 개선방안 마련 및 결과보고를 포함하는 사고조사 절차를 설명한다.

제7장 사고보고

사고보고를 효과적으로 시행하고 있는 영국 항공안전정보시스템(BASIS), 미국 항공안전보고시스템(ASRS) 및 한국 항공안전자율보고(KAIRS)의 소개, 기본원칙, 보고방법 및 운영현황을 설명한다.

아차사고에 대한 다양한 정의와 이점을 살펴본다. 그리고 아차사고, 안전탄력성 및 고신뢰조직 간의 관계를 설명한다. 또한 아차사고 보고의 걸림돌인 경영층의 가시적인 안전 리더십 부족, 징계조치에 대한 두려움, 간접적이고 부정적인 피드백, 복잡하고 어려운 아차사고 보고 방식, 아차사고 보고에 따른 실익, 아차사고 보고에 대한 부정적인 보상과 인센티브, 아차사고 보고 목표 할당, 아차사고와 비사고(Non-Incident)에 대한 이해 부족, 옵트-인(opt-in) 방식의 아차사고 보고 및 위험관리의 우선순위 미적용 등에 대해 설명한다.

회사나 조직에 적용할 수 있는 사고보고 기준과 양식을 설명하기 위해 사고 등급별 보고, 국가별 법적 사고보고, 사고보고 양식 및 사고 경중에 따른 개선조치 완료 시한에 대한 선행 연구와 현장 사례를 살펴본다.

제8장 사고정보 수집

사고정보 수집의 원칙과 사고정보의 핵심 요인인 물리적 증거 수집 시 유의사항, 물리적 증거 문서화, 물리적 증거 스케치, 물리적 증거 조사 및 제거에 대해서 설명한다. 그리고 목격자 찾기와 인터뷰 준비, 인터뷰 대상자 선정, 표준화된 인터뷰 질문 준비, 인터뷰 주의사항, 인터뷰 시행 지침 및 인터뷰 마무리에 대한 설명을 한다.

제9장 사고분석 방법론

순차적 분석인 도미노 이론과 Bowtie 방법에 대한 개요와 방법론을 설명하고, 활주로 아차사고와 광산의 추락사고에 대한 활용 예시를 통해 장점과 단점을 설명한다. 역학적 분석인 스위스치즈 모델, Tripod, 4M 4E, DNV SCAT, 인적요인분석분류시스템(HFACS, Human Factor Analysis and Classification System) 및 MTO(Man, Technology, Organization) 방법을 설명한다. 그리고 시스템적 방법인 AcciMap, FRAM 및 STAMP 이론과 현장 사고분석 사례를 설명한다. 마지막으로 순차적 분석, 역학적 분석 및 시스템적 분석을 포함한 다양한 분석 기법 적용에 대한 검토내용을 설명한다.

제10장 사고분석 도구

미국 에너지부가 제안하는 사고분석의 기초와 핵심 도구를 설명한다. 사건 및 원인요인 차트 작성과 분석(ECFCA, Event and Causal Factors Charting and Analysis)에 대한 개요, 차트 만들기, 행동과 사건 순서, 행동 전 결정, 휴먼 퍼포먼스와 안전관리시스템 조건과 맥락에 대한 설명을 한다. 방벽분석(Barrier Analysis)과 변화분석(Change Analysis)의 개요, 확인사항 및 분석 절차를 설명한다. 원인요인(Casual Factor)의 개요와 중요성, 직접원인, 기여요인 및 근본원인을 설명한다. Hollnagel, Dekker, Leveson, Manuelle 및 저자가 바라보는 근본원인의 다양한 의견을 추가적으로 설명한다. 그리고 원인과 영향분석(Cause and Effect Analysis)에 대한 개요, Fishbone Analysis의 개요, 시행절차 및 Fishbone Analysis를 활용한 사고조사 사례와 5 Whys의 개요, 시행절차, 고려사항 및 단점에 대한 설명을 한다.

제11장 개선방안 마련 및 결과보고

사고조사와 분석을 통한 결론 도출 과정과 판단 시 고려사항에 대한 설명을 한다. 개선방안 마련의 원칙인 위험 제거, 위험 대체, 공학적 대책 사용, 행정적 조치 및 보호구 사용에 대한 설명을 한다. 결과보고를 위한 보고서 작성, 보고서 형식 및 내용, 약어 및 이니셜 및 핵심 요약을 설명한다.

사고조사에 대한 오래 전 기억

저자는 1996년 공사 현장에서 안전관리자로 있으면서, 사람들이 다치고 죽는 모습을 많이 목격하였다. 특히 저자가 좋아하고 존경했던 분도 유명을 달리 하는 과정을 보면서 정말 세상은 불공평하다고 생각한 적이 있다. 그리고 다양한 사업장에서 동일한 일들이 일어난다는 것에 대해 무언가 우리가 정말 잘 못하고 있는 것이 아닌가 하는 생각을 했다.

저자가 현장에 상주하면서 동고동락했던 ○○○ 소장님은 평소 겸손하고 정직하시며 잠시라도 쉬지 않으시는 분이셨다. 한번은 공사 자재가 덜 들어와 공사가 잠시 중단된 경우가 있었는데, 그 소장님은 잠시도 쉬는 것이 회사에 대한 불충으로 생각하시고 향후에 있을 공사 준비를 스스로 하고 계셨다. 그 일의 목적은 약 100kg이 넘는 자재를 건물의 층층마다 준비해 두고 향후 공사가 재개되면 공사를 빨리 수행하려는 것이었다.

당시 소장님은 건설용 리프트 카를 이용하여 혼자 어렵게 작업을 하고 있으셔서 저자가 도와 드리기로 마음먹었다. 하지만 소장님이 하시는 일을 도우면서 이런 작업 방법은 좀 위험하다고 생각하여 이 일은 그만 두시고 다른 업무를 하자고 제안 드린 적이 있다. 소장님은 저자의 도움은 필요 없으니 걱정하지 말라고 하셨다. 저자는 이러지도 저러지도 못하는 상황이었다. 저자는 걱정이 되어 나머지 업무를 도와드렸고 그 일은 안전하게 마무리되었다.

저자는 본사로 발령을 받고 업무를 수행하던 중 갑자기 좋지 않은 소식을 접하게 되었다. 그 소장님이셨다. 소장님이 혼자 작업을 하시던 중 돌아가셨다는 것이다. 갑자기 눈물이 핑 돌았다. 얼마 전 서울 외곽에 있는 아파트에 당첨되었다고 기뻐하시던 장면이 떠올랐기 때문이다.

현장에 방문하여 사고조사를 하고 사고분석을 하였다. 당시 국내에는 하인리히(Hein-rich)라는 학자의 사고 원인 규명방법을 사용하고 있었다. 사고의 결과는 소장님 혼자 안전기준을 준수하지 않은 불안전한 행동으로 규명되어 보고가 종결되었다. 저자가 본사에 있는 동안 중대신업재해를 경험하면시 대부분 하인리히라는 힉자의 원인규명 빙법에 따라 안전기쥰과 절차는 좋았지만, 근로자가 기준을 지키지 않은 불안한 행동을 원인으로 보고하고 종결하였다. 아마도 당시 국내에는 하인리히의 이론을 적극적으로 신봉했기 때문인 것으로 기억한다. 하지만 아직까지도 국내에서 이러한 이론을 지속적으로 믿고 따른다는 사실이 너무 안타깝다.

무엇이 소장님을 죽음으로 몰아 갔을까? 소장님이 안전기준을 준수하지 않은 다른 사유는 없었던 것일까? 세계적으로 저명한 안전학자, 그리고 여러 전문가들이 이 사고를 조사하고 분석했다면 어떤 훌륭한 재발방지대책을 수립할 수 있었는가?

"무고한 사람들이 목숨을 잃는 사고는 비극적이다. 그러나 그것으로부터 배우지 않는 것이 더 비극적이다(An accident where innocent people are killed is tragic, but not nearly as tragic as not learning from it)"라는 명언은 Nancy G. Leveson(미국 MIT의 항공 및 우주학 교수)이 사고조사와 분석 및 재발 방지대책의 중요성을 일깨운 문장이다.

사고가 발생하였다는 것은 미래의 사고를 예방할 수 있는 마지막이자 절호의 기회이다. 따라서 현 시대에 적절한 사고조사와 분석 기법이나 모델을 적용하여 효과적인 대책을 마련하여 개선해야 한다. 이 책에 저술한 내용을 토대로 국내의 사고조사와 원인분석 방식의 패러다임을 획기적으로 바꾸었으면 하는 바람이 있다.

목차

Chapter 03　사고조사의 함정 피하기　13

Chapter 04 개인 사고와 시스템 사고   43

Chapter 05 사고조사 체계 구축 시 고려사항   51

Chapter 06   사고조사 체계 구축   65

Chapter 07 **사고보고**   83

Chapter 08　사고정보 수집　　161

Chapter 10 사고분석 도구   293

Chapter 11

개선방안 마련 및 결과보고   331

별첨

Chapter

01

사고의 정의

사고의 정의

Ⅰ 일반적인 사고의 정의

국제노동기구(ILO)는 사고를 사망 또는 치명적이지 않은 부상을 초래하는 작업으로 인해 또는 작업 과정에서 발생하는 사건으로 정의한다. 미국 에너지부(DoE)는 사고를 원치 않는 또는 바람직하지 않은 결과를 초래하는 예상치 못한 사건 또는 발생으로 정의한다. 원치 않는 결과에는 인력, 재산, 생산 또는 내재적 가치가 있는 거의 모든 것에 대한 피해 또는 손실이 포함될 수 있다. 미국 국가안전보장회의(NSC)는 사고를 의도하지 않은 부상, 사망 또는 재산 피해를 초래하는 일련의 사건에서 발생하는 것으로 정의한다.

국제민간항공기구(ICAO)는 사고를 항공기 운항의 안전에 영향을 미치거나 영향을 미칠 수 있는 사항으로 정의한다. 국제원자력기구(IAEA)는 사고를 작동 오류, 장비 고장 및 기타 사고를 포함한 의도치 않은 사건으로, 보호 및 안전의 관점에서 그 결과 또는 잠재적 결과가 무시할 수 없는 경우라고 정의한다. 국제보건기구(WHO)는 사고를 예상하지 못한 불가피한 사건이라고 정의한다. 그리고 인식 가능한 손상을 초래하는 미리 계획되지 않은 사건으로 일반적으로 개인의 성과와 환경의 안전 요구 사항 사이의 일시적인 불균형으로 인해 발생한다고 정의하고 있다.

하인리히(1931)는 사고를 계획되지 않고 통제되지 않은 것으로, 물체, 물질, 사람 또는 방사선의 작용이나 반응으로 인해 신체적 상해가 발생하는 것으로 정의한다. 미국 MIT의 항공 및 우주학 교수 Leveson은 사고를 의도하지 않은, 수용할 수 없는, 계획되지 않은 이벤트로 정의한다. 그리고 이를 손실(loss)이라고 정의한다.

국내의 경우 한국산업안전보건공단이 발간한 업무상 사고조사에 관한 기술지침(KOSHA GUIDE G-5-2017)에서 재해(Accident)라 함은 산업 현장에서 업무상 재해나 질병의 결과를 초래한 의도하지 않은 사건(Event)이라고 정의하고 있다. 그리고 경미한 사고(Incident)라 함은 사고 위험이 있는 아차사고 및 의도하지 않은 상태로 인적 손실이 없는 사건이라고 정의하고 있다. 산업안전보건법과 중대재해처벌법에서 사고에 대한 별도의 정의는 없어 보인다. 다만, 사고로 인한 산업재해, 중대재해, 중대산업재해 및 중대시민재해의 정의는 존재한다. 이와 관련한 정의는 본 책자의 별첨 1. 사고조사 용어를 참조하기 바란다.

Ⅱ) Accident와 Incident

국내의 경우 사고에 대한 용어 정의를 구체적으로 하지 않는 것으로 판단한다. 해외는 국가와 기관에 따라 다르지만, 대체로 Incident와 Accident로 사고를 구분하고 미국 안전보건청(OSHA)의 정의를 살펴보면, 과거부터 사용되어 온 Accident는 원하지 않거나 계획되지 않은 사건(Event)을 정의할 때 주로 사용된 용어로 우연적이고 예상할 수 없었던 사건을 암시하므로 더 이상 사용하지 말 것을 추천하고 있다. 그리고 우리가 주로 다루는 사망, 부상 및 질병사고는 예방할 수 있으므로 Incident라는 용어 사용을 추천하고 있다. 여기에서 Incident라는 용어에는 Accident의 의미와 아차사고(Close calls 또는 Near misses)를 포함하고 있다.

영국 보건안전청(HSE)의 정의를 살펴보면, Accident는 부상이나 건강에 해를 끼치는 사건의 결과이며, Incident는 부상이나 건강을 해칠 가능성이 있는 사건인 아차사고(Near miss)와 원하지 않는 상황(Undesired circumstance)으로 정의하고 있다. ISO 45001의 정의를 살펴보면, Incident는 부상 및 건강 악화를 초래하는 사건이 발생할 수 있거나 초래하는 경우로 정의하고 있다. 그리고 부상 및 건강 악화가 발생하는 경우를 Accident 그리고 부상과 질병이 발생하지는 않았지만 그렇게 될 가능성이 있는 경우를 Near-miss, Near-hit 또는 Close call이라고 정의한다.

　미국 안전보건청, 영국 보건안전청과 ISO 45001의 정의를 넓은 의미에서 정리하면, Incident라는 개념은 부상이나 건강 악화를 유발할 가능성이 있는 아차사고와 부상이나 건강 악화를 유발한 결과를 포함하므로 통상 우리가 사용하고 있는 Accident의 개념을 확장한 것으로 볼 수 있다. 따라서 사고조사의 범위를 Accident에서 Incident의 개념으로 확장하는 것이 사고 예방에 효과적이라고 생각한다. 즉 Accident Investigation이라는 용어를 Incident Investigation이라는 용어로 사용하고 적용하는 패러다임 전환이 필요하다고 생각한다.

참고문헌

한국산업안전보건공단. (2017). 업무상 사고조사에 관한 기술지침(KOSHA GUIDE G-5-2017).

Health and Safety Executive. (2004). Investigating accidents and Incident.

Heinrich, H. W., Petersen, D., & Roos, N. (1941). Industrial Accident Prevention New York.

ISO 45001 (2018). Occupational health and safety management systems — Requirements with guidance for use.

Leveson, N. (2019). CAST Handbook: How to learn more from incidents and accidents. Nancy G. Leveson *http://sunnyday.mit.edu/CAST-Handbook. pdf accessed,30*, 2021.

Martins, I. (2015). Investigation of Occupational Accidents and Diseases: A Practical Guide for Labour Inspectors. *International Labour Office: Geneva, Switzerland.*

NSC. (2024). NSC Injury Facts, Accident. Retrieved from: URL: https://injuryfacts.nsc.org/glossary/.

Standard, D. O. E. (2009). Human performance improvement handbook volume 1: concepts and principles. *US Department of Energy AREA HFAC Washington, DC, 20585.*

WHO. (1987). WORLD HEALTH ORGANUATION Regional Office for the Eastern Mediterranean. PREVENTION OF ACCIDENTS. Retrieved from: URL: https://applications.emro.who.int/docs/em_rc34_13_en.pdf.

OSHA Education School. (2023). OSHA: Accidents vs. Incidents. Retrieved from: URL: https://www.oshaeducationschool.com/articles/osha-accidents-vs-incidents.

IAEA. (2012). IAEA SAFETY GLOSSARY TERMINOLOGY USED IN NUCLEAR SAFETY AND RADIATION PROTECTION-Safety. Retrieved from: URL: https://www-ns.iaea.org/downloads/standards/glossary/iaea-safety-glossary-draft-2016.pdf.

ICAO. (2019). Annex 13 – Aircraft Accident and Incident Investigation. Retrieved from: URL: https://www.icao.int/NACC/Documents/Meetings/2019/SMSANSP/SMSxANSP-P07.pdf.

Chapter

02

사고로 인한
피해와 사고
조사의 목적

사고로 인한 피해와
사고조사의 목적

Ⅰ 사고로 인한 피해

    2022년 고용노동부의 산업재해 현황 통계를 보면, 사업장 2,976,026개소에 종사하는 근로자 20,173,615명 중에서 3일 이상 요양해야 하는 산업재해자가 130,348명이 발생(사망 2,223명, 부상 106,038명, 업무상 질병 요양자 21,785명)하였다. 산업재해로 인한 근로 손실 일수는 60,701,773일에 달한다. 그리고 산업재해로 인한 직접 손실액(산재 보상금 지급액)은 6,686,486백만 원으로 전년 대비 3.62% 증가하였다. 이에 대한 간접손실액은 26,745,944 백만 원에 이른다. 여기에서 간접손실액 산출기준은 직접 손실액을 4배 곱한 비용으로 1926년도 하인리히가 설정한 계상 기준에 의해 산출되었다. 하지만 그동안의 임금인상, 기회비용 및 보험비용 증가 등을 따져보면, 8배에서 36배까지 계상하는 것이 현실적이라는 연구가 있다. 이런 사정으로 살펴보면 고용노동부가 계상한 간접손실액은 훨씬 높은 수준일 것으로 판단한다.

    사고로 인한 직접 비용에는 보험금 청구, 건물과 장비 피해 및 근로자의 부재 등이 있다. 그리고 사고로 인한 간접 비용에는 영업이익 손실, 근로자 대체, 영업권 상실과 기업 이미지 악화, 사고 조사 후속 조치, 생산 지연과 사고 조사 등으로 인한 초과 근무 수당 지급, 사고보고를 위한 서류 작성 비용, 법령 위반으로 인한 과징금, 공공기관의 점검 대응, 구성원 사기 저하로 인한 생산성 하락 등이 있다.

Ⅱ 사고조사의 목적

사고조사를 하는 목적은 근로자의 안전보건 확보와 회사의 지속가능한 경영을 유지하기 위함으로 그 자세한 사항은 아래와 같다.

1. 근로자의 안전보건 확보

사고조사를 하는 이유는 근로자의 안전보건을 보장하는 것이다. 사고조사와 분석을 시행하면서 공정이나 작업에 잠재되어 있던 유해 위험요인을 확인할 수 있고, 이에 대한 조직의 관리시스템 현황을 확인하여 개선할 수 있다. 그리고 이러한 확인을 통해 앞으로 발생할 수 있는 유사 및 동종 사고 예방이라는 좋은 기회를 얻을 수 있다. 이러한 과정에서 얻은 교훈을 모든 근로자에게 전파하여 조직의 안전문화 수준을 높일 수 있다.

2. 근로자의 사기진작

회사는 사고조사와 분석을 통해 근로자가 안전보건에 관해 어려웠던 점, 개선이 필요한 점 또는 불만을 가졌던 사항을 확인하여 개선할 수 있다. 이러한 개선에는 교육, 설비개선, 휴식 제공, 작업 방법 변경 등의 긍정적인 요인이 포함되며, 작업환경 개선을 통해 근로자의 사기 진작에 도움이 된다.

3. 회사 이미지 개선

사고 사실을 숨기거나 효과적인 근본원인조사를 시행하지 않아 유사한 사고가 다시 발생하면, 회사의 안전보건 관리 수준을 사회로부터 의심받게 되고 이러한 과정에서 나타난 부정적인 결과는 고스란히 회사의 평판과 이익에 직접 혹은 간접적으로 영향을 줄 수 있다. 따라서 회사는 사소한 사고로부터 중대한 사고에 이르기까지 사업에 적합한 사고조사 방법을 찾아 효과적으로 적용하고 적절한 개선대책을 수립하여 적용해야 한다.

4. 보험금 관련 이점

때때로 사고로 인해 파손된 설비의 보상을 보험회사에 청구하는 경우가 있는데 이 경우 회사의 효과적인 사고조사 과정과 재발 방지대책 수립의 수준에 따라 보험금 수령과 관련한 이점이 있다.

5. 회사의 자산보호

사고로 인해 회사의 사고조사와 분석을 통해 유사한 사고를 줄일 수 있는 대책을 수립하고, 적용하여 향후에 발생할 설비나 시설과 관련한 재산상의 피해를 줄일 수 있고 자산을 보호할 수 있다.

6. 환경보호

사업장이 보유한 화학물질이나 가스가 누출되어 환경 오염을 일으키는 사고로 인해 인명피해나 설비 피해 이외에도 환경과 관련한 피해가 있다. 사고조사와 분석을 통해 화학물질이나 가스 등이 노출되지 않도록 시설을 보완하고 관리 절차를 재정비하여 환경보호를 할 수 있다.

7. 안전보건 관련 법규 준수

사고조사와 분석을 통해 정부 기관의 점검이나 진단에서 긍정적인 평가를 얻을 수 있으며, 법 위반으로 수반되는 처벌이나 벌금 부과를 피하거나 그 수준을 낮출 수 있다.

참고문헌

고용노동부 (2022). 2022년 산업재해 현황분석.

Conklin, T. (2019). *Pre-accident investigations: An introduction to organizational safety*. CRC Press.

Hughes, P., & Ferrett, E. (2013). *International Health and Safety at Work: The Handbook for the NEBOSH International General Certificate.* Routledge.

McKinnon, R. C. (2022). *A Practical Guide to Effective Workplace Accident Investigation*. CRC Press.

Peter Sturm and Jeffrey S. Oakley. (2019). *Accident Investigation Techniques: Best Practices for Examining Workplace Incidents*. ASSP.

Vincoli, J. W. (1994). *Basic guide to accident investigation and loss control* (Vol. 1). John Wiley & Sons.

UL Solution. (2024). Advantages of an Effective Incident Investigation Process. Retrieved from: URL: https://www.ul.com/insights/advantages-effective-incident-investigation-process.

Chapter

03

사고조사의
함정 피하기

Chapter

03

사고조사의 함정 피하기

Ⅰ 원인과 결과의 관계

1. 거꾸로 보는 조사

사고조사를 쉽게 이해하기 위한 방법으로 단순한 미로를 예시로 들 수 있다. 사람들에게 미로를 제시하고 가능한 한 빨리 풀도록 요청을 하면, 미로를 푼 사람들은 항상 처음부터 끝까지 풀었다고 답변을 할 것이다. 그 이유는 대부분의 미로는 시작에서 끝까지 풀도록 설계되어 있기 때문이다. 하지만, 미로의 특성상 끝에서 시작 방향으로 푸는 방식이라면 쉽게 풀수 있다.

START

FINISH

　　미로 예시를 사고조사에 비유하면, 근로자는 작업을 하면서 미로의 시작에서 끝까지 가는 과정에서 다양한 변동성 속에서도 성공을 유지하는 동안 사고를 입었지만, 사고조사를 하는 사람은 미로의 끝에서 시작으로 가는 과정에서 사고 원인을 명료하고 확실하게 보는 것과 같다. 이런 사유로 사고조사를 하는 사람의 입장은 언제든지 원인규명을 지나치게 단순화하기 쉽다. 또한 원인과 결과의 관계를 찾을 때 일반적으로 사고가 발생하기 전 원인으로 보이는 그럴듯한 후보(기준을 지키지 않은 점 등)를 내세우는 상황이 발생한다. 이러한 사유로 논리적으로 타당하지 않은 인과관계를 도출하려는 경향이 강하며, 추측, 직관적 판단, 상식 또는 휴리스틱(Heuristics)[1] 등의 문제를 일으킨다.

2. 원인과 결과 추론

　　원인(Cause)과 결과(Effect)의 관계는 일반적으로 관찰을 통해 유추할 수 있지만, 직접 관찰하는 것은 어렵다. 일반적으로 관찰자는 실행(Action) A에 따른 결과인 B를 반복적으로 관

---

[1]　문제를 해결하거나 불확실한 사항에 대해 판단을 내릴 필요가 있지만, 명확한 실마리가 없을 경우에 사용하는 편의적 발견인 방법이다. 다른 말로 표현하면 쉬운 방법, 간편법, 발견법, 어림셈(어림짐작)이라고 말할 수 있다.

찰하고 결과 B가 실행 A에 의해 발생했다고 생각할 수 있다. 실제로 진정한 인과관계가 성립되는 상황은 원인에 따른 결과가 일관되고 흔들림 없이 반복성을 보일 때이다. 예를 들어 정원에 있는 물 호스가 꼬이는 실행을 A라고 하고, 물의 흐름이 멈추는 것을 결과 B라고 가정해 본다. 이 경우 정원에 있는 물 호스가 꼬이면 물의 흐름이 멈춘다는 것을 직관적으로 알 수 있다. 이 원인과 결과의 관계는 명료하여 물의 흐름이 멈추면 즉시 물 호스가 꼬인 곳을 찾는 이치와 같다.

하지만, 사고조사에서는 역인과관계(Backward Causality)가 있어 반드시 결과에서 원인을 추론하는 개념이 맞지 않을 가능성이 크다. 사고조사자는 결과 B(나쁜 결과)를 관찰하고, 그것이 어떤 원인에 의해 발생했다고 가정한 다음, 어떤 행위가 그 원인이었는지 알아내려고 하는 상황이 존재하게 된다. 사고조사자는 반복성이 확실하지 않은 상황에서 원인과 결과의 인과관계가 그럴듯해 보인다는 판단으로 사고의 원인을 쉽게 추정하는 오류를 범하게 된다.

3. 원인과 결과 관계 설정

원인과 결과로 인한 인과관계가 성립하기 위해서는 원인이 결과보다 시간적으로 앞서야 하고, 원인과 결과 사이에는 지속적인 연관성이 있어야 하며, 동일한 원인이 항상 동일한 결과를 가져올 수 있어야 한다. 일반적인 사고조사에 발생하는 흔한 오류는 '부적절한 감독으로 인해 사고가 발생한다는 주장이다.' 이러한 주장의 문제는 부적절한 감독으로 인해 항상 사고를 유발하는 것은 아니므로 사고의 원인과 결과 관계를 설정하는 데 있어 적절하다고 보기는 어렵다는 것이다. 이러한 유형의 원인과 결과 관계 설정은 해당 감독자가 사고를 예방하지 못했다는 단순한 사실에 근거하지만, 사고조사자가 판단한 결과를 뒷받침하기 위해 사고 이후 만들어진 판단일 수 있다는 것을 주의해야 한다.

4. 원인에 대한 순환 논증

전술한 원인과 결과 관계 설정에서 언급한 감독자의 부적절한 감독이 사고를 유발했다는 것은 순환 논증의 오류이다. 이 오류에 있어 왜 부적절한 감독이 사고를 유발했는지 묻는다면, 사고가 발생했기 때문에 부적절할 수밖에 없었다는 답변만 하게 된다. 바로 이것이 순환 논증이다. 순환 논증에 사용되는 단어는 부적절함, 불충분함, 적절하지 않음 및 미흡함 등 주로 부정적인 서술어 등이 있다.

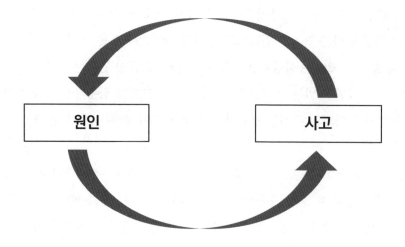

감독자가 부재 중일 때마다 사고가 발생하는 것은 아니지만, 사고 당시 감독자가 없었다는 사실을 사고의 원인으로 추론하는 것은 순환 논증의 편리함을 위해 논리적이고 실질적인 사고원인 파악을 포기하는 것과 같다. 사고에 영향을 준 요인이 기계론적이거나 물리학적인 측면에 있어서의 순환 논증은 일반적으로 인과관계가 명확하게 보인다. 하지만, 사람, 프로세스 및 프로그램과 관련된 복잡한 시스템 상호 작용에서의 순환 논증은 불분명 할 수 있다.

5. 반사실

전술한 미로의 예시와 같이 사고조사자는 사고의 원인을 간단히 명확하게 판단할 수 있다는 편향을 가질 수 있다. 사고조사자는 미로를 통과하는 과정에 있던 근로자의 경로를 쉽게 역추적하여, 근로자가 사고가 발생한 경로로 갔을 것이라는 상황을 추론한다. 이러한 추론 방식은 현실과는 거리가 있는 반사실적인 판단을 하도록 강화한다. 사고조사에서 사용하는 반사실적인 문장은 다음과 같다. "그들은 …. 할 수 있었다.", "그들은 …을 하지 않았다.", "그들은 …을 하지 못했다."

반사실의 문제는 근로자가 실제 하지 않은 일과 차이가 있으며, 그들이 어떠한 사유로 그러한 일을 했는지 설명하는데 한계가 있다. 반사실주의는 실제 일어나지 않은 현실에서 발생한다. 다만, 반사실주의를 전면 부정하는 것은 아니다. 그 이유는 근로자가 어떠한 일을 하기 위해 내린 결정과 근로자가 취한 행동이 최선이었는지 판단하는 최저 기준이 되기 때문이다.

사고조사자는 사고와 관계된 사람들이 사고 당시 왜 그러한 결정을 했는지 이해해야 하고, 휴먼 퍼포먼스(Human Performance) 관리 원칙[2]을 우선 순위로 판단해야 한다.

국제원자력기구(IAEA)가 제시하는 안전문화 성숙도 모델은 사고조사에 있어 휴먼 퍼포먼스 측면을 이해하는 데 있어 좋은 정보를 제공한다. 안전문화 성숙도 모델의 시작은 i) 규칙준수를 기반으로 한다. 이 단계에서는 회사의 규정을 준수하지 않는 휴먼에러를 비난하는 상황이 존재한다. 그리고 다음 단계는 ii) 목표를 기반으로 한다. 이 단계에서는 사람들이 범하는 휴먼에러를 관리하기 위해 경영층은 보다 많은 통제, 절차 및 교육을 강화한다. 다음 단계는 iii) 개선을 기반으로 한다. 이 단계에서는 휴먼에러가 발생하는 것을 비난하기 보다는 휴먼에러를 회사의 업무 절차에 따라 발생하는 변동성으로 보고 효과적인 방안을 마련하는 노력을 하는 단계이다. 세 가지 단계에 대한 설명은 다음 그림과 같다(IAEA TECDOC 1329, Safety Culture in Nuclear Installations: Guidance for Use in the Enhancement of Safety Culture).

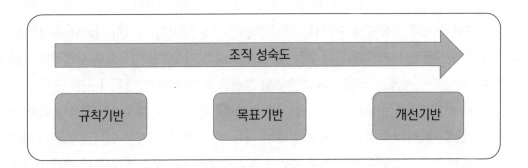

1. 나쁜 사과 이론

사람들이 일하는 시스템은 기본적으로 안전한데 근로자의 인적오류가 사고의 원인으로 간주된다는 믿음이 나쁜 사과 이론이다. 이러한 이론에 기반한 사고조사는 좋은 안전기준을

---

2 휴먼 퍼포먼스 관리 원칙에 대한 보다 다양한 정보가 필요하다면, 저자가 2024년 발간한 '휴먼 퍼포먼스 개선과 안전 마음챙김(박영사)'을 참조하기 바란다.

근로자가 지키지 않았다는 믿음에 근거한다. 예를 들면, 전술한 감독자의 사례와 마찬가지로 사고조사자는 감독자의 역할이 근로자의 안전기준 준수 여부를 확인해야 한다는 초점에 맞추기 때문에 사고가 발생한 원인을 감독자의 적절하지 못한 모니터링으로 판단하는 경향이 있다.

사조조사자 관점에서 볼 때, 결과가 어땠는지 알면 사고 전 근로자의 관점에서 사건을 바라보기 어렵게 만드는 사후 편향이 생긴다. 이러한 이유로 휴먼에러를 비난하기 쉽고 사고 당시 존재했던 조직이나 시스템의 약점을 찾기가 어렵다. 그리고 사고조사자는 항상 명백한 사고 원인을 찾아내고 조사를 빨리 끝내야 한다는 압박감도 이러한 결과를 추론하는 데 일조한다.

2. 휴먼 퍼포먼스 모드 - 인지적 요구 사항

1983년 Jens Rasmussen은 기술기반 행동(Skill-based behavior), 절차기반 행동(Rule-based behavior) 및 지식기반 행동(Knowledge-based behavior)을 근간으로 하는 휴먼 퍼포먼스 모드에 대한 정의를 하였다.

기술기반 행동은 의식적인 모니터링이 거의 없는 매우 친숙하거나 습관적인 상황에서 고도로 훈련된 신체적 행동이다. 이러한 행동은 일반적으로 중요한 의식적 사고나 주의 없이 기억에 의해 실행된다. 사람의 일상 활동 중 대략 90%가 기술기반 행동으로 수행된다고 볼 수 있다. 기술기반 행동은 잘 훈련되고 숙련된 행동으로 잔디 깎기, 망치나 기타 수공구 사용, 다양한 프로세스를 수동으로 제어(예: 압력 및 레벨), 태그 걸기, 일상적인 샘플의 화학 성분 분석, 반복 계산 수행, 측정 및 테스트 장비 사용, 밸브 열기, 기록하기 그리고 유지 보수 중 부품 교체 등을 포함한다. 기술기반 행동의 일반적인 오류는 우편을 보낼 때 보내는 사람 주소에 최근에 변경한 주소 대신 옛 주소를 적는 행동이다. 그리고 시설의 펌프 A와 B를 차단하려고 하였으나, 펌프 C와 D도 차단해 버리는 행동이 포함된다. 원자력 산업 연구에 따르면 이상적인 조건에서 기술기반 행동의 오류 가능성은 1/10,000 미만이다. 그리고 모든 오류(기술기반, 절차기반 및 지식기반 행동) 중 25% 정도가 기술기반 행동에서 비롯된다. 기술기반 행동의 문제는 사람들이 작업에 익숙하고 친숙도가 높아 인지된 위험이 실제 위험과 일치할 가능성이 적다. 사람들은 위험에 익숙해지고 결국에는 위험에 무감각해진다.

절차기반 행동은 상황에 익숙하고 경험이 풍부한 운영자가 처리하는 방식이다. 절차기반의 행동을 하기 위하여 사람은 과거의 경험과 절차를 검토하면서 입력을 비교한다. 여기에서의 절차는 입력과 적절한 작업 간의 "if-then" 연결로 생각할 수 있다. 작업자가 탱크로 유입되는 낮은 유량을 감지하고 유량이 설정 값에 도달하도록 밸브 출력을 증가시키는 등의 행동이 절차기반 행동의 예이다. 그리고 예방정비 시 점검된 볼 베어링 교체 여부 결정, 제어 보드 알람에 응답, 온도 변화를 기반으로 탱크 수위의 변화 추정, 방사선 조사 수행, 비상 운영절차 사용 그리고 작업 패키지 및 절차 개발 등을 포함할 수 있다. 이상적인 조건에서 절차기반 행동의 오류 가능성은 1/1,000 미만이다. 그리고 모든 오류(기술기반, 절차기반 및 지식기반행동) 중 60% 정도가 절차기반 행동에서 비롯된다. 절차기반 행동의 문제는 올바른 절차를 잘 못 적용하는 경우 그리고 절차가 현장 상황과 다르게 정의되어 발생할 수 있다.

지식기반 행동은 새로운 상황에 직면한 경우 그리고 운영자가 관련 경험이 없는 경우 처리하는 방식이다. 과거 경험과 절차가 없으므로 사고와 판단과정은 심사숙고이다. 경험이 없는 작업자는 프로세스의 개념적 이해와 정신적 모델로 돌아가 상황을 진단하고 조치를 취하기 위한 계획을 세운다. 지식기반 행동은 문제 해결, 새로운 디자인의 엔지니어링 평가 수행, 변경 의도에 대한 절차 검토, 충돌하는 제어 보드 표시 해결, 문제 해결을 위한 회의 개최, 과학 실험 수행, 인적 성능 문제 해결, 기획 비즈니스 전략, 목표 및 목표, 이벤트의 근본 원인분석 수행, 동향 분석 실시, 설계 장비 수정, 예산 할당 결정, 자원 할당, 변화하는 정책과 기대치 그리고 공학적 계산을 수행하는 것을 포함한다. 이상적인 조건에서 지식기반 행동의 오류 가능성은 1/2에서 1/10까지이다. 그리고 모든 오류(기술기반, 절차기반 및 지식기반 행동) 중 15% 정도가 지식기반 행동에서 비롯된다.

신규 근로자는 대부분의 업무를 지식기반 수준에서 작업하며 때로는 절차를 확인하면서 경험이 쌓이고 교육훈련을 받으면서 절차기반 행동을 할 수 있다. 전문가(숙련된 작업자)는 대부분 기술기반 수준에서 작업하는 경향이 있지만 상황에 따라 기술기반, 절차기반 및 지식기반 행동을 적절하게 한다. 근로자가 기술기반, 절차기반 및 지식기반 행동을 잘 할 수 있도록 인간과 기계의 상호작용(HMI, human-machine interface) 설계와 지원이 필요하며, 세 가지 수준의 행동 기준에 근거하여 인적오류를 방지할 수 있는 대응 방안이 마련되어야 한다. 다음 그림은 기술기반 행동, 절차기반 행동 및 지식기반 행동 모드이다.

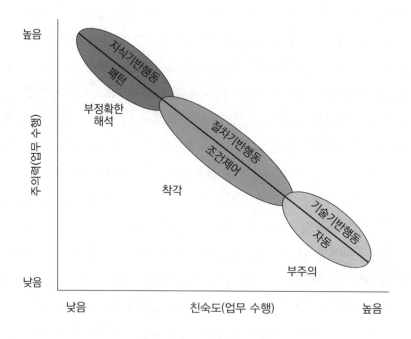

3. 오류 전조

　　오류 전조(Error precursors)는 사람이 오류를 범할 가능성을 높이는 불리한 조건이다. 오류 전조를 일으키는 요건에는 다음 표와 같은 과제의 요구사항(Task Demands), 개인의 능력(Individual Capabilities), 작업 환경(Work Environment) 그리고 인간본성(Human Nature)이 있다.

구분	내용
과제의 요구사항 (Task Demands)	할당된 업무가 사람의 능력을 초과하는 것을 확인할 수 있는 정신적 그리고 신체적 요구 사항과 물리적 요구 사항, 작업 난이도 및 복잡성을 검토한다. 과제의 요구사항과 관련한 문제는 과도한 작업량, 서두름, 동시 작업, 불명확한 역할 및 책임 및 모호한 기준 등이 있다.
개인의 능력 (Individual Capabilities)	특정 작업의 요구 사항을 충족하지 못하는 사람의 정신적, 신체적 및 정서적 특성으로 인지적 및 신체적 제한이 포함된다. 예를 들면 안전하지 않은 태도, 부족한 교육 수준, 지식 부족, 숙달되지 않은 기술, 성격, 경험 부족, 잘못된 의사 소통 관행, 피로 및 낮은 자존감 등이 있다.

작업 환경 (Work Environment)	사람의 행동에 영향을 미치는 작업장, 조직 및 문화적 조건 등의 영향이다. 여기에는 어색한 장비 배치, 복잡한 작업 절차, 다양한 위험에 대한 작업 그룹의 태도, 작업 제어 프로세스, 온도, 조명 및 소음 등이 포함된다.
인간본성 (Human Nature)	습관, 단기 기억, 스트레스, 안주, 부정확한 위험 인식, 사고 방식 및 정신적 지름길과 같은 불리한 조건에서 사람이 오류를 범할 수 있는 일반적인 요인이다.

오류 전조는 오류의 전제 조건이므로 오류가 발생하기 전 존재한다. 오류 전조를 발견하여 제거하면 사람이 오류를 범할 가능성을 최소화할 수 있다. 예를 들면, 부적절하게 표시된 밸브 또는 안전 시스템의 오작동 표시 개선, 고장 사다리 사용 중단, 누출된 오일 청소 그리고 불안전한 조건에서의 작업 중지 등의 조치가 있을 수 있다.

미국 원자력발전협회(Institute of Nuclear Power Operation, INPO)는 사람이 범하는 오류를 작업 환경, 개인의 능력, 과제의 요구사항 및 인간본성(WITH, Work environment, Individual capabilities, Task demand, Human nature)으로 더욱 구체화하여 구분하고 예시를 안내하였다.

3.1 작업 환경(Work Environment)

구분	내용
1. 혼란 및 방해	• 작업 순서에 따라 작업하는 동안 잠시 중지, 그리고 다시 시작하도록 요구 받는 작업 환경 조건
2. 일상의 변화와 일탈	• 기존의 업무 방식에서 벗어남 • 작업이나 장비 상태에 대한 정보를 이해할 수 없도록 하는 익숙하지 않거나 예측하지 못한 작업 또는 작업 현장 조건
3. 혼란스러운 디스플레이 또는 컨트롤	• 사람의 작업 기억이 혼동될 수 있도록 설치된 디스플레이 및 제어 장치의 특성 • 시설에 대한 설명이 누락되거나 모호한 내용(불충분하거나 관련성이 없음) • 특정 프로세스 매개변수 표시 부족 • 비논리적인 구성 또는 레이아웃 • 표시된 프로세스 정보에 대한 식별 부족 • 표시 간의 충돌을 구별하는 명확한 방법 없이 서로 가깝게 배치된 컨트롤

4. 계측오류	• 보정되지 않은 장비나 프로그램의 결함
5. 잠재된(숨겨진) 시스템 응답	• 장비나 기기 조작 후 사람이 볼 수 없거나 예상하지 못한 시스템 반응 • 어떠한 조치로 인해 장비나 시스템이 변경되었다는 정보를 받을 수 없음
6. 예상치 못한 장비 상태	• 일반적으로 접하지 않았던 시스템 또는 장비 상태로 인해 개인에게 익숙하지 않은 상황 발생
7. 대체 표시 부족	• 계측 장치가 없어 시스템이나 장비 상태에 대한 정보를 비교하거나 확인할 수 없음
8. 성격 갈등	• 두 명 이상의 사람이 함께 작업을 수행하는 경우 개인적 차이로 인해 주의가 산만해짐

3.2 개인의 능력(Individual Capabilities)

구분	내용
1. 업무 미숙	• 작업 기대치나 기준을 알지 못함 • 작업을 처음 수행함
2. 지식 부족(잘못된 정신 모델)	• 작업을 완료하는 데 필요한 정보를 알지 못함 • 작업 수행에 대한 실제적인 지식 부족
3. 이전에 사용되지 않은 새로운 기술	• 작업 수행에 필요한 지식 또는 기술 부족
4. 부정확한 커뮤니케이션 습관	• 근로자 간 정확한 의사소통이 어려운 수단이나 습관
5. 실력/경험 부족	• 해당 작업을 자주 수행하지 않아 작업에 대한 지식이나 기술의 수준이 낮음
6. 불분명한 문제 해결 능력	• 익숙하지 않은 상황에 대한 체계적이지 못한 대응 • 이전에 성공한 해결책을 사용하지 않음 • 변화하는 환경(시설 조건)에 대처하지 못 함
7. 불안전한 태도	• 존재하는 위험에 대한 주의를 기울이지 않고 작업(생산)을 달성하는 것이 중요하다는 개인적인 믿음 • 특정 작업을 수행하는 동안 무적이라는 인식, 자부심, 과장된 감정, 운명론적 마음가짐

| 8. 질병 또는 피로 | • 질병 또는 피로로 인한 신체적 또는 정신적 능력 저하
• 허용 가능한 정신 능력을 유지하기 위한 휴식 부족 |

3.3 과제의 요구사항(Task Demands)

구분	내용
1. 시간의 압박(서두름)	• 행동이나 과업을 긴박하게 수행해야 함 • 지름길을 가야 하고 조급함을 부추김 • 부가적인 작업을 수락해야 함 • 여유 시간이 없음
2. 높은 수준의 작업	• 높은 수준의 집중력 유지 • 개인의 정신적 요구(해석, 결정, 과도한 양의 정보 검토)
3. 동시 다중 동작	• 정신적 또는 신체적으로 둘 이상의 작업 수행 • 주의력 분산 및 정신적 과부하
4. 반복적인 행동/단조로움	• 반복적인 행동으로 인한 부적절한 수준의 정신 활동 • 지루함 • 허용 가능한 수준의 주의력 유지가 어려운 정보
5. 돌이킬 수 없는 행동	• 일단 행동을 하면 상당한 지연 없이는 복구할 수 없는 조치 • 조치를 취소할 수 있는 명확한 방법이나 수단이 없음
6. 설명 요건	• 현장 진단이 필요한 상황 • 잠재적으로 잘못된 규칙 또는 절차의 오해 또는 적용
7. 불분명한 목표, 역할 또는 책임	• 불확실한 작업 목표 또는 기대치 • 업무 수행의 불확실성
8. 기준이 없거나 불분명	• 모호한 행동 지침 • 적절한 기준이 없음

3.4 인간본성(Human Nature)

구분	내용
1. 스트레스	• 업무가 적절하게 (표준에 따라) 수행되지 않을 경우 자신의 건강, 안전, 자존감 또는 생계에 위협이 된다는 인식에 대한 마음의 반응 • 반응에는 불안, 주의력 저하, 작업 기억력 감소, 잘못된 의사 결정, 정확함에서 빠른 것으로의 전환 등이 포함될 수 있음 • 개인의 업무 경험에 따른 스트레스 반응 정도
2. 습관 패턴	• 잘 실행된 작업의 반복적인 특성으로 자동화된 행동 패턴 • 과거 상황이나 최근 업무 경험과의 유사성으로 인해 형성된 성향
3. 가정	• 일반적으로 최근 경험에 대한 인식을 바탕으로 사실 확인 없이 이루어진 추측으로 부정확한 정신 모델로 인해 생성됨 • 사실이라고 믿어짐
4. 자기만족/과신	• 세상의 모든 것이 잘되고 모든 것이 예상대로 이루어지고 있다는 가정으로 이어지는 "Pollyanna(어떤 상황에서도 항상 긍정적인 면을 찾으려는 상황)" 효과 • 위험이 있는 상황을 인식하지 못하고 자기 과신. 직장에서 7~9년 정도를 근무하면 보통 생김 • 과거 경험을 바탕으로 작업의 어려움이나 복잡성을 과소평가
5. 마음가짐(의도)	• 보고 싶은 것만 바라보는 경향(의도), 선입관 • 예상하지 못한 정보를 놓칠 수도 있고 실제로 존재하지 않는 정보를 볼 수도 있음 • 자신의 오류를 발견하는 데 어려움을 겪음
6. 부정확한 위험 인식	• 위험과 불확실성에 대한 개인적인 평가 또는 불완전한 정보나 가정 • 잠재적인 결과나 위험을 인식하지 못하거나 부정확하게 이해함 • 개인의 오류 가능성에 대한 인식과 결과에 대한 이해를 바탕으로 위험을 감수하는 행동의 정도(남성에게 더 많이 발생)
7. 정신적 지름길 또는 편향	• 익숙하지 않은 상황에서 패턴을 찾거나 보는 경향, 익숙하지 않은 상황을 설명하기 위해 경험 법칙 또는 마음의 습관(휴리스틱) 적용, 확증 편향, 빈도 편향, 유사성 편향 및 가용성 편향
8. 제한된 단기 기억	• 망각을 일으킴 • 동시에 2~3개 이상의 정보 채널에 정확하게 주의를 기울일 수 없음

4. 최적화

휴먼 퍼포먼스는 관리자의 기대에 부응하기 위해 조직 시스템 내에서 일하는 개인의 행동으로 간주할 수 있다. 사람은 자원(Resource)과 요구(Need) 사이의 균형을 유지하여 성과를 최적화하기 위한 끊임없는 노력을 한다. 이러한 노력을 철저함(Thoroughness)과 효율성(Efficiency) 사이에서 균형을 맞추는 사람의 특성이라고 정의할 수 있다.

여기에서 철저함은 업무 준비에 소요되는 시간과 자원을 의미하고 효율성은 업무 완료에 소요되는 시간과 자원을 의미하며, 이 두 가지를 효과적으로 맞추려면 가능한 더 많은 자원이 필요하다. 사람은 일정과 생산 기대치를 충족하는 즉각적이고 확실한 목표를 달성하기 위해 불충분한 준비로 인한 불확실한 결과를 쉽게 무시한다. 그들은 관리자의 추가적인 요구에 부응하기 위해 시간과 노력을 더 중요하거나 긴급한 활동에 사용한다.

이러한 선택의 결과는 다양한 조건과 상황에 따른 결과의 함수이다. 선택의 결과가 사고 없이 조직의 목표를 달성한 경우 효율성에 대한 보상이 따르지만, 선택의 결과가 사고로 이어졌다면 철저함을 챙기지 못한 상황으로 인한 처벌을 받을 수 있다. 사고조사자는 사고의 기여요인 중 철저함과 효율성 간의 차이가 무엇이며, 왜 그런 차이가 발생했는지 재해자의 입장에서 폭넓게 이해하려는 노력을 해야 한다.

생산, 운영 및 작업 등을 위한 계획된 작업기준을 WAI(Work As Imagined)라고 하고, WAI를 기반으로 사람이 실행하는 실제작업을 WAD(Work As Done)라고 한다. 그리고 WAI와 WAD 사이에서 사람이나 조직이 효율성과 철저함을 절충하는 것을 ETTO(efficient thoroughness trade-off)라고 한다. ETTO는 효율성과 철저함 사이의 균형 또는 균형의 본질을 다루는 원칙이다. 일상 활동 또는 사업장에서 사람들(및 조직)은 통상적으로 효율성과 철저함 사이에서 선택의 기로에 서게 된다. 그 이유는 두 가지를 동시에 모두 충족하는 경우는 거의 불가능하기 때문이다. 자원은 한정한데 생산성이나 성과를 급히 올리고자 한다면, 그 생산성과 성과를 높이기 위해 철저함이 줄어든다(Hollnagel, 2018).

5. 작업 상황

상황(Context)은 사람이 개체의 상황을 특성화하는 데 사용할 수 있는 모든 정보로 그 대상은 사람, 장소 또는 물리적인 요인 등이 있다. 사람은 감각기능으로부터 판단한 정보를 상황 처리 과정을 거치면서 행동을 한다. 이러한 행동은 성과 변동성을 좌우한다.

상황 결정에 영향을 주는 요인은 할당된 목표, 지식 및 집중도와 관련이 있다. 상황 결정에 있어 중요한 요인은 당면한 과제를 성공적으로 완수하는 것이며, 결정에는 조직적 관점, 지식, 사회성, 경험, 내재적 변동성 및 독창성과 창의성 등의 요인이 존재한다.

상황에는 i) 조직적 관점에서 관리 우선순위와 생산 기대치를 충족하기 위한 행동이 있다. ii) 지식이 풍부한 근로자가 더 나은 결과를 도출하기 위한 행동이 있다. 근로자는 지식이 있지만, 그 지식이 정확하게 의사 결정 시점에 사용되어야 하므로 그 지식을 적용하는 것이 항상 간단하지 않다. iii) 동료의 기대치, 비공식적인 업무 기준을 충족하기 위한 행동인 사회성이 있다. iv) 성공을 반복하고 실패를 피하기 위해 과거의 경험을 바탕으로 한 행동이 있다. v) 개인의 심리적, 생리적 차이로 인한 행동의 내재적 변동성이 있다. vi) 명세를 준수해야 하는 제약 조건을 극복하는 적응력인 독창성과 창의성이 있다.

상황을 사고의 관점에서 보면, 근로자가 일으킨 사고의 결과는 애초에 근로자가 의도했던 상황과 다른 것이다. 사고를 일으킨 근로자는 당시 작업과 관련한 상황의 변동성에 따른 행동을 한 것이다. 상황에 따른 근로자의 성과 변동성(Performance variability)은 비정상적인 행동이 아니라 정상적인 작업 순서에서 성공(안전)과 실패(사고)를 동시에 초래할 수 있는 조직 내 각 근로자가 결정한 의사 결정의 확률적 특성이다.

　사고조사자는 근로자의 성과 변동성을 사고의 원인이 아닌 작업의 특성으로 인정하여야 한다. 어떠한 단순한 행동을 잘못된 것으로 판단하기보다는 그 결정이 이루어진 상황의 관점에서 평가해야 한다. 사고 조사에서 근로자의 행동 편차를 유발하는 상황이나 영향은 기여요인으로 간주되어야 하며, 복잡한 비선형 사고 모델에 반영되어야 한다.

6. 책임, 유책 및 공정 문화

　안전문화는 공유된 문화, 보고문화, 공정문화, 유연한 문화 및 학습문화로 구성된다. 여기에서 공정문화(Just culture)는 위험과 불안전한 행동에 대한 수용 불가능한 범위를 설정하고, 근로자가 따르고 신뢰하는 분위기를 조성하는 것이다. 근로자의 불안전한 행동의 배후요인이나 기여요인을 확인하지 않고 무조건 처벌(징계)하는 사례는 용납될 수 없다는 인식이 필요하다. 하지만 이런 기준이 불안전한 행동으로 인해 사고를 일으킨 결과에 대해서 처벌을 면책하지 않는다는 기준은 유지해야 한다. 공정문화 설계를 위한 전제조건은 수용할 수 있는 행동과 수용할 수 없는 행동의 범위를 설정하는 것이다.

　조직이 구축한 책임시스템의 실행방안인 처벌과 징계가 공정하지 않다면, 다음 그림과 같이 조직과 근로자 간 신뢰가 낮아지고 안전문화 수준이 낮아질 것이다. 그리고 의사소통 부족, 경영층이 현장 조건에 대한 관심저하, 잠재조건(Latent condition) 조성, 결함방어 그리고 오류전조의 악순환을 거듭하게 될 것이다.

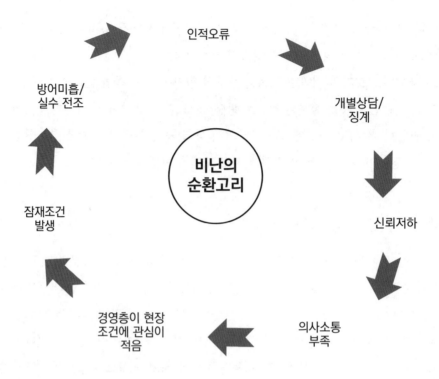

인적오류

개별상담/
징계

방어미흡/
실수 전조

비난의
순환고리

신뢰저하

잠재조건
발생

경영층이 현장
조건에 관심이
적음

의사소통
부족

　　그렇다면 공정한 처벌과 징계 그리고 불공정한 처벌과 징계는 어떻게 구분하여 적용
해야 할까? 미국 에너지부(DOE, Department of Energy)는 영국의 사회심리학자 James
Reason의 '불안전한 행동에 의한 유책성 결정 나무-A decision tree for determining the
culpability of unsafe acts'를 참조하여 다음 그림과 같은 결정 프로세스를 제안하였다.

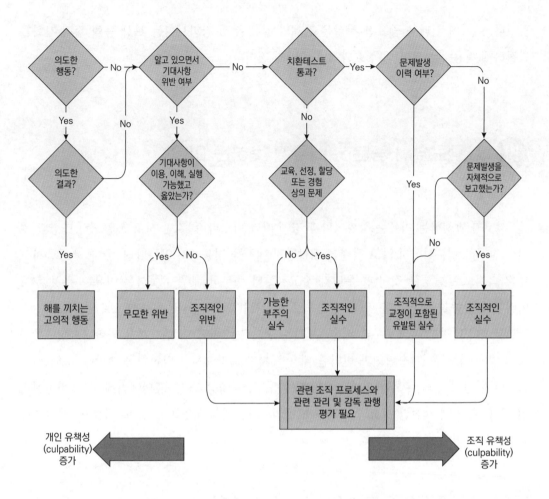

그림에 언급된 치환테스트(Substitution test)는 Neil Johnston이 제안한 '가장 우수한 사람일지라도 최악의 휴먼에러를 범할 수 있다'라는 논리를 포함하고 있다. 즉, 위반자 또는 사고 유발자의 유책성을 판단하기 위해서는 그들과 유사한 직종에서 동일한 자격과 경험이 있는 여러 사람에게 유사한 조건과 상황을 만들어 작업을 수행하도록 테스트를 하고 그 결과에 따라 처벌을 하는 것이다. 테스트 결과 근로자가 불안전한 행동이나 위반을 할 수밖에 없는 조건이라고 판명된다면, 위반자나 사고유발자는 처벌하면 안된다. 즉 치환테스트를 통과했다면 처벌하면 안 된다.

조직은 사고예방을 위하여 안전보건경영시스템의 책임 요소(Element)를 운영함에 있어, 정직하고 효과적인 처벌(징계) 체계를 구축해야 한다. 치환테스트를 통과한 근로자를 처벌위주로 다룬다면, 비난의 순환고리를 탈피할 수 없고, 사고예방의 효과도 그만큼 좋지 않게 될 것이다. 여기에서 더욱 중요한 사실은 징계와 같은 부적 강화보다는 보상 등의 정적 강화를 적절하게 적용하는 것이 더욱 효과적인 방안일 것이다.

Ⅲ 사고로부터 충분히 배우지 못하는 이유

사고가 발생하는 이유는 상황이나 환경에 따라 다르다. 하지만 사고를 일으킨 다양한 원인을 철저하게 분석하지 않고 적절한 재발방지 대책을 적용하지 않는다면, 유사 및 동종사고는 지속적으로 발생할 것이다. 우리가 사고로부터 충분히 배우지 못하는 이유는 무엇일까? 이러한 궁금증을 해소할 수 있는 방안으로 미국 MIT의 항공 및 우주학 교수인 Nancy G. Leveson이 발간한 사고로부터 배울 수 있는 핸드북 그리고 이 핸드북을 과학기술정보통신부 및 한국정보통신기술협회가 번역한 내용을 저자 입장에서 요약하여 설명한다. 요약 내용은 근본원인 도출의 유혹과 인과관계의 단순화, 사후 확증 편향, 휴먼에러에 대한 비현실적인 시각, 비난, 부적절한 사고 인과관계 모델의 사용, 체리 피킹과 쇼핑 백 이론 및 사고조사와 책임추궁의 문제로 설명한다.

1. 근본원인 도출의 유혹과 인과관계의 단순화

사람은 심리적으로 사고에 대해 간단하고 유일한 원인 또는 매우 제한된 수의 원인을 찾으려는 경향을 보인다. 그 이유는 사람이 복잡한 문제에 대한 간단한 답을 원하기 때문이며, 손실에 대한 쉬운 대응을 하도록 하는 관리를 원하기 때문이다. 이러한 근본원인 도출 이후 처음에는 모든 문제가 해결되었다고 판단하지만, 결국 문제가 해결되지 않고 재발한다.

이러한 상황을 묘사할 수 있는 방법은 우리가 즐겨했던 두더지 잡기 게임이 있다. 이 게임은 고무 두더지 모형을 망치로 때려 점수를 올리는 방식으로 스트레스 해소용으로 오랫동안 사랑받아 왔다. 그런데 여기에서 우리가 살펴보아야 할 것은 게임을 하는 동안 두더지가 쉬지 않고 이곳 저곳에서 패턴 없이 마구 등장한다는 것이며, 우리는 두더지를 지속적으로 잡으려고 노력한다는 것이다. 이 상황을 사고조사와 연관시켜 생각해 보면, 우리는 사고조사에서 발견한 근본원인에 대한 재발방지 대책을 수립하여 적용하고, 또 다른 사고조사에서 또 다른 근본원인을 찾고 재발방지 대책을 수립하여 적용한다는 것이다. 사고가 누적되고 근본 원인 찾기를 반복하는 동안 사고로 인한 피해는 지속적으로 증가하고 누적되어 간다. 그리고 사고가 왜 발생하는지 진정한 이유를 알 수 없게 된다.

2. 사후 확신 편향

사고조사에 있어 사후 확신 편향(Hindsight Bias)은 사고원인을 알게 된 사람이 그 원인을 집중하여 전체를 판단하는 편향의 일종이다. 이러한 편향을 갖는 사람은 사고를 일으킨 사람 의 상황은 검토하지 않고 비난을 일삼는 부류이다. 일반적으로 사고조사 보고서에 등장하는 사후 확신 편향의 문장은 "그가 했어야...", "그가 할 수 있었을지도..." 또는 "그가 했었다면..." 등이다.

3. 휴먼에러에 대한 비현실적인 시각

대부분의 사고조사는 근로자의 휴먼에러가 사고의 원인이라는 믿음에서 시작된다. 따라 서 사고조사의 방향은 주로 근로자에게 향한다. 근로자가 사고의 원인이 되어야 하고 근로자 는 의심할 여지없이 사고조사에서 주된 초점이며 원인이라는 가정을 한다. 일단 근로자가 사 고에 연루되면, 재발방지 대책에서 근로자에 대한 조치를 강화한다. 강화 방안에는 처벌, 해 고, 징계, 절차개선 및 교육 등이 있다. 하인리히(Heinrich)[3]를 포함한 사고조사와 관련한 유 명한 학자들의 이론은 약 100년 전에 생겨나, 약 70년 전 비과학적인 것으로 확인되었지만, 불행히도 여전히 사용되고 있다.

안전에 대한 전통적인 접근 방식은 사고가 발생하고 규칙이나 절차 위반이 발생하였을 때 사람들에게 절차를 따르고 강제하고 책임을 부여하도록 지시하는 조직을 통해 안전이 확 보된다고 믿는 것이다. 재발방지 대책을 마련하기 위해 더 많은 규칙과 절차를 만들면 근로

---

[3] 하인리히(Heinrich)는 1886년 미국에서 출생하여 보험회사에 근무하면서 산업재해예방-과학적 접 근방식이라는 서적을 출판하였다. 그리고 안전공리, 사고방지 5단계, 숨겨진 비용 1:4 비율, 도미노 이론, 사고발생 원인 법칙 88-10-2, 1-29-300 법칙을 제시하였다. 그는 산업안전에 있어 선구자적인 역할을 하였다.

자의 업무는 더욱 어려워질 수 있다. 규칙과 절차는 유해위험요인으로 인한 사고를 예방하기 위해 사람이 해야 하는 행동을 공식화한 문서이다. 이러한 문서는 다양한 사고를 경험하면서 제정 또는 개정이 이루어진다. 하지만 모든 규칙과 절차가 현장에서 효과적으로 운영되는 것은 아니다. 그 이유는 해당 규칙과 절차를 준수하기 위한 사전 조치나 자원이 부족한 상황이 존재하기 때문이다. 그리고 생산이나 시공 목표를 달성하기 위해 규칙과 절차를 따를 수 없는 상황이 존재하기 때문이다.

휴먼에러에 대한 시스템적 관점은 모든 행동은 발생하는 상황(시스템)에 영향을 받는다는 가정에서부터 시작된다. 따라서 사람의 행동을 변화시키는 가장 좋은 방법은 그 행동이 발생하는 시스템을 변화시키는 것이다. 여기에는 근로자가 사용하고 있는 장비의 설계를 검토하고 절차의 유용성과 적절성을 신중하게 분석하는 것이 포함된다. 또한 목표의 충돌과 생산에 대한 압박을 확인하고 조직 내 안전문화가 행동에 미치는 영향을 평가하는 것 등도 포함된다.

운영시스템에는 설계자와 근로자가 갖는 정신모델(Mental model)[4]이 있다. 설계자가 갖는 정신모델은 설비 등의 사양과 설계와 관계가 있으며, 관련 운영절차 및 훈련지침 제공과 관련이 있다. 설계자는 자신이 설계한 의도와 같이 설비가 운영될 것이라는 믿음이 있다. 하지만 설계와는 다르게 현장은 항상 변동성을 포함한다. 근로자는 설계자의 의도와는 별도로 특정 시점에 존재하는 실제 시스템을 다룬다. 그들은 실제 시스템을 운영해 가면서 시스템의 상태를 판단하고, 설계자의 오류를 찾는다. 따라서 사고조사자는 설계자와 근로자가 갖는 정신모델의 차이를 파악하여야 한다.

4. 비난

비난은 법적인 또는 도덕적인 개념으로 공학적인 개념은 아니다. 사고조사에 있어 비난

---

4 정신모델(Mental model)은 사람이 염두에 두고 있는 지식(사실 또는 가정)에 대한 구조화된 모습이다. 정신모델은 시스템이 포함하는 것, 구성 요소가 시스템으로 작동하는 방식, 그렇게 작동하는 이유, 시스템의 현재 상태 그리고 자연의 기본법칙을 감지할 수 있도록 도움을 준다. 사람은 자신을 둘러싼 다양한 현실을 자신이 기억할 수 있는 정신적 이미지(예: 간단한 한 줄 그림)로 단순화하여 복잡한 상황을 처리한다. 정신모델은 전술한 기술기반 행동, 절차기반 행동 및 지식기반 행동을 하기 위해 사용되지만, 특히 기술기반 오류를 감지할 수 있는 능력을 제공한다. 정신모델의 이러한 좋은 능력에도 불구하고 인간 본성의 한계로 인하여 정신모델은 어느 정도 부정확하다는 점을 유의해야 한다(DoE, Human performance improvement handbook).

에 초점을 맞추는 것은 사고로부터 배울 수 있는 기회를 잃는 것이다. 사고조사는 사고가 왜 발생했는지 이해하고, 그것을 어떻게 예방할 수 있는지 검토하는 과정으로 비난을 받거나 책임질 사람을 결정하는 것은 아니다. 우리가 비난적 접근법보다는 설명적 접근법을 사용한다면, 누구(Who)가 아니라 무엇(What)과 왜(Why)에 초점 맞출 수 있다.

"실패(Failure)"라는 단어가 다수의 사고조사에서 사용된다.

i) 실패라는 단어는 소프트웨어, 근로자, 그리고 의사 결정에도 사용된다. 여기에서 중요한 사실은 소프트웨어는 실패하지 않는다는 것이다. 소프트웨어는 설정된 로직을 실행할 뿐이다. 따라서 안전하지 않은 소프트웨어가 만들어진 이유와 안전하지 않은 소프트웨어를 만든 프로세스를 검토하는 것이 필요하다. 소프트웨어가 실패한다는 결론은 기술적으로 의미가 없으며 유용한 정보를 제공하지도 않는다.

ii) 사람도 심장이 멈추지 않는 한 실패하지 않는다. 사람은 그저 자신이 처한 상황에 대응할 뿐이다. 그들이 한 일을 사후에 생각해보면 잘못 행동한 것으로 판명할 수도 있다. 하지만 유용한 권고사항을 도출하기 위해서는 그들이 당시에 왜 그런 행동을 했는지 파악하는 것이 필요하다. 다시 말해, 단순히 사람들이 잘못한 것에 대해 이야기하는 것은 사고에 대한 손쉬운 비난대상을 만드는 것 외에는 유용한 정보를 제공하지 않는다. 그들이 왜 그렇게 행동했는지를 이해하면 사고 분석에 유용한 방향으로 초점을 맞출 수 있을 것이다.

iii) 마지막으로 회사는 사업을 중단하지 않는 한 실패하지 않는다. 사고 보고서에서 볼 수 있는 전형적인 예시는 "OO 회사는 이전 사건을 통해 배우는 데 실패했다"는 문장이다. 회사는 법적 실체로 배우지 않으며, 실패하지도 않는다. 회사는 수백, 수천 또는 심지어 수만 명의 직원으로 구성될 수 있다. 왜 학습이 이루어지지 않았는지 파악하고 다음과 같은 질문을 하는 것이 더 유용할 것이다. 학습이 이루어질 수 있도록 사전에 부정적 사건을 포착하는 안전관리시스템이 있는가? 만약 있다면, 해당 시스템에 이전에 발생했던 사고에 대한 기록이 있었는가? 만약 없다면, 왜 기록되지 않았는가? 그 사건들은 우연히 누락된 것인가? 그것들을 포함시킬 프로세스가 없었던 것인가? 그것도 아니면 그 프로세스가 수행되지 않았던 것인가? 사고조사에서 "실패"라는 단어를 없애면 사고로부터 다양한 배움을 얻을 수 있다.

5. 부적절한 사고 인과관계 모델의 사용

사고 인과관계 모델(Causality model)은 사고 내용을 단순하게 설명하고, 사고 원인을 파악할 수 있도록 정보를 제공한다. 여기에서 사고는 일종의 사건의 사슬(Chain of events)과 같이 순차적인 특성을 갖는다. 다음 그림과 같이 하나의 사건은 또 다른 사건에 직접적인 영향을 준다.

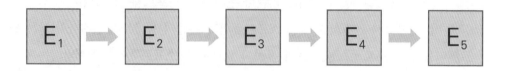

이러한 사고 인과관계 모델을 잘 설명해 주는 것은 하인리히의 도미노 이론(Domino theory)이다. 하인리히는 1934년 11월 디트로이트 안전 위원회에서 도미노 이론을 소개했다. 도미노모델은 세계 최초의 그래픽적인 표현으로 최초의 사고 모델이었다. 이 모델은 다음 그림과 같이 사회환경과 유전적 요인(Social environment and ancestry), 개인적 결함(Fault of person), 불안전한 행동 및 기계적 및/또는 물리적 위험(Unsafe act and mechanical and/or physical hazard), 사고(The accident) 및 상해(Injury) 다섯 단계로 구성된 사고의 발생 순서를 보여준다. 사고는 항상 고정되고 논리적인 순서로 발생한다. 하나의 요인은 다른 하나의 요인에 의존한다. 따라서 한 줄의 도미노가 서로 연관이 있어, 첫 번째 도미노가 무너지면 전체 도미노가 무너질 수 있는 사슬로 구성된다.

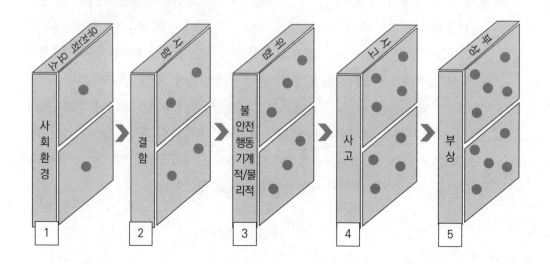

사건의 사슬에 포함된 것은 사건과 사건 간의 직접적인 인과관계에 대한 가정이 있다. A 라는 사건은 B라는 사건의 필요 충분 원인이라는 것이다. 이 논리적 진술의 반대는 B라는 사건이 발생하지 않으면 A라는 사건은 발생하지 않는다는 것이다. 이러한 논리는 설득력이 있어 보이지만, 우리가 살고 있는 복잡한 현실 세계에 적용할 경우 심각한 오류를 일으킨다.

예를 들어 "흡연이 폐암을 유발한다"라는 상황을 가정해 보면, 흡연이라는 사건은 폐암 유발이라는 결과에 직접적인 인과관계가 있어야 한다. 하지만, 흡연자가 모두 폐암에 걸리는 것은 아니며, 폐암에 걸린 사람이 모두 흡연자가 아니다. 흡연이라는 사건으로 인한 폐암이라는 결과는 다소 연관성이 있지만, 그것은 단순하지 않으며 직접적인 연관성에 의문이 존재한다.

6. 체리 피킹과 쇼핑 백 이론

사고조사자는 사고의 기여요인 중 철저함과 효율성 간의 차이가 무엇이며, 왜 발생했는지 재해자의 입장에서 폭넓게 이해하려는 노력을 해야 하지만, 때로는 사고보고를 정해진 시간 내에 완료해야 하는 압박감과 사고조사의 합리성을 보이기 위해 종종 체리 피킹(Cherry picking)과 쇼핑 백(Shopping bag)이론의 함정에 빠지게 된다.

체리 피킹은 사고조사를 수행하는 사람이 행동을 그룹화하고 지정하는 과정이다. 다음 그림과 같이 사고조사자는 주장하고 싶은 사실(A)만을 선별하여 강조한다.

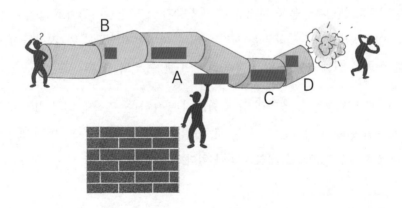

쇼핑 백 이론(Shopping bag)은 전술한 미로 찾기에서 끝에서 시작으로 가는 과정에서 쉽고 좋아 보이는 단서를 백화점에서 쇼핑하듯이 가방에 담는 과정이다. 쇼핑 백 이론은 다음 그림과 같이 사고의 일부분을 보여줄 수 있지만, 전체를 보는데 방해물의 역할을 한다.

7. 사고조사와 책임추궁의 문제

사고조사를 하는 이유는 사고원인을 명확히 하는 것이고, 다른 하나는 원인조사 결과를 분석하여 미래의 사고를 예방하는 것으로 사고조사 과정에서 알게 된 사실을 통해 사람들을 추궁하는 것은 아니다. 사고조사와 관련한 책임추궁 예시와 이를 예방할 수 있는 방안은 다음과 같다.

- 일반적으로 책임추궁을 하지 않으면 재발방지 효과가 낮아진다고 생각한다. 사고가 발생한 이후 어느 누구도 책임을 지지 않거나 처벌받지 않는다면, 사람들이 신중하고 안전한 행동을 취할 동기를 잃게 하는 요인이 될 수 있다는 생각이다.

- 시스템사고와 개인사고[5] 간의 균형 확보가 필요하다. 조직의 의사 결정과 자원할당 등의 문제를 야기한 사람은 그냥 둔 채, 작업시행에 집중한 근로자에게 책임추궁을 하는 것은 조직의 공정문화를 해칠 우려가 있다.

---

5 사고는 크게 개인사고(Individual accident)와 시스템사고(System accident)로 구분할 수 있다. 개인사고는 주로 사람과 관련한 작업범위 구분, 유해위험요인 확인, 위험관리 원칙 적용, 작업 시행 및 피드백과 지속적인 개선과 관계가 있다. 그리고 시스템사고는 조직의 의사 결정, 자원 할당 및 문화 요인과 관계가 있다.

• 공정문화(Just culture)를 조성하여 불안전한 행동으로 인한 처벌을 면책하지 않는다는 기준은 유지한다. 위험과 불안전한 행동에 대한 수용 가능한 범위와 수용 불가능한 범위를 설정하고, 근로자가 따르고 신뢰하는 분위기를 조성하는 것이다. 근로자의 불안전한 행동의 배후 요인이나 기여요인을 확인하지 않고 무조건 처벌(징계)하는 사례는 용납될 수 없다는 인식이 필요하다. 공정문화 설계를 위한 전제조건은 수용할 수 있는 행동과 수용할 수 없는 행동의 범위를 설정하는 것이다.

참고문헌

고용노동부 (2022). 2022년 산업재해 현황분석.

정진우. (2019). 안전과 법(청문각).

Abowd, G. D., Dey, A. K., Brown, P. J., Davies, N., Smith, M., & Steggles, P. (1999). Towards a better understanding of context and context-awareness. In *Handheld and Ubiquitous Computing: First International Symposium, HUC'99 Karlsruhe, Germany, September 27-29, 1999 Proceedings 1* (pp. 304-307). Springer Berlin Heidelberg.

Conklin, T. (2019). *Pre-accident investigations: An introduction to organizational safety*. CRC Press.

Dekker, S. (2006). *The field guide to understanding 'human error'*. CRC press.

Dekker, S. (2014). *The field guide to understanding 'human error'*. CRC press.

Erik, H. (2009). The ETTO Principle-Efficiency-Thoroughness Trade-Off. *Adelshot UK: Ashgate*.

Hollnagel, E. (2016). *Barriers and accident prevention*. Routledge

Hollnagel, E. (2017). *The ETTO principle: efficiency-thoroughness trade-off: why things that go right sometimes go wrong*. CRC press.

Heinrich, H. W. (1941). Industrial Accident Prevention. A Scientific Approach. *Industrial Accident Prevention. A Scientific Approach.*, (Second Edition).

Hughes, P., & Ferrett, E. (2013). *International Health and Safety at Work: The Handbook for the NEBOSH International General Certificate*. Routledge.

Johnston, N. (1995). Do blame and punishment have a role in organizational risk management. *Flight Deck, 15*, 33-36.

Leveson, N. (2019). CAST Handbook: How to learn more from incidents and accidents. *Nancy G. Leveson http://sunnyday.mit.edu/CAST-Handbook. pdf accessed, 30*, 2021.

Meadows, S., Baker, K., & Butler, J. (2005). The incident decision tree: guidelines for action following patient safety incidents. *Advances in patient safety: from research to implementation, 4*, 387-399.

McKinnon, R. C. (2022). *A Practical Guide to Effective Workplace Accident Investigation*. CRC Press.

Peter Sturm and Jeffrey S. Oakley. (2019). *Accident Investigation Techniques: Best Practices for*

Examining Workplace Incidents. ASSP.

Reason, J., & Reason, J. T. (1997). Managing the risks of organizational accidents Ashgate Aldershot.

Sidney Dekker, The Field Guide to Human Error Investigations, 2002.

Standard, D. O. E. (2009). Human performance improvement handbook volume 1: concepts and principles. *US Department of Energy AREA HFAC Washington, DC, 20585*.

Vincoli, J. W. (1994). *Basic guide to accident investigation and loss control* (Vol. 1). John Wiley & Sons.

Erik Hollnagel Homepage. (2023). The ETTO Principle. Retrieved from: URL: https://erikhollnagel.com/ideas/.

IAEA. (2002). Safety culture in nuclear installations, Guidance for use in the enhancement of safety culture, IAEA-TECDOC-1329 Retrieved from: URL: https://www-pub.iaea.org/MTCD/publications/PDF/te_1329_web.pdf.

UL Solution. (2024). Advantages of an Effective Incident Investigation Process. Retrieved from: URL: https://www.ul.com/insights/advantages-effective-incident-investigation-process

Chapter

04

개인 사고와 시스템 사고

사고는 개인사고(Individual accident)와 시스템사고(System accident)로 구분할 수 있다. 개인사고는 주로 사람과 관련한 작업범위 구분, 유해위험요인 확인, 위험관리 원칙 적용, 작업 시행 및 피드백과 지속적인 개선과 관계가 있다. 그리고 시스템사고는 조직의 의사 결정, 자원 할당 및 문화 요인과 관계가 있다.

Ⅰ 개인 사고

1. 개인 사고의 정의

넘어짐, 미끄러짐, 추락 및 감전과 같은 위험이 존재하는 장소에서 작업 수행 중 부상을 당하는 사고를 개인 사고라고 한다. 개인 사고는 대체로 다양한 환경에 노출된 근로자로 피해자가 개인일 경우가 많다. 따라서 개인 사고 예방의 초점은 작업 장소에 존재하는 다양한 위험요인에서 근로자를 보호하는 것이다. 다음 그림과 같이 인적오류나 장비결함은 예방방벽(Prevention barrier)을 뚫고, 완화방벽(Mitigation barrier)을 무력화시켜 사람(Targets)에게 피해를 준다.

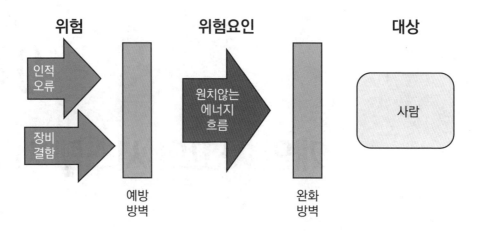

2. 개인 사고 예방

사고조사자는 사고가 일어나기까지 어떤 방벽(예방방벽과 완화방벽)이 왜 실패했는지 검토해야 한다. 완화방벽은 사고의 피해나 결과를 줄이는 데 효과가 있지만, 근본적으로는 사고 발생을 예방하는 방벽에 중점을 두어야 한다.

II 시스템 사고

1. 시스템 사고의 정의

시스템 사고는 '복잡한 시스템에서 예기치 않은 여러 장애의 상호 작용'이라고 정의할 수 있다. 이러한 복잡성은 기술적일 수도 있고 조직적일 수도 있으며, 때로는 두 가지 다 해당될 수도 있다. 시스템 사고는 예방방벽과 완화방벽이 올바른 작동을 하지 않아 사람, 사회 및 환경에 악영향을 미치는 사고이다.

위험

장비, 도구, 설비이상

재난

휴먼에러

위험요인
(Hazard)

근로자, 기업,
환경, 국가

시스템 사고를 일으키는 위험요인에 대한 시스템의 설계, 구축, 운영, 유지보수 및 폐기에 이르기까지 총괄적인 관리가 필요하다. 이러한 총괄적인 관리를 하기 위해서는 위험 수준을 완화하기 위한 위험 매개변수(또는 기준)와 제어 시스템과 관련한 정책을 수립해야 한다.

개인 사고와 시스템 사고를 구분하는 방법은 사고 조사 방식과 장애를 분석하는 방식에 따라 달라질 수 있다. 두 가지 사고 유형의 가장 큰 차이점은 개인 사고는 국소적인 업무 관행, 계획 및 감독의 영향을 받는 반면, 시스템 사고는 조직의 전반에 걸친 설계, 운영 또는 유지보수를 위한 위험 관리 프로세스의 영향을 받을 가능성이 높다. 시스템 사고의 경우는 위험과 관련한 의사결정을 조사하는 보다 심층적인 조사가 필요하다. 물론 사안에 따라 개인사고와 시스템 사고의 방식이 중첩되는 경우도 상당히 있다.

2. 시스템 사고의 유형

시스템 사고를 예방하기 위해서는 먼저 사고가 어떻게 발생하는지 이해하는 것이 중요하다. 시스템 사고는 다음 그림과 같이 발생한다.

- 휴먼에러: 근로자가 시설을 잘 못 다뤄 화재와 폭발사고가 발생
- 장비, 도구 및 설비: 설계가 잘못 되어 장비, 도구 및 설비 등의 사고발생
- 자연재해: 지진과 같은 자연재해로 인해 시설에서 사고발생
- 기타: 아직까지 발견되지 않은 향후 발생할 수 있는 사고발생

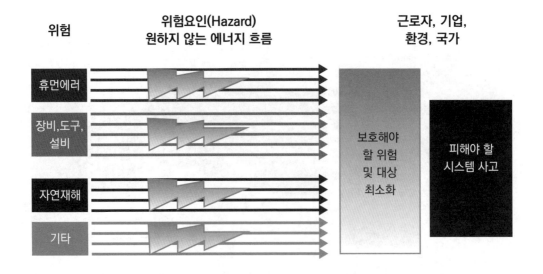

3. 시스템 사고 예방

　시스템 사고 예방의 초점은 휴먼에러 예방, 장비 또는 운영 프로세스의 오작동 예방, 시설 오작동 또는 자연재해로 인해 발생할 수 있는 위협이다. 다음 그림은 시스템 사고를 예방할 수 있는 방안을 설명한다.

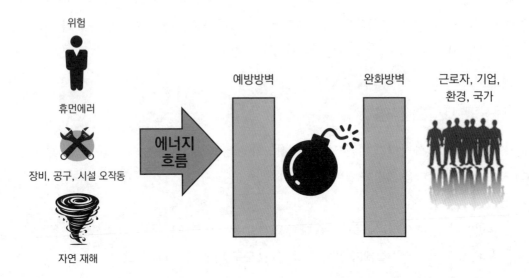

참고문헌

Accident, D. H. (2012). *Operational Safety Analysis—Volume I: Accident Analysis Techniques.*
    DOE-HDBK-1208-2012.

Charles Perrow (1984). Normal Accidents. New York: Basic Books, Inc.

Ge, J., Zhang, Y., Xu, K., Li, J., Yao, X., Wu, C., ... & Xu, Q. (2022). A new accident causation theory
    based on systems thinking and its systemic accident analysis method of work systems.
    Process Safety and Environmental Protection, 158, 644-660.

Grant, E., Salmon, P. M., Stevens, N. J., Goode, N., & Read, G. J. (2018). Back to the future: What
    do accident causation models tell us about accident prediction?. *Safety Science*, 104, 99-109.

Stoop, J., & Dekker, S. (2010). Accident modelling: from symptom to system. *Proceedings of
    Human Factors: A System view of Human, Technology and Organisation*, 185-198.

Chapter

05

사고조사 체계 구축 시 고려 사항

사고조사 체계 구축 시 고려사항

Ⅰ 무슨 일이 일어났는지(What happened), 왜 일어났는지 (Why happened) 파악하기

무슨 일이 일어났는지(What happened), 왜 일어났는지(Why happened) 파악하는 과정은 사고조사 체계 구축 시 고려해야 할 핵심 사항이다.

무슨 일이 일어났는지 아는 과정은 어떤 일이 일어났는지 다양한 정보를 수집하는 과정이다. 왜 일어났는지 아는 과정은 계획된 작업(WAI, Work As Imagined)과 실제작업(WAD, Work As Done)을 비교하는 것으로 시작한다. 작업 당시의 상황을 이해하고, 예상치 못했거나 예측할 수 없었던 변경 사항을 확인할 수 있다. 그리고 예방방벽과 완화방벽 간의 다양한 프로세스의 약점과 부적절성을 드러낼 수 있는 조직 내의 가정, 동기, 추진력, 변화 및 관성을 파악하는 과정이다.

사고조사자는 해당 문제가 조직 전체에 얼마나 광범위하게 퍼져 있는지, 얼마나 오랫동안 발견되지 않고 시정되지 않았는지, 조직 문화가 왜 이런 일이 발생하도록 허용했는지 확인해야 한다. 해외에서 일어났던 치명적인 사고인 체르노빌 원자력 발전소, 스리마일아일랜드, 보팔, 플릭스보로, 엔터프라이즈, 킹스 크로스, 엑손 발데즈 및 파이퍼 알파의 사고의 기여요인은 조직적인 문제로 알려져 있다.

사람이 관련되어 조직적인 문제를 일으키는 주요 요인으로는 경영책임자의 안전 리더십 부족, 안전 투자 예산 감소, 안전 전담 인력축소, 공사 기간 단축 등이다. 이러한 문제는 조직 전체에 만연되어 현장 조직(사업소, 건설현장 등)에 영향을 주고 근로자의 불안전한 행동인 실행 실패를 불러일으킨다.

조직적인 문제를 일으키는 사람들은 주로 현장과 멀리 떨어져 있으므로 '무딘 가장자리(Blunt end)'에 있다. 그리고 근로자가 유해 위험요인에 직접적으로 노출되어 사고를 입을 수 있으므로 '날카로운 가장자리(Sharp end)'에 있다. 여기에서 근로자는 불안전한 행동을 통한 '사고를 일으키는 선동자(Instigator)'가 아닌 강요된 불안전한 행동을 할 수밖에 없는 '사고 대기자(Accident in waiting)'로 표현할 수 있다.

무딘 가장자리는 잠재 요인(Latent condition)이 발생하는 장소이다. 그리고 잠재 요인으로 인해 근로자는 불안전한 행동을 하게 된다. 이러한 과정에서 발생하는 사고를 조직사고 모델(Organizational accident model)이라고 한다. 다음은 전술한 상황을 묘사한 그림이다. Reason(2016)은 이러한 상황을 'Orgax'라고 하였다.

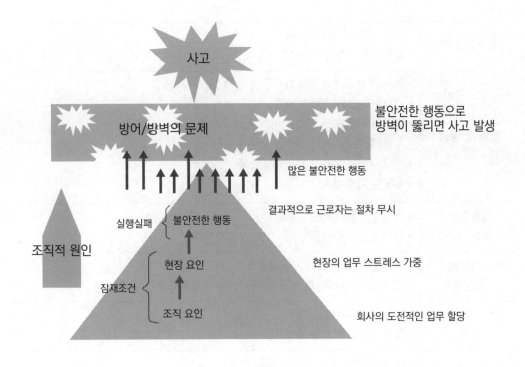

III 조직의 잠재적 약점 파악하기

　　조직의 잠재적 약점으로 인한 사고를 조직사고라고 정의할 수 있다. 조직에는 전략, 정책, 업무 통제, 교육 및 자원 할당 또는 공유된 신념, 태도, 규범 및 가정(Assumption)이 존재하는데, 이 수준이 좋지 않을 경우 잠재적인 약점이 강화될 수 있다. 다음의 표는 일반적인 조직의 잠재적 약점을 정리한 내용이다.

항목	약점
교육	• 낮은 수준의 인지적 지식에 초점을 맞춤 • 경영층이 교육에 참여하지 않음 • 교육내용이 회사의 장비, 절차 또는 프로세스와 관련성이 적음

커뮤니케이션	• 우선 순위나 기대 불분명 • 불분명한 역할과 책임
계획 및 일정	• 여러 구성 요소가 작동하지 않을 것을 고려하지 않음 • 필요한 자료나 절차 미제공 • 잘못된 작동 또는 인접 장비의 손상 미고려 • 수행되지 않은 특정 작업의 새로운 유형 • 특정 유형의 문제가 해결되지 않음 • 할당된 자원 부족
설계 또는 절차 변경	• 부적절한 훈련 • 절차가 잘못될 경우를 대비한 비상절차 미흡
가치, 우선순위 및 정책	• 저하된 조건이나 성능 미개선 • 관련 프로그램의 필요성 또는 중요성을 인식하지 못한 관리 결함
절차 개발 또는 사용	• 인적요인 미확인 • 절차상 필요한 기능 생략
감독참여	• 성과가 낮아지는 것을 개선하지 않음 • 책임이 할당되지 않거나 분산됨 • 부적절한 감독 프로그램 유지
조직 인터페이스	• 조직 간 명확한 의사소통 부족 • 프로그램 간 목표나 요구사항이 상충됨 • 자체평가 모니터링 미흡 • 프로그램 성능 모니터링을 위한 측정 도구 부족 • 프로그램 간 인터페이스 부족
업무 관행	• 휴먼에러 관리 미흡

Ⅳ 조직문화와 안전문화 파악하기

1. 조직문화

조직문화는 조직의 기대사항이 반영된 경험, 철학과 사람의 행동을 이끄는 가치를 포함한다. 그리고 사람의 자아상, 내부 작동, 외부 세계와의 상호 작용, 미래의 기대로 표현된다.

조직문화에는 조직이 공유하는 가치, 리더십 및 기대치, 성과 관리 및 참여 수준이 포함된다. 따라서 조직은 유연하고 좋은 문화를 구축하여 사람이 긍정적인 잠재력을 발휘하도록 지원한다.

2. 조직문화와 안전

조직문화와 안전은 상관관계가 있을까? 이러한 상관관계 확인은 실제 조직을 대상으로 연구하기 전까지는 알 수 없는 경험적인 측면이다. 하지만 알려진 여러 연구에 따르면 아래 그림과 같이 조직문화는 조직구조와 서로 영향을 주고받으면서 성숙한다. 그리고 안전은 조직구조의 영향을 받는다고 알려져 있다. 결국 조직문화는 안전문화의 형태로 만들어져 안전에 지대한 영향을 준다.

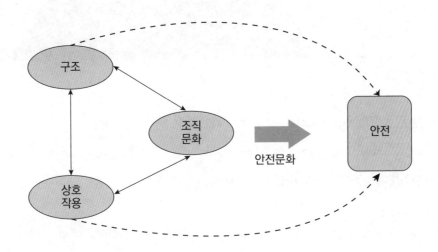

3. 안전문화의 세 가지 수준

1986년 4월 우크라이나 체르노빌 원자력발전소에서 원자로가 멈춘 것을 가정한 실험 도중, 정지 중이었던 4호기가 제어불능으로 노심이 녹아 폭발하는 사고가 발생하였다. '안전문화'라는 용어는 체르노빌 원전사고 조사를 담당했던 IAEA의 국제원자력안전자문그룹(IN-SAG)이 작성한 '사고 후 검토회의 요약'(1986년)에서 처음으로 사용되었다.

당시 안전문화와 관련한 Turner(1998), Rasmussen(1997), Reason(1997) 그리고 Leveson(2004) 등과 같은 많은 전문가들의 이론이 있었지만, 국제원자력기구(IAEA)는 Shein 이 제시한 문화 모델을 안전문화 이론에 접목하였다. 다음 그림은 Schein의 문화 모델이다.

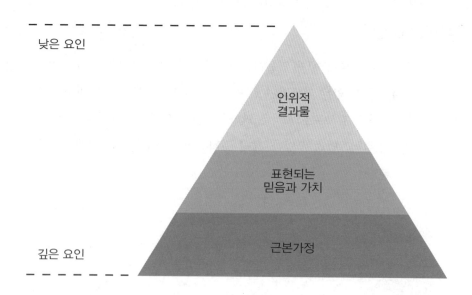

3.1 근본가정(Taken-for-granted underlying basic assumptions)

근본가정은 사람이 무의식적으로 어떤 행동을 하게 하는데 많은 영향을 주는 요인이다. 아래는 안전과 관련이 있는 근본가정의 예시이다.

- 근로자, 계약자 및 공공의 안전이 모든 상황에서 최우선 과제라고 믿는 것이다.
- 관리자들의 책임에 안전이 포함되어 있다.
- 안전과 관련한 경계심을 늦추지 않는다.
- 사람이 실수하는 상황을 정상적이라고 생각하고 개선의 기회로 삼는다.
- 법적인 준수는 최소한의 요구사항이라고 생각한다.
- 공정한 안전 문화를 구축한다.

3.2 표현되는 믿음과 가치(Espoused beliefs and values)

안전과 관련한 가치(value)는 조직에서 구성원의 행동을 유도하는 주요 원칙으로 안전보건경영시스템 운영의 핵심적인 역할을 한다. 아래는 안전과 관련한 믿음과 가치의 예시이다.

- 구성원의 근로조건에 안전과 관련한 내용이 있다.
- 모든 사람은 안전과 관련한 책임이 있다.
- 모든 사람은 안전에 관한 질문과 문제를 제기할 수 있다.
- 사업장의 잠재적인 유해 위험요인을 개선 대상으로 선정한다.
- 조직에는 안전소통을 위한 열린 채널이 있다.
- 모든 아차사고를 보고하고 조사한다.
- 안전한 작업을 시행하기 위한 효과적인 교육 훈련 프로그램을 구비한다.
- 안전성과를 주기적으로 보고하고 측정한다.

3.3 인위적 결과물(Artifact)

인위적 결과물은 형식적, 문서적, 물리적 요소를 다루지만 비형식적 요소 또한 포함한다. 안전과 관련한 인위적 결과물은 아래의 예시와 같다.

- 조직의 안전보건 정책, 목적 그리고 성명서
- 시스템 문서와 절차
- 안전성과 보고서
- 공장 설계 문서와 안전 고려사항
- 외부에 공개한 안전관련 자료
- 안전가이드라인 또는 핸드북
- 안전포스터
- 사업장의 안전게시판
- 안전문화 설문서
- 안전시상
- 정형화된 안전보호구와 작업복

4. 안전문화의 핵심 세 가지 항목

4.1 리더십

리더십과 안전문화는 동전의 양면과 같아서 어느 한쪽이 없으면 다른 한쪽도 실현될 수 없다. 리더는 안전을 최우선 과제로 삼고, 안전에 대한 기대치를 근로자에게 전달하고, 말이 아닌 행동으로 안전의 기준을 설정하고, 현재 상태를 정의하고, 비전을 수립하고, 계획을 개발하고, 계획을 효과적으로 실행하여 필요한 변화를 주도함으로써 조직의 안전 문화를 조성한다. 리더는 신뢰를 구축하여 안전에 대한 적극적인 참여를 유도하고 조직의 안전 노력의 효과에 대한 피드백을 구축한다. 다음 표는 안전문화에 있어 리더가 가져야 하는 항목이다.

- 리더는 운영의 전체 수명 주기에 대한 운영 결정의 결과를 고려하고, 계획이 조직 활동의 모든 측면에서 안전을 통합하도록 보장한다. 그리고 사업 프로세스, 조직, 대중, 환경에 미치는 안전 영향에 대한 설명을 한다.
- 리더는 사업을 이해하고, 위험식별을 통해 그 수준을 최소화하고, 활동이 안전하다는 것을 증명한다.
- 리더는 변경관리 프로세스에서 안전에 미치는 영향을 고려한다.
- 리더는 안전한 사업 성과를 개선하기 위해 모범을 보이고, 코치하고, 기대치와 행동을 강화한다.
- 리더는 근로자의 참여를 소중히 여기고, 근로자의 질문하는 태도를 장려하며, 보복에 대한 두려움 없이 문제를 제기할 수 있도록 신뢰를 심어준다.
- 리더는 근로자가 교육과 경험을 쌓고 안전하게 업무를 완수할 수 있는 자원, 시간 및 도구를 갖출 수 있도록 지원한다.
- 리더는 근로자에게 안전 책임을 이행하기 위한 기준과 기대치를 부여한다.
- 리더는 검증된 안전 시스템과 관련하여 보수적인 의사 결정을 고집한다.
- 리더십은 사람이 실수를 저지른다는 사실을 인정하고 이를 줄이기 위한 조치를 취한다.
- 리더는 조직 내에서, 그리고 조직과 규제 기관, 공급업체, 고객, 계약업체 간에 건전하고 협력적인 관계를 구축한다.

4.2 근로자 참여

안전은 모두의 책임이므로 근로자는 조직의 안전 행동, 신념, 근본가정(Assumptions)을 이해하고 수용해야 한다. 근로자는 자신의 책임을 이해하고 수용하며, 옳지 않은 것에 이의를 제기하고 잘못된 것을 고치는 데 도움을 주며, 자신과 동료, 환경 및 대중의 안전을 보장하기 위해 시스템을 감독해야 한다. 다음 표는 안전문화에 있어 근로자가 가져야 하는 항목이다.

- 근로자는 리더와 팀을 이루어 안전을 위해 헌신하고, 안전에 대한 기대치를 이해하고, 기대치를 충족하기 위한 노력을 한다.
- 근로자는 리더와 협력하여 자신의 행동의 책임을 지고, 적시에 문제를 제기하고 해결하는 개방성을 통해 신뢰와 협력의 수준을 높인다.
- 근로자는 안전에 대한 개인적 책임과 의무가 있으며, 안전 시스템을 숙지하고 자신과 동료, 공공 및 환경을 보호하는 데 적극적으로 참여한다.
- 근로자는 기존 안전관리시스템에 대한 건설적인 의문을 제기하며 과거의 성공에 기반한 자만이나 오만을 피하기 위해 적극적으로 노력한다.
- 근로자는 안전관리시스템 운영과 관련하여 보수적인 결정을 내리고 운영의 전체 수명 주기에 대한 검토를 한다.
- 근로자는 휴먼에러와 사고를 공개적이고 신속하게 보고하고, 문제가 완전히 해결되고 지속 가능한 해결책이 마련될 때까지 지속 노력한다.
- 근로자 서로간 존엄과 존중으로 대하고 괴롭힘, 협박, 보복, 차별을 피함으로써 높은 수준의 신뢰를 갖는다.
- 근로자는 조직 내에서, 그리고 조직과 규제 기관, 공급업체, 고객, 계약업체 간에 건강한 협력 관계를 구축하는 데 지원을 한다.

4.3 조직 학습

조직은 건강한 안전문화를 조성하기 위하여 바람직한 행동, 신념, 가정에 긍정적인 영향을 미치는 방법을 배운다. 조직은 휴먼에러를 보고하는 사람에게 보상을 제공하고, 잘못된 것을 공유하고, 휴먼에러를 유발한 조직의 문제를 해결하면서 전 과정을 배운다. 다음 표는 안전문화에 있어 조직 학습이 가져야 하는 항목이다.

- 조직은 높은 수준의 신뢰를 구축하고, 근로자의 질문이나 우려 사항을 편안하게 접수하고 해결한다.
- 보복, 괴롭힘, 협박, 보복 또는 차별에 대한 두려움 없이 안전 문제를 제기할 수 있는 다양한 방법을 제공한다.
- 조직은 더 큰 문제를 피하기 위해 사소한 문제에서 배우는 것을 보상한다.
- 조직은 문제를 신속하게 검토하고, 우선순위를 정하여 해결하고, 해결책의 장기적인 지속 가능성을 추적하고, 결과를 근로자에게 다시 전달한다.
- 조직은 작업장 관찰, 토론, 문제 보고, 성과 지표, 추세 분석, 사건 조사, 벤치마킹, 평가 및 독립적인 검토 등을 통해 조직의 성과를 체계적으로 평가한다.
- 조직 내부와 외부의 운영 경험을 통한 학습을 중시한다.
- 조직은 기꺼이 그리고 공개적으로 조직 학습 활동에 참여한다.

참고문헌

Antonsen, S. (2017). *Safety culture: theory, method and improvement*. CRC Press.

Clarke, S. (1999). Perceptions of organizational safety: implications for the development of safety culture. *Journal of Organizational Behavior: The International Journal of Industrial, Occupational and Organizational Psychology and Behavior, 20(2)*, 185–198.

Cooper, M. D. (2000). Towards a model of safety culture. Safety science,36(2), 111–136.

Davies, F., Spencer, R., & Dooley, K. (1999). Summary guide to safety climate tools. *OFFSHORE TECHNOLOGY REPORT–HEALTH AND SAFETY EXECUTIVE OTO*.

Griffin, M. A., & Neal, A. (2000). Perceptions of safety at work: a framework for linking safety climate to safety performance, knowledge, and motivation. *Journal of occupational health psychology, 5(3)*, 347.

Guldenmund, F. W. (2000). The nature of safety culture: a review of theory and research. *Safety science,34*(1–3), 215–257.

IAEA (2016). OSART Independent Safety Culture Assessment (ISCA) Guidelines.

Krause, T. & Hidley, J. H. (1990). *The behavior–based safety process*. New York: VAN NOSTRAND.

Lee, T. (1998). Assessment of safety culture at a nuclear reprocessing plant. W*ork & Stress, 12(3)*, 217–237.

Ostrom, L., Wilhelmsen, C., & Kaplan, B. (1993). Assessing safety culture. Nuclear safety, 34(2), 163–172Reason, J. (2016). *Organizational accidents revisited*. CRC press.

Schein, E. H. (2017). Organizational culture and leadership. John Wiley & Sons.

Zohar, D. (1980). Safety climate in industrial organizations: theoretical and applied implications. *Journal of applied psychology,65*(1), 96.

Chapter

06

사고조사 체계 구축

사고조사 체계 구축

I 사고조사란 무엇인가?

    조사(Investigation, 調査)라는 용어를 살펴보면 다음과 같이 다양한 의미를 포함하고 있는 것으로 보인다.

    메리엄-웹스터는 면밀하고 체계적인 탐구를 통한 관찰이나 연구로 정의하고 있다(to observe or study by close examination and systematic inquiry). 캠브리지 사전은 문제, 진술 등에 대해서 진실을 발견하기 위해 주의 깊게 살피는 행위 또는 과정으로 정의하고 있다(the act or process of examining a problem, statement, etc. carefully, especially to discover the truth). 콜린스 영어사전은 조사 행위 또는 과정, 사실 등을 발견하기 위한 신중한 검색 또는 조사로 정의하고 있다(the act or process of investigating; a careful search or examination in order to discover facts, etc.). 위키백과는 어떤 대상을 살피고 찾아보는 행위로 정의하고 있다. 그리고 네이버 사전은 사물의 내용을 명확히 알기 위하여 자세히 살펴보거나 찾아보는 것으로 정의하고 있다. 각종 사전이 정의하는 조사라는 용어는 주의 깊게 살펴 진실을 발견한다는 의미가 담겨 있는 것으로 보인다.

    사고조사라는 용어를 살펴보면, 다음과 같은 다양한 정의가 존재한다. 국제노동기구

ILO(2014)는 사고조사를 업무상 재해, 질병 또는 위험 발생의 원인을 파악하는 것으로 정의하고 있다. 그리고 사고조사를 통해 원하지 않았던 사건이 발생한 이유를 식별하고 유사한 사건을 예방하기 위해 필요한 조치를 수립하는 과정으로 설명하고 있다. 미국 안전보건청 OSHA(2015)는 사람의 행동을 비난하는 것보다 근본원인을 식별하고 수정하는 데 중점을 두는 것이 사고조사라고 정의하고 있다. 그리고 사고조사는 미래의 사고를 예방할 뿐만 아니라 고용주가 안전하고 건강한 직장에 대한 의지를 보여줌으로써 직장의 사기와 생산성을 향상시킬 수도 있다고 설명하고 있다. 국제민간항공기구 ICAO(2015)는 사고 또는 사건이 발생한 이유를 파악하고 위험을 피하거나 결함을 제거하기 위한 적절한 안전 조치를 권장하는 과정이라고 정의하고 있다. 그리고 적절하게 수행된 사고조사는 사고 예방의 중요한 방법이라고 설명하고 있다.

전술한 사고조사의 정의를 요약하면, 사고조사는 원하지 않는 사건이나 사고를 예방하기 위하여 사람을 비난하지 않는 원칙에서 사고의 원인을 주의 깊게 살펴 체계적이고 과학적인 방식을 활용하여 유사 및 동종 사고를 예방하는 활동으로 볼 수 있다.

한편, 사고조사와 함께 자주 등장하는 용어로 사고수사(搜査)가 있다. 법제처가 운영하는 국가법령센터에서 수사라는 용어를 입력하면 다양한 종류의 수사 관련 법령을 검색할 수 있다. 그 예로 검사의 수사개시 범죄 범위에 관한 규정, 경찰수사규칙 및 군사법경찰 수사규칙 등이 있다. 또한 법제처(2008)가 발간한 법령용어 한영사전에 따르면 수사는 범죄조사(Criminal Investigation)로 정의하고 있다. 이러한 정황으로 볼 때 사고수사는 어떠한 행위로 법을 위반하였는지 확인하여 처벌을 목적으로 하는 활동으로 수사기관이나 정부부처가 하는 활동으로 보인다.

시드니 데커(Sydney Dekker, 2012)는 사고수사로 인한 다양한 문제를 다음과 같이 설명(Judicial Proceeding and Safety)하였다. i) 사고수사 이후 사법 절차로 인해 사람들은 더 이상의 사고보고를 하지 않을 수 있다. 공항의 활주로 사고와 관련하여 형사 기소를 당한 관제사는 형사 기소 후 사고보고를 하지 않았다는 자료가 있다. 사고수사의 위협은 사람들이 안전과 관련한 다양한 정보를 내놓기를 꺼리게 만들 수 있다. 또한 그러한 위협은 두려움과 공포의 분위기를 조성할 수 있다. 더욱이 근로자는 자신의 책임을 회피하기 위한 설비 조작 등으로 심각한 참사를 일으킬 수 있다. ii) 사고조사로 인한 사법 절차는 사고를 부끄러운 일로 낙인 찍는 데 일조한다. 사고를 범죄로 규정하면 사고를 숨겨야 한다는 풍토가 조성될 수 있다. iii) 사고수사로 인한 법적 기소나 재판을 받는 근로자는 다양한 스트레스를 받고, 동료들과 고립되어 생산성이 하락된다.

전술한 바와 같이 사고조사와 사고수사는 용어로만 볼 때 별 차이가 없지만, 사고수사는 회사나 조직에서 실제 추구하는 진실확인, 진정한 사고예방, 근로자 참여를 통한 안전관리를 억제할 수 있다. 따라서 사고수사보다는 사고조사라는 용어를 사용해야 할 것이다.

II 사고조사 체계에 반영할 사항

체계는 다양한 기능들이 상호작용하는 통일적인 실체라고 할 수 있다. 하나의 체계 속의 각 요소들은 외부환경과의 경계 안에서 존재하며 서로 영향을 주고받으며 연결되어 있으며, 영어로 시스템(System)이라고 한다.

안전관리는 일반적으로 서비스 또는 제품 사용으로 인해 발생할 수 있는 사고와 작업과 관련한 부상 등을 방지하기 위한 일련의 원칙, 프레임워크, 프로세스 및 조치를 적용하는 활동이다. 그리고 사업장에 존재하는 유해하거나 위험한 요인을 찾아 과학적인 기술이나 기법을 적용하여 위험수준을 최소화하는 체계적인 활동이다. 따라서 안전관리는 시스템으로 운영되어야 하며, 이를 안전보건경영시스템이라고 한다.

안전보건경영시스템의 정의를 국제적인 기준으로 살펴보면, 다음의 표와 같이 다양한 내용이 있으나, 주요 내용은 사업의 최고경영자(사업주)가 안전보건 정책(Policy)을 공포하고, 이에 대한 계획 (Plan)을 수립하는 것이다. 그리고 설정한 계획을 운영(Do) 및 조치(Check)하여 개선사항을 보완(Action)하는 일련의 체계적인(Systemic) 활동으로 회사나 조직에서 공식화된 문서로 활용된다.

구분	내용
ILO (2001)	안전보건 정책 및 목표를 설정하고 이러한 목표를 달성하기 위한 일련의 상호 관련되거나 상호 작용하는 요소이다.

ISO 45001 (2018)	안전보건정책을 달성하기 위해 사용되는 경영시스템의 일부이다(경영시스템이란 조직체가 방침, 목적 및 그 목적 달성을 위한 프로세스를 확립하기 위한 조직체의 상호 관련되거나 상호 작용하는 요소들의 세트를 말한다).
ICAO (2018)	필요한 조직 구조, 책임, 책임, 정책 및 절차를 포함하여 안전 관리에 대한 체계적인 접근 방식이다.

효과적인 사고조사와 분석을 통한 재발방지대책을 수립하기 위해서는 사고조사 체계를 안전보건경영시스템의 요소로서 운영하여야 한다. 사고조사 체계에는 적용범위, 목적, 용어의 정의, 책임과 권한, 사고조사 절차, 사고보고, 사고정보 수집, 사고분석, 개선방안 마련 및 결과보고 등의 내용을 반영할 것을 추천한다.[1] 이 중 사고보고, 사고정보 수집, 사고분석, 개선방안 마련 및 결과보고에 대한 내용은 별도의 장에서 설명한다.

1. 적용범위

적용범위에는 사고조사와 관련한 체계가 반영되어 영향을 받는 대상이 구체적으로 기술되어야 한다. 일반적으로 회사나 조직이 갖는 시설, 서비스 및 연구소 등의 근로자와 협력업체를 적용대상으로 한다. 그리고 제품이나 물질을 공급하는 업체 및 고객도 대상에 포함될 수 있다. 참고로 한국산업안전보건공단의 공정사고 조사계획 및 시행에 관한 기술지침 (KOSHA Guide-P-100-2023)은 공정안전보고서를 제출한 대상시설로 국한하고, 해당 시설에서 발생한 공정사고 및 아차사고를 대상으로 하고 있다. 국토해양부의 건설사고조사 업무매뉴얼은 건설기술관리법시행규칙 제22조제1항의 규정에 의한 중대건설현장사고를 대상으로 하고 있다.

2. 목적

목적에는 사고조사와 관련한 체계를 만들게 된 배경과 사고조사를 통해 최종적으로 얻고

---

[1] 사고조사 체계에 반영할 내용은 해외와 국내의 다양한 산업군, 미국 국방부/해안경비대/NASA의 기준, 국내 국토, 안전보건공단의 공정사고 조사계획 및 시행에 관한 기술지침 및 공공기관의 자료를 기반으로 저자의 경험과 판단에 따라 요약하였다.

자 하는 내용을 구체적으로 기재하여야 한다. 일반적으로 사고발생 시 보고, 사고조사를 통한 근본원인 분석과 재발방지 대책을 수립하는 것으로 구성할 수 있다.

영국 BP가 발간한 'getting HSE right(2002)'을 살펴보면, 사고 재발을 방지하고 성과를 개선하기 위해 사고보고, 사고조사 및 사고분석이 수행된다. 사고조사는 근본 원인을 파악하는 것으로 시스템 오류에 초점을 맞추어야 한다. 아차사고를 포함한 모든 사고는 공개적으로 분석되어 문서로 기록된다. 그리고 주요 사고는 외부 사고조사팀이 참여하여 근본원인을 조사한다. 사고조사에서 얻은 교훈은 BP 전 세계 사업장 근로자에게 공유한다고 되어 있다.

사고조사와 관련한 체계에서 목적은 사고조사를 공정하고 진정성 있게 관련 정보를 수집하되, 사람을 비난하지 않는 체계적이고 시스템적으로 시행하겠다는 경영층의 의지가 담겨 있어야 한다. 또한 안전관련 법적인 규제를 대응하기 위해 사고조사와 관련한 관련 법령을 준수한다는 내용을 추가할 수 있다.

3. 용어 정의

사고와 관련한 용어는 세계적으로 다양한 기관, 다양한 학자 그리고 다양한 산업군에 따라 그 의미가 다양하다. 용어는 어떠한 학문이나 분야에 있어 전문적인 지식의 표현으로 회사나 조직의 모든 구성원, 협력업체 및 공급업체의 근로자가 동일하게 이해할 수 있어야 한다. 용어는 맥락을 이해하는 데 중요한 역할을 한다.

저자가 2016년 취득한 미국 화재폭발조사 자격(CFEI, Certified Fire and Explosion Investigator)[2]은 미국 화재조사관협회(NAFI, National association of Fire Investigators)가 주관하는 시험이다. 이 시험을 치르기 위해서는 미국화재예방협회(NFPA, National Fire Protection Association)가 발간한 화재폭발조사 가이드(2014 Edition기준)를 이해하여야 한다. 영문으로 된 방대한 문서에 포함된 이론과 실행사례를 알기 위해서는 먼저 서론부에 있는 용어 정의를 먼저 학습해야 했다. 그 이유는 화재폭발조사 관련 다양한 이론은 결국 용어라는 골격에 의해 서술되었기 때문이다. 이 가이드에서 용어 정의에 등장하는 단어는 197개이다. 저자는 197개의 용어정의를 먼저 학습한 이후 각 장에 서술된 내용을 체계적이고 효과적으로 이해할 수 있었다. 저자가 경험한 사례와 같이 회사나 조직에서 사고조사와 관련한 체계 구

---

2 별첨 15. 미국 화재폭발 조사 자격 참조

축 시 사고, 사고조사, 사고의 종류, 보고기준, 대책수립 및 보고기준 등의 내용에 등장하는 용어를 누락 없이 구체적으로 설명해야 한다.

국내와 해외의 다양한 산업과 기관의 선행연구를 검토한 결과, 사고조사와 관련한 체계에 다음과 같은 용어가 존재한다. 사고(Incident), 질병(Injury), 중대사고(Serious Accident), 공공사고(Public Accident), 근로손실 사고(Lost workday Injuries & Illnesses), 근로손실 미 발생 사고(Incident Reported Less Than 1 day), 응급처치 사고(First aid), 아차사고(Near miss), 중대한 아차사고(Serious near miss), 잠재적 중대사고(Potential serious injury), 재산상의 손실사고(Property/Equipment damage), 사고속보(Initial report), 초기 사고보고서(Preliminary accident report), 최종 사고보고서(Final accident report), 작업 손실일수(Lost workday), 조사(Investigation), 위험(Hazard), 건강측정(Health surveillance), 주요사고(Major incident), 개인지병(Private case), 기여요인(Contributing factor), 발생(Occurrence), 중대사고조사(Major accident investigation), 소규모조사(Smaller investigation), 산업재해, 중대산업재해, 중대시민재해, 인체상해 사고, 화재폭발 사고, 불명예 사고, 협력회사, 안전보건경영 주관부서, 사고발생부서, 사고조사부서, 조치수행부서 및 위험발생(Dangerous occurrence) 등 다양하고 그 수가 많다.

용어 정의를 영어로 Terminology, Definition 또는 Glossary로 표현한다. 일반적으로 Terminology와 Definition은 문서의 앞에 위치하고 Glossary는 뒤에 위치하는 것으로 보인다. Glossary는 체계에서 사용되는 기술적인 용어를 정의하는 서면 작업으로 일종의 작은 사전이라고 생각할 수 있다. 별첨 1. 사고조사 용어는 해외와 국내의 다양한 산업군과 안전 관련 기관(미국 에너지 부)이 사용하는 용어(Terminology, Definition 및 Glossary)의 예시로 공통적으로 존재하는 내용을 요약하되, 그 기준은 각각 다르지만 저자의 판단에 따라 선정 및 일반화하여 요약한 것이다. 또한 별첨 2. 사고통계와 관련한 용어(국내와 해외)를 별도로 설명하였다.

저자가 검토한 사고조사 용어와 관련한 선행연구에 따르면, 사고조사의 중요성을 알고 있는 회사나 조직은 사고조사 체계에 다양한 사고 관련 용어를 포함하고 있다. 한편, 그렇지 않은 회사는 대체로 사고조사 관련 용어 정의가 부실하고, 없을 뿐 아니라 그 체계조차 미래의 사고를 막고자 하는 상당한 고민이 없어 보여 아쉽다는 생각을 한다.

4. 책임과 권한

회사 또는 조직은 여러 사업분야와 다양한 사람들이 상호보완적으로 유기적인 업무를 수행하므로 안전보건과 관련한 책임을 계층별로 설정하여 운영해야 한다. 그리고 안전보건과 관련한 책임에 사고조사 내용을 포함하여 운영해야 한다.

책임은 영어로 Responsibility와 Accountability 두 가지 단어로 사용된다. Responsibility는 근로자와 감독자가 사고를 예방하기 위해 미리 설정해둔 안전조치나 안전활동을 준수하는 등의 내용이 포함되는 사전적인 의미가 있다. Accountability는 관리자나 경영진이 일어난 일에 대해 책임을 진다는 사후적인 의미가 있다. 즉, "A"라는 임원이 권한을 "B"라는 근로자에게 위임(Delegation)했다고 하여도 그 결과에 대한 책임은 "A"라는 임원에게 있다는 것이다. 따라서 Accountability는 전가될 수 없고 피할 수 없다. 권한(Authority)은 사업 조직의 목표를 달성하기 위해 자원을 효율적으로 결정하는 사람의 능력으로 정의할 수 있다. 권한을 가진 모든 사람은 자신의 권한 범위를 정확히 알아야 하며 이를 남용해서는 안 된다. 권한은 명령을 내리고 일을 처리할 수 있는 권리이므로 항상 위에서 아래로 전개된다. 마찬가지로 권한을 다른 사람에게 위임하여도 Accountability까지 위임되는 것은 아니다. 사고조사 체계에 포함해야 할 책임의 대상에는 일반적으로 경영책임자, 사고조사 소위원회, 안전보건 부서장, 사업부문장, 부서장, 근로자 및 사고조사팀 등이 있다.[3]

4.1 경영책임자

경영책임자는 사고조사가 안전보건경영시스템을 개선하고 향후의 사고를 예방할 수 있는 절호의 기회라는 것을 인지해야 한다. 경영책임자는 모든 사고를 보고받고, 관계자에게 개선을 요구하여야 하며, 특히 중대사고의 경우 직접 사고조사 활동에 참여하는 것이 필요하다. 그리고 회사의 전사 안전보건위원회에서 사고조사, 사고분석 및 재발방지 대책을 보고받고, 적절한 개선을 요구해야 한다.

---

3 사고조사 체계의 책임과 권한에 반영할 내용은 해외와 국내의 다양한 산업군, 미국 국방부/해안경비대/NASA의 기준, 국내 국토부, 안전보건공단의 공정사고 조사계획 및 시행에 관한 기술지침 및 공공기관의 자료를 기반으로 저자의 경험과 판단에 따라 요약하였다. 또한 사고조사와 관련한 논문과 서적을 참조하여 요약하였다.

4.2 전사 안전보건위원회

안전보건과 관련한 업무는 회사 전 분야에 걸쳐 복잡하고 유기적으로 연결되어 있으며, 중요한 의사결정이 상시 필요하다. 따라서 경영책임자가 있는 본사에 산업안전보건법 제24조에 따라 노사가 참여하는 산업안전보건위원회 설치와는 관계없이 경영책임자가 위원장이 되고 인사, 법무, 재무, 품질, 영업, 기획부서, 연구소장, 생산부문장, 사업부문장 등의 경영진으로 구성된 전사 안전보건위원회를 조직하고 운영하는 것이 필요하다.

효과적인 전사 안전보건위원회를 구축하고 운영하기 위해서는 위원회 헌장(Charter)을 마련하여 참여자의 권한과 책임을 구분한다. 헌장은 위원회가 존재하는 이유를 설명하는 문서이며, 조직 변경에 따라 수정될 수 있다. 다음 표는 효과적인 전사 안전보건위원회 운영과 관련한 요구조건이다.

- 위원회의 목적을 명확히 정의한다.
- 위원회의 책임과 권한을 정의한다.
- 위원회 운영의 성과를 측정한다.
- 위원회에 참석하는 위원을 선정한다.
- 위원회 참석 위원의 리더십 행동을 결정한다.
- 위원회를 언제까지 운영할지 결정한다.
- 위원회 회합 시기, 장소 그리고 주를 정한다.
- 위원회 운영 예산을 책정한다.
- 위원회에 어떤 자원과 전문 지식이 필요할지 결정한다.
- 위원회의 의결사항을 경영진과 근로자에게 효과적으로 알린다.

다음 표는 전사 안전보건위원회 헌장(charter) 예시이다.

OOO 안전보건위원회 헌장

· 안전보건위원회 이름:
· 회의일자:
· 문제서술: 개선 기회와 문제 설명
· 안전보건 위원회의 목표: 위원회가 추구하는 목표를 설명
· 배경: 어떤 일이 일어났는지 설명
· 범위: 위원회가 해결해야 할 범위 설명
· 위촉기간:
· 프로세스 소유자:
· 지원자:
· 팀 리더:
· 간사:
· 회의록 작성자:
· 위원명단:
· 자료:
· 위원회 서약:
  – 우리는 안전보건위원회의 헌장을 읽고 이해한다.
우리는 우리의 역할과 책임을 이해하고 취해야 할 조치에 대하여 합의한다.
위원회 헌장에 대한 수정이 필요할 경우, 수정 내용을 검토하여 합의한다.
(안전보건위원회 구성원의 서명)

4.3 안전보건소위원회

전사 안전보건위원회를 실무적으로 지원하기 위해서는 안전보건소위원회를 구성하여 운영한다. 주요 소위원회의 종류에는 홍보, 사고조사, 안전 검사, 작업 위험 분석, 후속 조치, 교육과 훈련, 규칙과 절차 및 임시위원회 등이 있다. 아래 그림은 전사 안전보건위원회 산하에 사고조사소위원회를 두는 예시이다. 사고조사소위원회는 전사 사고조사소위원회와 사업부 사고조사소위원회로 구분하여 설명한다.

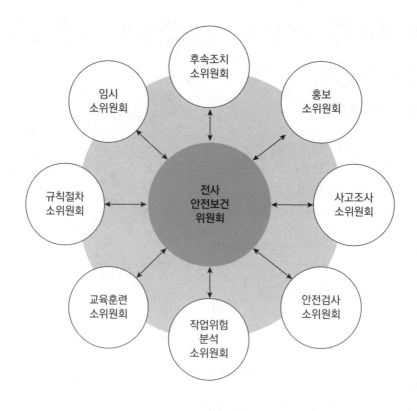

후속조치
소위원회

임시
소위원회

홍보
소위원회

규칙절차
소위원회

전사
안전보건
위원회

사고조사
소위원회

교육훈련
소위원회

작업위험
분석
소위원회

안전검사
소위원회

4.4 전사 사고조사소위원회

　소위원회는 사고발생 여부와 관계없이 최소 분기 1회 이상 개최하고, 전사 안전보건위원회의 지시를 받는다. 위원회는 사업부 사고조사소위원회의 요청사항이나 지원사항이 있을 경우 적극적인 지원을 하여야 한다. 위원회는 사업부 사고조사소위원회에 추가로 사고조사를 요청할 수 있으며, 필요한 대책사항을 지시할 수 있다. 안전보건부서장은 모든 사고에 대한 자문역할을 하고 필요시 경영책임자를 대신하여 역할을 수행한다. 위원회의 역할은 i) 근로손실 사고 이상의 사고조사 및 재발방지 대책 수립 및 시행 ii) 근본원인 개선 iii) 피해자 가족지원 및 보상 합의 iv) 피해보상금 산출 및 법률 지원 v) 언론과 홍보관리 vi) 보상처리 및 후속조치 vii) 사업부 사고조사소위원회 지원 등이 있다.

4.5 사업부 사고조사소위원회

　사업부 사고조사소위원회의 장은 사업부문장으로 한다. 위원회는 사고접수 즉시 소위원회를 개최한다. 위원회가 의결한 사항은 전사 사고조사소위원회에 보고하고 필요시 전사 사고조사소위원회의 지원을 요청할 수 있다. 위원회는 전사 사고조사소위원회의 지침을 받고, 필요시 안전보건 부서장에게 자문을 요청할 수 있다.

4.6 안전보건 부서장

안전보건 부서장은 사고조사에 참가하며, 접수된 사고보고서에 대한 원인분석과 대책을 검토하여 의견을 제시한다. 사업부 사고조사소위원회가 제출한 사고조사, 사고분석 및 대책수립이 미흡할 경우에는 보완과 추가 개선을 요구할 수 있다. 안전보건 부서장은 사고 동향분석을 주기적으로 시행하고 그 기록을 관리한다. 안전보건 부서장은 전사 안전보건위원회의 간사 역할을 맡고, 전사 및 사업부 사고조사소위원회를 보좌한다.

4.7 사업부문장

사업부문장은 접수한 모든 사고를 경영책임자에게 보고하고, 안전보건부서장에게 통보한다. 사업부문장은 모든 사고조사에 참여하고, 사고와 관련한 안전보건 부서장의 요청이 있을 경우, 적극 협조해야 한다. 그리고 사업부문이 주관하는 사업부 사고조사소위원회에 참여하고 활동사항을 검토하여야 한다.

4.8 관리감독자

관리감독자는 사고 접수 즉시, 사고에 대한 초동대응을 하고 해당 사업부문장에게 사고보고를 하고 안전보건 부서장에게 그 내용을 통보한다. 관리감독자는 사고원인을 파악하고 지정 기간 내에 개선을 완료하여야 하며 개선사항의 적정성을 검토해야 한다. 그리고 사고조사소위원회에 참여한다.

4.9 근로자

근로자는 사고발생 우려가 있거나 상해, 질병, 환경사고, 화재 등의 모든 사고를 목격했을 경우에는 관련 사실을 즉시 부서장, 관리감독자 또는 안전보건 부서장에게 보고한다.

4.10 사고조사팀

사고 조사팀장은 사고조사와 관련한 경험과 이론적 지식이 있어야 하며, 팀에는 사업이나 공정과 관련한 운전, 정비 및 지원 인력이 포함되어야 한다. 그리고 필요 시 협력회사 담당자를 포함할 수 있다.

많은 회사나 조직은 심각한 부상이나 광범위한 재산 피해와 관련된 사고를 조사하기 위해 사고조사팀을 조직하여 운영한다. 사고조사팀을 운영하면, 해당 부서장이 시행한 사고조사를 보완하여 개선할 수 있다.

사고조사는 상당한 업무량, 시간 제약, 민감한 문제 및 팀원 간의 협력 등 복합적으로 작용하는 복잡한 프로젝트이다. 정해진 기간 내에 사고조사를 완료하려면 사고 조사팀장은 팀 협력을 촉진해야 한다. 사고조사팀장은 사고조사 초기 사고보고서를 접수하고 가능한 많은 정보를 취득해야 하며, 팀원들에게 업무를 할당해야 한다. 그리고 사고조사의 일정을 다음 그림과 같이 작성하여 그 일정을 관리해야 한다.

사고조사팀 구성

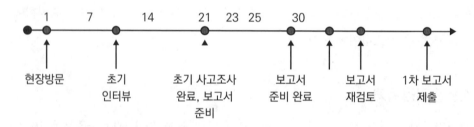

Ⅲ 사고조사 절차

사고 현장 보호, 부상자 돌봄, 사고 현장 격리, 사고조사팀 구성, 사고 현장 조사, 피해자와 목격자 인터뷰, 사고정보 수집, 사고분석, 개선방안 마련 및 결과보고 등으로 구성한 사고조사 절차를 설명한다. 중대산업재해와 관련한 사후처리 과정은 본 책자 별첨 14. 중대재해 사후처리 가이드라인에서 설명한다.

1. 사고 현장 보호

사고 현장은 그대로 보호하되, 관련한 위험을 제거해야 한다. 위험에는 화학 물질, 전기나 기계 에너지원, 압력 에너지원, 추락, 낙하 및 붕괴 위험 등이 있다. 이와 관련한 산업안전보건법상 법 조항은 제56조 제3항에 따라 중대재해 발생현장을 훼손하여 원인 조사를 방해하는 것을 금지하고 있으므로 조사가 끝날 때까지 현장을 보존해야 한다.

2. 부상자 돌봄

사고를 목격한 동료 근로자 또는 관리감독자(사업장 책임자)는 산업안전보건법 제54조 제1항에 따라 즉시 작업을 중지하고, 재해자를 작업장소로부터 대피시키는 등 필요한 안전·보건상의 조치를 한다. 그리고 119나 인근 병원에 연락하여 재해자를 긴급 후송할 수 있도록 조치한다.

3. 사고 현장 격리

사고 현장은 추가적인 사고가 발생할 수 있는 가능성이 높은 지역이므로 사람들의 출입을 금지해야 하며, 증거는 보존되어야 한다. 사고가 발생한 지역 주변을 막을 수 있는 차폐막 등을 사용하여 격리한다. 사고 현장에 출입할 수 있는 사람은 주로 구조대, 사고조사자, 법집행 기관에서 나온 조사관 등이다.

4. 사고조사팀 구성

사고조사팀장은 사고조사를 객관적으로 시행할 수 있도록 내부 또는 외부의 전문가를 적절하게 참여시킨다. 사고조사팀장은 사고의 개략적인 원인을 파악하고 전사 사고조사소위원회에 보고한다. 그리고 필요시 원인과 대책을 홍보부서의 장에게 공유한다.

5. 사고 현장 조사

사고 현장은 다양한 위험요인이 존재하므로 사고조사자는 안전을 먼저 확보한 이후 조사를 시행해야 한다. 사고와 관련한 현장 사진을 촬영하고, 필요한 정보를 수집한다.

6. 피해자와 목격자 인터뷰

사고와 관련이 있는 사람들과 인터뷰를 시행한다. 인터뷰와 관련한 내용은 본 책자 제8장 사고정보 수집을 참조한다.

7. 사고정보 수집

사실확인, 물리적 증거 수집 및 목록화, 문서 증거 수집 및 목록화, 문서 증거의 전자파일화 및 사람과 관련한 증거 수집을 한다. 사고정보 수집과 관련한 내용은 본 책자 제8장 사고정보 수집을 참조한다.

8. 사고분석

사고의 경중에 따라 회사나 조직이 설정한 분석 방법론을 사용한다. 순차적 분석, 역학적 분석 및 시스템적 분석을 사용하되, 사고에 적합한 효과적인 사고분석 도구를 선정하여 사용한다. 사고분석 도구에는 ECFCA, 방벽분석, 변화분석, 원인요인 및 원인과 영향 분석이 있다. 사고분석과 관련한 내용은 본 책자 제10장 사고분석 도구를 참조한다.

9. 개선방안 마련 및 결과보고

개선방안 마련의 원칙은 위험제거, 위험대체, 공학적 대책 사용, 행정적 조치 및 보호구 사용 등의 우선순위를 적용한다. 그리고 개선방안 고도화 조치를 적용한다. 결과보고는 핵심 내용 요약을 포함하고, 간결하고 효과적인 보고서 작성을 한다. 개선방안 마련 및 결과보고와 관련한 내용은 본 책자 제11장 개선방안 마련 및 결과보고를 참조한다.

참고문헌

법제처. (2018). 법령용어 한영사전.

양정모. (2023). 새로운 안전문화-이론과 실행사례. (박영사).

Dekker, Sidney. *Just culture: Balancing safety and accountability, 2nd ed.*, ASHGATE, 2016.

ICAO. (2015). Manual of Aircraft Accident and Incident Investigation.

ICAO. (2018). Safety Management Manual, Fourth Edition.

ILO. (2001). Guidelines on occupational safety and health management systems.

ILO. (2014). Investigation of Occupational Accidents and Diseases, A Practical Guide for Labour Inspectors.

ISO 45001. (2018). Occupational health and safety management systems — Requirements with guidance for use.

McKinnon, R. C. (2022). *A Practical Guide to Effective Workplace Accident Investigation*. CRC Press.

OSHA (2015). Incident investigations: A guide for employers.

Peter Sturm and Jeffrey S. Oakley. (2019). *Accident Investigation Techniques: Best Practices for Examining Workplace Incidents*. ASSP.

Roughton, J., & Mercurio, J. (2002). *Developing an effective safety culture: A leadership approach*. Elsevier.

Vincoli, J. W. (1994). *Basic guide to accident investigation and loss control* (Vol. 1). John Wiley & Sons.

Yates, W. D. (2017). *Safety professional's reference and study guide*. CRC Press

Chapter

07

사고보고

사고보고

I 개요

1. 기본원칙

사고조사의 목적은 사고와 관련한 직접원인, 기여요인 및 근본원인을 확인하고 개선하여 근로자의 안전보건 확보와 회사의 지속가능한 경영을 유지하기 위한 것이다. 하지만, 이러한 좋은 목적에도 불구하고 사고보고 자체가 없다면, 사고조사는 물론이고 원인분석을 할 수 있는 기회를 갖지 못한다. 따라서 회사나 조직은 다음과 같은 사고보고 원칙을 설정하여야 한다.

회사나 조직은 모든 계층의 근로자와 이해관계자가 모든 사고를 보고하도록 하는 원칙을 설정하여 운영해야 한다. 그리고 사고보고서는 동종사고나 유사사고를 막기 위한 목적으로 사용되고, 인사상의 목적으로 활용하지 않는다는 것을 명확하게 밝혀야 한다. 사고보고의 대상을 사망사고, 기록 가능한(Recordable) 상해나 질병, 비상대응 또는 긴급 대책을 필요로 하는 사고, 정부기관에 보고해야 되는 사고 및 법적인 처벌로 인해 관계 기관으로부터 받는 행정명령 등으로 구체적으로 설명해야 한다.

2. 사고보고의 현실

회사나 조직의 사업장에서 발생하는 사고의 종류는 심각성에 따라 다양하게 분류할 수 있다. 본 책자의 별첨 1. 사고조사 용어와 같이 인체사고를 예로 들면, 사고가 발생했지만 피해가 없는 아차사고, 응급처치 사고, 의료치료 사고, 근로미손실 사고, 근로손실 사고, 산업재해, 중대재해, 중대산업재해 및 중대시민재해 등이 있다. 그리고 회사나 조직이 갖는 특성에 따라 시설과 관련한 사고보고 기준을 별도로 설정하는 경우도 있다. 그 예로는 화재사고, 폭발사고, 환경오염 사고, 법기준 위반 사고 및 사회적으로 물의를 일으킨 사고 등이 있다.

제6장 사고조사 체계 구축의 책임과 권한과 제7장 사고보고의 기본원칙에 언급한바와 같이 경영책임자, 안전보건 부서장, 사업부문장은 관리감독자나 근로자로부터 모든 사고내용을 보고받아야 한다. 그리고 모든 근로자나 이해관계자는 사고를 보고해야 한다.

누군가는 사고를 보고하고 누군가는 사고를 보고 받는다. 이러한 기준은 사고보고에 있어 이상주의적인 발상이 포함되어 있다고 생각한다. 회사나 조직은 언제든지 사고보고를 받을 만반의 준비가 되어 있고, 언제든지 보고만 받으면 선의의(미래의 사고 예방과 같은 거시적이고 도덕적인 측면) 행동을 하겠다는 의미가 있는 것으로 보인다. 그리고 사고를 일으킨 사람이나 목격한 사람은 그저 절차에 따라 보고만 하면, 모든 일이 순조롭게 진행될 것이라는 의미가 담겨 있는 것으로 보인다. 또한 만약 사고보고를 하지 않으면 어떠한 불이익을 받을 것이라는 막연한 걱정 그리고 정상적인 사람이라면 사고보고를 하는 것이 마땅하다는 의미 또한 담겨있는 것으로 보인다.

하지만, 현실은 그렇지 않은 것으로 판단한다. 그 이유는 회사나 조직에서 근무하는 사람들이 생산활동을 하는 과정에서 헤아리기도 어려운 수많은 사고를 경험함에도 불구하고 모든 사고를 보고하지는 않기 때문이다.[1] 이러한 사고 중 대다수는 사고가 있었지만, 부상이나 피해가 경미했던 사고일 가능성이 크며, 사고를 일으킨 당사자만 알 수 있는 경우가 다수라고 생각한다.[2] 사람들은 자신의 오류로 인해 발생한 사고로 인해 자신이나 동료가 비난을 받게 될 것이라는 걱정과 스트레스를 안고 있으므로 사고보고를 꺼리는 것은 일반적인 통념

---

1 사고로 인한 결과를 누구나 알 수 있고, 자신이 입은 상해로 병원의 치료를 받아야 하는 경우는 대부분 사고보고를 하는 것으로 보인다. 다만, 일부 회사 또는 조직은 사고 사실을 접수하고도, 본사나 관련 기관에 보고하지 않도록 설득하는 경우도 존재한다. 그 이유는 사고발생으로 인한 여러 책임을 지지 않으려는 목적과 무사고와 관련한 목표를 달성하기 위한 목적으로 보인다.

2 별첨 1. 사고조사 용어에서 설명한 바와 같은 응급처치 사고, 근로미손실 사고 및 아차사고 등이 있다.

이다. 또한 사고보고를 위해 별도로 시간을 투자하여 문서를 작성하는 일은 따분하고 흥미가 없는 일이라고 생각하는 것 또한 빼놓을 수 없다.

이러한 사유로 모든 사고를 보고하고 접수한다는 것은 애초에 달성하기 어려운 목표가 아닐까 생각한다. 하지만, 선진국의 사례처럼 이렇게 어려운 목표를 달성해야 비로소 안전에 있어 선진국으로 도약하는 방안이 아닐까 생각한다. 사고보고의 유연성과 효과성을 추구하는 것이야말로 우리가 추구하고자 하는 높은 수준의 안전문화가 아닌가 생각한다. 사고보고의 원천인 근로자나 이해관계자가 사고보고를 스트레스와 비난으로 생각하지 않고, 사고보고로 인한 문서 작성 또는 입력의 수고를 덜도록 하는 방안은 무엇일까? 이러한 방안을 다음과 같이 살펴보고자 한다.

II 사고보고 문화 구축

James Reason(1997)은 Managing the Risks of Organizational Accidents라는 책자에서 안전문화의 구성요소를 공유된 문화(Informed culture), 공정문화(Just culture), 학습문화(Learning culture), 유연한 문화(Flexible culture) 및 보고문화(Reporting culture)로 정의하였다. 그는 보고문화(Reporting culture)의 중요성을 강조하면서 사고보고의 원천인 근로자가 어떠한 경우라도 위협을 느끼지 않고 자유로운 보고를 하는 것이 중요하다고 강조하였다.

회사나 조직이 근로자나 이해관계자에게 중대사고와 아차사고를 보고하도록 하는 것은 쉬운 일이 아니다. 오류를 범한 것에 대한 사람의 반응은 다양한 형태를 띠지만, 솔직한 고백은 일반적으로 일어나는 상황이 아니다. 더욱이 그들의 휴먼에러와 관계가 있는 경우에는 더욱 그러하다. 여기에 어떠한 조치나 징계가 따를 것이라는 걱정이 있을 경우 더욱 그럴 것이다. 사고보고로 인해 발생할 수 있는 부정적인 결과는 보복, 신뢰 부족, 비난, 보고서 작성 및 추가 작업 등 다양하다. 우리는 이러한 부정적인 결과를 어떻게 극복할 수 있을까? 이에 대한 효과적인 대안으로 알려져 있는 미국과 영국의 항공 사고보고프로그램을 살펴본다.[3]

---

3 사고보고 문화를 구축하기 위한 방안으로 본 책자의 제7장 III. 아차사고-13. 아차사고 보고의 걸림돌과 해결방안을 추가적으로 참조하기 바란다.

1. 영국 항공안전정보시스템(BASIS)

영국항공(British Airways, 이하 BA)은 1974년부터 운영을 하고 있으며, 영국에서 가장 큰 항공사로 런던 증권거래소에 상장되어 있으며 연간 수익이 좋아 세계 최고의 항공사 중 하나로 자리매김하고 있다.

영국 항공안전정보시스템(British Airways Safety Information System, 이하 BASIS)은 1990년대 초 항공승무원의 항공안전보고서를 기록하고 개선하기 위해 모듈(Module) 형식으로 개발되었다. 각 모듈 중 가장 활용성이 큰 것은 항공안전보고서(Aviation Safety Report, 이하 ASR)였다.

당시, BA에는 항공사고예방을 위한 효과적인 보고와 모니터링 시스템이 없었다. 그 예로 항공사고보고와 관련한 문서는 부피가 크고 자료관리가 비효율적이었다(47개, 4개 캐비닛 시스템). 따라서 방대한 문서를 검토하기 위해서는 많은 인력을 투입해야 했고, 사고로 이어지는 요인을 평가하는 추세 분석에 한계가 있었다. 당시 조직의 모든 계층은 항공사고로 인한 다양한 피해를 예방하기 위해 BASIS가 개방적인 보고문화 구축의 토대로 운영될 것을 기대하였다. 하지만, 경영층은 BA 내부적으로는 BASIS 운영이 효과적이지 못하다는 인식에 따라 관련 규제기관과 외부 전문가의 협조를 구했다. 이에 따라 BA는 BASIS를 통해 사고자료를 저장하고 조직 전체에 적절하게 전달하는 시스템을 고안했다. 이 시스템은 비행 자료 분석 기록, 휴먼에러 기록 및 비행 유지 관리 오류를 탐지하고 조사하는 시스템을 포함하고 있다.

BASIS는 개발 당시부터 수년에 걸쳐 광범위한 보고 체계를 포괄해 가면서 확장되었다. 비행 승무원은 ASR(익명이 아님)을 사용하여 안전 관련 사건을 보고해야 한다. ASR 제출을 장려하기 위해 다음 British Airways Flight Crew Order, No. 608과 같은 내용을 설정하였다.

> 일반적으로 BA의 정책은 항공안전에 영향을 미치는 사고보고에 있어, 징계를 설정하지 않는다. BA는 회사의 판단에 따라 합리적으로 신중한 근로자가 자신의 교육과 경험을 통해 취하지 않은 행동에 대해서만 징계 조치를 취하는 것을 고려한다.

이러한 원칙을 통해 ASR 보고율은 1990년과 1995년 사이에 3배 이상 증가했다. 그리고 심각하고 고위험 범주로 구분되는 보고의 수는 1993년 상반기와 1995년 상반기 사이에

3분의 2가 감소하는 좋은 결과가 나왔다.

BASIS의 또 다른 중요한 구성 요소는 1992년에 제정된 British Airways Confidential Human Factors Reporting Program이다. ASR을 통해 다양한 정보를 수집하였지만, 휴먼 퍼포먼스[4]와 관련한 더 민감한 정보 수집이 필요했다. ASR을 제출하는 각 조종사는 사고와 관련된 기밀 인적요인 설문지를 작성하였다. British Airways Confidential Human Factors Reporting Program은 운영 첫 해에 550개의 사용 가능한 응답을 받았다. 보고서에서 제기된 문제는 정기적으로 경영진에 전달되었지만, 보고서의 익명성을 유지하기 위해 주의를 기울였다.

영국항공안전서비스(British Airways Safety Services, 이하 BASS)는 다양한 방법으로 BASIS 정보를 배포한다. 단위 보고서와 기사 외에도, 선택된 사건과 관련한 현황분석과 기종별로 분류된 사고에 대한 간략한 설명이 포함된 18-20페이지 분량의 월간 게시인 Flywise를 발행한다. 다음 그림은 2006년 Flywise로 사고이론, 항공사고의 위험, BA에서 발생한 사고 사례, 항공안전 관련 커뮤니케이션 등의 내용으로 구성되어 있다(56페이지 분량).

---

4 휴먼 퍼포먼스(Human Performance)는 특정한 작업 목표(결과)를 달성하기 위해 수행하는 사람의 행동이다. 행동은 사람들이 행하고 말하는 것이며 목적을 위한 수단으로 보고 들을 수 있는 관찰 가능한 대상의 범주이다.

BASIS는 1995년 새로운 사고보고서를 개발하여 운영하였다. 그 이유는 사고보고서의 양식이 길고 작성하는데 시간이 많이 소요되었기 때문이다. 또한 휴먼에러와 관련한 Slip 및 Mistake 등의 전문적인 용어[5]가 사용되었기 때문이다. 새로운 사고보고서(설문서)는 전문용어를 사용하지 않는 개방형 질문으로 구성되어 있으며, 수많은 조종사와 엔지니어가 사건을 효과적으로 보고할 수 있게 되었다.

2. 미국 항공안전보고시스템(ASRS)

2.1 배경

미국의 항공안전보고시스템(Aviation Safety Reporting System, 이하 ASRS)이 만들어지게 된 배경은 다음과 같다. 1974년 12월 1일 미국 Trans World Airlines(TWA)[6]사의 514편은 흐리고 난류가 심한 하늘을 헤치고 덜레스 공항(Dulles Airport)으로 향하던 중, 급 하강하여 버지니아 산 정상에 충돌하여 탑승객 전원이 사망하는 사고가 발생했다. 미국 국가교통안전위원회(National Transportation Safety Board, 이하 NTSB)가 발행한 사고 보고서에 따르면, TWA사의 514편이 추락하기 6주 전 미국 유나이티드 항공(United Airlines)기 소속 비행기는 사고가 발생한 동일한 장소에서 간신히 사고를 피할 수 있었다. 그 이유는 유나이티드 항공(United Airlines)이 운영하던 항공안전인식프로그램(Flight Safety Awareness Program)의 일환인 익명 사고보고 시스템을 통해 기장이 사고발생 장소의 정보를 사전에 공유 받았기 때문이다. 그리고 해당 사실은 미국연방항공국(Federal Aviation Agency, 이하 FAA)에도 통보되었다. 하지만 안타깝게도 당시에는 이러한 정보를 기타 항공사에 공유할 만한 방법이 없었다.

---

5 리즌(1990)은 사람의 불안전한 행동을 "의도하지 않은 행동"과 "의도한 행동"으로 분류하였다. 그리고 의도하지 않은 행동을 부주의(slip) 및 망각(lapse)으로 구분하고 의도한 행동은 착각(mistake)과 위반(violation)으로 구분하였다. 그리고 부주의(slip), 망각(lapse) 및 착각(mistake)을 기본적인 인적오류(human error)라고 정의하였다.

6 Trans World Airlines(TWA)은 1930년부터 2001년 American Airlines에 인수될 때까지 운영된 미국의 주요 항공사였다. Ford Trimotors와 함께 St. Louis, Kansas City 및 기타 경유지를 거쳐 뉴욕시에서 로스앤젤레스까지 노선을 운영하기 위해 Transcontinental & Western Air로 설립되었다. American, United 및 Eastern과 함께 1930년 Spoils Conference에서 결정된 미국의 "Big Four" 항공사 중 하나였다.

2.2 Advisory Circular 00-46

1975년 5월 FAA는 기밀을 유지하며, 비처벌적인 사고보고 프로그램 시행을 위해 다음 표와 같은 제재 부과면제를 발행했다.

---

c. 제재 부과 면제

FAA는 49 U.S.C. 제VII편 또는 14 CFR 위반과 관련된 사건 또는 발생에 대한 보고서를 NASA에 제출하는 것을 건설적인 태도의 지표로 간주한다. 그러한 태도는 향후 위반을 방지하는 경향이 있다. 따라서 위반에 대한 조사가 이루어질 수 있지만 다음과 같은 경우 민사상 벌금이나 인증 정지가 부과되지 않는다.

1. 위반이 고의가 아닌 부주의한 경우
2. 위반이 자격 또는 역량의 부족을 드러내는 49 U.S.C. § 44709에 따른 형사 범죄, 사고 또는 행위와 관련이 없는 경우
3. 해당자는 이전의 FAA 집행 조치에서 49 U.S.C. 제VII편 또는 발생일 전 5년 동안 그곳에 공포된 어떤 규정도 위반한 사실이 발견되지 않았을 경우
4. 해당자는 위반 후 10일 이내 또는 위반 사실을 알게 되었거나 알았 어야 할 날짜에 사건 또는 발생에 대한 서면 보고서를 작성하여 NASA에 전달하거나 우편으로 발송했다는 것을 증명할 경우

2.3 ASRS 이해관계자

FAA Advisory C 그리고 사고보고 프로그램에 대한 후원은 FAA가 맡고, 자발적으로 제출된 보고서에 대한 처리와 분석은 중립적으로 미국항공우주국(NASA, National Aeronautics and Space Administration)이 맡는 방안이 협약(1975년 8월)되었다. 이후 NASA는 항공안전보고시스템(Aviation Safety Reporting System, 이하 ASRS)을 운영하기 시작했다. FAA는 자금을 지원하고 면책 조항을 제공하고, NASA는 프로그램 정책을 설정하고 운영하고 있다.

영국, 캐나다, 호주, 뉴질랜드, 남아프리카 공화국, 러시아 및 한국 등의 국가들은 이 시스템을 모태로, 독자적으로 보고시스템을 설립·운영하고 있으며, 국제항공안전비밀보고제도(ICASS, International Confidential Aviation Safety Systems)라는 이름으로 매년 정기적인 회의를 시행한다. ASRS의 주요업무는 당국과 업계에 대한 위험정보 긴급전파, 항공사건 데

이터베이스 구축 운영, 인적요인을 비롯한 각종 조사 연구, 항공안전 정보지 발간, 외부기관의 연구지원 및 자료제공 및 항공안전 정책이나 법규, 절차의 개선을 위한 기초자료 제공 등이다. 다음 그림은 NASA, FAA, Aviation Community모습을 보여준다.

2.4 ASRS 보고대상 사건

ASRS 보고 대상은 조종사 안전, 관제절차, 조종사/관제사간 통신, 공항의 항공기 이동지역에서의 사건, 공중 충돌 위험, 항공기 정비 기타 항공안전 위험요소에 대해서 보고자가 직접 관련되거나 또는 목격한 사건 등이다.

2.5 사고보고 및 후속조치

사고보고는 전자 보고서 제출(ERS), 보고양식을 다운로드하여 우편으로 보고하는 방식 및 공식 종이사본을 발송하는 방법이 있다. i) 전자 보고서 제출(ERS)은 안전 보고서를 제출하는 빠르고 쉽고 안전한 방법이다. NASA는 항공 커뮤니티 구성원에게 이 보고 옵션을 활용하도록 권장한다.[7] ii) 다운로드 및 인쇄 방식은 양식을 ASRS 웹사이트에서 다운로드하여 컴퓨터로 작성하고 인쇄(또는 인쇄하여 직접 작성)할 수 있다. 양식을 봉투에 넣고 적절한 우편 요금을 첨부하여 다음 주소로 보낸다. NASA 항공 안전 보고 시스템 P.O. Box 189 Moffett Field, CA 94035-0189. iii) 공식 종이 사본은 승무원실과 같은 장소에서 찾을 수 있다. ASRS 양식은 우편 요금이 없으며, 받는 주소가 기재되어 있다. 양식을 접어서 테이프로 붙이고 우편으로 보내면 된다.

2.6 사고보고 현황

1976년부터 2023년까지 접수된 ASRS는 2,068,784건이다. 이중 7,436건은 Safety Alert Message로 공유되었고, 145건은 즉시 조치되었다. 또한 527건의 CALLBACK Issue가 발행되었고 64건의 심층 연구가 되었다.

2.7 기타 산업의 ASRS적용

항공분야의 ASRS 보고 모델은 철도, 의학, 보안, 소방, 해양, 법 집행 등과 같은 다른 분야에도 적용되고 있다.

2.8 해외와 국내의 ASRS

국가별 ASRS 적용 시기는 미국의 ASRS(1976), 영국의 CHIRP(1982), 캐나다의 SECURITAS(1995), 호주의 REPCON(2007), 브라질의 RCSV(1997), 일본의 VOICES(2014), 프랑스의 REC/REX(2000/2011), 대만의 TACARE(2000), 한국의 KAIRS(2000), 중국의 SCASS(2004), 싱가폴의 SINCAIR(2004), 스페인의 SNS/SRS(2007/2007) 및 남아프리카공화국의 CAHRS(2013)와 같다.

---

[7] https://asrs.arc.nasa.gov에서 ASRS 웹사이트를 방문하거나(또는 QR 코드를 스캔) ASRS 보고서를 작성하고 안전하게 제출한다.

3. 한국 항공안전자율보고(KAIRS)

3.1 소개

1976년 미국에서 시행된 ASRS를 토대로 1984년 국제민간항공기구(ICAO: International Civil Aviation Organization)가 우리나라에 항공안전자율보고 체계를 구축할 것을 적극 권장하였다.[8] 1997년 6월 캐나다에서 개최된 제2차 아시아·태평양 경제 협력체(APEC: Asia Pacific Economic Cooperation) 교통장관회의에서 항공 준사고에 해당하는 사고보고 정보를 활발히 공유하기 위하여 각 회원국들은 항공안전자율보고 체계를 도입하기로 의결하였다. 현재 대한민국을 포함한 많은 국가들이 자율보고제도 운영 국가 간 협의체(ICASS: International Confidential Aviation Safety Systems)를 구성하여 협업하고 있다.

국내 항공안전법 제61조는 항공안전을 저해하거나, 저해할 우려가 있는 사건이나 상태 또는 상황에 대한 자율신고를 통해 개선방안을 마련함으로써 항공안전 사고를 사전에 예방하기 위한 제도라고 규정하고 있다. 2016년 항공안전법이 제정되었고, 2019년 3월부터 시행 중이다. 한국 항공안전자율보고는 Korea Aviation Voluntary Incident Reporting System이다(이하 KAIRS).

3.2 기본원칙

안전자율보고(비밀보고제도)의 원칙은 보고자의 신원정보 기밀유지 및 보호, 면책기능(행정처분 면제) 및 보고된 정보 전파 및 공유이다.

3.3. 항공안전법의 면책 조항

항공안전법 제61조(항공안전 자율보고)에 따라 자율보고대상 항공안전장애 또는 항공안전위해요인을 발생시킨 사람이 사고 발생일부터 10일 이내에 항공안전 자율보고를 한 경우, 고의 또는 중대한 과실로 발생시킨 경우가 아니라면, 이 법 및 「공항시설법」에 따른 처분을 하지 않는다는 조항이 있다.

---

[8]　국제민간항공협약 부속서 19(안전관리)는 '국가는 의무보고제도를 통해 포착되지 않은 안전 데이터와 정보를 수집하기 위해 자율보고제도를 운영하여야 한다'라고 정의하고 있다.

3.4 운영체계

항공사고를 심각도에 따라 사고, 준사고, 의무보고대상항공안전장애 및 자율보고대상항공안전장애로 구분한다. 그리고 사고, 준사고, 의무보고대상항공안전장애의 경우 의무보고로 설정하고, 자율보고대상항공안전장애는 자율보고로 설정한다. 사고, 준사고, 의무보고대상항공안전장애는 국토교통부가 운영을 하며, 자율보고대상항공안전장애는 한국교통공단이 운영을 한다. 운영체계는 다음 그림과 같다.

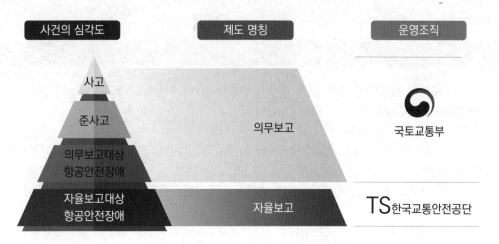

국내 항공안전보고제도 운영 체계

3.5 보고주체와 보고대상

보고주체는 조종, 관제, 정비, 객실, 운항관리, 기타 항공업무 관계자 및 항공기탑승 ·공항이용 등 항공교통서비스를 이용하는 전 국민으로 다음과 같은 내용을 보고할 수 있다.

• 항공기 운항과 관련한 안전사건 및 위험요소에 관한 정보
• 항공교통관제와 관련한 안전사건 및 위험요소에 관한 정보
• 항공기 정비 및 기술과 관련한 안전사건 및 위험요소에 관한 정보
• 객실 운영과 관련한 안전사건 및 위험요소에 관한 정보
• 항공기 운항관리와 관련한 안전사건 및 위험요소에 관한 정보
• 공항운영과 관련한 안전사건 및 위험요소에 관한 정보

- 위험물 운송과 관련한 안전사건 및 위험요소에 관한 정보
- 지상조업과 관련한 안전사건 및 위험요소에 관한 정보
- 기타 항공안전에 도움이 될 수 있는 안전정보

3.6 보고방법

인터넷 및 모바일홈페이지, 이메일, 우편, 전화 및 팩스를 이용하여 한국교통안전공단에 보고하면 된다(보고양식은 별첨 3. 항공안전자율보고서(Aviation Safety Voluntary Report 참조)).

- 인터넷, 모바일 홈페이지 접속방법: www.airsafety.or.kr 자율보고 ▶ [자율보고 접수하기] 클릭 (보고서 작성 → 접수하기)
- 이메일 : kairs@kotsa.or.kr
아래 서식을 내려 받아 작성하신 후 항공안전자율보고 관리자의 E-mail 주소로 송부하여 주시기 바랍니다.
- 우편 : (39660) 경북 김천시 혁신6로 17 (율곡동 한국교통안전공단) 항공안전자율보고 담당자 귀하
항공안전자율보고서 서식은 개인적으로 필요시 우리 공단 자율보고 담당자에게 연락주시면 언제든지 우송해 드릴 수 있습니다. 만약 서식을 직접 개인 프린터로 인쇄 시에는 아래의 서식 파일을 다운로드하여 사용하시면 됩니다.
- 전화 : 054-459-7391
- 팩스 : 054-459-7149
아래 서식을 인쇄하여 내용을 기입하신 후 항공안전자율보고 관리자 Fax 번호로 송부하여 주시기 바랍니다.

3.7 접수된 보고서 처리

KAIRS에 접수된 사고는 의무, 긴급, 일반 및 부적합으로 분류된다. 그리고 초도분석(사건 유형분석, 비행단계 분석, 항공기 종류 등 기초 자료 분류 및 CALLBACK 또는 관계기관 조회), 심층분석(위험요인, 심각도 및 인적요인에 대한 분석), 분석회의(위험요인 식별, 개선대책 마련, 보고제도 개선 및 활성화 대책, 제도개선을 위한 관계기관 협의) 및 안전통신(항공안전 정보지 GYRO, 관계기관

및 업체 통보, 종사자 사회 내 전파 및 소책자 발행 등)의 순서로 진행된다. 다음 그림은 접수된 보고서 처리 흐름도이다.

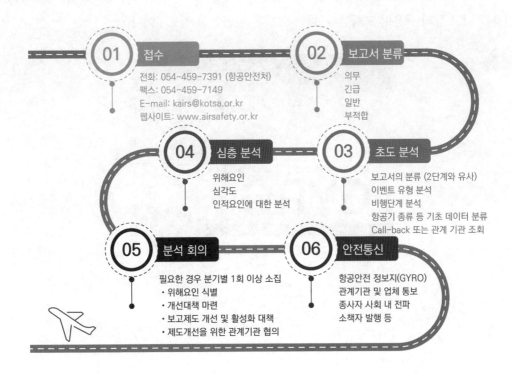

3.8 운영현황

국토교통부와 한국교통공단(2021)이 발간한 항공안전자율보고제도 백서를 살펴보면, 다음 표와 같이 2018년 105건, 2019년 163건, 2020년 120건이 보고되었다. 2018년부터 2020년까지 누적된 사고를 분야별로 살펴보면, 조종 관련은 241건, 관제 관련은 84건, 정비 관련은 9건, 객실/조업 관련은 12건 및 기타는 42건이다.

구분	조종	관제	정비	객실/조업	기타	계
2018	67	15	3	7	13	105
2019	94	50	2	2	15	163
2020	80	19	4	3	14	120
계	241	84	9	12	42	388

3.9 항공안전 정보지 발간

항공안전 정보지는 분기 1회 발간되며, 국내 및 해외의 사고사례, 항공교신, 항공뉴스, 전문가 기고 등의 내용이 포함된다. 다음 그림은 항공안전 정보지이다.

3.10 항공 호루라기와 자율보고

항공안전법 제61조 항공안전자율보고에 따라 항공안전 호루라기를 통해 제보된 정보는 항공안전 이외의 용도로 사용할 수 없으며, 처리과정에서 제보자의 개인정보는 공개하지 못하도록 법으로 규정되어 있다. 항공안전 호루라기는 국민이 항공기 탑승, 공항시설이용 등 일상생활 중 항공안전이 우려되는 상황을 목격하였거나 경험한 상황을 정부에 직접 제보하는 제도이다. 국토교통부는 2015년 5월 29일부터 항공현장의 위험정보 수집채널을 다양화하고 국민의 정책참여 기회를 확대하기 위해 국민이 직접 위험요소를 신고하는 「항공안전국민신고제(명칭: 항공안전 호루라기)」를 운영하였다.

항공안전 관련 내용은 다음과 같이 무엇이든지 자유롭게 제보가 가능하다. 단, 안전운항을 위한 지연·결항, 수하물 분실과 같은 기타 불편사항 신고는 제보내용에서 제외된다(해당 공항이나 항공사의 이용불편센터에 접수).

- 항공여행중 난기류(터뷸런스)로 인해 안전에 문제가 발생한 경우
- 기내 흡연이나 승객난동을 목격한 경우
- 항공기 및 탑승시설에서 안전하지 못한 문제를 발견한 경우
- 기타 항공안전에 문제가 있다고 생각되는 사항

국토교통부가 발간한 좌측 포스터는 항공안전 호루라기이며, 우측의 포스터는 자율보고의 예시이다.

Ⅲ 아차사고

1. 정의

국가, 사회 그리고 조직에서 사용하는 특정 용어가 서로 다르거나 명확하지 않을 경우, 우리가 달성하고자 하는 목적이나 목표에 도달하기 어렵다고 생각한다. 이에, 아차사고와 관련한 해외와 국내의 다양한 기관과 학자들이 설명하는 정의를 살펴본다. 해외 메리엄-웹스터, 캠브리지, 브리타니카, 콜린스, 위키백과와 국내 네이버사전과 두산백과 등이 설명하는 아차사고의 정의는 다음 표와 같다.

사전	정의
메리엄-웹스터 (Merriam Webster)	(폭탄과 같이) 피해를 입힐 만큼 가까이서 빗나감(a miss (as with a bomb) close enough to cause damage) 또는 아슬아슬한 상황(Close call)으로 정의
캠브리지 사전 (Cambridge dictionary)	무언가가 다른 무언가에 거의 부딪히는 상황(a situation in which something almost hits something else) 또는 사고가 거의 일어났던 상황(a situation in which an accident almost happened)으로 정의
브리타니카 사전 (The Britannica dictionary)	간신히 피할 수 있었던 사고(an accident that is just barely avoided)
콜린스 영어사전(Collins English dictionary)	간신히 피한 충돌 또는 간신히 피하는 상황(a narrowly averted collision; a near escape)으로 정의
네이버 사전	위기일발[일촉즉발]로 정의

아차사고와 관련한 미국 OSHA, 미국 안전보장위원회(NSC), 미국 에너지부(DoE), 영국 HSE, 국제노동기구(ILO), 국제표준화기구(ISO 45001), 한국산업안전공단(KOSHA Guide Z-8-2023), 고용노동부 고시 사업장 위험성평가에 관한 지침의 정의를 다음 표와 같이 살펴본다.

구분	정의
미국 OSHA	심각한 부상이나 질병을 일으킬 수 있었지만, 종종 순전히 운에 의해 발생하지 않은 사건으로 정의(incidents that could have caused serious injury or illness but did not, often by sheer luck).
미국 국가안전보장회의(NSC)	부상, 질병 또는 손상으로 이어지지 않았지만, 그럴 가능성이 있었던 계획되지 않은 사건으로 정의(A near miss is an unplanned event that did not result in injury, illness or damage-but had the potential to do so)
미국 에너지부(DoE)	부상에 대한 간발의 위험, 예상치 못했거나 의도하지 않은 일이 물리적으로 발생했고, 어떠한 방벽도 사건으로 인해 보고 가능한 결과가 발생하는 것을 막지 못한 경우(즉, 우연이 사건으로 인해 보고 가능한 부상이 발생하지 않은 주된 이유)로 정의(A near miss to an injury, where something physically happened that was unexpected or unintended AND where no barrier prevented an event from having a reportable consequence (i.e., happenstance was the main reason the event did not result in a reportable injury).
영국 HSE	해를 끼치지는 않지만 부상이나 건강 악화를 일으킬 가능성이 있던 사건(an event that, while not causing harm, has the potential to cause injury or ill health)으로 정의
국제노동기구(ILO)	사업장에서 사람이나 대중에게 해를 끼칠 수 있는 사건으로 정의. 예를 들어, 비계에서 벽돌이 떨어졌지만, 아무도 다치지 않은 상황으로 정의(An event, that could have caused harm to persons at work or to the public. e.g. a brick that falls off scaffolding but does not hit anyone)
국제표준화기구(ISO 45001)	부상이나 건강 문제가 발생하지 않았지만 그럴 가능성이 있는 사고(An incident where no injury and ill health occurs, but has the potential to do so)로 정의. ISO 45001은 Near-miss를 Close calls 또는 Near-hit로도 부르며, 이는 유사한 의미를 갖고 있다.
한국산업안전공단 (KOSHA Guide Z-8-2023)	재해가 발생할 뻔한 모든 경우로 정의
고용노동부 고시-사업장 위험성평가에 관한 지침	사업장 내 부상 또는 질병으로 이어질 가능성이 있었던 상황

미국 OSHA는 Near-miss를 Close calls로도 부르고 있다. 그리고 국제표준화기구(ISO 45001)는 Near-miss를 Close calls 또는 Near-hit로도 부르고 있다. 그렇다면, Near-miss, Close calls 및 Near-hit의 의미 차이는 무엇일까? 다양한 기준을 찾아본 결과, Near-miss가 Close calls 및 Near-hit의 의미를 광의적으로 포함하고 있다.

Close calls과 Near-hit는 사고가 날뻔한 상황을 무사히 모면한 상황이다. 예를 들면, 굴착공사를 위해 굴착 하부에 위치한 근로자가 상부에 있던 굴착기 버킷(bucket)이 떨어지는 것을 인지하고 재빨리 피하는 상황이다. 한편, Near-miss는 Close calls와 Near-hit의 의미 외에도 추가적인 잠재 위험 상황을 포함한다. 예를 들면, 상부에 있던 굴착기 버킷(bucket)이 굴착 하부로 떨어졌지만, 근로자가 하부에 없었던 상황을 포함한다. 따라서 Near-miss가 Close calls과 Near-hit를 포함하는 광의의 정의로 볼 수 있다. 한편, 외국의 다양한 안전 전문가들은 아차사고를 영어로 Near accidents, Narrow escape, Near collision, Close shave, Squeaker, Good catch, Injury-free events 등으로도 표현하지만, 모두 Near-miss의 의미와 유사하다.

2. 요약

다양한 아차사고의 정의를 요약해 보면, 어떤 일이 일어난 현상이 존재한다. 그리고 그 현상의 결과가 실제 피해로 이어지지 않은 상황으로 볼 수 있다. 하지만 그 상황은 운이 상당히 작용되었지만, 자칫하면 대형사고로 이어질 수 있었던 상황으로 볼 수 있다. 또한 누군가가 그러한 일을 일으키고자 한 의도가 없었던 상황으로 볼 수 있다. 아차사고 보고는 화학, 항공, 핵, 철도, 의학, 광업 및 건설과 같은 다양한 산업에서 미래의 사고를 줄이기 위한 체계적인 활동으로 널리 알려져 있다.

아차사고와 중대사고의 차이는 크지 않다. 이러한 사유로 선진국과 국내의 다양한 안전 관련 기관이나 학자는 아차사고 보고와 개선의 중요성을 강조한다.

3. 아차사고 보고가 중요한 이유

저자가 1996년 LG그룹에 입사하여 승강기 설치 공사현장 안전관리자로 업무를 하던 상황이었다. 당시 저자는 안전관리자로서 업무를 했지만, 때로는 현장 업무를 지원하기도 하였다. 당시 저자는 건물내부 승강기가 설치될 장소(이하 승강로)에 수직으로 설치될 가이드레일(Guiderail, 24K, 중량 120kg)[9]을 윈치(Winch)[10]로 들어올리는 작업을 지원했다(당시 현장은 번화가에 있는 고층 건물로 승강기 한 호기당 48개의 가이드레일을 설치해야 하며, 15대의 승강기가 설치되는 곳이었다).

승강로 내부는 가이드레일을 설치하기 위해 가설비계가 최하층에서부터 최상층까지 설치되어 있었다. 동료 근로자는 승강로 내부 가설비계 위 작업발판에서 안전벨트를 비계에 고정한 상태로 승강로 최하층에서 이동되는 가이드레일을 받아 승강로 내부 벽에 고정 및 설치하였다. 이 작업은 2인 1조 작업으로 무전기를 사용하며, 한 명은 승강로 최하층 그리고 다른한 명은 승강로 내부 가설비계의 작업발판에 위치한다(승강로 최하층에서 윈치 조작 스위치를 작동시키는 사람은 승강로 내부 상황을 볼 수 없다).

저자가 가이드레일 설치 업무를 지원할 당시 승강로 내부 가설비계에 있던 근로자는 저자와 막역한 동료였다. 그래서 인지 저자와 그 동료는 호흡이 잘 맞았다. 하루는 저자가 최하층 승강로 주변 지상에서 승강로 내부 위 약 20미터 지점으로 가이드레일을 양중하던 과정에서 서로의 호흡이 잘 맞지 않았다. 저자는 양중된 가이드레일을 윈치 조작 스위치를 작동시켜 상부로 올리는 상황이었는데, 동료의 무전이 오지 않았던 상황이었다. 저자는 동료가 언제나 정확하고 실수가 없었던 사람으로 알고 있던 터라 의심없이 윈치 조작 스위치를 지속 작동시켰다(당시 저자는 동료의 무전이 오지 않을 경우, 가이드레일 양중을 멈춰야 했다).

그 때 문제가 터졌다. 저자가 이동시키던 가이드레일이 비계구조에 걸려 한참이나 올라가지 못하다가 갑자기 비계구조에서 빠지면서 작용과 반작용의 힘에 따라 위아래 그리고 좌우로 출렁이면서 비계구조를 때린 것이다. 당시 그 가이드레일에 동료가 맞았다면, 중대한 사고로 이어졌을 것이라고 생각했다. 아찔한 순간이었다. 하부에 있던 저자는 그저 윈치 조

---

9 엘리베이터 등의 카(Car)와 균형추(Counterweight)를 안내하는 궤도이다. 일반적으로 단면이 T자형으로 1m당 중량에 따라 8, 13, 18, 24, 30, 37, 50K레일 등으로 구분한다.

10 윈치는 무거운 물체를 들어올리기 위한 용도로 사용된다. 윈치는 전기에너지를 사용하고 드럼에 와이어로프를 감아 물체를 하부에서 상부로 들어 올리는 기능을 한다. 윈치 조작은 주로 조작 스위치를 사용한다. 윈치 드럼에 감겨진 와이어 로프 끝단은 고리(Hook) 형태로 무거운 물체를 감아 연결하는 용도로 사용된다. 당시 윈치는 최상층 승강로 부근에 설치되어 있었고, 윈치 드럼에 감긴 양중 와이어로프는 승강로 천정 부근에 설치된 도르래(윈치 드럼에 감긴 와이어로프가 승강로 최하층까지 마찰력을 줄이고 적절한 위치로 내려 보내기 위한 도구)를 통과해 승강로 내부 최하층까지 내려져 있었다.

작 스위치를 작동시켰지만, 동료가 중대한 사고를 입을 수 있었다고 하니, 내가 누군가를 죽일 수도 있었다는 생각에 너무 두려웠다. 당시 동료는 무전기에 문제가 있어 회신하지 못했다고 했고, 가이드레일이 승강로 내부에서 춤을 추듯 자신에게 위협을 가하는 상황이 너무 두려웠다고 말했다.

당시 이런 아차사고는 보고하도록 되어 있었지만, 저자와 동료는 막연한 두려움으로 보고를 할 수 없었다. 더욱이 저자는 안전관리자 신분으로 이런 사고를 보고해서 상사로부터 좋지 않은 평가를 받을 것이라는 걱정이 있었다. 이후 저자는 본사로 발령이 났고, 다양한 현장에서 사고보고를 접수하는 과정에서 저자가 경험한 가이드레일 아차사고와 유사한 사고로 근로자가 다쳤다는 소식을 들었다. 당시 저자는 무언가를 정말 잘못했다는 생각을 했다. 만약 그때 저자나 동료가 아차사고 보고를 했더라면, 그런 사고를 예방할 수 있었을 것이라는 생각이 뇌리를 스쳤다. 하지만 그런 생각이 드는 것도 잠시 또 다른 중대사고가 발생하여 현장에 출동해야 하는 상황이 벌어졌다. 그리고 그런 사고들은 계속 발생했다.

아차사고는 보통 눈에 띄지 않고, 기록되지 않고 조사되지 않는 특성이 있다. 아차사고의 상당수는 심각한 부상이나 조직에 손실 또는 피해를 줄 가능성이 있으며, 최악의 경우 중대한 사고를 일으키는 요인이 될 수 있다. 아이러니하게도 이러한 눈에 띄지 않는 약한 신호(Weak signal)가 지속되면 사람들은 이 신호를 문제로 인식하지 않고 오히려 정상적인 것으로 생각하는 경향이 있으며, 실제 재해를 입지 않은 숙련도가 높은 근로자의 경우 '실패 근시안(Failure Myopia)'을 갖는다. 실패 근시안으로 인해 불안전한 태도인 무적(Invulnerability)의 환상에 사로잡혀 아차사고의 중요성을 간과하고 보고하지 않을 가능성이 크다.

또한 다음 그림과 같이 사고가 심각할수록 더 많은 정보를 얻을 수 있지만, 사고가 심각하지 않을수록 더 적은 정보를 얻는 것이 현실이다. 즉, 삼각형의 가장 상부에 있는 중대사고로 갈수록 많은 정보를 얻을 수 있는 반면, 그 하부에 있는 아차사고와 불안전한 행동으로 갈수록 적은 정보를 얻는다. 이로 인해 중대사고로 이어질 수 있는 다양한 정보를 얻지 못해 사고가 재발하는 것이 현실이다.

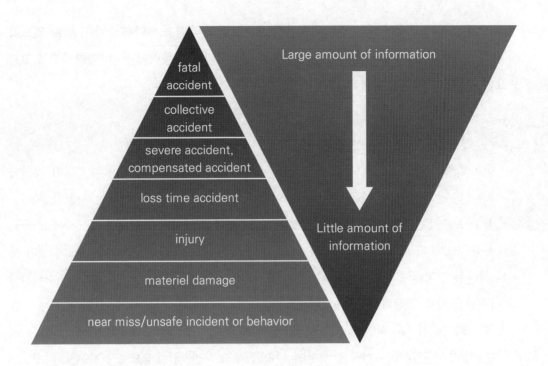

fatal accident

collective accident

severe accident, compensated accident

loss time accident

injury

materiel damage

near miss/unsafe incident or behavior

Large amount of information

Little amount of information

이탈리아에 있는 BOSCH Bari 공장에서 시행된 아차사고와 관련한 연구를 살펴보려고 한다. 이 연구는 2012년 1월부터 12월까지 시행되었고, 근로자 2,200명을 대상으로 하였다. 연구의 목적은 해당 공장에 있는 10개 부서의 불안전한 행동, 불안전한 상태 및 아차사고 보고가 실제 사고와 어떤 상관관계가 있는지 파악하기 위한 것이다. 상관관계를 파악하기 위하여 불안전한 행동(Unsafe Act, 이하 UA), 불안전한 상태(Unsafe Condition, 이하 UC) 및 아차사고(Near Miss, 이하 NM)를 선행지수(Precursor Index, 이하 PI)로 설정하였고, 사고는 사고지수(Accident Index, 이하 AI)로 설정하였다. PI지수를 계산하기 위한 산식은 PI=(NM+UA+UC)/N(근로자 수)이다. 그리고 AI 지수를 계산하기 위한 산식은 AI=Injury/N(근로자 수)이다. 2012년 1년간의 자료를 분석해 보면, 10개 부서에서 총 불안전한 행동 5건, 불안전한 상태 123건, 아차사고 30건이 보고되었고, 20건의 사고가 있었다. 이 자료를 AI 및 PI 값으로 계산해 보면, 세 개 부서를 제외하고 PI가 AI보다 높았다. 이 연구의 결과로 불안전한 행동, 불안전한 상태 및 아차사고 보고가 많을수록 사고가 적게 발생한다는 것을 알 수 있다. 하지만, 연구기간이 짧았고 대상 인원이 논리를 부여하기에 충분하지 않은 점을 배제할 수 없다.

아차사고 보고는 안전 문서의 이행, 현장 실행 여부, 페이퍼 워킹 등을 확인하고 안전과 관련한 운영 시스템을 개선하고 안전 인식을 제고할 수 있는 좋은 기회를 제공한다. 아차사고 보고는 회사나 조직이 시행하는 위험관리 프로그램의 약점을 파악하고 수정할 수 있도록 하는 다양한 기회를 제공하며, 안전문화 수준을 향상시키는 원동력이 된다. 아차사고 보고가 중요한 이유를 요약하면 다음과 같다.

3.1 사고학습을 통한 사고 예방

사고 학습이론에 따르면 사고가 일어나기까지 경고 신호(또는 사고)가 감지되지 않거나 무시되는 긴 잠복 기간(Incubation period)이 있다(Turner 1978). 아차사고는 사고학습(Incident learning) 측면에서 가장 유용한 정보이다. 그 이유는 사고학습 역설(A paradox of incident learning)에 따라 "사고가 사고와 재난을 일으키지만, 이것을 학습하려면 사고발생이 불가피 하다는 것이다". 사고는 막을 수 없는 불가피성을 갖고 있다. 하지만 효과적인 사고 학습 시스템을 갖춘 고신뢰조직(High Reliability Organization)은 사고가 일어날 수 있는 가능성을 최소화하면서 지속적인 개선 프로세스를 유지한다.

약 600명이 근무하는 미국 중서부에 위치한 제조 시설[11]을 대상으로 1999년부터 2006년까지 보고된 사고자료를 기반으로 아차사고 보고와 기록가능한 사고 간의 관계를 연구하였다. 1999년 회사는 사고를 줄이기 위한 목적으로 아차사고 보고를 강력히 권장하고, 각 사건에 대한 책임을 묻지 않는다는 약속을 하였다. 보고된 사건은 관련 직원, 지역 관리자, 부서 담당자, 안전 담당자, 감독자, 가끔은 공장 관리자로 구성된 조사팀이 평가했다. 조사팀은 원인을 파악하고 유사한 사고가 발생하지 않도록 필요한 시정 조치를 했다. 결과는 매월 공장 전체 안전 회의에서 공개되었고, 공장 게시판에 게시되었다. 안전 전담부서의 담당자는 구조화된 형식에 따라 조사 보고서를 안전개선보고서(Safety Corrective Action Report, 이하 SCAR) 데이터베이스에 입력했다. SCAR 데이터베이스에는 일반적으로 관련 근로자가 제공한 서술적 설명, 날짜, 부상 위치(관련된 신체 부위 등) 등이 포함되었다. 데이터베이스에는 구성원의 성별이나 인종에 대한 정보가 포함되지 않았다. 1999년부터 2005년까지 1,690건의 사고가 보고되었다. 이중 아차사고는 261건, 경미사고는 1,205건, 기록가능한 사고205건, 근로손실사고 76건, 다른 직무 배치 사고 44건이 있었다(일부 수치는 중복이 있음).

아차사고보고율(근로자 100명당 보고건수)은 2000년 6, 2001년 5, 2002년 3, 2003년 6,

---

[11] 이 공장은 부하 센터 및 회로 차단기, 아크 고장 회로 차단기, 다중 경로 서지 보호기 및 구조화된 배선 시스템을 포함한 상업용 및 주거용 전기 전력 분배 제품의 노조 가입 제조업체이다.

2004년 14, 2005년 17로 증가하였다. 아차사고보고율이 높아질수록 i) 기록가능사고율(근로자 100명당 기록가능한 사고 건수)은 2000년 18, 2001년 11, 2002년 13, 2003년 14, 2004년 5.3, 2005년 5.2로 감소하였다. ii) 경미사고율(근로자 100명당 경미사고 건수)은 2000년 53, 2001년 34, 2002년 27, 2003년 28, 2004년 33, 2005년 32로 감소하였다. 또한 2002년부터 2005년까지 발생한 아차사고 보고와 기록가능한 사고 및 경미사고를 대상으로 로지스틱 회귀분석[12] 결과, 아차사고 보고가 증가할수록 기록가능한 사고와 경미사고가 줄어들었다. 그리고 통계분석 결과 수치는 유의(P-value < 0.001) 했다.

아차사고 보고는 안전보건경영시스템의 PDCA개선 과정을 통해 미래의 사고를 예방할 수 있도록 지원한다. 선행연구를 통한 일반적인 아차사고 보고 및 개선 절차는 다음과 같다.

- 근로자를 대상으로 아차사고 보고 교육을 시행한다.
- 교육받은 근로자는 아차사고를 인지, 관찰 및 보고한다.
- 해당 아차사고가 긴박한 위험인지 확인한다.
- 만약 긴박한 위험일 경우 즉시 조치한다.
- 해당 아차사고의 심각도를 평가한다.
- 만약 높은 수준의 심각도일 경우 아차사고 조사를 시행한다(만약 낮은 수준의 아차사고일 경우 개선방안으로 넘어간다).
- 근본원인을 찾아 개선방안을 수립한다.
- 개선방안을 근로자에게 공유하다.
- 새롭게 경험한 사항을 아차사고 교육에 반영한다.

3.2 근로자 참여

아차사고 보고 절차에 근로자를 참여시키면 그들의 안전 참여 기회가 높아진다. 근로자의 참여는 안전관리시스템 개선과 개방적인 안전문화를 만드는 데 중요하며, 그들이 경험한 아차사고를 동료와 공유하고 참여하는 것은 중요하다. 일반적으로 근로자의 참여를 확대하기 위해서는 부정적인 동료압박(Peer pressure)을 긍정적으로 변화시킬 방안을 마련해야 한

---

12 로지스틱 회귀분석의 핵심 원리는 선형 회귀모델을 로지스틱 함수에 적용하는 것이다. 종속 변수를 확률로 변환하기 위해 로지스틱 함수를 사용하며, 이를 통해 독립 변수와 종속 변수 간의 관계로 해석할 수 있다.

다. 자신이 경험한 내용을 수고스럽게 공유하였는데, 동료들의 조롱거리가 된다면, 그 어떤 사람도 다시는 그러한 보고를 하지 않을 것이다.

3.3 사고 추세파악

사고추세를 파악하는 방법에는 선행지표(Leading indicator)와 후행 지표(Lagging indicator)가 있다. 후행지표는 과거의 사고 결과를 측정한다. 여기에는 부상 빈도와 심각도, 보고 가능한 부상, 근로손실 일수, 사업주의 책임 보상 비용, 법규 위반 비용 등이 포함된다. 이 지표는 얼마나 많은 사람이 부상을 입었고 얼마나 심각했는지 알 수 있지만, 회사가 사고를 얼마나 잘 예방하고 있는지는 알 수 없다는 단점이 있다. 예를 들어, 관리자는 사고율이 낮다는 생각으로 추가적인 안전을 확보하려는 노력을 하지 않을 수 있다. 이러한 후행지표에 의한 안전관리 활동은 마치 후사 경(Back-mirror)을 보면서 운전하는 과정이라고 볼 수 있다.

선행지표는 확립된 위험 통제 시스템의 적합성과 준수 정도를 확인하는 수단이다. 선행지표는 일반적으로 안전관리시스템의 결함을 식별하여 개선 조치를 취하는 일이다. 따라서 후행지표를 통한 안전관리 활동은 반응적인(Reactive) 반면, 선행지표를 통한 안전관리 활동은 선행적(Proactive)이라고 볼 수 있다. 아차사고는 사고로 인한 피해를 겪지 않고, 미래의 사고를 예방할 수 있는 선행적인 좋은 도구이다. 아차사고 보고 이외에도 다양한 선행지표 방식의 안전관리 활동에는 관리자의 가시적인 안전리더십 활동, 안전보건 관련 인력 배치, 사전 안전작업 계획 수립, 안전 교육 및 훈련, 근로자 참여활동, 인정 및 보상, 사건과 사건 조사, 약물 남용 방지 프로그램 운영 및 협력업체 안전관리 등이 있다.

3.4 법적 요구 조건 준수

아차사고 보고를 통한 조사 및 개선은 법적 요구 조건을 이행하는 데 도움이 된다. 산업안전보건법에서 사고조사를 해야 한다는 법적인 조항은 없지만, 산업안전보건법 제15조에 따라 안전보건관리책임자는 산업재해의 원인 조사 및 재발 방지대책 수립을 해야 하며, 동법 시행령 제18조 및 제22조에 따라 안전관리자와 보건관리자는 산업재해 발생의 원인 조사 · 분석 및 재발 방지를 위한 기술적 보좌 및 지도 · 조언을 하도록 하고 있다. 여기에서 산업재해는 산업안전보건법 제2조에 따라 "노무를 제공하는 사람이 업무에 관계되는 건설물 · 설비 · 원재료 · 가스 · 증기 · 분진 등에 의하거나 작업 또는 그 밖의 업무로 인하여 사망 또는 부상하거나 질병에 걸리는 것을 말한다." 여기에서 산업재해로 인한 부상이나 질병의 정도는 산업안전보건법 시행규칙 제73조 산업재해 발생 보고 등에서 정의한 바와 같이 3일 이상의 휴업이 필요한 것을 의미한다. 산업안전보건법상 사고조사를 하는 기준이 3일 이상의 휴업이 필요한 부상이나 질병이라는 기준으로 볼 때, 부상이나 질병이 발생하지 않은 아차사고를 사업주가 선제적으로 조사하고 개선한다는 것은 좋은 모범 사례가 될 수 있으며, 법 집행을 관장하는 사람들에게 좋은 이미지를 제공할 수 있다.

3.5 회사의 이미지 개선

아차사고 보고 수준을 높일수록 회사나 조직의 안전관리 수준이 향상되므로 이에 대한 외부의 시각은 긍정적으로 바뀌게 된다. 특히 ESG 경영에 있어 통상의 기업이 하기 어려운 아차사고 보고, 분석 및 개선은 회사의 이미지를 제고할 수 있는 기회를 제공한다.

3.6 안전문화 수준 향상

안전문화의 핵심 요소는 경영층의 안전리더십과 근로자의 참여이다. 또한 중대재해처벌법에서도 중요하게 강조하는 것이 근로자의 참여이다. 아차사고 보고는 근로자의 참여를 활성화하는 좋은 활동이다. 대부분의 안전관리 활동은 사전 예방적이기보다는 사후 대응적이기 때문에 사고가 발생하지 않으면 관심을 받지 못하는 것이 현실이다. 여기에 아차사고 보고 활성화를 통해 피해의 결과가 발생하지 않은 좋은 정보를 공유하여 개선한다는 것은 안전문화 수준 향상의 좋은 예가 될 것이다.

4. 보고대상

아차사고 보고의 대상은 다양하다. 다음은 아차사고 보고의 대상을 설명한 내용으로 사업장 특성에 따라 다양한 내용이 추가될 수 있다.

- 안전하지 않은 조건
- 근로자가 편안함을 위해 개인보호장비를 사용하지 않는 안전하지 않은 행동
- 더 심각해질 가능성이 있는 사소한 사고 및 부상
- 부상이 발생할 수 있었지만 발생하지 않은 사건
- 재산 피해가 발생할 수 있었지만 발생하지 않은 사건
- 근로자가 설비나 기계에 설치된 안전장치를 해체한 경우
- 잠재적인 환경 피해가 발생할 수 있었지만 발생하지 않은 사건

5. 발굴 방법

아차사고를 발굴하는 방법에는 i) 현장 자체 또는 외부 점검기관이나 점검자가 안전점검을 통해 잠재 유해위험요인을 찾는 방법이 있다. ii) 작업 전, 작업 중 또는 작업 후 근로자들과 안전대화(Safety Talk)를 하면서 사례를 발굴하는 방법이 있다. iii) 노사협의체 회의를 통해 다양한 아차사고 사례를 발굴하는 방법이 있다. iv) 정기, 수시, 최초 위험성평가 시행 시 아차사고 사례를 발굴하는 방법이 있다. v) 회사나 조직에 따라 다양한 안전 제보, 카카오 단체 채팅 방 운영 및 익명 건의함을 운영하는 방법이 있다.

6. 보고기준

아차사고 보고는 가능한 한 빨리 직속 상사에게 보고하도록 기준을 설정해야 한다. 회사나 조직의 특성에 따라 익명으로 보고할 수 있는 체계를 수립하면 더욱 효과적인 아차사고 보고 체계를 갖출 수 있다고 판단한다. 보고를 받은 직속 상사는 회사나 조직의 체계에 따라 상위부서와 유관부서에 보고하고, 그 결과는 경영책임자가 주기적으로 확인해야 한다. 아차사고 조사와 함께 개선대책을 수립하여 지속적인 사고예방 활동을 시행한다.

7. 조사 방법

이탈리아에 있는 192개 대기업 및 중소 기업을 대상으로 시행한 조사에 따르면(2023), 아차사고 조사 방법에는 5 Whys Method to Identify Root Causes of Incidents(9.20%),

Fishbone-Ishikawa Diagram(4.60%), Company checklist(6.90%), Italian method for analyzing fatal injury(4.60%), Structured Interview(9.20%), Internal company risk assessment model(48.28%) 및 기타(17.24%) 방법 등이 있다.

아차사고 조사를 어떤 정도로 시행해야 하는지에 대한 기준은 사업장마다 그리고 학자나 안전보건 업무에 종사하는 사람별로 다른 의견이 있을 것이다. 본 책자에 열거된 다양한 사고조사 방법론을 참조하여 사업장에 적합한 것을 적용할 것을 추천하지만, 아차사고 중 중대하다고 판단되는 것은 시스템적 사고조사와 미국 에너지부의 사고조사 방법 등 보다 심도 있는 조사 방법을 적용할 것을 추천한다.

8. 위험도 부여

아차사고의 특징은 상당한 양의 보고가 발생한다는 것이다. 아차사고 보고를 접수하는 담당자는 많은 양의 아차사고 보고의 심각도와 빈도를 감안한 위험성 수준을 판단하기 어렵다고 생각한다. 결과적으로 어떤 아차사고가 미래의 사고예방에 더욱 중요한지 판단하기 어렵다는 것이다. 따라서 어떤 아차사고를 좀 더 심도있게 조사하고 또 어떤 아차사고는 단순한 정보 차원에서 관리할 것인지에 대한 기준이 필요하다고 생각한다. 이러한 한계를 극복할 수 있는 방안은 아차사고의 경중을 판단하여 검토하는 방안이 있다. 이러한 과정은 사고학습(Incident learning) 측면에서도 효과적인 방안이라고 볼 수 있다. 다음과 같이 미국에 있는 병원에서 아차사고에 대한 위험도를 부여한 연구사례를 통해 기타 산업으로의 확장을 검토해 볼 수 있다.

연구는 미국 워싱턴대학교 기관 검토 위원회의 승인을 통해 미국 의학물리학자협회(American Association of Physicists in Medicine, AAPM)가 개발한 프로그램을 활용하였다. 연구는 방사선 치료[13]와 관련한 장소에서 다양한 아차사고 사례를 보고하는 방식으로 2년간(2012~2014) 수행되었다. 아차사고 보고는 부서에 있는 컴퓨터 소프트웨어를 통해 보고되었다. 보고대상자는 의사, 물리학자, 선량계측사, 치료사, 레지던트, 간호사 및 기타 직원이고, 매주 품질개선위원회에서 보고 내용을 검토한다. 아차사고 보고는 사전에 정의된 '아차사고

---

[13] 방사선 치료 단계는 AAPM 합의 가이드라인 16에서 파생되었으며, 103개의 개별 프로세스 단계로 구분된 방사선 치료 워크플로의 8개 영역으로 구성된다.

위험도지수(Near-miss Risk Index, 이하 NMRI)'에 따라 0점에서 4점 사이로 위험도 없음, 경미, 보통, 심각, 치명적 등의 척도로 평가한다. 여기에서 위험도 지수는 환자에게 해를 끼칠 수 있는 사고와 통증, 의식 상실, 최적이 아닌 진정 또는 약물, 치료 지연을 초래할 수 있는 사고에 대한 심각도와 빈도를 결합한 수치이다. NMRI는 주간 단위로 여러 전문가 주관으로 검토 및 합의에 따라 점수를 매기고 사건 발생 및 발견 지점의 각 프로세스 단계를 검토하여 계산한다. 다음의 표는 NMRI 예시이다.

Near-miss risk index	구분	사례
0 (심각한 위험 없음)	• 위험을 초래하지 않았다. • 해당 사건은 환자의 안전이나 치료의 질과 관련이 없다.	• 주말 치료 중 혼란이 발생하여 주말에 모든 전화번호를 부서 인트라넷에 추가하자는 제안이 나왔다.
1 (중간 위험)	• 사건은 오류를 유발할 수 있다. • 사건은 임상적 영향 없이 환자에게 정서적 고통이나 불편을 초래할 수 있다.	• 환자는 시뮬레이션을 위한 정맥 조영을 위해 일찍 도착하라는 말을 듣지 못했기 때문에 기다려야 했다. • 추가 시간으로 인해 시뮬레이션실 일정이 늦어져 다른 환자 치료가 지연되고 치료사가 서둘러 작업하게 되었다.
2 (중간 정도의 잠재적 피해)	• 사건은 다른 중요한 하류 오류의 위험을 증가시켰다. • 환자에게 일시적인 통증이나 불편함을 제공했다. • 모범 사례에서 벗어나지만 명백한 임상적 영향은 없다.	• 환자 치료 시 잘못된 머리받침을 사용해서 환자의 위치가 좋은 상태가 아니다. • 영상 안내 검사를 위해 외부 의사 치료가 예약되었다. • 환자는 다른 의사가 컴퓨터 단층 촬영 영상을 승인할 때까지 20분 동안 통증을 느끼면서 치료대에서 대기하였다.
3 (심각한 잠재적 피해)	• 문제를 해결하기에 부족한 대응이나 관리가 적용되었다.	• 선형 가속기 백업 장치는 계획 시 다중 잎 콜리메이터(collimators) 뒤로 완전히 밀려 있지 않았다. • 주변 조직에 대한 선량은 약 3% 증가했다. • 치료 전 물리 검사에서 확인되었다.

4
(치명적인 잠재적
피해)
	• 문제 예방에 대한 대응이나 관리가
	  극히 제한적이다.
	• 잠재적으로 중대한 임상적 영향을
	  미치는 사건이다.
		• 사지 치료를 위해 포트 필름에서
		  확인된 설정과는 달리 잘못된 다리
		  를 촬영했다.

2년간 1,897건의 아차사고가 보고되었는데, ILS(Incident Learning System) 운영 초기 2년 동안 보고율과 직원 참여가 증가했으며, 보고된 사건의 NMRI가 감소했다. NMRI 4점은 연구를 시작한 이후 6개월 기간 상당히 줄어들었다(특히 물리학자, 선량계측사 및 치료사 순으로 NMRI 4점이 줄어들었다). 아차사고보고 관리체계 설계 시 전술한 연구와 같이 위험도를 고려한 방법을 추천한다.

9. 관리절차

회사나 조직에서 아차사고 체계를 수립하고 개선하는 과정에서 참조할 만한 프로세스는 데밍 사이클(Deming cycle)[14]을 적용하는 방법이다. 처음 Plan단계는 아차사고 체계를 설계하고 수립하는 과정이다. Do단계는 Plan에서 수립한 내용을 실행하는 단계이다. 다음 Check단계는 Plan단계에서 수립하고 Do단계에서 실행한 사항을 측정하고 효과를 파악하는 확인과정이다. 그리고 마지막 Action단계는 PDC과정에서 발견된 사항을 개선하고 Plan을 수정하는 단계이다.

미국 철강산업의 아차사고 프로그램(2015)을 다음과 같이 설명하고자 한다. 철강산업은 기타 다른 산업군에 비해 사고의 빈도가 많고 그 심각성이 높다. 따라서 후행지표와 관련한 안전관리 활동보다는 선행지표와 관련한 안전관리 활동이 필요하다. 선행지표와 관련한 활동에는 다양한 것들이 있지만, 가장 중요한 것은 아차사고 보고 프로그램을 운영하는 것이다. 아차사고 보고 프로그램을 성공적으로 이끌기 위해서는 i) 자료수집(확인, 보고), ii) 자료분석(근본원인 분석 시행 및 개선 방안 마련), iii) 아차사고 보고 자료 관리 및 개선 확장의 단계

---

14 William Edwards Deming (October 14, 1900–December 20, 1993) 품질문제에 있어 경영자 책임이 전체 문제의 85%에 달한다고 주장하면서 경영자 책임을 강조했다. 결국 품질문제는 시스템의 문제인 것이다. Deming은 문제가 발생한 다음 이를 긴급 수습하는 식의 해결보다 장기적 안목으로 보다 계획적으로 시스템과 프로세스에 주목할 것을 강조했다. 프로세스 개선 시에 필요한 4단계 행동절차, PDCA를 강조했다. 본래 이 4단계는 슈와트 사이클 또는 Deming 사이클이라고 불린다.

가 필요하다. 아차사고를 접수, 조사 및 개선하는 과정은 안전보건경영시스템과 연계하여 시행하고, 보고 자료를 수치화하고 그 수치를 누구나 알 수 있도록 설계하는 것이 중요하다. 그리고 자료는 기타 안전보건 관련 지표와 긴밀한 관계가 있도록 설계한다.

아차사고 보고가 접수되면, 담당자는 사안별로 조사를 시행해야 하는데, 그 조사량이 상당한 수준이다. 예를 들면, 근로자 한 명이 한 달간 네 건을 보고한다고 가정하면, 근로자가 100명일 경우 한달에 400건을 접수하고 조사해야 한다. 만약 근로자가 1,000명이라면 한달에 4,000건이 된다. 이럴 경우, 아차사고를 접수하는 담당자와 조사를 하는 담당자가 별도로 있어야 하며, 회사나 조직의 사정에 따라 보고서의 양이 상당할 가능성이 크다(주로 별첨 서류가 대부분을 차지하는 것으로 보인다). 왜 이렇게 많은 보고서를 만들어야 할까? 보고서의 "양"이 "사고조사의 충실도와 전문성"과 관계가 있는 것일까?

일반적으로 피해가 있는 사고에 비해 아차사고는 보고 수가 많으므로 더 많은 자원이 필요하다. 또한 피해가 있었던 사고에 비해 아차사고는 조사의 집중도가 약할 수 있다(다만, 중대한 아차사고의 경우는 다를 수 있다). 따라서 아차사고 조사를 시스템적으로 설계하지 않을 경우, 여러 어려움이 발생할 수 있다.

이러한 어려움을 개선하기 위한 대안으로 아차사고 보고서의 양을 대폭 줄이고 핵심 사안에 집중하여 관리하는 방안이 필요하다. 아차사고 보고서에 담아야 할 정보는 일자, 시간, 장소, 아차사고에 대한 설명, 원인 및 개선방안 등이다. 그리고 아차사고 보고 기준과 개선절차를 명확하게 하여 아차사고 조사에 따른 시간과 자원을 관리해야 한다. 다음 표의 내용은 1997년 미국 AMOCO Oil Offshore 사업장의 예시이다.

예: AMOCO Oil Offshore 사업부(루이지애나주의 Vermilion Bay 지역, 현재 BP의 일부)는 1997년에 아차사고 보고 비율을 1에서 약 80으로 늘렸다. (이로 인해 처음 두 달 동안만 900건 이상의 아차사고가 보고되었다) 회사는 아차사고 보고시스템을 개발하여 운영한 결과, 아차사고의 약 25%가 조사되었고, 75%는 추가 분석 없이 자료에 입력되었다.

미국 AMOCO Oil Offshore사업장의 운영사례는 다음의 그림과 같이 설명할 수 있다. 사고가 발생하면, 먼저 사전 근본원인조사(Pre-Root Cause Analysis, 이하 RCA)를 시행한다. 그리고 사고분석을 시행할 시기(지금 또는 나중)를 결정하고, 중요도가 떨어지는 내용은 자료에 남겨둔다. 중요도가 높은 내용은 정보 취합, RCA 시행 및 개선방안 마련과 적용 후 자료에 저장하는 과정이다.

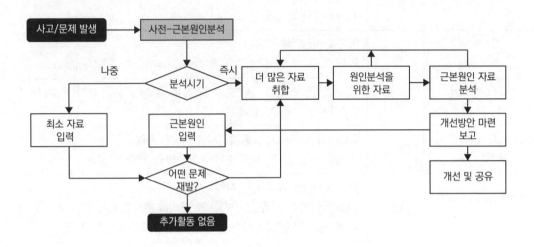

아차사고 관리절차에 참고할 만한 내용(Maria Helena Pedrosa등의 2022 연구)을 다음 표와 같이 설명한다.

연구자	연도	내용
Van Der Schaaf T.W.	1995	네덜란드 화학 산업에 적용된 사례 1. 보고(일반적으로 근로자의 자발적 보고) 2. 정보적 가치가 가장 높은 보고서 선택 3. 평가를 통한 사건 분석 4. 여러 주요 원인 분류 5. 사고 데이터베이스(소프트웨어)를 참조하여 평가 6. 데이터베이스에 따른 조치 방안 마련 7. 제안된 조치의 효과성 평가

Phimister J.R. et al.	2003	미국 화학산업에 적용된 사례(20개 화학회사 대상 100개의 인터뷰 시행) 1. 아차사고 식별 2. 보고 3. 아차사고의 우선순위 지정 및 정보 배포 4. 원인 분석 5. 개선방안 마련 6. 관련 당사자에게 공유 7. 개선방안 적용 및 평가
Goraya A. et al	2004	미국 화학산업에 적용된 사례 1. 계획(Plan), 2. 실행(Do), 3. 확인(Check), 4. 조치(Action)
Kleindorfer P. et al.	2012	1. 식별, 2. 보고, 3. 우선순위 지정, 4. 배포, 5. 원인 분석, 6. 개선 방안 마련, 7. 공유, 8. 해결
Gnoni M.G. et al.	2013	이탈리아 자동차 제조 공급업체에 적용된 사례 1. 식별 및 보고, 2. 사건 분석 및 개선방안 마련, 3. 공유
Awolusi I., Marks E.	2015	미국 철강 산업에 적용된 사례 I. 데이터 수집(1. 확인, 2. 보고), II. 데이터 분석(3. 근본 원인 분석 및 4. 개선방안 마련), III. 지식 및 정보 관리(5. 공유 및 정보 관리)
Whiteoak, J.W., et al.	2019	호주 건설 회사에 적용된 사례 1. 인식, 2. 보고, 3. 고위험 사건에 대한 일일 보고서가 있는 데이터베이스에 보고서 입력, 4. 사건 분석, 5. 개선조치, 6. 교육 절차에 반영한 통합된 학습
Zhou Z. et al.	2019	1. 발견, 2. 보고, 3. 식별, 4. 우선순위 지정, 5. 원인 분석, 6. 개선 방안 마련 및 평가

다음 그림은 고용부 서울고용노동청이 발간한 '건설업 아차사고 발굴 및 위험성평가 사례 모음집'에서 가져온 아차사고 개선 과정이다. 개선 과정에는 근로자, 관리감독자/안전관리자, 현장소장, 협력회사 근로자가 참여하고 보고, 위험성평가 시행, 작업중지, 조치계획 수립, 승인, 교육 및 개선조치 이행 및 향후 안전관리 계획에 반영하는 과정으로 이루어진다.

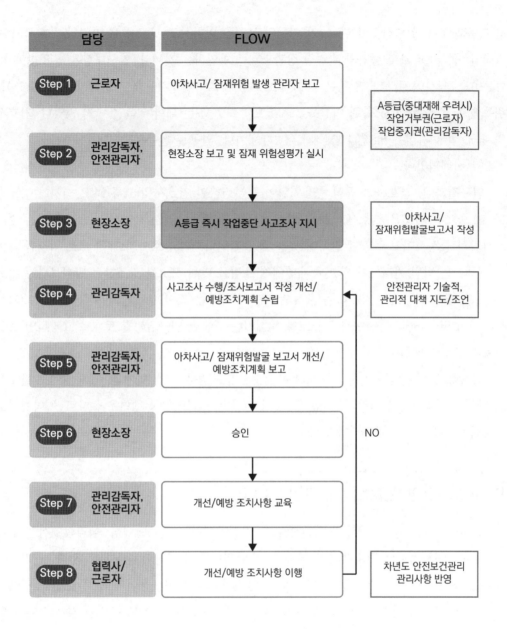

담당	FLOW
Step 1 근로자	아차사고/ 잠재위험 발생 관리자 보고
Step 2 관리감독자, 안전관리자	현장소장 보고 및 잠재 위험성평가 실시
Step 3 현장소장	A등급 즉시 작업중단 사고조사 지시
Step 4 관리감독자	사고조사 수행/조사보고서 작성 개선/ 예방조치계획 수립
Step 5 관리감독자, 안전관리자	아차사고/ 잠재위험발굴 보고서 개선/ 예방조치계획 보고
Step 6 현장소장	승인
Step 7 관리감독자, 안전관리자	개선/예방 조치사항 교육
Step 8 협력사/ 근로자	개선/예방 조치사항 이행

A등급(중대재해 우려시)
작업거부권(근로자)
작업중지권(관리감독자)

아차사고/
잠재위험발굴보고서 작성

안전관리자 기술적,
관리적 대책 지도/조언

NO

차년도 안전보건관리
관리사항 반영

10. 보고 풍토 조성과 커뮤니케이션

아차사고 보고는 가장 훌륭한 안전보건 교육 교재이므로 회사나 조직은 구성원이 아차사고 보고에 적극 참여하도록 공식적인 커뮤니케이션 채널(사내 보, 사내방송, 매거진, 안전보건 위원회, 경영책임자의 방침, 인트라넷 등)을 활용하여 권장해야 한다.

한국에 있는 대학병원에서 시행된 간호사의 자발적인 아차사고 보고 개선에 관한 연구를 다음과 같이 설명하고자 한다. 이 연구의 목적은 아차사고 보고 풍토 마련과 간호사의 자발적인 아차사고 보고 증가와 관련한 상관관계를 확인하는 것이다. 연구대상은 498명(99.4% 여성, 0.6% 남성)으로 평균 연령은 28.8세(22~53세)이다. 간호사는 4년제 학사 학위(77.5%)를 취득했고, 5.2%는 석사 학위 이상을 소지했으며, 17.3%는 대학 교육을 받지 않았다. 간호사의 평균 업무 경력은 5.8년(1개월에서 33년까지)이다. 연구는 설문서를 제공하고 분석하는 과정으로 시행되었다.

연구결과, i) 간호사의 공식적인 역할이 불분명하면 간호사의 오류 보고 의지가 감소한다. ii) 방어적 침묵은 간호사의 보고 의지에 영향을 주었다. iii) 간호사의 보고 의지는 수간호사와의 긍정적이고 정확한 인식이 있을 때 증가한다. iv) 간호사의 자유 보고 의지를 높이기 위해서는 병원 관리자가 간호사 개인에게 초점을 맞춰 보고를 강조하는 방식보다는 자료에 대한 공유와 공개를 지원하는 조직 문화를 형성하는 것이 우선되어야 한다. 연구결과를 종합해 보면, 자율적인 아차사고 보고를 위해서는 전술한 연구결과를 토대로 효과적인 보고 풍토를 조성해야 한다.

회사나 조직은 안전이 가장 중요한 우선순위라고 말을 한다. 하지만, 이런 말에도 불구하고 아차사고 보고는 상대적으로 저조한 것이 현실이다. 다양한 선행연구에 따르면, 아차사고 보고와 안전풍토는 상관관계가 있다.

11. 아차사고와 Safety-I, II 그리고 HRO

안전탄력성(Resilience)과 관련한 용어를 경제학에서는 회복탄력성, 심리학에서는 인내성, 생태학에서는 기후변화에서의 회복력 등의 의미를 부여하여 사용하고 있다. 안전보건 분야는 '안전탄력성'이라고 정의하고 있다. 안전탄력성이라는 용어가 생기게 된 배경에는 2000년 이후 발생한 안전사고의 발생과정과 그 배경이 되는 시스템 운영을 깊게 살펴온 연구자들의 노력이 있었다. 연구자들은 사고예방을 위하여 그동안의 경험과 배움을 종합하여 시스템 공학을 안전보건 관리에 접목하는 방안을 검토하였다. 이러한 검토는 안전보건 관리의 개념을 통합한 패러다임(Paradigm) 전환 방식이었다.

Hollnagel은 그동안의 여러 사고예방 활동(순차적 모델과 역학적 모델 기반의 활동)이 현재의 산업 환경(Socio-technical)을 반영하지 못하고 있으므로 안전탄력성이 필요하다고 주장하였다. 이에 따라 그 동안의 사고예방 활동 패러다임을 Safety-I 그리고 앞으로 추구해야 할 사고예방 활동 패러다임을 Safety-II(안전탄력성 기반)라고 정의하였다. Sydney Dekker 또한 이러한 패러다임 변화의 필요성을 주장한 학자이다.

Safety-I의 초점은 부정적인 결과라고 할 수 있는 사고와 고장을 줄이기 위해 근본 원인분석(Root cause analysis), 위험성 평가와 원인과 결과 영향분석 기법 등을 활용한다. Safety-I의 관점은 부정적인 사건을 조사하고 개선한다면, 무사고/무재해를 이룰 수 있다고 믿는 것이다. Safety-II의 관점은 모든 결과가 긍정적이기도 하고 부정적일 수 있다는 변동성에 초점을 두고 있다. Safety-II의 목표는 상황에 잠재된 변동성이 안전한 영역에서 유지할 수 있도록 지원하고 능동적인 대처를 통해 안전 탄력성을 유지할 수 있도록 하는 것이다.

Safety-I과 II의 접근방식은 아래 그림과 같이 Safety-I의 목표는 발생할 수 있는 위험을 찾아 예방하거나 제거하는 것이다. 반면, Safety-II가 지향하는 목표는 가능한 긍정적인 요인에 집중하는 것이다. 즉 Safety-I의 개선방식은 선형적 접근방식으로 위험 예방, 제거, 보호에 초점을 두고 있지만, Safety-II의 개선방식은 비선형적 접근방식으로 개선, 지원 및 조정에 초점을 둔다. 기준준수에 있어 Safety-I의 관점은 설계, 안전절차, 안전기준, 법 기준 등의 계획된 기준(Work As Imagined, WAI)에 의한 현장 근로자의 실제 작업(Work As Done, WAD)에 초점을 두고 있지만, Safety-II의 관점은 근로자의 준수 상황에 입각한 WAI와 WAD를 조정(Adjust)하는 데 초점을 두고 있다.

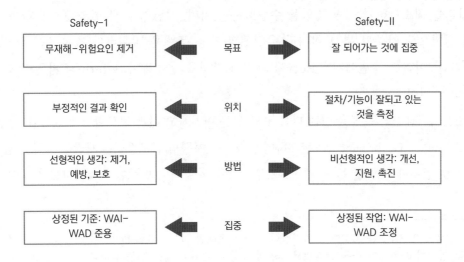

Safety-II는 시스템이 사고를 예방하기 위해 변동성(Variability)을 확인하여 일정 수준으로 제어하고 그 파급을 방어하는 설계와 운영을 의미한다. 즉 안전탄력성은 내부와 외부의 어떠한 변동에도 감시, 예측, 학습 그리고 대응 역량을 통해 안전한 수준 내에서 시스템을 유지하는 능력을 말한다.

아차사고는 사고로 인한 피해가 발생하기 전 선행적인 안전관리 활동으로 미래의 사고를 예방하는 것으로 안전탄력성이 갖는 네 가지 역량 중 예측과 학습 분야와 긴밀한 관계가 있다고 판단한다. 그리고 아차사고를 통해 조직이 학습을 할 수 있는 기회를 제공하며, 이를 통해 안전하지 않은 조건과 절차를 개선하므로 고신뢰조직(HRO, High Reliability Organization)[15]의 실패에서 배움(A preoccupation with failure), 단순화된 해석 회피(A reluctance to simplify interpretations), 운영에 대한 민감도 제고(A sensitivity to operations), 전문성에 대한 존중(Deference to Expertise) 및 회복력에 대한 헌신(Commitment to Resilience)과 긴밀한 관계가 있다고 판단한다.

Safety-I 차원에서 아차사고 보고의 목표는 부정적 결과를 일으킨 무언가를 찾아 없애는 것이다. 따라서 아차사고 보고는 부정적이라는 인식이 팽배하고 누군가를 비난하는 방식으로 운영될 가능성이 크다. Safety-II 차원에서 아차사고 보고의 목표는 부정적 결과를 조건, 상태 및 이벤트로 식별할 수 있는 변수의 조합으로 본다. 결과는 결과 그 자체로만 상정하지 않고 발생할 수 있다는 변동성으로 간주한다. 그리고 WAI와 WAD의 간격을 최소화하기 위한 방안을 수립하는 것이며, 사람이 나쁜 결과를 유발하는 가변성의 원천으로 간주될 뿐만 아니라 유연성과 적응 능력을 발휘하는 효과적인 원천으로 간주한다. 이러한 측면에서 Safety-I 차원의 장점을 선별하여 Safety-II 차원의 접근을 확대하는 것이다.

Safety-I과 II의 특성을 살려 다음 표와 같은 아차사고 관리 고도화가 필요하다. 휴먼 퍼포먼스(Human Performance)와 관련하여 Safety-I 차원의 접근방식은 사람을 오류의 잠재적 원인으로 간주한다. 예를 들면, 개인보호구를 잘못 사용하여 발생한 아차사고를 사람이 장비

---

15 고신뢰조직(HRO)은 조직에서 치명적인 결과를 초래할 가능성을 수만 번 이상 예방하는 특징이 있다. 복잡하고 위험이 높은 환경에서 절차상 오류를 줄이고 높은 수준의 성과를 달성하는 조직이다. 조직은 잠재적이고 치명적인 오류를 예측하는 시스템을 갖춘 조직이다. 복잡하고 어려운 환경이지만 신뢰성이 높은 조직은 예상치 못한 상황을 관리하는 방법을 알아 예상보다 적은 문제를 경험한다(Robers and Rousseau, 1989; Rochlin, 1993; Weick and Sutcliffe, 2015).

를 잘못 사용하였으므로 이에 대한 효과적인 교육을 실행한다는 개선방안을 만드는 것이다. 한편 동일한 상황에 대해서 Safety-II 차원의 접근방식은 다음 표와 같이 사람이 보호구를 잘못 사용한 상황을 다양한 측면에서 고려한다.

- 사람이 보호구를 착용하는 교육을 받지 못했다.
- 보호구를 사용할 상황이 아니었다.
- 보호구를 사용하기에 불편했다.
- 더 급한 일이나 피해를 사전에 막기 위해 보호구를 착용할 겨를이 없었다.
- 보호구를 착용하고 해당 작업을 수행할 수 없다.
- 사람이 다양한 좋지 않은 상황에서 좋은 결과를 내기 위한 조치 중에 하나였다.

Safety-II 차원의 아차사고 접근방식은 다음 표와 같다. i) 아차사고의 정의를 '무엇이 잘 못 되었는가?'에서 '무엇이 잘 되었는가?' 차원으로 확장한다. ii) 아차사고 확인과 보고 측면에서 '위험의 심각성을 선정(Selection)하여 결정하는 방식'을 '사고로부터 배울 수 있는 것을 선정(Selection)하여 예방 항목과 상호작용(Interaction)을 검토하는 방법'으로 확장한다. iii) 평가 측면에서 '위험의 심각성 우선순위(Prioritization)를 토대로 근본원인을 확인하는 방식'을 '사고로부터 배울 수 있는 우선순위(Prioritization)와 발현(Emergence) 요인을 확인하는 방식'으로 확장한다. iv) 개선방안 마련에서 '식별된 원인에 대한 개입을 통해 미래의 부정적인 사건을 예방하는 데 중점을 두는 방식'에서 '미래의 부정적인 사건을 예방하고 시스템 복원력을 증진하는 데 집중된 노력'으로 확장한다.

아차사고 보고 절차		Safety-I 접근방식	Safety-II 접근방식
아차사고	불안전행동과 상태 등	아차사고를 통해 무엇이 잘못 되어 있는지 확인	아차사고를 통해 무엇이 잘 되어 있는지 확인
확인 및 보고	확인, 선정 및 보고	• 일반적으로 잠재적 손상의 심각도에 따라 선택 • 결정 요인에 초점을 맞춤	• 사건에서 무엇을 배울 수 있는지 선택 • 보호 요인과 상호작용을 포함

평가	우선순위 설정	• 잠재적 손상의 심각도에 따라 우선순위 설정 • 근본 원인 식별을 목표	• 사건에서 무엇을 배울 수 있는지 분석 • 예방요인과 동시요인에 대한 발현 분석
개선방안 마련	예방조치	확인된 원인에 대한 조치를 통해 미래의 사건 예방	미래의 사건을 예방하고 시스템 복원력을 증진하는 데 중점
공유 및 개선	개선방안 마련, 공유, 개선		

사고의 근본원인을 확인하기 위한 Safety-I적인 인과관계 분석(잘못된 것에서 배우는 것)은 시스템 회복력을 촉진할 요인(올바른 것에서 배우는 것)으로 초점이 맞추어져야 한다.

Safety-I과 Safety-II 접근방식을 통합한 아차사고 관리 지침은 보고단계, 평가단계 및 개선방안 확인단계로 구분하여 시행할 수 있다. 보고단계에서는 사고와 관련한 다양한 요소에 대한 원인파악과 실제 사고로 이어지지지 않았던 시스템적인 대응과 그 결과를 검토한다. 평가단계에서는 사고에 대한 근본원인과 발현(여기에서 입력, 출력, 자원, 통제, 시간 및 전제조건 등의 변동성을 의미한다) 요인 분석을 시행한다. 마지막으로 선행된 보고와 평가 단계의 다양한 정보를 기반으로 개선방안을 수립하고 변동성을 관리할 수 있는 방안을 수립한다.

12. 아차사고 보고의 걸림돌과 해결방안

호주 철도산업의 아차사고 보고(2014)절차는 일반적으로 기차 운전사가 무선 네트워크를 통해 담당자(Network control officer)에게 보고하거나, 기차 운전사가 근무 종료 이후 별도의 양식을 통해 보고한다. 아차사고는 그 수가 많고 미해결 사고로 남을 수 있는 다양한 어려움을 안고 있다.

호주에 있는 철도 운전자 178명을 대상으로 아차사고와 관련한 설문을 89명에게 받은 결과, 주요 내용은 시간낭비, 변하는 것이 없는 허무한 일, 당황스러움, 문제없음, 일의 일부 등이었다. 그리고 개인적인 일, 과장, 두려움, 어려움, 방향성 없음, 소용없음, 고통, 업무상 해야 할 일 등의 내용들이 있었다. 아차사고 보고가 잘 안되는 이유 중 조직적인 문제로는 철도 산업이 관료적인 문화가 팽배해 있기 때문이고 보고자가 자발적으로 보고할 수 없는 조직적 장벽이 있다. 그리고 개인적인 문제로는 조직적인 문제로 인해 서류 작성의 어려움, 피드백이 없는 아차사고 보고 등이 있다는 연구가 있다.

이란 타브리즈에 위치한 TAB 철강회사는 사고보고를 높이기 위한 방안으로 관리감독자를 대상으로 협의체를 운영하였다. 먼저 관리감독자를 대상으로 1년간 44명을 네 개의 소그룹으로 분류하여 협의체를 운영하였다. 협의체는 준비단계(Preparation phase), 평가단계(Critique phase), 환상단계(Fantasy phase) 및 구현단계(Implementation phase)로 구분하여 시행되었다. i) 준비단계에는 협의체를 운영하는 방법, 운영 규칙 및 운영 일정 등을 설명하는 과정이 있다. ii) 평가단계에는 관리감독자가 그동안 보고한 사고보고 내역을 공유하고 평가하는 과정이 있다. 또한 사고 보고 프로세스에서 관리감독자의 참여가 부족한 점을 토론하였다. 이 단계는 해결책을 찾는 것이 아니라 문제를 정의하는 것으로 브레인스토밍 방식과 같다. 도출된 다양한 사안을 기록하고 협의체에서 논의하였다. iii) 환상단계에는 긍정적인 결과를 도출하기 위한 명상 시행, 역할 연기, 현재의 문제점을 도출하는 과정이 있다. 이 단계는 평가단계에서 제기된 문제를 요약하는 것으로 시작한다. 이 단계에서는 도출된 문제에 대한 해결책을 제안하는 것이다. iv) 구현단계에는 누가, 무엇을 그리고 어떻게 등의 물음을 통한 최적의 방안 도출을 통해 효과적인 구현을 모색하는 과정이 있다. 평가단계에서 44명의 관리감독자가 네 번의 팀 회의를 거쳐 126개의 문제를 보고했다. 환상단계에서 도출된 문제에 대해 727개의 해결방안을 제시했다. 해결방안 278개는 관리감독자나 팀의 몫이고, 449개는 회사의 몫으로 설정되었다. 727개의 해결방안은 상벌시스템 설정, 근로자 교육, 경영층의 참여 등이었다. 다음 표와 같이 협의체를 운영하기 전(2003-2004년) 63건의 사고(아차사고 18건, 사고 45건) 보고가 있었다. 협의체를 운영하는 기간(2004-2005년) 129건의 사고(아차사고 97건, 사고 32건) 보고가 있었다. 협의체 운영 후(2005-2006년) 1년 동안 113건의 사고(아차사고 94건, 사고 19건) 보고가 있었다. 관리감독자의 사고보고 참여가 높아지면서 아차사고 보고 건수는 증가하였고, 사고는 감소하는 결과가 나왔다.

구분	운영 전 (2003-2004)	운영 중 (2004-2005년)	운영 후 (2005-2006년)
아차사고(건)	18	97	94
사고(건)	45	32	19
계	63	129	113

미국 켄터키 주 교통기관의 아차사고 보고 프로그램(KYTC Safety Opportunity Report)과 관련한 연구(2023)에 따르면, 교통기관 각 지사 담당자 68명을 대상으로 설문조사 결과 아사사고 보고가 어려운 이유는 다음과 같다. i) 과거의 아차사고 보고에 대한 개선 조치를 받지 못했거나 공유 받지 못했다는 응답이 38.6%를 차지하였다. ii) 아차사고 보고 양식이 어디에 있는 모른다는 응답이 28.1%를 차지하였다. iii) 아차사고 보고 양식을 작성하는 방법을 모른다는 응답이 22.8%를 차지하였다. iv) 아차사고 보고 대상에 대해서 잘 모르겠다는 응답이 15.8%를 차지하였다. v) 아차사고 보고로 인해 동료가 피해를 입을 것이라는 걱정의 응답이 14%를 차지하였다. vi) 아차사고 보고를 할 시간이 부족하다는 응답이 8.8%를 차지하였다. 그리고 기타가 5.3%를 차지하였다.

사업장에서 근로자가 아차사고를 보고하지 않는 이유는 아차사고가 발생한 것이 비록 자신의 탓이 아닐지라도 아차사고 보고로 인해 자신과 동료에게 피해가 있을 것이라는 우려를 갖기 때문이다. 그리고 업무에 몰입을 하다 보면, 아차사고 보고를 할 시간적 여유가 부족하다고 느끼는 근로자도 다수이다. 또한 일부 근로자는 아차사고가 발생한 상황을 보고하는 방법을 모르며, 아차사고가 발생한 상황을 글로써 묘사하는 것을 어려워한다. 아차사고 보고를 대하는 회사나 조직의 문화 수준이 좋지 않을 경우, 아차사고 보고가 어려울 수 있다.

미국 화학공학회(Process Safety Progress)와 관련된 미국 화학안전 개선 협회(Process Improvement Institute)의 연구(2023)에 따르면, 한 건의 사고가 일어나기까지 약 50~100건의 아차사고가 발생하는 것으로 보인다. 그리고 한 건의 아차사고가 발생하기까지 약 100건의 아차사고가 발생하는 것으로 보인다. 결국 다음 그림과 같이 한 건의 사고가 일어나기까지 약 10,000건의 인적오류나 불안전한 조건이 발생한다는 것을 의미한다.

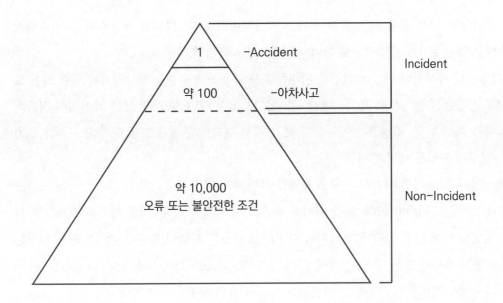

도요타(Toyota)의 경우는 한 건의 사고당 약 20,000건의 휴먼에러가 있다고 보고하고 있다. 또한 도요타는 근로자 한 명당 연간 약 70건의 문제를 보고하도록 요구하고 있다(이러한 문제에는 프로세스 개선 아이디어나 아차사고의 위험이 포함될 수 있다).

미국 화학공학회 주관으로 시행된 공정안전관리(PSM)과정 대상자 약 7,000명 그리고 리더십 교육 과정 대상자 약 4,500명에게 아차사고와 관련한 설문을 시행하였다. 대상자는 주로 화학 관련 프로세스 산업(화학, 폴리머/플라스틱, 석유화학, 정유, 석유 및 가스 탐사, 제약, 펄프 및 제지 등)에 종사하는 약 550개 회사를 대표했다. 설문의 95% 이상이 한 건의 사고당 아차사고의 보고율은 0~20% 수준으로 저조한 답을 했다. 이러한 낮은 아차사고 보고율의 걸림돌은 아차사고 보고로 인한 징계 조치에 대한 두려움, 경영진의 안전리더십 부족 등이라고 답변했다. 한편, 화학 관련 프로세스 회사 중 Eli Lilly(한 건의 사고당 아차사고 100건 이상 보고)와 Dow Chemical(한 건의 사고당 아차사고 90건 이상 보고)의 아차사고 보고율은 상당히 높았다.

미국 화학공학회가 조사한 설문을 기반으로 저자가 조사한 선행연구 및 저자의 경험을 포함하여 다음과 같은 아차사고 보고의 걸림돌과 해결방안을 제시하고자 한다.

12.1 경영층의 가시적인 안전 리더십 부족

아차사고 보고의 중요성에도 불구하고 회사나 조직은 그 중요성을 간과하고 있는 것으로 보인다. 어떻게 하면 아차사고 보고를 활성화할 수 있을까? 먼저 회사나 조직이 아차사고 보고로 인한 비난과 책임을 묻지 않는 문화가 마련되어야 한다. 그리고 경영층의 안전 리더십을 기반으로 근로자가 자발적으로 참여하는 안전문화를 구축해야 한다.

경영층의 가시적인 안전 리더십은 안전문화를 구축하고 수준을 향상시키기 위한 핵심 요인이다. 경영층은 아차사고 보고 체계 수립, 사고보고, 사고조사 등의 모든 과정에서 적극적인 참여를 해야 한다. 경영층은 아차사고 보고 개선 결과에 관심을 보이고 후속 조치가 조치될 수 있도록 지원을 해야 한다.

경영층은 효과적인 아차사고 보고 체계를 운영하기 위해 근로자를 대상으로 하는 안전교육 프로그램을 지원해야 한다. 또한 관리자 및 임원이 한달에 한 건 이상 아차사고 보고를 하도록 제도를 마련한다. 관리자와 임원이 아차사고 보고를 활발히 할수록 감독자와 근로자는 보고의 동기 부여를 받을 수 있다. 다음의 표는 SABIC(Saudi Basic Industries Corporation)이라는 회사에서 경영층이 지원하는 인센티브 제도와 관련한 좋은 사례이다.

SABIC(Saudi Basic Industries Corporation)는 17개 계열사로 구성된 다양한 회사이며 세계 최대 폴리올레핀(Polyolefin) 생산업체이다. SABIC은 매년 안전 성과가 좋은 계열사에 상을 준다. 시상을 받는 계열사는 여러 가지 변수에 따라 순위가 매겨지는데, 과거에는 후행지표인 사고와 부상률이 판단의 최우선 기준이었으나, 2005년부터 선행지표로 변경하였다. 그들이 선택한 가장 우선순위가 높은 지표는 사고 대비 아차사고 보고 건수로 설정되었다. 아차사고 보고는 상당 수 증가(일부 사업장의 경우 77% 상승)하였으며, 그 결과 운영손실이 약 90% 감소했다고 밝혔다.

12.2 징계조치에 대한 두려움

대만에 있는 5개 병원에 근무하는 838명의 일선 간호사를 대상으로 약물 투여 오류(Medication Administration Errors, 이하 MAE) 보고가 이루어지지 않는 요인을 연구했다. 이 연구에 따르면, 간호사 337명은 본인 및 동료의 MAE를 보고하지 않았다. 그리고 376명은 MAE를 보고하지 않았다. 이처럼 보고율이 저조한 이유는 보고로 인한 두려움과 간호 평가를 낮게 받을 것이라는 인식이 있었던 것으로 나타났다. 이러한 두려움은 방어적 침묵(Defensive Silence)으로 다른 구성원에게도 전달되어 회사나 조직에 좋지 않은 풍토를 조성할 수 있다.

회사나 조직은 아차사고와 관련된 사람과 보고한 사람을 어떻게 관리할 것인지 명확히 해야 한다. 아차사고 보고에 대한 회사 차원의 격려를 명시하고, 징계나 처벌로 이어지지 않는다고 선언한다면, 다수의 근로자가 보고에 참여할 가능성이 크다. 아차사고 보고로 인해 본인이나 동료가 상사에게 그리고 누군가에게 비난을 받는다면, 누가 보고하겠는가? 회사나 조직은 이러한 어려움을 극복하지 못하면 효과적인 아차사고 보고 체계를 운영할 수 없다. 이 어려움을 극복하기 위해서는 먼저 아차사고가 누구나 범하는 휴먼에러라는 사실을 인식해야 한다. 그리고 아차사고 보고에 대한 인센티브를 제공하여 자발적 보고를 촉진시켜야 한다.

다양한 선행연구에 따르면, 근로자들이 갖는 아차사고 보고의 두려움은 보고로 인한 책임과 조롱거리가 될 것이라는 걱정에서 시작된다. 그리고 그러한 걱정은 마치 바이러스에 감염되는 현상처럼 다른 근로자에게 전파되고 회사나 조직의 풍토로 조성된다.

아차사고 보고 원칙을 세울 때 휴먼에러를 확인하고 줄이기 위한 휴먼 퍼포먼스 관리 원칙을 세우고 적용해야 한다. 여기에는 i) 사람은 오류를 범할 수 있으며 우수한 사람도 오류를 범한다, ii) 오류 가능성이 있는 상황은 예측/관리/예방이 가능하다, iii) 개인의 행동은 조직의 가치와 프로세스에 의한 결과이다, 사람은 격려와 강화를 통해 좋은 성과를 달성한다, iv) 사람의 모든 행동은 선행자극에 영향을 받는다. 그리고 v) 오류의 원인파악과 재발방지 등이 포함된다.

추가적인 대안으로 아차사고와 관련이 없는 동료가 아차사고를 조사하도록 하는 방법이 있다. 동료는 상사보다 덜 위협적이며, 동료가 동료를 인터뷰할 경우 보다 더 자연스럽고 편하게 조사할 가능성이 크다. 그리고 사고조사를 수행하는 동료의 안전의식과 안전관리 역량을 개선할 수 있으며, 회사나 조직은 더 많은 사고조사 전문가를 확보할 기반을 다질 수 있다.

아차사고 보고를 익명으로 운영하는 방안이 있다. 미국 노스캐롤라이나(North Carolina) 서부의 위치한 진료소 일곱 곳(가정의학 진료소 2곳, 연방 자격 건강 센터, 카운티 소유 보건부, 개인 진료소 3곳, 소아과 1곳 등)을 대상으로 아차사고 보고를 익명으로 시행한 연구(2011년 시작하여 일년간 진행)가 있다. 이 연구에 참여한 인원은 70명 이상의 의료 제공자와 200명 이상의 임상 지원 근로자이다. 아차사고 보고는 전산을 통해 보고되고, 작성 시간은 약 2분 정도 소요되었다. 아차사고를 보고하는 대상자들에게 한 시간 정도의 교육을 시행하였고, 2주 단위로 아차사고 보고 안내 메일이 자동적으로 배포되었다. 아차사고 보고 양식에는 사람의 이름을 기재하는 곳이 없었으며, 각 아차사고가 중앙 컴퓨터로 전송되기 전 환자에게 해가 될 수 있는 요인들은 제외되었다. 아차사고 보고 활성화를 위하여 진료소별 10건의 아차사고를 보고하고 최소 한 건 이상 개선을 시행할 경우, 매달 1,500달러를 지급하였다. 연구결과, 모든 진료소가 참가하였고, 632건의 아차사고가 보고되었다.

근로자가 자신의 정보가 공개되지 않는다고 생각할 경우, 아차사고 보고를 더 편안하게 할 수 있다. 이 접근 방식은 경영층과 근로자 간 신뢰를 구축하는 동안 근로자의 아차사고 보고 습관을 높이는 데 효과적이다. 이 접근 방식의 구체적인 예 중 하나는 근로자가 사업장 외부에서 공공 우편 사서함을 이용하여 보고를 할 수 있도록 비용을 지원하는 것이다. 다만, 이 접근 방식의 가장 큰 단점은 익명으로 보고된 사고의 원인을 찾기 어려울 수 있다. 다음 그림은 저자가 근무했던 외국계 기업에서 아차사고 보고의 중요성을 강조하기 위하여 어떠한 아차사고 보고도 처벌 않겠다는 약속(2009년)으로 각 사업부문장과 안전담당 임원이 서명한 양식이다.

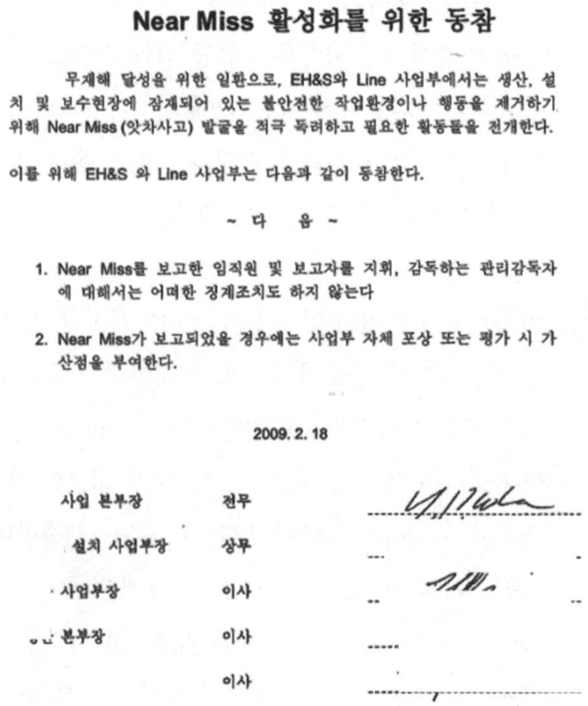

Near Miss 활성화를 위한 동참

무재해 달성을 위한 일환으로, EH&S와 Line 사업부에서는 생산, 설치 및 보수현장에 잠재되어 있는 불안전한 작업환경이나 행동을 제거하기 위해 Near Miss (앗차사고) 발굴을 적극 독려하고 필요한 활동들을 전개한다.

이를 위해 EH&S 와 Line 사업부는 다음과 같이 동참한다.

~ 다 음 ~

1. Near Miss를 보고한 임직원 및 보고자를 지휘, 감독하는 관리감독자에 대해서는 어떠한 징계조치도 하지 않는다
2. Near Miss가 보고되었을 경우에는 사업부 자체 포상 또는 평가 시 가산점을 부여한다.

2009. 2. 18

사업 본부장	전무	
설치 사업부장	상무	
사업부장	이사	
본부장	이사	
	이사	

Korea

12.3 간접적이고 부정적인 피드백

근로자가 아차사고 보고를 꺼리는 이유 중 하나는 직접적이고 긍정적인 피드백을 받지 못한다는 것이다. 그리고 선한 아차사고 보고 내용이 웃음거리가 되거나 빈정거리는 태도로

피드백이 될 경우, 근로자는 아차사고 보고를 꺼릴 것이다. 정기적인 안전교육이나 협의체에서 어떠한 아차사고일지라도 사업장의 사고예방에 도움이 된다는 원칙을 모든 구성원에게 인식시켜야 한다. 신입사원의 아차사고 보고를 보다 세심하게 배려하여 접수하고 응대해야 한다. 그 이유는 아차사고 보고 시간이 기존사원에 비해 오래 걸릴 수 있고, 그 내용이 적정 수준이 아닐 수 있기 때문이다.

미국 건설현장을 대상을 시행한 아차사고 활성화 방안에 대한 연구(2010)에 따르면, i) 아차사고 보고 추적 여부 확인, ii) 아차사고의 물리적 특징(예: 낙하물) 분류, iii) 아차사고 보고 건별 위험의 빈도와 강도 적용 및 iv) 긍정적 피드백(관리감독자 주관으로 매일 그리고 월간 공유회 시행)을 시행하였다. 연구결과, 연구의 첫 4개월 간 12건의 아사차고 보고가 있었지만, 활성화 방안 네 가지 적용 후 110건으로 증가하였다는 연구가 있다. 아차사고 보고를 하는 사람에게 직접적이고 긍정적인 피드백을 시행할 경우, 근로자의 참여율이 높아질 것이다.

12.4 복잡하고 어려운 아차사고 보고 방식

아차사고에서 배우고자 하는 기대가 커질수록 아차사고 보고와 관련한 서류가 많아진다. 보고 방식에 따라 다르겠지만, 아차사고 보고에는 다양한 행정적인 업무가 부수적으로 필요함에 따라 다양한 어려움이 존재한다.

근로자 입장에서 아차사고 보고는 복잡하고 어려운 과정이므로 회사나 조직적 측면에서 명확한 보고 절차를 설정해야 한다. 명확한 보고 절차에는 아차사고 보고의 시기, 대상, 방법, 홍보 및 간소화가 내용이 포함되어야 한다. 보고 절차를 마련하는 과정에서 근로자의 선호도 조사를 시행할 것을 추천한다. 그 이유는 아차사고 보고는 전적으로 근로자로부터 시작되어 근로자가 적극 참여해야만 하는 프로그램이기 때문이다. 보고 절차는 모바일 앱, 온라인 양식 및 종이 등과 같은 양식을 활용하되, 근로자가 사용하기 쉬워야 한다. 그리고 보고 절차에 소요되는 시간이 짧아야 한다.

아차사고 보고 작성 시 5분 이상 걸리는 긴 양식, 너무 복잡한 양식 및 익명으로 작성할 수 없는 양식 등은 아차사고 보고 절차 수립 시 신중히 검토해야 한다. 그리고 아차사고 보고 절차 수립 시 검토해야 할 사항은 다음과 같다.

• 누구에게 전화해야 하는지, 무엇을 해야 하는지, 아차사고를 언제 보고해야 하는지에 대한 간결하고 모호하지 않은 지침을 제공한다.

- 이메일, 전화 통화, 모바일 앱, 온라인 양식을 포함하여 아차사고를 보고할 수 있는 다양한 수단을 제공한다.
- 근로자가 사진이나 비디오를 활용하여 최소한의 정보만 보고하도록 한다.
- 소프트웨어나 알고리즘을 사용하여 정보 분석한다.

근로자가 모바일 기기로 QR 코드가 있는 포스터를 스캔하면 안전 소프트웨어를 통해 아차사고를 보고하는 방식이 있다. 이 방식을 적용한 후 불과 6개월 만에 아차사고 보고가 206% 늘었다는 사례가 있다.

보고자 입장에서 사용하기 좋은 아차사고 보고서를 만들 때는 5L을 검토한다. 5L은 영어 단어의 앞 글자를 모은 것이다. i) Literacy(문해력)는 양식이 읽고 이해하기 쉬워야 한다는 것이다. ii) Language(언어)는 다양한 국적의 사람이 활용할 수 있어야 한다는 것이다. iii) Length(길이)는 보고서 양식이 짧고 요점이 잘 정리되어야 한다는 것이다. iv) Location(장소)는 보고자가 양식을 쉽게 접근할 수 있어야 한다는 것이다. v) Logistics(지원)은 개선방안 지원방안을 기재할 수 있어야 한다는 것이다.

아차사고 보고 시스템 구축 시 검토할 수 있는 Web-based IT 방식, Non-web-based IT방식, Excel/Access 방식 및 수기로 문서 작성 방식 등이 있다. 회사나 조직의 특성이나 상황에 따라 적합한 방식을 선택할 수 있다. 일반적으로 아차사고 보고를 원활하게 해 주는 소프트웨어 전문 업체가 있다. 전문 업체가 운영하는 소프트웨어는 라이선스가 있는 운영자만 지정된 장비에서 데이터를 처리할 수 있으며, 여러 IT 장치에 소프트웨어를 설치하기 위해 추가 소프트웨어 라이선스를 구매할 수 있다. 다음 표와 같이 다양한 아차사고 보고 방식에 대한 장단점을 설명한다.

구분	장점	단점
Web-based IT방식	모든 관련 정보가 포함된 기성 시스템, 중앙 집중형 데이터 관리, 독립적인 사용 분석 도구 활용	설치 비용 소요 및 서비스 수수료, 라이선스 비용, 개별 정보 추가 시 유연성 부족
Non-web-based IT 방식	모든 관련 정보가 포함된 기성 시스템, 중앙 집중형 데이터 풀, 보다 나은 데이터 관리	설치 비용 소요 및 서비스 수수료, 라이선스 비용, 개별 정보 추가에 시 유연성 부족, 데이터는 특정 소프트웨어가 설치된 IT 장치에서만 추가 및 검토 가능

Excel/Access 방식	소프트웨어는 대부분 회사가 보유함, 회사의 필요나 개인정보 보호 정책에 따라 보고서 시트를 유연하게 디자인 가능, Excel 또는 Access를 사용한 빠른 설정 프로세스, 모든 직원이 쉽게 접근 가능	관련 정보가 누락될 위험, 데이터 중복 및 두 명 이상이 동일한 작업지에 데이터를 입력하는 경우 보고가 중복됨, 병목 현상
수기로 문서 작성 방식	익명 보고의 잠재력 향상, IT 인프라와 무관, 쉽고, 빠르고, 저렴한 구현	보고서가 분실될 수 있음, 자동 피드백 없음, 임시 보고 불가능, 보고서 양식에서 관련 정보 누락 위험

미국 버몬트 옥스포드 네트워크[16]의 협업 연구결과를 살펴보면, 위험도가 높은 신생아 병동에서 근무하는 사람들을 대상으로 휴먼에러 관리를 높이기 위한 연구가 있다. 네트워크는 54개 신생아 중환자실(NICU)의 739명의 구성원(의사, 간호사, 호흡 치료사, 약사 및 기타)이 휴먼에러를 익명으로 보고할 수 있도록 인터넷 웹사이트를 구축했다. 이 네크워크에 참여하는 병원의 관리자는 해당 병원의 구성원들에게 사용자 이름과 비밀번호를 할당한다. 주요 보고 내용은 병동, 신생아실, 분만실, 소생실 및 수술실에서 발생하는 사건과 영아의 병원 간 이송 중에 발생하는 사건 등을 보고할 수 있다. 익명성은 휴먼에러를 보고하는 개인, 환자, 병원, 날짜, 시간 또는 사건에 관련된 사람에 대한 정보를 수집하지 않음으로써 보장되었다. 또한 표준 인터넷 정보 서버(Microsoft Corp, Redmond, WA) 웹 로그가 비활성화되어 제출 컴퓨터의 IP 주소에 대한 기록이 중앙 보고 사이트에 저장되지 않도록 했다.

2000년 10월 4일부터 2002년 3월 7일까지(17개월) 보고된 휴먼에러 보고에 사용된 초기 온라인 양식에는 간략한 제목, 설명, 키워드, 참조 등의 네 개의 내용이 구성되었다. 각 상자에는 보고자가 자유 텍스트를 입력할 수 있었다. 또한 보고자는 드롭다운 목록에서 보고된 각 오류와 관련된 키워드를 선택할 수 있었다. 기존의 보고서를 개선한 양식은 2002년 3월 8일에 도입되었다. 다음 표와 같이 보고자가 보고를 쉽게 할 수 있도록 사전에 분석된 휴먼에러 목록을 상세히 열거해 두었다.

---

16 버몬트 옥스포드 네트워크(Vermont Oxford Network)는 신생아 치료의 환경을 바꾸기 위해 학제 간 커뮤니티로 협력하는 의료 전문가들의 비영리 자발적 협업이다. 데이터 기반 품질 개선, 교육 및 연구의 조정된 프로그램을 통해 신생아와 그 가족을 위한 치료의 질, 안전 및 가치를 개선한다. 모든 신생아와 가족이 최대한의 잠재력을 발휘할 수 있도록 유아에게 최상의 출발을 제공하는 데 전념하는 전 세계 커뮤니티이다. 이 네트워크는 약 400개의 회원 병원에 내부 감사 및 품질 개선에 사용할 수 있는 기밀 분기 및 연간 비교 성과 보고서를 제공한다.

제목	
어떤 일이 있었는지 간략히 요약	
사고로 어떤 상해가 예견되었는가?	
사고는 어느정도 지속되었는가?	
휴먼에러 항목	☐ 약품 ☐ 주입 ☐ 마취, 진통 ☐ 호흡기 관리 ☐ 포도당 또는 인슐린 ☐ 감시 또는 알람 ☐ 방사선 또는 진단 영상 ☐ 수술 ☐ 병원 내 이동 ☐ 수혈 ☐ 가족 또는 방문객 ☐ 보안 ☐ 정보 동의 ☐ 소생술 ☐ 의료기기 또는 장비

보고서는 오류로 인해 발생한 환자 피해의 정도, 오류 또는 아차사고가 발생한 장소, 오류 발생과 보고서 제출 사이의 경과 시간, 오류가 해당하는 범주, 사건에 기여한 요인, 사건의 영향을 완화한 요인, 약물 오류가 발생한 경우 약물 이름, 사고 재발을 막기 위한 내용 등으로 구성되었다. 2000년 10월 4일부터 2003년 1월 16일 기간 보고된 1,230건의 자료를 분석한 결과(시작에서 17개월의 522건과 이후 10개월의 708건), 가장 많이 차지한 항목은 잘못된 약물 투약, 복용량 제조, 일정 또는 주입 속도(영양제 및 혈액 제품 포함)가 581건으로 47%를 차지하였고, 투여 또는 치료 사용 방법 오류가 176건으로 14%를 차지하였다. 그리고 환자 오인(11%), 기타 시스템 오류(9%), 진단 오류 또는 지연(7%), 시술 또는 검사 수행 오류(4%) 등이 있었다. 가장 빈번한 기여 요인은 정책 또는 프로토콜을 따르지 못함(47%), 부주의(27%), 의사소통 문제(22%), 차트 또는 문서화 오류(13%), 주의 산만(12%), 경험 부족(10%), 라벨 오류(10%), 팀워크 부족(9%) 등이었다. 연구 결과, 의료 전문가의 자발적 그리고 익명 인터넷 보고는 신생아 중환자실에서 발생하는 의료 오류를 식별하고 개선방안을 마련할 수 있었다.

12.5 아차사고 보고에 따른 실익

국제적인 관점에서 안전관리가 중요한 이유를 세 가지로 요약할 수 있다. 첫째는 회사나 사업을 운영하면서 어느 누구도 다치지 않게 한다는 도덕적 그리고 윤리적 이유이다. 둘째는 중대재해처벌법과 산업안전보건법에 따라 강력한 제재와 벌금이 부과될 수 있다. 마지막으로 경제적 이유이다. 우리는 보통 안전관리를 위해 사용하는 비용을 회사 운영에 반드시 필요한 투자의 개념으로 인식하지 않는 경향이 있다. 1987년 알루미늄 대기업 Alcoa가 영입한 CEO(O'Neill)의 탁월한 안전 리더십으로 회사를 성공을 이끈 사례를 살펴본다.

1987년 알루미늄 대기업 Alcoa는 기발한 아이디어를 가진 새로운 CEO(O'Neill)를 영입하였다. 그는 주주, 기자와 이사회 사람들이 모인 장소에서 CEO로서 첫 번째로 연설하였다. 하지만, 이 첫 번째 연설은 완전한 실패였다. 월 스트리트에서 멀지 않은 호텔 연회장에서 연설이 시작되었고, 사업을 하는 투자자와 분석가들이 참여하였다. 지난 몇 년 동안 알루미늄 제조 대기업은 실적이 좋지 않았기 때문에 투자자들은 긴장했고 많은 사람들이 이 새로운 CEO가 영업이익을 극대화해 줄 참신한 아이디어를 갖고 있을 것이라고 믿었다.

연설에서 신임 CEO의 첫 마디는 "근로자 안전에 관해 이야기하고 싶습니다."였다. 연회장의 분위기는 싸늘하게 바뀌었다. 모든 사람의 기대와 에너지가 사라진 것처럼 보였고 조용했다. 그는 이러한 분위기에서 매년 수많은 Alcoa 근로자들이 너무 심하게 다쳐서 생산을 효과적으로 할 수 없다는 말을 이어갔다. 그리고 그는 Alcoa를 미국에서 가장 안전한 회사로 만들어 부상 없는 작업장을 만드는 것이 목표라고 발표하였다. 그의 첫 연설이 끝났을 때, 대부분 청중은 여전히 어리둥절하고 혼란스러웠다. 몇몇 베테랑 투자자들과 비즈니스 언론인들은 회의를 정상적으로 되돌리도록 노력하였다. 그들은 손을 들고 회사의 자본 비율과 제품의 재고 수준에 대해 질문하였다. 하지만 CEO는 "Alcoa가 어떻게 하고 있는지 이해하려면 작업장 안전 수칙을 살펴봐야 합니다."라고 주저하지 않고 답하였다.

회의가 끝나자 당황한 참석자들은 서둘러 자리를 비웠다. 몇 분도 안 되 투자자들은 동료와 고객에게 Alcoa의 제품을 주문하지 말도록 권유하였다. 기자들은 새로운 CEO가 어떻게 정신을 잃었는지에 대한 기사 초안을 작성하고 있었다. 당시 Alcoa는 알루미늄 업계에서 최고의 안전 기록을 보유하고 있었지만 재무 성과는 좋지 않았다. Alcoa는 약 100년 전에 설립되었으며, 미국에서 알루미늄 생산을 사실상 독점했었다. 그러나 반독점 규제, 더 치열한 경쟁, 공급 과잉으로 인해 재정 위기를 맞게 된 것이다. CEO는 Alcoa와 모든 직원이 프로세스에 더 깊이 집중할 필요가 있다는 믿음으로 전략을 설정했다. 그는 안전보건관리를 통해 근로자의 마음을 얻을 수 있을 것으로 판단하였다. 프로세스의 모든 단계를 이해하고 잠재된 위험을 확인하고 개선한다면, 근로자들의 동기 수준을 높일 수 있을 것으로 생각하였다. 그래서 그는 위험(hazards)요인과의 전쟁을 선포한 것이다.

그는 사업 프로세스에 존재하는 위험 정도를 "허용가능한 위험(tolerable risk)"[17] 정도로 관리될 수 있도록 개념을 설정하였다. 당시 그는 이 전쟁을 승리로 이끌 수 있도록 모든 근로자에게 사업장에 존재하는 위험을 찾는 것이 중요하다고 설득하기 시작하였다. 그리고 그는 영업이익 극대화보다는 우선 근로자의 안전 확보가 우선이라고 강조하였다. 그러나 그의 이러한 전쟁은 순식간에 여러 관계자의 질책과 검증을 받게 되는 어려운 현실에 처하게 되었다. 그의 임기 약 6개월 후, CEO는 한밤중에 애리조나에 있는 공장 관리자의 전화를 받게 된다. 알루미늄 생산 과정에서 알루미늄 파편이 기계에 있는 큰 암(arm)의 경첩에 끼어 작동을 멈춘 상황이었다. 이것을 본 신입 근로자는 즉시 수리를 제안하였다. 그는 알루미늄 파편 걸림을 제거하기 위해 안전 벽(fence)을 뛰어넘었다. 그가 파편 걸림을 제거하자 기계가 다시 작동하기 시작하였는데, 이때 육중한 기계의 암이 그의 머리를 강타하여 사망하는 사고가 발생한 것이다.

사고가 발생하고 하루가 끝나갈 무렵 CEO는 공장 경영진과 회의를 하였다. 그리고 그는 다음과 같이 말하였다. "우리가 이 사람을 죽였어요", "이 사고는 저의 리더십 문제입니다", "제가 그의 죽음을 방치하였습니다", "그리고 그것은 지휘계통에 있는 여러분 모두의 문제입니다"라고 말했다. 그리고 그는 사고는 절대 용납될 수 없는 중차대한 일이라고 강조하였다. 그 회의에서 CEO와 경영진은 사고가 일어난 모든 세부 사항을 살펴보았다. 그들은 CCTV에 촬영된 사고 장면을 반복해서 보았다. 그들은 사고와 관련하여 여러 근로자가 저지른 수십 가지 이상의 실수 목록을 작성하였다. 그리고 사고 당시 두 명의 관리자는 재해자가 안전 벽을 뛰어넘는 것을 목격하였지만, 막지 않았던 것도 확인하였다. 이러한 일련의 과정들은 안전보건관리의 심각한 문제를 보여주는 것이었다.

작동이 멈춘 기계 수리를 하기 전에 관리자에게 보고하는 절차가 없었다. 또한 사람이 안전 벽 내부에 있을 때 기계가 자동으로 멈추지 않았던 설비적인 문제이기도 하였다. 사고 조사 이후 효과적인 예산 반영으로 주요 문제가 신속하게 개선되었다. 공장의 모든 안전 난간은 밝은 노란색으로 다시 칠해졌다. 새로운 안전정책과 절차가 만들어졌다. 특히 CEO는 관리자가 근로자의 안전 개선 아이디어를 듣고도 무시하거나 개선하지 않으면 그 책임을 묻겠다고 선언하였다.

이러한 그의 노력에도 불구하고 사고는 계속 일어났다. 멕시코의 한 공장에서 일산화탄

---

17 허용가능한 위험(risk)은 IEC(International Electrotechnical Commission: 국제전기기술위원회) 기관이 제시하는 기준이다.

소가 누출되어 150명의 직원이 중독되어 응급 진료소에서 치료받았지만, 다행히 사망자는 없었다. 당시 공장을 담당하는 임원은 안전보건관리 성과를 유지하기 위하여 해당 사고를 보고하지 않았다. 하지만 이러한 사실을 다른 경로를 통해 접한 CEO는 정확한 원인 조사를 위해 조사 팀을 멕시코로 보냈다. 조사 팀은 사실을 수집하고 검토한 결과, 공장 임원이 의도적으로 사고를 은폐했다고 결론 지었다. 그 결과 공장의 임원은 해고되었다.

CEO의 지속적인 노력으로 인해 조직의 안전보건경영시스템과 안전문화 수준은 점차 향상되었다. 안전을 확보한다는 것은 공정이나 작업에 잠재된 유해 위험요인을 조사하고 개선하는 과정으로 생산 프로세스를 검토하는 과정이다. 공정이나 작업이 안전하다는 것은 곧 공장을 보다 효율적으로 운영할 수 있다는 것이다. CEO의 위험과의 전쟁은 사고율을 줄이는 데 그치지 않고 회사 전체 생산 프로세스를 개선하는 데 많은 도움이 되었다. 2000년 CEO가 Alcoa를 떠날 무렵 회사 수익은 그가 새로운 CEO로서 일을 시작했을 때보다 5배나 많았다. 그리고 회사의 시장 가치는 30억 달러에서 270억 달러 이상으로 증가하였다. 이것은 거의 불가능한 반전이었다.

CEO가 부임 당시 영업이익을 창출하려고 안전을 기반으로 하는 생산 프로세스를 개선하지 않는 다른 방식을 취했다면, 이러한 성과를 창출하기는 어려웠을 것이다. 그는 위험과의 전쟁에서 Alcoa를 승리로 이끌었고, 수많은 근로자의 생명을 구함과 동시에 Alcoa를 구했다. 골드만 삭스의 연구결과에 따르면, 작업장 안전보건을 적절하게 관리하지 못한 기업은 적절하게 관리한 기업보다 재정적으로 더 나쁜 성과를 냈다. 투자자들은 보고서에서 회사가 작업장 안전보건 관리를 했다면 동일 기간에 수익을 더 높일 수 있을 것이라고 조언했다.

리버티 뮤추얼 보험회사가 시행한 설문조사에 따르면, 재무 최고책임자(CFO)의 60%는 사고예방에 1달러를 투자할 때마다 2달러 이상을 회수한다고 하였고, 40% 이상은 작업장 안전 프로그램 운영으로 생산성이 좋아진다. 안전보건에 대한 투자와 그에 따른 투자 수익 사이에는 직접적인 상관 관계가 있고, 회사가 재정적으로 성공할 수 있도록 하는 선행적인 안전관리 핵심 활동이다.

Shaw Group[18]은 미국 루이지애나(Louisiana)에 있는 발전소 건설(CLECO 발전소, 660

---

18 Shaw Group은 에너지, 화학, 환경, 인프라 및 비상 대응 산업의 고객을 대상으로 엔지니어링, 건설, 기술, 제작, 복구 및 지원 서비스를 제공하는 세계적인 선도 기업이다. 2009 회계연도 연간 매출이 73억 달러인 Fortune 500 기업인 Shaw는 전 세계에 약 28,000명의 직원을 두고 있다.

MW/H 규모)을 성공적으로 완수하고 2005년에 상업가동을 시행하였다. Shaw Group이 추진한 성공적인 안전관리 활동에는 아차사고 보고 프로그램이 있었다. 이 프로그램을 시작하기 전 아차사고 보고 건수는 한 달에 평균 1건(근로자 한 명당 보고된 아차사고 건수는 약 0.005건)이었다. 프로그램을 시작한 이후 약 3개월 후, 아차사고 보고 건수는 거의 100배가 증가했다(근로자 한 명당 보고된 아차사고 건수는 약 0.5건). 한 달에 한 건이었던 아차사고 보고가 한 달에 60건을 넘게 되었다. 이러한 결과로 무재해 270만 인시[19] 기간 근로손실사고가 없었다. 이러한 노력으로 Shaw Group의 발전소는 미국 OSHA로부터 자발적 보호 프로그램 STAR[20]를 지정 받았으며, 사고로 인한 피해없이 성공적인 상업운전을 통해 발전소의 수익을 안정적으로 창출할 수 있었다.

12.6 아차사고 보고에 대한 부정적인 보상과 인센티브

부정적인 보상과 인센티브 적용은 아차사고 보고를 어렵게 하는 걸림돌이다. 상황에 따라 다르겠지만, 어떤 회사나 조직에서는 아차사고가 일어나는 상황을 사람의 잘못된 행동으로 간주하고 그 사고에 대한 개선을 비난의 방식으로 처리하는 상황이 존재한다. 이 경우 근로자는 아차사고 보고를 하지 않을 가능성이 크다. 더욱이 부서별로 사고 건수 감소 목표를 설정하여 보상하는 방식은 근로자로 하여금 발생한 사고를 보고하지 않도록 할 수 있다. 따라서 이를 아차사고 보고율을 높이는 인센티브 제도로 수정하여 운영해야 한다.

보상과 인센티브와 같은 촉진 프로그램을 운영하여 아차사고 보고를 즐겁고 매력적으로 만들 수 있다. 다만, 보상과 인센티브를 받기 위한 목적으로 거짓으로 보고하는 상황을 모니터링 해야 한다. 촉진 프로그램에 사용될 방법으로는 모바일 앱이나 현장에서 QR 코드를 스캔하는 방법이 있다. 그리고 인센티브는 마일리지를 쌓는 방식으로 다양한 보고를 점수로 누적하고, 누적된 점수를 상품이나, 쿠폰 등으로 주는 방식이 있다. 다음의 표는 보상과 인센티브 설계 시 추천할 만한 방법이다.

---

[19] 공사기간 동안 근무한 모든 근로자의 실제 근무시간을 누적하고, 해당 기간 근로손실사고가 없는 기준이다.

[20] 자발적 보호 프로그램(Voluntary Protection Programs, VPP)은 민간 산업과 연방 기관이 자발적으로 위험확인과 통제, 위험성 평가 시행, 교육과 훈련 시행 그리고 관리자와 근로자 간의 협력을 통한 사고예방 활동을 하도록 권장하는 관리 방안이다. STAR는 가장 우수한 인증으로 사업장의 위험요인을 효과적으로 통제 및 관리하여 지속적인 개선을 통한 모범적인 성과를 보인 사업주 및 근로자에 대한 인정이다.

구분	인정 보상	고정적인 보상	단계적 보상	보상체계와 통합된 인센티브
인정/보상	사회적 인정, 회의에서 감사 메시지 전달	근로자에게 지급하는 고정적인 보상 메뉴 선택	단계별 적합한 보상체계	인센티브 지급
기준	미리 설정하지 않음	관련 기준 수립	각 단계에 적합한 기준	사고율, 근로 손실율 수준
대상	개인/팀	개인/팀	개인/팀	개인/팀
검토사항	모든 직급과 기능에 따라 동등한 인정	간략한 보상 항목을 다양화/신비화. 많은 사람이 받을 수 있게 구성	다양하고 좋은 보상 제공. 우수자를 선정하여 최고의 보상을 지급	분기, 반기 혹은 연간 안전행동 증가율, 사고 발생율 등

※ McSween(2003)의 제안사항을 기반으로 저자가 일부 내용 수정

다음 표와 같이 인정 보상 적용 시 참조할 만한 사례를 설명한다.

구분	내용
사회적	경영층, 관리자, 감독자의 감사 편지 우수자 이름을 게시 사내 방송이나 매체를 통한 안내 가족에게 감사 메시지 송부
일과 관련	우수자에게 공장순회의 기회 부여 경영층이 참석하는 위원회에 참여 기회 제공 우수자가 원하는 교육 제공 희망하는 직무로 변경할 수 있는 기회 제공 공장장과 함께 식사할 수 있는 쿠폰 제공

보상과 인센티브를 적용한 사업장 사례를 살펴보면, 인센티브 시행 1년 후 근로자의 안전행동을 관찰한 결과, 처음 6개월 동안 안전 성과에 더 큰 영향을 미쳤지만 시간이 지남에 따라 안전 성과가 점차 감소하였다. 인센티브를 사용하는 조직의 문제는 근로자 다수가 인센티브를 받기 위한 목적으로 사고보고를 누락하는 사례가 있고, 인센티브로 인해 안전관리를 형식적으로 생각할 가능성이 존재한다. 따라서 보상과 인센티브를 설계할 경우, 전술한 다양한 상황과 조건 등을 검토하여 효과적인 방안을 마련해야 한다.

12.7 아차사고 보고 목표 할당

해외 해운산업을 대상으로 아차사고 보고와 사고의 상관관계를 조사한 연구(2019)에 대한 소개이다. 국제적인 규모의 A라는 선사가 보유한 50개 이상의 선박을 대상으로 2015년부터 2017년까지 시행한 연구이다. A 선사는 지속적으로 발생하는 사고를 예방하기 위해 위험요인 보고와 아차사고 보고를 강화하는 방안을 수립하였다. 선박별로 연간 위험보고 목표는 40개이고, 아차사고 보고 목표는 두세 개로 설정되었다. 선사는 월별로 접수된 위험요인과 아차사고를 선별하여 모든 선박에 주기적으로 공유하였다. 3년간의 위험보고, 아차사고 및 사고 추이는 다음 표와 같다.

연도	선박 수	사고		아차사고		위험보고	
		계	평균건수 (선박당)	계	평균건수 (선박당)	계	평균건수 (선박당)
2015	57	318	5.6	1,594	28	12,671	222
2016	60	310	5.2	1,817	30.3	31,089	518
2017	58	211	3.6	1,844	31.8	56,319	971
계	175	839	14.4	5,255	90.1	100,079	1,711

아차사고와 사고와의 상관관계를 확인하기 위하여 SPSS통계분석 프로그램을 사용하였다. 효과적인 검정을 위하여 Pearson상관관계분석을 활용하였다.[21] 연구결과 아차사고와 사고와의 상관관계는 2015년 0.155, 2016년 -0.122, 2017년 -0.184로 상관관계가 적었다. 이 결과를 해석해 보면, 아차사고 보고 건수는 2016년 1,817건 및 2017년 1,844건으로 그 차이가 미미하였다. 반면, 사고는 2016년 310건 대비 2017년 211건으로 사고가 많이 줄었다. 따라서 아차사고 보고 건수로 인해 사고가 줄어든다는 일반적인 논리와는 다른 연구 결과가 도출되었다. 저자의 판단에 따르면, 선사는 사고를 예방하기 위해 아차사고 보고 목표

---

[21] 상관관계 계수는 +0.7~+1.0은 강한 양적 상관관계, +0.3~+0.7은 뚜렷한 양적 상관관계, +0.1~+0.3은 약한 양적 상관관계, -0.7~-1.0은 강한 음적 상관관계, -0.3~-0.7은 뚜렷한 음적 상관관계, -0.1~-0.3은 약한 음적 상관관계로 설정할 수 있다.

를 강제로 설정했으므로 각 선박은 목표를 달성하기 위해 실질과는 다른 보고를 했을 가능성이 있다. 예를 들면, 이 연구에서 확인된 바와 같이 아차사고 보고 내용에 커피 쏟음, 커피숍에서 썩은 과일 발견 및 수요일 저녁 식사에 소고기 부족 등의 내용이 발견되었다. 따라서 아차사고 보고의 수를 목표로 설정할 경우, 다양한 좋지 않은 결과를 초래할 가능성이 있으므로 이에 대한 사전 검토가 반드시 필요하다.

미국의 의료공공정책 논의(1999)에서 강제적 또는 자발적 보고(아차사고를 포함하는 휴먼에러)에 대한 토론이 있었다. 미국의 안전의료기기법(1990년)은 강제적 보고 방식의 성격을 갖고 있다. 이에 따라 의료시설과 제조업체는 특정 의료기기의 고장이나 오용과 관련된 심각한 부상이나 질병을 보고해야 한다. 이 법은 의료사고를 예방하기 위한 조치로 피상적으로는 잘 운영될 것으로 예견되었다. 하지만, 사람의 자발적인 보고를 촉진시키는 데에는 실패했다. 무엇보다 상당한 수의 위험한 휴먼에러가 보고되지 않았고, 보고되지 않는 한 거의 개선되지 못했다. 또한 보고는 대부분 개별 의사나 의료 기관을 처벌하는 데 사용되었다. 대부분의 강제적 보고 프로그램은 "나쁜" 의료 종사자와 시설을 찾아내 처벌하도록 설계되었다. 전술한 상황을 통해 알 수 있듯이 강제적이고 처벌적인 보고는 성공하기 어렵다. 따라서 비밀이 보장되는 자발적 보고 프로그램을 운영해야 한다. 그 이유는 자발적 프로그램이 현장 실무자에게 보복을 두려워하지 않고 전체적인 내용을 말할 수 있는 기회를 제공하기 때문이다.

아차사고 보고는 회사, 조직 그리고 법률 등에 따라 의무적일 수도 있고 의무적이지 않을 수도 있다. 많은 산업은 보고 프로그램과 함께 원인에 대한 더 유용한 정보를 찾는 비처벌적이고 기밀이 보장되는 방식을 권장한다. 그리고 비자발적 보고보다는 자발적 보고를 권장한다. 자발적 보고 수준은 회사나 조직이 갖는 안전문화 수준과 긴밀한 관계가 있다. 비자발적 참여 방식인 아차사고 보고 할당 방식은 아차사고의 근본적인 원인 규명보다는 보고 수치나 보고 누적 자료에 치중하는 경향이 있으며, 근로자 간의 경쟁과 압력을 조장할 수 있다. 그리고 근로자는 할당량을 채우기 위해 보고서를 조작하거나 부풀릴 가능성이 있다.

12.8 Incident와 비사고(Non-Incident)에 대한 이해 부족

선행연구에 따르면, 미국 화학공학회 주관으로 약 3,500명의 사조조사관을 대상으로 교육하는 동안, 아차사고 보고의 걸림돌 중 하나가 아차사고의 정의가 모호해 근로자가 보고를 꺼려하거나 하지 않는다는 토론이 있었다고 한다. 먼저 본 책자의 제1장 I. 사고의 정의에서 Incident와 Accident의 정의를 다시 검토해 보면, Incident는 부상이나 건강 악화를 유발할 가능성이 있었던 아차사고와 부상이나 건강 악화를 유발한 Accident를 포함한다. 그리고 Accident는 아차사고를 제외하고 부상이나 건강 악화를 유발한 결과이다. 여기에서 비사고(Non-Incident)는 Incident와 Accident를 제외한 영역으로 그 수가 막대하다. 따라서 비사고는 일반적으로 보고하지 않지만, 회사나 조직의 특성에 따라 특별한 경우 보고할 수 있다. 여기에서 문제는 근로자가 전술한 Incident, Accident 및 비사고의 정의를 혼동하여 어떤 것은 보고해야 하고, 또 어떤 것은 보고하지 않아도 되는지 모른다는 것이다. 따라서 회사나 조직은 Incident, Accident 및 비사고의 대한 적절한 기준점을 제시하고 그 사례를 근로자에게 제공해야 한다. 다음의 표는 미국 화학공학회가 추천하는 Incident와 비사고의 상황 예시이다.

구분	Incident	비사고
상황	안전밸브[22]가 필요에 따라 개방	정기적인 검사 중 안전밸브가 설정압력 범위를 벗어난 것으로 발견됨
	압력이 안전밸브 설정 압력에 도달했지만 안전밸브가 열리지 않음	안전밸브의 압력 변동이 발생했지만, 설정압력 한계 내에 유지됨
	안전밸브가 고압으로 정지됨(시스템 과압에 대한 방어 계층)	고압으로 경보(품질에 영향이 있을 수 있음)가 울림
	해당지역 독성가스 감지기 작동/경보 울림	정기검사/테스트 중 독성가스 감지기 결함 발견됨
	물건을 크레인으로 양중하는 동안 슬링 벨트 균열 생김	크레인 양중 작업 전 와이어 로프 결함 발견

---

22 KOSHA Guide 안전밸브 등의 배출용량 산정 및 설치 등에 관한 기술지침에 따르면, 안전밸브(Safety valve)는 밸브 입구 쪽의 압력이 설정압력에 도달하면 자동적으로 스프링이 작동하면서 유체가 분출되고 일정압력 이하가 되면 정상 상태로 복원되는 밸브를 말한다. 설정압력(Set pressure)은 용기 등에 이상 과압이 형성되는 경우, 안전밸브가 작동되도록 설정한 안전밸브 입구 측에서의 게이지 압력을 말한다.

아차사고 보고 대상 목록을 설정할 경우, 다음과 같은 상황을 검토할 것을 추천한다.

- 상황이 조금 달랐다면 어떤 결과가 있었을까?
- 아차사고가 사고로 이어지기 전에 발견될 가능성은 얼마나 될까?
- 프로세스(운영)가 얼마나 복잡하고 사고에 대한 방어 계층이 몇 개나 있는가?
- 아차사고가 실제 위험에서 얼마나 떨어져 있는가?
- 아차사고에서 배울 가치가 있는가?

12.9 옵트-인(opt-in) 방식의 아차사고 보고

우리나라는 뇌사 장기기증을 활성화하기 위하여 '장기기증 활성화 OPO(Organ Procurement Organization)' 설립, 한국형 Donation Improvement Program 도입 및 한국장기조직기증원 설립(2017년) 등의 정책을 시행하여 왔다. 하지만 스페인과 미국에 비해 그 수준이 좋지 않은 것으로 알려져 있다. 다음의 표는 2016년 집계된 한국, 스페인 및 미국의 장기기증과 관련한 현황 표이다. 뇌사 기증자 및 생존 시 기증자는 한국이 573명 및 2,209명인 반면, 스페인은 2,018명 및 369명이고 미국은 9,971명 및 5,978명이다.[23]

구분	뇌사 시 기증	생존 시 기증	계
한국	573	2,209	2,782
스페인	2,018	369	2,387
미국	9,971	5,978	15,949

스페인의 뇌사 기증자 수가 한국보다 많은 이유는 장기기증과 관련한 'opt-out'제도를 운영하기 때문이다. 'opt-out'제도는 모든 국민이 장기기증을 한다는 전제를 두고 이 pool에서 나갈 사람만 동사무소에 신고하는 것이다. 우리나라는 이와는 반대인 생전에 의사를 표

---

[23] 전 세계적으로 장기기증이 가장 활발한 나라는 스페인이다. 우리나라와 인구 규모가 비슷해서 두 나라의 장기기증 데이터가 종종 비교되곤 하는데, 기증 총량에 있어서는 비슷하지만 우리나라는 생체기증(살아있는 동안 간의 일부나 신장 두개 중 한 개를 기증)이 높고, 반대로 스페인은 뇌사기증이 높다. 정부는 한 사람의 기증으로 평균 3.3명(2017년 기준)을 살리는 뇌사 장기기증을 주요 정책으로 삼고 있다.

명한 사람만 장기기증에 동의하는 것으로 판단하는 'opt-in' 제도를 적용하고 있다.

미국은 장기기증을 높이기 위한 방법으로 UNOS(United Network for Organ Sharing)을 중심으로 50개 주에 62개의 OPO가 활동하며 모든 장기기증 관련 단체가 연계되어 있다. 이들 OPO는 'Donate life'라는 통합브랜드를 사용하며, 광고나 마케팅 활동의 시너지효과를 높이고 있다. 더욱이 어린이부터 어른까지 다양한 교육 프로그램 운영과 기발하고 위트가 넘치는 홍보를 하고 있다.

아차사고 보고의 중요성은 생명을 다루는 것과 같거나 더 중요하다고 생각한다. 스페인의 사례에서 보았듯이 장기 기증에 있어 'opt-out'이라는 제도를 운영하면서 국민 모두가 장기 기증의 중요성을 공론화하고 문화화 했다는 중요한 측면이 있다. 이와 유사하게 회사나 조직에서 아차사고 보고를 장기 기증의 'opt-out'제도와 같은 방식으로 운영한다면, 현재의 피동적인 아차사고 보고 운영을 개선할 것이라고 생각한다. 또한 장기 기증의 사례에서 본 바와 같이 어린이부터 어른까지 다양한 교육 프로그램을 개발하고 운영하여 국민 전체가 아차사고 보고의 중요성을 지속적으로 일깨우는 것이 필요하다.

12.10 위험관리의 우선순위 미적용

아차사고가 접수 이후 사안에 따라 조사를 시행하고, 다양한 개선방안을 마련하여 적용한다. 그동안 우리가 많은 경험을 해 왔지만, 사고예방을 위해 근본적인 개선방안보다는 비용 투자가 적고, 사람이 해야 할 일을 새로 만들거나 수정하는 방식으로 대처해 온 것이 현실이다.

개선대책 마련은 위험성 감소조치(Risk reduction) 우선순위에 따라 적용하는 원칙을 적용한다. 미국 국립산업안전보건연구원 NIOSH가 제안한 위험관리 원칙(Hierarchy of Control)에 따라 위험성 감소조치에는 위험 제거(Elimination), 위험 대체(Substitution), 공학적 대책 사용(Engineering controls), 행정적 조치(Administration controls) 그리고 보호구 사용(Personal protective equipment) 등의 우선순위를 적용한다. 위험성결정에 따라 판단된 허용할 수 없는 위험(Intolerable risk)에 대한 감소조치를 시행한다.

Ⅳ 사고보고 기준과 양식

1. 사고 등급별 보고

　　해외와 국내 기업이 운영하는 사고 심각도 기준에 따른 보고 기준을 살펴본다. 사고보고 기준을 설정하는데 필요한 방침은 의미가 있는 사고를 모두 보고하도록 하는 것이다. 그리고 의미가 있는 사고에 대한 모든 조사를 시행하도록 하는 것이다. 그리고 전 과정을 최고경영자에게 보고하고 개선의 수준을 높이는 것이다. 미국 화학안전개선 협회(Process Improvement Institute)의 연구(2023)에 따르면, 일반적으로 한 건의 사고가 일어나기까지 약 50~100건의 아차사고가 발생한다. 그리고 한 건의 아차사고가 발생하기까지 약 100건의 인적오류가 발생한다. 이 의미는 한 건의 사고가 일어나기까지 약 10,000건의 불안전한 조건과 인적오류가 발생한다는 것이다. 모든 사고를 보고하는 것은 좋지만, 사고의 심각성을 고려하지 않고 하는 보고는 자칫 안전관리의 동맥경화인 페이퍼 워킹과 관료주의(Bureaucratic)를 불러 일으킬 수 있다.

　　해외와 국내의 기업은 전술한 문제점을 개선하기 위하여 다음의 표와 같이 사고의 심각도를 고려하여 보고시간과 보고 위계(Hierarchy)를 정하여 운영하고 있다. 사고는 인체사고, 화재와 폭발사고 및 법 위반 사고로 분류한다. 인체사고는 회사나 조직에 따라 상이한 부분이 있지만, ILO의 기준에 따라 사망사고, 영구전노동불능 상해, 영구 일부노동불능 상해, 일시 전노동불능 상해, 일시 일부노동불능 상해 그리고 응급조치 상해로 구분할 수 있다. 또한 이것을 근로손실 사고, 근로 미손실 사고, 응급조치 사고, 아차사고로 구분할 수 있다. 화재와 폭발사고의 경우, 피해의 규모가 심각한 경우, 사업장 자체적으로 대응 및 일부 국소적 발생 등으로 구분할 수 있다. 법 위반 사고에는 벌금형, 형사처벌, 개선명령, 경고 및 시정조치로 구분할 수 있다.[24]

---

[24] 사고등급, 보고대상 및 기한과 관련한 내용은 해외(BP, GE, Otis 등)와 국내(LG, SK 등)의 기준을 저자의 판단에 따라 요약한 내용이다.

구분	구분 (인체사고는 ILO 상해등급 참조)[25]	사고 등급	보고대상 및 기한	
			사업부문장	대표이사
인체사고 (근로손실 사고)	사망 및 영구전노동불능 상해	A	즉시	1시간 이내
	영구일부노동불능 상해	B	즉시	24시간 이내
	일시전노동불능 상해	C	즉시	월간보고
인체사고 (근로 미손실 사고)	응급조치 상해	D	즉시	월간보고
	아차사고	E	월간보고	분기보고
화재와 폭발사고	심각한 피해와 외부 지원	A	즉시	1시간 이내
	사업장 자체적으로 대응	B	즉시	24시간 이내
	일부 국소적으로 발생	C	월간보고	분기보고
법 위반사고	벌금형과 형사처벌 사고	A	즉시	1시간 이내
	개선명령	B	즉시	24시간 이내
	경고와 시정조치	C	월간보고	분기보고

2. 국가별 법적 사고보고

2.1 한국의 산업안전보건법

산업안전보건법 제57조(산업재해 발생 은폐 금지 및 보고 등)에 따라 사업주는 산업재해가 발생하였을 때에는 그 발생 사실을 은폐해서는 안 된다. 사업주는 고용노동부령으로 정하는 바에 따라 산업재해의 발생 원인 등을 기록하여 보존하여야 한다. 산업안전보건법 제54조(중 대재해 발생 시 사업주의 조치)에 따라 사업주는 중대재해가 발생하였을 때에는 즉시 해당 작업을 중지시키고 근로자를 작업장소에서 대피시키는 등 안전 및 보건에 관하여 필요한 조치를 하여야 한다. 사업주는 중대재해가 발생한 사실을 알게 된 경우에는 고용노동부령으로 정하는 바에 따라 지체 없이 고용노동부장관에게 보고하여야 한다. 다만, 천재지변 등 부득이한

---

25 ILO상해등급을 기초로 설정한 사고등급을 산재보상보험법 등급과 비교하면, A등급은 1~3등급, B 등급은 4~13등급, C등급은 생리기능을 손실하지 않고, 원래와 같은 상태로 회복되는 상해, D등급 은 치료 후 당일 정상업무로 복귀 가능한 상해임.

사유가 발생한 경우에는 그 사유가 소멸되면 지체 없이 보고하여야 한다. 여기에서 중대재해는 산업안전보건법 시행규칙 제3조(중대재해의 범위)에 따라 사망자가 1명 이상 발생한 재해, 3개월 이상의 요양이 필요한 부상자가 동시에 2명 이상 발생한 재해 또는 부상자 또는 직업성 질병자가 동시에 10명 이상 발생한 재해를 말한다.

산업안전보건법 시행규칙 제73조(산업재해 발생 보고 등)에 따라 사업주는 산업재해로 사망자가 발생하거나 3일 이상의 휴업이 필요한 부상을 입거나 질병에 걸린 사람이 발생한 경우에는 법 제57조제3항에 따라 해당 산업재해가 발생한 날부터 1개월 이내에 별지 제30호 서식의 산업재해조사표를 작성하여 관할 지방고용노동관서의 장에게 제출(전자문서로 제출하는 것을 포함한다)해야 한다. 사업주는 고용노동부령으로 정하는 산업재해에 대해서는 그 발생 개요·원인 및 보고 시기, 재발방지 계획 등을 고용노동부령으로 정하는 바에 따라 고용노동부장관에게 보고하여야 한다. 이를 지키지 않을 경우, 산업안전보건법 제175조(과태료) 및 산업안전보건법 시행령 제119조(과태료의 부과기준)에 따라 i) 중대재해 발생 보고를 하지 않거나 거짓으로 보고한 경우 3,000만원을 부과 ii) 산업재해를 보고하지 않은 경우 1차 700만원, 2차 1,000만원, 3차 1,500만원을 부과, iii) 산업재해를 거짓으로 보고한 경우 1,500만원을 부과한다.

2.2 영국의 부상, 질병 및 위험발생 보고 규정

영국의 산업안전보건법 체계는 사업장 안전보건법(The Health and Safety at Work etc. Act)이 있고, 그 하위에 시행규칙(regulation)인 산업안전보건관리 규칙(Management of Health and Safety at Work Regulations, 1999), 산업 안전·보건·복지에 관한 규칙(Workplace Health, Safety and Welfare Regulations, 1992) 및 부상, 질병 및 위험발생 보고 규정(RIDDOR, 1985) 등이 있다. 그리고 그 하위에 시행명령(order)이 있다. 또한 규칙을 보완하기 위한 목적의 승인된 실무코드(ACoPs, Approved Codes of Practice)와 기준과 표준(standard)이 존재한다. 다음 표는 전술한 영국의 산업안전보건법 체계를 요약한 내용이다.

구분	내용
법(Act)	사업장 안전보건법(The Health and Safety at Work etc. Act)
시행규칙(Regulation)	산업안전보건관리 규칙(Management of Health and Safety at Work Regulations, 1999), 산업 안전·보건·복지에 관한 규칙(Workplace Health, Safety and Welfare Regulations, 1992) 및 부상, 질병 및 위험 발생 보고 규정(RIDDOR, 1985)등
시행명령(Order)	사업장 안전보건법(The Health and Safety at Work etc. Act) 하위 명령
승인된 실무코드 (ACoPs)	승인된 실무코드(ACoPs, Approved Codes of Practice) 및 가이던스
기준과 표준 (Standard)	영국표준(British standard) 등

1985년 부상, 질병 및 위험발생 보고 규정(이하, RIDDOR) 시행으로 책임자는 업무 활동과 관련하여 사망하거나 부상 또는 특정 질병에 걸린 경우 또는 위험한 사건이 발생한 경우 당국에 보고해야 한다. 전술한 책임자는 부상자, 자영업자 또는 작업이 수행되는 장소를 관리하는 사람의 사업주 또는 고용주일 수 있다. 사고와 질병에 대한 보고의 의무가 있는 책임자를 설명한 내용은 아래 표와 같다.

보고가능한 사고 (Reportable incident)	부상자 (Injured person)	보고책임자 (Responsible person)
사망, 특정한 부상, 7일 이상의 부상 또는 질병(Death, specified injury, over-seven-day injury or case of disease)	사업장 직원 (An employee at work)	부상자의 사업주 (That person's employer)
사망, 특정한 부상 또는 7일 이상의 부상(Death, specified injury or over-seven-day injury)	타인의 지배하에 있는 사업장에서 일하는 자영업자(A self-employed person at work in premises under someone else's control)	사업장을 관리하는 사람(The person in control of the premises)

특정한 부상, 7일 이상의 부상 또는 질병(Specified injury, over-seven-day injury or case of disease)	그들의 통제 하에 있는 구내에서 일하는 자영업자(A self-employed person at work in premises under their control)	자영업자 또는 그들을 대신하여 활동하는 사람(The self-employed person or someone acting on their behalf)
치료를 위해 병원으로 후송해야 하는 사망 또는 부상-또는 병원에서 발생하는 특정 부상(Death or injury which means you have to be taken to hospital for treatment (or a specified injury occurring at a hospital)	근무중이 아닌 환자, 자원봉사자 또는 방문객(다른 사람의 업무에 영향을 받는 사람)(A person not at work (but affected by the work of someone else), eg patient, volunteer or visitor)	사업장을 관리하는 사람 또는 사업장 내에서 사업 활동을 관리하는 사업주(The person in control of the premises or, in domestic premises, the employer in control of the work activity)
위험발생 (Dangerous occurrence)		위험한 사건이 발생한(또는 그 작업과 관련하여) 사업장을 관리하는 사람(The person in control of the premises where (or in connection with the work at which) the dangerous occurrence happened)

    RIDDOR보고 규정에 따라 보고 가능한 부상, 위험한 발생 또는 질병을 보고하지 않을 경우, 형사 범죄로 간주되어 기소될 수 있다. 다만, 사고를 보고한다는 것이 그 사고의 책임을 인정하는 것이 아니다. 규정에 따라 다양한 유형의 사고별로 보고 시간이 명시되어 있지만, 가능한 한 빨리 사고를 보고해야 한다. 보고된 사망, 특정 부상 또는 위험한 사건이 발생한 경우에는 지체 없이 집행 기관에 통보해야(Notify) 하며, 최대 10일 이내에 보고해야 한다. 7일 이상의 부상은 사고 발생 후 15일 이내에 보고해야(Report) 한다. 질병의 경우, 등록된 의사(RMP)의 서면 검토가 완료된 이후 즉시 보고해야 한다. 모든 사고는 HSE 홈페이지 www.hse.gov.uk/ riddor를 통해 온라인으로 보고하되, 사망사고나 특정한 부상의 경우 유선으로도 가능하다. 사업주는 3일 이상의 보고가능한 부상, 질병 그리고 위험발생과 관련한 서류를 3년간 보관해야 한다. 해당 서류에는 신고일시와 방법, 사건일자, 시간 및 장소, 관련자의 인적 사항, 부상정도 및 사고나 질병에 대한 간략한 설명이 포함되어야 한다. 다만, 사

회보장 규정 1979에 따라 사고기록을 보관하는 경우 해당 기록은 RIDDOR 기록으로 인정받을 수 있다.

2.3 미국의 산업안전보건법

미국의 산업안전보건법(OSHA, Occupational Safety and Health Act)은 상·하원을 통과하여 대통령이 서명·공포하는 법(Act)으로 그 하위에 주무장관이 정하는 연방 규칙(CFR, Code of Federal Regulation) 제29장이 존재한다. 미연방규칙 제29장은 노동부 소관규정으로써 29CFR 1910은 일반사업장 전체에 적용되는 수평적기준(Horizontal Standards)이며, 29CFR 1915는 조선업(Shipyards), 29CFR 1917은 해양터미널(Marine terminals), 29CFR 1918은 항만작업(Longshoring), 29CFR 1926은 건설업(Construction), 29CFR 1928은 농업(Agriculture)에 적용된다. 그리고 규칙을 보완하기 위한 목적의 미국국립표준협회(ANSI, American National Standards Institute)와 국가화재예방(NFP, National Fire Protection) 등의 기관이 발간한 기준 등이 있다. 아래 표는 전술한 미국의 산업안전보건법 체계를 요약한 자료이다.

구분	내용
법(Act)	산업안전보건법(Occupational Safety and Health Act)
연방규칙(Federal Regulation)	29CFR 1910은 일반사업장 전체에 적용되는 수평적기준(Horizontal Standards)이며, -29CFR 1915: 조선업(Shipyards) -29CFR 1917: 해양터미널(Marine terminals) -29CFR 1918: 항만작업(Longshoring) -29CFR 1926: 건설업(Construction) -29CFR 1928: 농업(Agriculture)
참조기준 (Standard)	미국국립표준협회(ANSI, American National Standards Institute) 와 국가화재예방(NFP, National Fire Protection) 등

미국의 산업안전보건법 29CFR 1904는 직업적 부상과 질병의 기록 및 보고(Recording and Reporting Occupational Injuries and Illnesses)기준을 설명하고 있다. 사고보고 대상은 사망, 의식 상실, 근로손실 사고, 제한된 업무 활동 또는 직무 전환, 또는 응급 처치 이외의 치

료 등이다. 사업주는 업무 관련 사망 사고를 8시간 이내에 보고해야 한다. 입원, 절단 또는 눈 상실의 경우 사고 발생 후 24시간 이내에 보고해야 한다. 보고 방법은 i) 정상 근무 시간 동안 가장 가까운 OSHA 지역 사무소로 전화한다. ii) 24시간 OSHA 핫라인 1-800-321-OSHA(6742)로 전화한다. iii) OSHA는 전자적으로 사건을 보고하는 새로운 수단을 개발 중이며, www.osha.gov에서 이용할 수 있다.

미국의 산업안전보건법 위반은 금전적 제재(Civil penalty, 사인의 법률상 의무 위반을 제재하기 위해 법원 또는 행정기관이 비 형사 절차를 통해 금전을 징수하는 것) 방식으로 적용된다. 미국에서 법 위반행위에 대한 제재는 전통적으로 사법의 영역으로 분류되었다. 미국인은 범죄를 저지르면 형사처벌을 받고 누군가에게 손해를 입혔으면 민사상 손해배상을 하면 된다고 보았기 때문에, 행정 공무원이 제재 권한을 행사할 필요는 없다고 보았으며, 여기에서 법철학적인 배경이 생겼다. 금전적 제재가 입법 실무에서 활용된 배경은 장래에 발생할 수 있는 반사회적 행위를 방지하는 억지력이다. 제재의 규모와 적발 가능성이 크면 클수록 이해관계자는 법률을 준수할 유인이 커진다. 위반행위에 대한 금전적 불이익은 경제적 합리성을 추구하는 사업자에게 법 준수에 대한 자기규율(Self-monitoring)을 촉진한다.

미국의 산업안전보건법 위반에 대한 제재방식은 산업안전보건심사위원회를 통해 결정된다. 산업안전보건심사위원회(Occupational Safety and Health Review Commission, OSHRC)는 노동부(Department of Labor) 및 산업안전보건청(Occupational Safety and Health Administration, OSHA)과 협력하여 산업안전보건법(Occupational Safety and Health Act)을 집행하는 독립행정기관이다. 노동부와 산업안전보건심사위원회가 사업장에 대한 현장조사 등을 통해 산업 안전 요건의 위반 사실을 확인하고 제재금액을 산정하면, 위원회에 소속된 행정법판사가 해당 청구를 심사하여 제재를 확정하는 시스템이다. 노동부 장관은 사업장에서 근로자의 안전 등과 관련해 위반 사실을 확인한 경우 처분서(Citation)[26]를 사업자에게 발급한다. 사업주는 처분서를 받은 날로부터 15일 이내에 이의를 제기하지 않으면, 노동부 장관의 처분서는 산업안전보건심사위원회의 명령과 같은 효력이 발생한다. 더불어 노동부 장관이 금전적 제재를 부과하고자 하는 경우 당사자에게 산정 금액을 통지해야 하며, 만약 15일 이내에 당사자가 이의를 제기할 경우 산업안전보건심사위원회의 심리를 거친다. 미국 산

---

26 제658조 위반사실확인서(Authority to issue; grounds; contents; notice in lieu of citation for de minimis violations) 발급 권한, 근거, 내용, 사소한 위반 시 위반사실확인서를 대신하는 고지.

업안전보건법 제666조 민형사상 제재에 따르면, ① 고의 또는 반복 위반의 경우(Willful or repeated violation), ② 중대 위반에 대한 위반사실확인서(Citation for serious violation), ③ 중대하지 아니한 위반에 대한 위반사실 확인서(Citation for violation determined not serious), ④ 위반 시정의 해태(Failure to correct violation) ⑤ 고의 위반으로 인한 근로자의 사망(Willful violation causing death to employee), ⑥ 점검에 대한 사전 고지 제공(Giving advance notice of inspection), ⑦ 허위 설명, 진술 또는 확인(False statements, representations or certification), ⑧ 삭제, ⑨ 게시 의무 위반(Violation of posting requirements) 등이 있다.

미국 안전보건청이 2024년 발간한 안전보건 관련 벌금 조정 방안에 따르면, 물가 상승율을 고려하여 벌과금을 조정한다는 내용이 있다. 이 내용을 보면, 설정된 보고 기간 이내에 사고 보고를 하지 않으면 '심각성 이외의 적발(Other than serious)' 항목으로 구분되어 한 건당 최대 16,134달러가 부과된다.

3. 사고보고 양식

사고보고는 최초 사고보고서 양식, 중간 사고보고서 양식 및 최종 사고보고서 양식으로 구분하여 보고할 것을 추천한다. 최초 사고보고서는 가급적 빠른 시간 내에 경영층까지 알 수 있도록 해야 하며, 중간 및 최종 사고보고서는 사고조사팀이 구성되어 절차에 따른 사고 분석과 대책수립이 완료된 보고서이다.

3.1 최초 사고보고 양식 개발 가이드라인

최초 사고보고 양식은 모든 사고조사의 근간이 되는 문서이다. 이 문서는 사고가 발생한 현장에서 관리자가 있는 사무실로 보고하기 위해 사용된다. 이 문서는 서면, 팩스, 전자메일 및 시스템 내 보고 등을 통해 보고되며, 하드 카피 또는 전자 형식으로 노트북 컴퓨터나 태블릿에 저장할 수 있다. 사고보고서는 가급적 회사나 조직의 특성에 맞게 문장으로 서술하는 것을 가급적 적게 유지하는 것이 효과적이다. 가능하다면 사고보고 양식을 체크박스 형태로 구성하는 것이 효과적이다. 체크박스 방식으로 만들면, 사고보고자나 조사자가 추측할 일이 많이 없어지고 긴 서면 응답을 없앨 수 있다.

3.2 사고유형 구분

사고의 심각도 수준을 회사나 조직의 특성에 맞게 구분하여 사고보고자가 기재할 수 있도록 양식을 개발한다. 사고의 심각도 구분에는 사망사고로부터 아차사고 수준까지 다양할 수 있다. 또한 인체사고, 재산 피해 사고, 화재, 환경오염 및 누출사고 등 다양한 종류가 있다.

3.3 최초 사고보고에 포함될 일반적인 정보

일반적인 정보에 포함되는 사항은 사고일, 사고시간, 재해자 성명, 작업명, 작업경력, 입사일자, 소속회사, 연락처 등이 포함된다.

3.4 최초 사고보고 내용

사고내용은 6하 원칙에 따라 누가, 언제, 어디서, 무엇을, 어떻게, 왜 그랬는지 간략하게 작성한다. 필요 시 사고도면과 사진을 첨부하도록 한다.

3.5 사고원인, 대책 및 응급조치

최초사고 보고 당시에 추정하는 원인, 대책 및 응급조치를 기재할 것을 추천한다.

3.6 사고조사 이후 개선조치 보고

저자가 외국계 기업 본사에서 안전관리자로 근무하면서 활용했던 양식을 다음과 같이 소개한다.

(1) 개선조치 보고 양식-1

사고발생 시 해당 작업, 상해 종류, 상해 부위, 사고 유형, 직접 원인 및 근본원인이 선택할 수 있도록 체크박스 형태로 구성되어 있다. 자세한 사항은 별첨 4. 개선조치 보고 양식-1을 참조하기 바란다.

(2) 개선조치 보고 양식-2

즉각적인 조치 내역과 개선 이행 책임자, 장기적인 조치 내역과 개선 이행 책임자 및 추가적인 조치에 대한 내역이 포함되어 있다. 자세한 사항은 별첨 5. 개선조치 보고 양식-2를 참조하기 바란다.

3.7 정부기관에 보고하는 양식

사업주는 산업재해로 사망자가 발생하거나 3일 이상의 휴업이 필요한 부상을 입거나 질병에 걸린 사람이 발생한 경우에는 법 제57조제3항에 따라 해당 산업재해가 발생한 날부터 1개월 이내에 별지 제30호서식의 산업재해조사표(별첨 6. 참조)를 작성하여 관할 지방고용노동관서의 장에게 제출(전자문서로 제출하는 것을 포함한다)해야 한다.

산업안전보건법 제54조에 따라 사업주는 중대재해가 발생한 사실을 알게 된 경우에는 고용노동부령으로 정하는 바에 따라 지체 없이 고용노동부장관에게 보고하여야 한다. 이에 대한 별첨 7. 중대재해 보고서(건설업) 및 별첨 8. 중대재해 보고서(제조업)를 참조하기 바란다.

4. 사고 경중에 따른 개선조치 완료 시한

본 책자의 사고등급별 보고 기준에 따라 개선조치 완료 시한을 설정할 수 있다. 사고조사와 분석은 상당한 시간을 필요로 하는 과정이므로 완료 시한을 효과적으로 설정해야 한다. 만약 충분하지 않은 완료 시한을 설정할 경우, 사고조사 보고서의 완결성이 떨어질 수 있다. 저자가 근무했던 사업장의 경우, 사고 초기 보고 이후 30일 이내 경영책임자에게 최종보고를 하도록 설정되어 있다. 다만, 30일 이내 최종보고를 하기 어려울 경우에는 최종보고를 연장할 수 있다. 다만, 연장 사유를 서면으로 남겨야 한다.

참고문헌

국토교통부. (2021). 항공안전자율백서.

고용부고시. (2023). 사업장 위험성평가에 관한 지침 제5조의 2 위험성평가 대상.

고용노동부. (2022). PSM 사업장의 안전문화 정착과 산업재해 예방을 위한 안전보건관리체계 구축 우수사례.

문준조. (2009). *항공관련 국제협약과 항공법제 개선방안 연구*. 한국법제연구원.

법제처. (2024). 항공법, 항공안전법 시행령, 항공안전법 시행규칙.

신옥식. (2009). 우리나라 항공안전보고시스템 발전과제 연구. *항공진흥*, (3), 129-151.

서울고용노동청. (2023). 건설업 아차사고 발굴 및 위험성평가 사례 모음집.

한국원자력연구소. (2005). 철도 안전업무 종사자의 인간성능 개선을 위한 인간공학 관련 기술 사례 조사 분석.

한국산업안전보건공단. (2023). 사고조사의 실시 및 활용에 관한 지침(KOSHA GUIDE Z-8-2023).

한국안전보건공단. (2019). 산업안전 패러다임의 전환을 위한 연구.

최기호, & 장경숙. (2018). 해외사례를 통해 보는 장기기증 활성화 방안. *주간 건강과 질병*, *11*(39), 1301-1306.

양정모. (2024). 새로운 안전관리론 -이론과 실행사례. 박영사

Agnello, P., Ansaldi, S., Bragatto, P., & Pittiglio, P. (2009, April). A new approach for the analysis of the near misses in the framework of the Safety Management System. In *18th AR2TS Advances in Risk and Reliability Technology Symposium* (pp. 21-23).

Agnusdei, G. P., Gnoni, M. G., Tornese, F., De Merich, D., Guglielmi, A., & Pellicci, M. (2023). Application of near-miss management systems: an exploratory field analysis in the Italian industrial sector. *Safety, 9*(3), 47.

Ale, B. J. M., Hartford, D. N. D., & Slater, D. (2015). ALARP and CBA all in the same game. *Safety science, 76*, 90-100.

Aminmansour, S., Maire, F., & Wullems, C. (2014, November). Near-miss event detection at railway level crossings. In *2014 International Conference on Digital Image Computing: Techniques and Applications (DICTA)* (pp. 1-8). IEEE.

Ammar, A., & Dadi, G. (2023). Evaluation of Near-Miss Reporting Program Perceived by Employees' Challenges and Opportunities. In International Conference on Transportation and Development 2023 (pp. 695-705).

Andriulo, S., & Gnoni, M. G. (2014). Measuring the effectiveness of a near-miss management system: An application in an automotive firm supplier. *Reliability Engineering & System Safety, 132*, 154-162.

Awolusi, I., & Marks, E. (2015). Near-miss reporting to enhance safety in the steel industry. *Iron Steel Technol, 12*(10), 62-68.

Barach, P., & Small, S. D. (2000). Reporting and preventing medical mishaps: lessons from non-medical near miss reporting systems. *Bmj, 320*(7237), 759-763.

Baruque, E. (2008, June). Near Misses: What Do They Mean to Management? In *ASSE Professional*

Bhattacharya, Y. (2019). Hazard and Near-Miss Reporting-Safety Through Numbers? *Journal of Maritime Research, 16*(3), 33-42.

Bogue, B. (2009). How principles of high reliability organizations relate to corrections. *Fed. Probation, 73*, 22.

Bowen, F., & Blackmon, K. (2003). Spirals of silence: The dynamic effects of diversity on organizational voice. *Journal of management Studies, 40*(6), 1393-1417.

Bridges-President, W. (2023). GAINS FROM GETTING NEAR MISSES REPORTED.

Cambraia, F. B., Saurin, T. A., & Formoso, C. T. (2010). Identification, analysis and dissemination of information on near misses: A case study in the construction industry. *Safety science, 48*(1), 91-99.

Casler, J. G. (2014). Revisiting NASA as a high reliability organization. *Public Organization Review, 14*, 229-244.

Certainty Software. (2023). How to Encourage Near Miss Reporting. Retrieved from: URL: https://www.certaintysoftware.com/how-to-encourage-near-miss-reporting/.

Chiang, H. Y., Lin, S. Y., Hsu, S. C., & Ma, S. C. (2010). Factors determining hospital nurses' failures in reporting medication errors in Taiwan. *Nursing outlook, 58*(1), 17-25.

Chief Financial Officer Survey. Liberty Mutual Insurance Company, (2005).

Cohen, M. R. (2000). Why error reporting systems should be voluntary: they provide better information for reducing errors. *Bmj, 320*(7237), 728-729.

Cooper, M. D. (2000). Towards a model of safety culture. *Safety science, 36*(2), 111-136.

Cooke, D. L., & Rohleder, T. R. (2006). Learning from incidents: from normal accidents to high reliability. *System Dynamics Review, 22*(3), 213-239.

Crane, S., Sloane, P. D., Elder, N., Cohen, L., Laughtenschlaeger, N., Walsh, K., & Zimmerman, S. (2015). Reporting and using near-miss events to improve patient safety in diverse primary care practices: a collaborative approach to learning from our mistakes. *The Journal of the*

American Board of Family Medicine, 28(4), 452–460.

De Leo, F., Elia, V., Gnoni, M. G., & Tornese, F. (2023). Integrating safety–I and safety–II approaches in near miss management: A critical analysis. *Sustainability, 15*(3), 2130.

Development Conference and Exposition (pp. ASSE–08). ASSE.

Dillon, R. L., Madsen, P., Rogers, E. W., & Tinsley, C. H. (2013, March). Improving the recognition of near–miss events on NASA missions. In *2013 IEEE Aerospace Conference* (pp. 1–7). IEEE.

DoE. (2009). Human Performance Improvement Handbook.

Erdogan, I. (2013). *Best Practices in Near–miss Reporting: The Role of Near–miss Reporting in Creating and Enhancing the Safety Culture*. LAP LAMBERT Academic Publishing.

Geller, E. S. (2001). Working safe: How to help people actively care for health and safety. CRC Press.

Ghasemi, F., Mohammadfam, I., Soltanian, A. R., Mahmoudi, S., & Zarei, E. (2015). Surprising incentive: an instrument for promoting safety performance of construction employees. *Safety and health at work, 6*(3), 227–232.

Glendinning, P. M. (2001). Employee safety incentives: A best practices survey of human resource practitioners. *Professional Safety, 46*(2), 22.

Gnoni, M. G., & Lettera, G. (2012). Near–miss management systems: A methodological comparison. *Journal of Loss Prevention in the Process Industries, 25*(3), 609–616.

Gnoni, M. G., & Saleh, J. H. (2017, June). How near miss management systems and system safety principles could contribute to support high reliability organizations. In *Safety and Reliability— Theory and Applications, Proceedings of the 2nd International Conference on Engineering Sciences and Technologies, Tatranské Matliare, Slovak Republic* (pp. 18–22).

Goldman Sachs JBWere Finds Valuation Links in Workplace Safety and Health Data. Goldman Sachs JBWere Group, (October 2007). See Press Release).

Hallowell, M. R., Hinze, J. W., Baud, K. C., & Wehle, A. (2013). Proactive construction safety control: Measuring, monitoring, and responding to safety leading indicators. *Journal of construction engineering and management, 139*(10), 04013010.

Health and Safety Executive. (2013). RIDDOR—Reporting of Injuries, Diseases and Dangerous Occurrences Regulations.

Hollnagel, E. (2018). Safety–I and safety–II: the past and future of safety management. CRC press.

Hollnagel, E., Wears, R. L., & Braithwaite, J. (2015). From Safety–I to Safety–II: a white paper. *The resilient health care net: published simultaneously by the University of Southern Denmark, University of Florida, USA, and Macquarie University, Australia.*

Hollnagel, E., Woods, D. D., & Leveson, N. (Eds.). (2006). *Resilience engineering: Concepts and precepts*. Ashgate Publishing, Ltd.

Hopkin, D., Fu, I., & Van Coile, R. (2021). Adequate fire safety for structural steel elements based upon life-time cost optimization. *Fire Safety Journal, 120*, 103095.

ILO. (2012). Improvement of national reporting, data collection and analysis of occupational accidents and diseases.

ISO 45001 (2018). Occupational health and safety management systems — Requirements with guidance for use.

ISSA. (2023). Guidance on How to Manage Near Misses

Kim, M. Y., Kang, S., Kim, Y. M., & You, M. (2014). Nurses' willingness to report near misses: A multilevel analysis of contributing factors. *Social Behavior and Personality: an international journal, 42*(7), 1133-1146.

Krause, T., & Hidey, J. H. (1990). The behavior-based safety process

La Duke P. (2011). The top 9 reasons workers don't report near misses. Retrieved from: URL: https://www.ehstoday.com/safety/article/21910741/nsc-2011-the-top-9-reasons-workers-dont-report-near-misses.

Lamvik, G. M., Bye, R. J., & Torvatn, H. Y. (2008, May). Safety Management and "Paperwork"-Offshore Managers, Reporting Practice, and HSE. In *International Conference on Probabilistic Safety Assessment and Management, Hong Kong, China* (pp. 18-23).

Lander, L., Eisen, E. A., Stentz, T. L., Spanjer, K. J., Wendland, B. E., & Perry, M. J. (2011). Near-miss reporting system as an occupational injury preventive intervention in manufacturing. *American journal of industrial medicine, 54*(1), 40-48.

Marks, E., Teizer, J., & Hinze, J. (2014, May). Near-miss reporting program to enhance construction worker safety performance. In Construction Research Congress 2014: *Construction in a Global Network* (pp. 2315-2324).

Marks, E., Awolusi, I. G., & McKay, B. (2016). Near-hit reporting: Reducing construction industry injuries. *Professional Safety, 61*(05), 56-62.

McKinnon, R. C. (2022). *A Practical Guide to Effective Workplace Accident Investigation*. CRC Press.

McSween, T. E. (2003). Values-based safety process: Improving your safety culture with behavior-based safety. John Wiley & Sons, pp. 103-111.

Mohammadfam, I., Kianfar, A., Mahmoudi, S., & Mohammadfam, F. (2011). An Intervention for the Promotion of Supervisor's Incidents Reporting Process: the Case of a Steel Company.

Muhren, W. J., Van Den Eede, G., & de Walle, B. V. (2007). Organizational learning for the incident management process: Lessons from high reliability organizations.

NASA. (1996). CALLBACK from NASA's Aviation Safety Reporting System, From There to Here, With Your Support, ASRS Celebrates Its 20th Birthday.

Nyflot, M. J., Zeng, J., Kusano, A. S., Novak, A., Mullen, T. D., Gao, W., ... & Ford, E. C. (2015). Metrics of success: Measuring impact of a departmental near-miss incident learning system. *Practical radiation oncology, 5*(5), e409–e416.

OSHA. (2015). Incident Investigations: A Guide for Employers, A System Approach To Help Prevent Injuries And Illnesses.

OSHA. (2016). Recommended Practices for Safety and Health Programs.

Pedrosa, M. H., Guedes, J. C., Dias, I., & Salazar, A. (2022). New approaches of near-miss management in industry: a systematic review. *Occupational and Environmental Safety and Health III*, 109–120.

Phimister, J. R., Oktem, U., Kleindorfer, P. R., & Kunreuther, H. (2003). Near-miss incident management in the chemical process industry. *Risk Analysis: An International Journal, 23*(3), 445–459.

Premium Papers. (2024). *British Airways: Information Systems Functions and Safety.* https://premium- papers.com/british-airways-information-systems-functions-and-safety/.

Probst, T. M., & Estrada, A. X. (2010). Accident under-reporting among employees: Testing the moderating influence of psychological safety climate and supervisor enforcement of safety practices. *Accident analysis & prevention, 42*(5), 1438–1444.

Raviv, G., Fishbain, B., & Shapira, A. (2017). Analyzing risk factors in crane-related near-miss and accident reports. *Safety science, 91*, 192–205.

Reason, J. (2017). *Managing the risks of organizational accidents.* Routledge.

Roughton, J., & Mercurio, J. (2002). *Developing an effective safety culture: A leadership approach.* Elsevier.

Selvik, J. T., Elvik, R., & Abrahamsen, E. B. (2020). Can the use of road safety measures on national roads in Norway be interpreted as an informal application of the ALARP principle? *Accident Analysis & Prevention, 135*, 105363.

SKYbrary. (2003). CAST – SE27 Output1 – Guide to Methods and Tools for Airline Flight Safety Analysis.

Sommerville, A. (2021). *Understanding near miss reporting at Australian rail level crossings: The train driver perspective* (Doctoral dissertation, CQUniversity).

Storgård, J., Erdogan, I., & Tapaninen, U. (2012). Incident reporting in shipping. Experiences and best practices for the Baltic Sea.

Sutcliffe, K. M. (2011). High reliability organizations (HROs). *Best practice & Research clinical anaesthesiology, 25*(2), 133–144.

Sutcliffe, W. (2006). *Managing the unexpected: Assuring high performance in an age of complexity*. John Wiley & Sons.

Suresh, G., Horbar, J. D., Plsek, P., Gray, J., Edwards, W. H., Shiono, P. H., … & NICQ2000 and NICQ2002 investigators of the Vermont Oxford Network. (2004). Voluntary anonymous reporting of medical errors for neonatal intensive care. *Pediatrics, 113*(6), 1609–1618

Tinsley, C. H., Dillon, R. L., & Cronin, M. A. (2012). How near-miss events amplify or attenuate risky decision making. *Management Science, 58*(9), 1596–1613.

White Paper on Return on Safety Investment. American Society of Safety Engineers (ASSE), (June 2002).

Williamsen, M. (2013). Near-miss reporting: A missing link in safety culture. *Professional Safety, 58*(05), 46–50.

Williamsen, M. (2012, June). Near-Miss Reporting: The Missing Link of Safety Culture Revolution. In *ASSE Professional Development Conference and Exposition* (pp. ASSE-12). ASSE.

Van der Schaaf, T. W. (1992). Near miss reporting in the chemical process industry.

한국교통공단. (2024). 항공안전자율보고제도 소개. Retrieved from: URL: https://www.airsafety.or.kr/airsafety/page.do?cntNo=0010.

DoE. (2019). The Importance of Reporting Near Misses. Retrieved from: URL: https://www.energy.gov/sites/prod/files/2019/06/f64/OES_2019-02.pdf.

HSE. (2004). Investigating accidents and incidents. Retrieved from: URL: https://www.hse.gov.uk/pubns/hsg245.pdf.

ILO. (2014). Investigation of Occupational Accidents and Diseases, A Practical Guide for Labour Inspectors. Retrieved from: URL: https://www.ilo.org/publications/investigation-occupational-accidents-and-diseases.

NASA. (2019). ASRS Program Briefing. Retrieved from: URL: https://asrs.arc.nasa.gov/docs/ASRS_ProgramBriefing.pdf.

NASA. (2023). ASRS Program Briefing. Retrieved from: URL: https://asrs.arc.nasa.gov/docs/ASRS_ProgramBriefing.pdf.

OSHA. (2015). Updates to OSHA's Recordkeeping Rule: Reporting Fatalities and Severe Injuries. Retrieved from: URL: https://www.osha.gov/sites/default/files/publications/OSHA3745.pdf.

OSHA. OSHA Forms for Recording Work-Related Injuries and Illnesses. Retrieved from: URL: https://www.osha.gov/sites/default/files/OSHA-RK-Forms-Package.pdf.

OSHA. (2021). NEAR MISS REPORTING POLICY. Retrieved from: URL: https://www.osha.gov/sites/default/files/2021-07/Template%20for%20Near%20Miss%20Reporting%20Policy.pdf.

Pearson Safety Solution. (2023). 7 Reasons Why You Should Report Near Misses. Retrieved from: URL: https://pearsonsafety.com/pss/7-reasons-why-you-should-report-near-misses/.

ProAct safety. (2019). Was That a Good Catch or a Near Miss? Why the Answer Matters. Retrieved from: URL: https://proactsafety.com/articles/was-that-a-good-catch-or-a-near-miss-why-the-answer-matters.

Riskex Health and Safety Software Solutions. (2024). 8 Reasons Why Employees Avoid Reporting Near-Misses. Retrieved from: URL: https://www.hsa.ie/eng/your_industry/construction/designing_for_safety/.

Chapter

08

사고정보 수집

Chapter

08

사고정보 수집

사실 확인

1. 사실 확인 원칙

사실은 가설, 의견, 분석 또는 추측이 아닌 다양한 과정을 거쳐 실제 일어난 일에 가까이 가고자 하는 상황에 부합하는 결정이다. 사실을 확인하기 위해서는 다음과 같은 내용에 관심을 가져야 한다.

- 사고 또는 사건이 발생한 시점에 수행된 활동을 파악한다.
- 사고 현장 또는 작업 장소를 직접 둘러본다.
- 고장 내역과 물리적 증거를 파악하기 위해 관련 구성 요소를 확인한다.
- 목격자의 의견을 확보하고 인터뷰를 통해 사실을 검증한다.
- 물리적인 증거와 일치하지 않는 사실에 의문을 갖고 이의를 제기한다.
- 문서로 된 정책, 절차 및 업무 기록을 검토하여 이행 여부를 확인한다.

2. 사실 확인 시 주의사항

사실 확인 단계는 사고 직후 시행함에 따라 상당한 양의 정보가 서로 상충되거나 오류가 있을 수 있다. 그리고 목격자 진술, 긴급 대응 조치 완료, 증거 수집 및 다양한 관찰과 확인으로 인해 처리해야 할 자료가 증가한다. 또한 증거를 수집하는 일은 시간이 오래 걸리고 더딘 과정으로 꾸준한 노력이 필요하다. 목격자는 사고에 대해 대략적이거나 상반된 설명을 제공할 수 있으며, 물리적 증거가 심하게 손상되었거나 완전히 폐기되었을 수도 있다. 이러한 다양한 어려움을 극복하기 위해서는 철저한 조사와 함께 부지런히 증거를 추적하고 사고에 대해 충분히 이해할 때까지 지속적인 탐색을 해야 한다. 사실 확인은 결함 찾기가 아니다. 사실 확인은 사고와 관련한 다양한 증거(현장 상황, 인터뷰, 목격자 진술, 서류 등)를 수집하는 과정에서 시작된다. 모든 증거 자료에는 사고로 일으킨 기여요인이 포함되어 있다는 것을 명심한다.

3. 증거의 종류

증거의 종류에는 사람과 관련한 증거, 물리적 증거 및 문서와 관련한 증거 항목으로 구분할 수 있다. 물리적 증거는 사고와 관련된 물질(예: 장비, 부품, 파편, 하드웨어 및 기타 물리적 물품)과 관련이 있다. 문서와 관련한 증거는 기록, 보고서, 절차 및 문서와 같은 종이 및 전자 정보가 있다. 사람과 관련한 증거는 목격자 진술 또는 관련자 인터뷰가 포함된다.

Ⅱ 물리적 증거 수집 및 목록화

사고조사가 팀으로 구성되어 이루어질 경우 일관성 있는 사실을 확보하기 위해 증거를 수집하고 관리하는 사람을 지정하는 것을 권장한다. 사실 확인 과정을 거치면서 생성되는 모든 증거는 적절하게 분류하고 보관해 둔다. 현장과 관련된 물리적 증거에는 장비, 도구, 재료, 하드웨어, 운영 시설, 사고 관련 요소의 사고 전후 위치 확인, 흩어진 파편, 사고와 관련된 물리적 품목의 패턴, 부품 및 속성 등이 있다. 사업장에서 주로 사용하는 화학물질, 연료, 유압제어 또는 작동 유체 및 윤활유와 같은 액체와 기체는 물리적 증거의 특징을 갖는다. 상황에 따라 이러한 증거를 분석하면 설비나 장비의 작동과 관련한 잠재적인 사실을 알 수 있다.

1. 물리적 증거 수집 시 유의사항

물리적 증거 수집 시 유의할 사항은 증거를 수집하는 사람이 다치는 것이다. 사고가 발생한 현장에는 다양한 유해위험요인이 존재하고 있으므로 사고예방을 위한 별도의 위험성평가 시행을 추천한다. 혈액과 같은 병원균에 전염될 우려에 대비해야 하며, 오염될 가능성이 있는 경우 적절한 보호구를 착용해야 한다. 다음의 표는 혈액 매개 병원체 취급 시 주의사항이다.

- 혈액 매개 병원체에 노출될 가능성이 있는 경우 적절한 보호구를 착용한다.
- 장갑이나 보호구를 벗은 후 가능한 한 빨리 비누와 물로 씻는다.
- 손 씻는 시설이 없을 경우, 종이 타월 또는 소독용 손 세정제를 사용한다.
- 오염된 날카로운 물건은 승인된 사람 외에는 취급하지 않는다.
- 작업 공간에서 음식물 섭취, 음주, 흡연을 금지한다.

2. 물리적 증거 문서화

물리적 증거를 입수한 경우, 적절하게 식별하여 문서로 정리한다. 다음의 표는 물리적 증거를 문서로 정리할 때 사용할 수 있는 양식이다. 물리적 증거를 문서화하는 방법에는 현장 스케치, 지도, 사진, 전자파일 및 동영상 파일 등이 있다.

Tag 번호	증거 요약	출처	저장 위치	저장 및 Tagging (성명/서명/일자/시간)	배포자(성명/서명/일자/시간)	접수자(성명/서명/일자/시간)

3. 물리적 증거 스케치

사고조사자는 물리적 증거를 수집한 장소를 다음의 스케치 양식을 활용하여 현장의 잔해, 장비, 도구, 재해자의 위치를 시각적으로 표현한다(시각적으로 표현하기 어려울 경우 자세히 서술한다). 그리고 장소 구분 양식을 활용하여 물리적 증거를 정리한다.

• 스케치

제목:	일자:
이름:	수거시간:

• 장소 구분 양식

제목:		일자:		
성명:		시간:		
Code	증빙	참조 장소	거리	방향

4. 사진 및 동영상 물적 증거

사진과 동영상은 탁월한 증거로 식별, 기록 또는 보존이 가능하다. 다만, 사진은 먼 거리에서 대상물을 촬영한 이후 점차 집중 및 확대하여 촬영하면, 해당 증빙에 대한 입체적 시각에서 도움이 될 수 있다. 각 증빙의 실물 크기를 가늠할 수 있도록 필요시 측량 도구(줄자 또는 막대자 등)를 사용하는 것도 좋은 방법이다. 다음의 표와 같이 사진 기록지와 사진 촬영 장소 및 방향 스케치를 작성한다.

• 사진 기록지

촬영자:		장소:				
카메라 타입:		일자:				
조명 타입:		시간:				
필름 롤:		구분				
사진 번호	장면/주제	촬영일자	촬영시간	렌즈	방향	거리

• 사진 촬영 장소 및 방향 스케치

제목:	일자:
이름:	시간:

5. 물리적 증거물 검사

확보한 물리적 증거를 문서화, 스케치, 사진 및 동영상으로 기록하고, 다음과 같은 검사를 시행한다.

- 사고전후 장비, 차량, 구조물 등의 누락과 징후를 확인한다.
- 컨트롤 또는 작동 표시기(계기, 위치 표시 기 등)의 부품을 확인한다.
- 세척이 필요한 물리적 증거물을 선정하고, 전문가에게 의뢰한다.
- 누락을 막기 위해 모든 물리적 증거물을 기록한다.
- 복잡한 장비의 경우 별도의 점검 체크리스트를 마련한다.

물리적 증거물은 사고조사에 있어 골격과 같은 역할을 하므로 관리를 효과적으로 해야 한다. 좋은 관리를 위해서는 별도의 소형 음성 녹음기나 핸드폰의 녹음 기능을 활용하는 것

도 좋은 방법이다. 하지만, 녹음기의 고장이나 부주의로 파일을 삭제할 수 있으므로 별도의
메모, 스케치 및 사진과 함께 사용해야 한다.

6. 물리적 증거 제거

사고 현장에서 획득한 물리적 증거를 제거할 경우, 증거의 안전성을 확보하기 위해 통제
되고 체계적으로 이루어져야 한다. 이 과정은 단순히 부품이나 손상된 장비 조각을 집어 올
리거나, 볼트와 피팅을 제거하거나, 주요 구조물을 절단하거나, 잔해 더미 아래에서 증거물
을 회수하는 일을 포함한다. 또한 사고 현장에서 증거물을 가져갈 때는 포장과 식별을 위해
태그나 접착이 가능한 라벨을 사용할 수 있다. 설비나 장비의 일부분을 제거한 물리적 증거
는 위치 지도와 사진을 사용하여 문서화한다. 물리적 증거를 제거할 경우 다음에 열거된 사
항을 유의해야 한다.

- 목격자와의 인터뷰가 끝나기 전까지 제거하지 않는다.
- 위치 기록(지도, 사진 및 비디오의 측정)이 완료될 때까지 제거하지 않는다.
- 현장의 약해진 구조물로 인해 안전하지 않을 수 있다는 점에 유의한다.
- 제거된 부품의 위치는 별도의 스프레이 페인트 등으로 표시한다.

Ⅲ 문서 증거 수집 및 목록화

문서 증거는 물리적 증거와 마찬 가지로 체계적으로 관리해야 한다. 이러한 정보에는 문
서, 사진, 동영상 또는 기타 전자매체의 형태로 현장 또는 다른 위치의 파일에 저장된다(여기
에서 설명하는 문서 증거는 일반적인 안전절차서가 아니다). 문서 증거는 업무, 프로세스 및 시스템
기록의 형태로 사고 당일 또는 해당하는 기간 동안에 보관된다. 사고조사자는 사고가 발생하
면 문서 기록을 신속하게 수집하고 보존해야 한다. 일반적으로 문서 증거는 사고와 관련한
사람들의 업무 수행의 흔적을 알 수 있는 자료이다. 다음에 열거된 증거를 활용하면, 사고와
관련한 오류, 오작동, 장애의 근본적인 원인에 대한 중요한 단서를 찾을 수 있다.

- 문서는 사고와 관련된 사람들의 태도와 행동을 표시한다.
- 일반적으로 구두 증언으로는 입증할 수 없는 증거를 얻을 수 있다.
- 완료된 작업(Work as done)을 입증한다.
- 활동의 과거 및 현재 성과와 상태, 인력, 장비, 자재 등을 나타내는 기록(예: 일지, 보안 액세스 로그, 운영 센터와의 통화 등)을 얻을 수 있다.
- 업무 활동과 관련된 연구, 분석, 감사, 감정, 검사, 문의, 조사 등의 내용을 얻을 수 있다.
- 발생 보고서, 지표, 관리 및 자체 평가 등의 문서를 얻을 수 있다.
- 다른 유형의 문서에 대한 응답으로 취한 조치를 설명하는 후속 문서를 얻을 수 있다(예: 시정 조치 추적 결과, 교훈 등).

Ⅳ 문서 증거의 전자파일화

조사팀이 수집한 문서 증거를 쉽게 열람하기 위해서는 바로바로 전자파일로 변환하는 것이 필요하다. 문서 증거를 전자파일로 변환할 대상은 다음과 같다.

- 작업 지시서, 업무 일지, 교육 기록(인증/자격), 양식 및 시간표
- 문제 평가 보고서
- 사고 발생 보고서
- 부적합 보고서
- 유사한 사건에 대한 시정 조치
- 이전에 얻은 교훈
- 외부 검토 또는 평가
- 내부 평가(관리 및 자체 평가)

사람과 관련한 증거 수집

사람과 관련한 증거는 가장 통찰력이 높으면서도 취약하다. 목격자의 기억력은 사고나 충격적인 사건이 발생한 후 처음 24시간 동안 급격히 저하된다. 따라서 목격자를 즉시 찾아 최우선적으로 인터뷰해야 한다. 조사 과정에서 물리적 증거와 문서 증거를 수집하고 검토하면서 추가 질문이나 인터뷰(기존에 인터뷰를 시행하지 않았던 사람이 추가될 수 있다)를 시행한다.

VI 목격자 찾기

주요 목격자(Principal witnesses)는 사고에 직접적인 관계가 있는 사람으로 사고 직전 또는 직후의 상황을 직접 본 사람이고, 일반 목격자(General witnesses)는 사고에 직접적인 관계가 없는 사람으로 사고 직전 또는 직후의 활동에 대해 알고 있는 사람(예: 이전 교대 근무자 또는 작업 관리자)이다. 사고조사자는 주요 그리고 일반 목격자를 가능한 빨리 파악하여 면담해야 한다. 다음 표의 내용은 목격자를 찾는 데 유용한 정보이다.

구분	내용
• 현장 비상 대응 요원	사고를 보고한 사람과 현장에 도착했을 때 함께 있던 사람이 목격자로서 유용하다.
• 주요 목격자와 일반 목격자	사고에 가장 밀접하게 관련되어 있으며, 사고에 직간접적으로 관련된 사람이다.
• 일선 감독자	사고 현장에 가장 먼저 도착하는 경우가 많으므로 사고 당시 또는 사고 직전에 누가 있었는지 정확히 기억할 수 있다. 또한 감독자는 안전 담당자, 시설 설계자 등 관련 정보를 가지고 있을 수 있는 사람들의 이름과 전화번호를 제공할 수 있다.
• 관공서 직원	경찰, 소방관, 구급대원(해당되는 경우). 현장 응급 처치 센터 또는 의료 시설의 간호사 또는 의사(해당되는 경우).

• 인근 시설의 직원	사고 현장에 처음 대응했을 수 있는 사람, 지역 의료 시설의 직원
• 뉴스 미디어	뉴스 미디어에 나왔던 사람.
• 유지보수 및 보안 담당자	사고 직전 또는 직후에 시설에 있었을 가능성이 크다.

Ⅶ 인터뷰 실시

목격자의 진술은 사고의 사실관계를 파악하는 데 중요한 요소이다. 주요 목격자와 일반 목격자는 사고와 관련해 가장 신뢰성 있는 정보를 갖고 있으므로 먼저 인터뷰하는 것을 추천한다.

1. 인터뷰 준비

인터뷰하는 사람으로부터 신뢰성 있는 정보를 얻기 위해서는 인터뷰 목표를 설정해야 한다. 사고조사팀은 팀원과 협의하여 어떤 방식으로 어떤 사람을 먼저 인터뷰할지 결정한다. 필요시 노조 대표나 법률 대리인과 함께 인터뷰를 시행할 수도 있다. 다음의 내용은 인터뷰를 효과적으로 시행하기 위한 방안이다.

1.1 인터뷰 대상자 선정

다음의 표에 인터뷰 대상이 되는 사람의 정보를 기재한다. 인터뷰를 할 사람의 이름, 직책, 인터뷰 사유, 전화, 근무 일정, 회사 소속을 기록하고 사고와 관련된 간단한 진술을 받는다.

인터뷰 대상자/ 직책	인터뷰 사유	전화번호	지역/회사명	일정

1.2 표준화된 인터뷰 질문 준비

인터뷰 대상자로부터 일관성 있는 자료를 얻기 위해서는 사전에 검토된 표준 인터뷰 질문을 준비한다. 다음의 표는 표준화된 인터뷰 질문 작성 시 참조할 만한 자료이다.

이름:	직책:
전화번호:	관리감독자:
작업지역:	
사고장소:	
사고일자와 시간:	
사고가 일어나기 전부터 사고까지 아시는 바를 설명해 주세요(필요에 따라 추가 용지 사용)	
사고가 일어났던 작업 상황을 자세히 설명해 주세요(필요에 따라 추가 용지 사용)	
사고 전후 관찰한 이상한 점을 설명해 주세요(시선, 소리, 냄새 등)	
사고 당시 당신의 역할은 무엇인가요?	
사고에 영향을 준 조건(날씨, 시간대, 장비 오작동 등)은 어떤가요?	
사고의 원인은 무엇이라고 생각하나요?	
사고를 어떻게 하면 막을 수 있나요?	
다른 목격자를 알려 주시기 바랍니다.	
추가 의견이나 관찰 내용이 있으시면 알려주세요	
성명:	일자/시간:

2. 개별 및 그룹 인터뷰의 장단점

사고조사 팀은 사고의 성격에 따라 인터뷰 방식을 개별 인터뷰와 그룹 인터뷰로 구분하여 시행할 수 있다. 일반적으로는 주요 목격자와 일반 목격자에게 독립적인 정보를 얻기 위해서는 개별 인터뷰를 시행한다. 다음의 표는 개별 인터뷰와 그룹 인터뷰의 장단점을 설명한 내용이다.

구분	개별 인터뷰	그룹 인터뷰
장점	• 독립적인 진술 확보 • 개별 인식 확보 • 일대일 관계 구축	• 시간 단축 • 모든 인터뷰 대상자가 진술 보완 • 인터뷰 대상자들은 기억을 되살리는 기회를 얻음(Memory Jogger)
단점	• 더 많은 시간 소요 • 더 어려움	• 사람의 성향에 따라 말을 많이 하는 사람과 말을 하지 않는 사람으로 나뉨 • 집단적 사고가 발생 • 일부 개별 세부 정보 손실

3. 인터뷰 시행 시 주의사항

먼저 사고조사자는 인터뷰 대상자가 관찰한 내용을 서두르지 않고 편안하게 회상할 수 있는 분위기를 조성해야 한다. 사고조사자는 인터뷰 대상자에게 인터뷰하는 내용이 책임을 전가하는 데 사용되지 않는다는 점을 알려야 한다. 그리고 인터뷰 대상자에게 향후 추가적인 인터뷰가 시행될 수 있는 점을 알려야 한다. 사고조사자는 자신의 연락 정보를 인터뷰 대상자에게 알려주어야 한다. 인터뷰 시행 시 주의할 사항을 다음과 같이 설명한다.

• 가능한 한 빨리 목격자를 파악하여 목격자 진술을 확보한다. 목격자를 찾을 수 있는 출처로는 교육청 현장 및 비상 대응 담당자, 주요 목격자, 목격자, 일선 감독자, 경찰, 소방관, 구급대원, 간호사 또는 의사, 뉴스 미디어, 유지보수 및 보안 담당자가 있다.

• 효과적인 인터뷰를 시행하기 위해서는 사전에 세심한 준비, 편안한 분위기 조성, 준비, 인터뷰 기록, 개방형 질문, 인터뷰하는 사람의 심리 상태 등을 평가한다.

• 인터뷰 대상자가 사고 설명을 하는 과정에서 사고조사자는 급히 재촉해서는 안 된다. 그리고 설명하는 내용에 대해서 판단, 적대적 논쟁, 정답 제시, 위협, 협박, 당혹감 표출 또는 비난을 해서는 안 된다. 답을 암시하는 질문을 하거나 조사자가 답을 알고 있다고 가정하여 질문을 생략해서는 안 된다.

• 사고조사자는 기밀 유지를 약속하지 않으면서도 인터뷰 대상자의 증언 내용이 현장 관리자에게 공개되지 않을 것이고, 이름이 사고 보고서에 포함되지 않을 것임을 알린다.

4. 인터뷰 시행 지침

사고조사자는 효과적인 인터뷰 시행을 위하여 편안한 분위기 조성, 인터뷰 대상자에게 사전 설명, 올바른 질문하기 및 인터뷰 마무리 순으로 시행한다.

4.1 편안한 분위기 조성

사고와 관련이 없는 중립적인 장소에서 인터뷰를 진행한다. 사고조사자는 자신을 예의 있게 소개하고 악수를 청한다. 그리고 예의 바르고, 인내심을 갖고, 친절하게 응대한다.

4.2 인터뷰 대상자에게 사전 설명

사고조사의 목적을 인터뷰 대상자에게 설명한다. 인터뷰는 누군가에게 사고의 책임을 묻기 위한 것이 아니라 미래의 사고를 예방하기 위한 것임을 강조한다. 인터뷰 대상자에게 추가적인 인터뷰를 시행할 수 있음을 알린다. 인터뷰를 시행하는 동안 얻은 소중한 정보는 향후 사고 예방에 소중한 자료임을 다시 한번 강조한다.

4.3 올바른 질문하기

사고조사와 관련한 인터뷰는 가급적 경험이 풍부한 사람이 시행할 것을 추천한다. 인터뷰를 효과적으로 시행하기 위한 정보를 다음과 같이 설명한다.

- 가능한 한 빠른 시간 내에 모든 목격자와 관계자에게 예비 진술을 받는다.
- 인터뷰 과정은 잘못을 찾는 것이 아니라 사실을 찾는 것이다.
- 일반적으로 대답이 필요한 개방형 질문을 한다.
- 인터뷰 과정은 미래의 사고를 예방하는 방법을 배우는 것이 목표임을 강조한다.
- 구조화된 질문을 하기 전 인터뷰 대상자에게 사고에 대해 설명해 달라고 요청한다.
- 인터뷰 대상자가 자신만의 방식으로 이야기를 하도록 배려한다.
- 사고의 책임이 있는 사람을 찾는다는 인식을 주지 않는다.
- 메모 또는 대화 내용을 녹취할 때 인터뷰 대상자에게서 허락을 받는다.
- 여러 명의 대상자에게 유사한 질문을 하여 사실을 확인한다.

- 빠진 정보를 채우기 위해 명확한 질문을 한다.
- 사고를 예방할 수 있는 조치가 무엇이었는지 질문한다.
- 각 인터뷰 대상자와 편하게 대화할 수 있는 장소를 섭외한다.
- 인터뷰 목적을 설명하고 각 인터뷰 대상자가 편안한 마음을 갖도록 배려한다.
- 인터뷰 대상자의 답변에 경청한다.
- 예의 바르고 사려 깊게 행동한다.
- 인터뷰 대상자의 주의를 산만하게 하지 않고 메모한다.
- 인터뷰 대상자가 중요한 사실을 기억할 수 있도록 스케치와 도면을 사용한다.
- 진실을 밝히되 인터뷰 대상자와 논쟁하지 않는다.
- 인터뷰 대상자가 언급하는 증언에 사용되는 중요한 단어를 기록한다.
- 각 질문을 신중하게 말하고, 인터뷰 대상자가 질문의 내용을 이해했는지 확인한다.
- 인터뷰 대상자에게 인터뷰 결과 사본을 공유한다.

4.4 인터뷰 마무리

사고조사자는 인터뷰 대상자에게 어려운 시간임에도 불구하고 친절하게 설명해 주어서 감사하다는 피드백을 한다. 인터뷰 대상자에게 후속 인터뷰가 진행될 수 있음을 알린다.

5. 목격자의 마음 상태 평가하기

목격자는 사고 상황에 따라 다양한 마음을 가질 수 있으므로, 이에 대한 심도 있는 검토를 통해 신뢰성 있는 정보를 얻을 수 있도록 노력해야 한다. 보통 사람은 24시간 이내에 경험한 내용 중 50%~80%를 잊어버린다. 더욱이 사고로 인한 스트레스, 충격, 기억상실 또는 기타 트라우마의 징후, 불쾌한 경험으로 인해 세부적으로 기억을 하지 못하는 상황이 존재한다. 따라서 사고조사자는 인터뷰 대상자의 정신적 또는 신체적 고통이나 비정상적인 행동 여부를 파악해야 한다. 또한 증언을 거부하는 목격자에게 증언을 강요해서는 안 되며, 인터뷰 대상자가 스스로 증언할 수 있는 분위기를 만들어야 한다.

Ⅷ 5W 1H 사고정보 수집

사고정보는 인터뷰, 문서 검토 및 기타 방법에 따라 수집할 수 있다. 정보의 종류에는 설비와 장비 매뉴얼, 안전 지침 문서, 회사 정책, 유지보수 일정, 기록과 로그, 교육 기록(근로자와의 의사소통 포함), 감사 및 후속 보고서, 시행 정책 및 기록, 이전의 시정 조치와 권장 사항 등이 있다. 정보수집은 5W 1H 방식으로 아래 표와 같이 시행할 것을 추천한다.

Who?	Where?
☐ 누가 다쳤는가?	☐ 사고가 발생한 곳은 어딘가?
☐ 누가 그 사건을 보았는가?	☐ 당시 재해자는 어디에 있었는가?
☐ 누가 그 재해자와 함께 일했는가?	☐ 당시 관리감독자는 어디에 있었는가?
☐ 누가 직원을 지시/배정했는가?	☐ 당시 동료들은 어디에 있었는가?
☐ 또 누가 관련되었는가?	☐ 사고와 관련, 다른 사람은 어디 있었는가?
☐ 누가 재발 방지를 도울 수 있는가?	☐ 사건 발생 당시 목격자는 어디에 있었는가?

What?	Why?
☐ 어떤 사고인가?	☐ 재해자가 다친 이유는 무엇인가?
☐ 부상은 어느 정도인가?	☐ 재해자는 왜 그 일을 했는가?
☐ 재해자는 무엇을 하고 있었는가?	☐ 다른 사람들은 당시 무엇을 했는가?
☐ 재해자는 어떤 지시를 받았나?	☐ 보호 장비를 사용하지 않은 이유는 무엇인가?
☐ 재해자는 어떤 도구를 사용했는가?	☐ 재해자에게 구체적인 지시를 내리지 않은 이유는 무엇인가?
☐ 어떤 기계가 관련되었는가?	☐ 재해자가 그 자리에 있었던 이유는 무엇인가?
☐ 재해자는 어떤 작업을 했는가?	☐ 재해자가 도구나 기계를 사용하는 이유는 무엇인가?
☐ 어떤 예방조치가 필요했는가?	
☐ 재해자에게 어떤 예방조치가 취해졌는가?	☐ 왜 재해자는 위험하다고 하면서 상사에게 이 사실을 보호하고 확인하지 않았는가?
☐ 재해자는 어떤 보호 장비를 사용하고 있었는가?	☐ 재해자가 그 상황에서 계속 일하게 된 이유는 무엇인가?
☐ 사고와 기여한 다른 사람들은 무엇을 했는가?	☐ 사고 당시 관리감독자는 왜 없었는가?
☐ 사고가 발생했을 때 직원이나 목격자는 어떻게 했는가?	
☐ 참작할 수 있는 상황은 무엇인가?	

□ 재발 방지를 위해 어떤 조처를 해야 하는가?
□ 어떤 안전 수칙을 위반하였는가?
□ 어떤 새로운 규칙이 필요한가?

When?	How?
□ 언제 사건이 일어났는가? □ 재해자는 언제 그 일을 시작했는가? □ 재해자는 언제 업무에 배정되었는가? □ 사고위험과 관련하여 언제 확인되었는가? □ 재해자의 상사가 마지막으로 업무 진행 상황을 확인한 시점은 언제인가? □ 재해자는 언제 처음으로 뭔가 잘못되었다고 느꼈는가?	□ 재해자는 어떻게 다쳤는가? □ 재해자는 어떻게 이 사고를 피할 수 있었는가? □ 동료들은 이 사고를 어떻게 피할 수 있었는가? □ 관리감독자가 어떻게 이 사고를 예방할 수 있었는가?

참고문헌

양정모. (2023). 새로운 안전문화-이론과 실행사례. (박영사).

양정모. (2024). 새로운 안전관리론-이론과 실행사례. (박영사).

Accident, D. H. (2012). *Operational Safety Analysis—Volume I: Accident Analysis Techniques.* DOE-HDBK-1208-2012.

McKinnon, R. C. (2022). *A Practical Guide to Effective Workplace Accident Investigation.* CRC Press.

Ferrett, E. (2015). *International Health and Safety at Work Revision Guide: For the NEBOSH International General Certificate in Occupational Health and Safety.* Routledge.

Peter Sturm and Jeffrey S. Oakley. (2019). *Accident Investigation Techniques: Best Practices for Examining Workplace Incidents.* ASSP.

Roughton, J., & Mercurio, J. (2002). *Developing an effective safety culture: A leadership approach.* BUTTERWORTH EINEMANN.

Roughton, J., Crutchfield, N., & Waite, M. (2019). *Safety culture: An innovative leadership approach.* Butterworth-Heinemann.

Chapter

09

사고분석
방법론

사고분석 방법론

I 배경

효과적인 사고 재발 방지대책을 수립하기 위해서는 효과적인 사고분석(Incident analysis)을 시행해야 한다. 효과적인 사고분석을 시행하기 위해서는 시대와 상황에 적합한 분석 방법을 적용해야 한다. 다음 그림은 시대별 사고 분석 적용 현황이다.

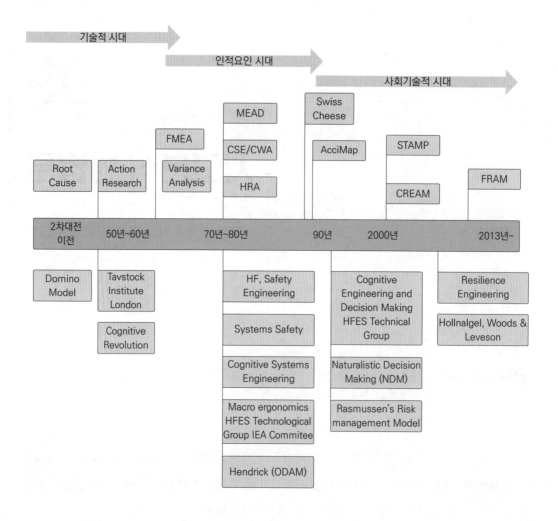

첫 번째는 기술적(Technical) 시대로 19세기부터 제2차 세계 대전까지의 기간을 포함하고 있다. 주로 화재와 폭발을 방지하기 위한 안전밸브 및 기계 보호 장치와 같은 기술적 조치가 반영되었다. 사고조사 모델은 주로 순차적인 분석인 도미노 분석과 RCA 등이 활용되었다. 두 번째는 인적요인(Human performance)의 시대로 1970년대 후반과 1980년대 초반 확률적 위험 분석을 통한 인적요인을 통합한 시기이다. 체르노빌(1986), 지브뤼헤(1987), 챌린저(1986)와 같은 사고를 배경으로 원자력발전소, 해운, 항공과 같은 위험 수준이 높고 복잡한 산업에 적용되었다. 사고조사 분석은 주로 인적요인을 파악할 수 있는 HRA 및 CSE 등이 활용되었다. 세 번째는 사회 기술적(Sociotechnical) 시대로 1990년대부터 사회기술 시스템 이론에 대한 관심이 증가하였고 FRAM, AcciMap, STAMP 등이 활용되었다.

시대적으로 상황이 변화하면서 사고조사와 사고분석 및 재발 방지대책 수립을 위한 방법은 3CA, 5 WHYS, ACCI-MAP, AEB, APPOLO, ASSET, ATHENA, CAS-HEAR, CAST, ECFC, FACS, FRAM, HERA, HFACS, HFIT, HPEP, HPES, HPIP, HSG245, ISIM, MORT, MTO, ORAU, PRCAP, RCA, SCAT, SHELL, SOL, STAMP, STEP-MES, TapRooT®, TOP SET, TRIPOD, WAIT or WBA 등 30가지가 넘게 활용되고 있다.

시대적으로 활용되었던 사고분석 방법은 순차적 분석(Sequential analysis), 역학적 분석(Epidemical analysis) 및 시스템적 분석(Systemic analysis)으로 구분할 수 있다.

II 순차적 분석

1. 이론

전통적으로 안전을 위협하는 요인은 투박하고 신뢰할 수 없는 증기 기관(Steam engine)에서 발생한 화재나 폭발 사고이다. 이러한 사고 예방에 관한 관심은 의심할 여지없이 인간 문명 자체만큼 오래된 것이지만, 산업혁명(보통 1769년)을 시작으로 고조되기 시작하였다. 제2차 세계 대전 당시 개발되고 사용된 군수품 유지보수 과정 동안 기술은 상당한 수준으로 진전을 이루었다. 그리고 이 시기 새로운 기술개발로 인해 더 크고 복잡한 기술 시스템을 다룰 수 있는 자동화를 이루었다. 국방영역의 미사일 방어시스템 개발과 우주 계획 관리 그리고 민간영역의 통신과 운송 분야의 성장으로 위험과 안전 문제를 해결할 수 있는 입증된 방법이 필요했다. 예를 들어, 결함수 분석(Fault Tree Analysis)은 1961년 미니트맨 대륙간 탄도 미사일 시스템(Minuteman launch control system)의 결함을 파악하기 위해 사용되었다. 시스템에서 예기치 않은 사건으로 인해 사고가 발생한다. 예기치 않은 사건은 어떤 사유로 인해 갑자기 나타나는 잠재된 조건을 의미하고, 즉시 무력화되지 않는 한 시스템은 정상 상태에서 비정상 상태로 전환하게 된다. 고장형태 및 영향분석(Failure Mode and Effects Analysis)과 위험과 운전분석(Hazard and Operational Analysis)은 이러한 잠재 위험을 체계적으로 확인하기 위해 개발되었다. 한편, 1940년대 후반과 1950년대 초반까지 신뢰성 공학은 기술과 신뢰성 이론을 결합한 새로운 공학 분야로 확립되었다. 이 분야는 확률론적 위험도 평가(PRA, Probabilistic Risk Assessment)로 알려져 있고, 원자력발전소의 안전 평가로 활용되었다. 하지만 이 안전 평가 기법은 사람과 조직보다는 기술에 집중되었다.

　　이러한 시기의 사고조사는 사건이 사고의 근본 원인이라는 결과론적 사상에 기반을 둔다고 하였다. 도미노 이론으로 유명한 하인리히(1931)는 사고가 발생하기 이전 사회적 환경 및 유전적 요소, 개인적 결함, 불안전한 행동 및 기계/물리적 위험으로 인한 사고로 상해가 발생한다고 주장하였다. 하인리히가 주장한 도미노 이론은 그동안 세계적으로 사고분석의 아버지라고 불릴 만큼 막강했다.

2. 도미노 이론

2.1 하인리히의 도미노 이론

　　하인리히는 사고가 일어나는 과정을 발생하기 전의 원인, 발생하고 있는 과정 그리고 발생한 결과의 순서로 설명하였다. 특히 하인리히는 그의 논문에서 사람이 부상을 입는 순서는 첫째 원인, 둘째 사고 그리고 셋째 부상이라고 언급하였다. 1934년 11월 하인리히는 디트로이트 안전 위원회에서 도미노 이론을 소개했다. 도미노는 세계 최초의 그래픽적인 표현으로 최초의 사고 모델이었다. 이 모델은 다섯 단계로 구성된 사고의 발생 순서를 보여주었으며, 그 중 처음 세 가지는 원인을 나타냈다. 사고는 항상 고정되고 논리적인 순서로 발생한다. 하나의 요인은 다른 하나의 요인에 의존한다. 따라서 한 줄의 도미노가 서로 연관이 있어, 첫 번째 도미노가 무너지면 전체 도미노가 무너질 수 있는 사슬로 구성된다. 사고는 사슬의 한 고리일 뿐이다.

1. 사회환경과 유전적 요인(Social environment and ancestry)
2. 개인적 결함(Fault of person)
3. 불안전한 행동 및 기계적 및/또는 물리적 위험(Unsafe act and mechanical and/or physical hazard)
4. 사고(The accident)
5. 상해(Injury)

다음 그림과 같은 도미노는 사고 발생 과정을 구체적으로 묘사한다. 그리고 사고가 일어나는 선형 인과 관계를 설명하는 데 도움이 된다. 이후 하인리히는 1941년 Industrial Accident Prevention, A Scientific Approach 2판을 출간하면서 사고로 이어지는 다양한 원인의 논리적 흐름을 구체적으로 제시했다.

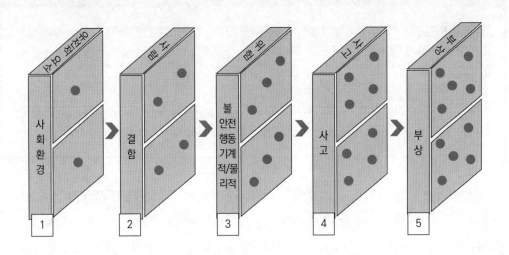

첫번째 도미노는 사회환경과 유전적 요인이다. 사회환경은 문화에 영향을 받는 반면, 유전적 요인은 개인적인 영향을 받는다. 두번째 도미노는 첫번째 도미노와 일부분 유사한 면이 있으며, 휴먼 퍼포먼스(Human performance)[1]와 관련이 있다. 세번째 도미노는 불안전한 행동 및 기계적 및/또는 물리적 위험이다. 사람이 특정 목표를 달성하기 위해 하는 행동으로 실수나 기준 등을 위반하는 행동을 의미하며, 그러한 행동이 유도될 수 있는 불안전한 기계적 또는 물리적 환경을 의미한다. 네번째는 사고로 부상으로 이어지는 직접적인 원인을 나타낸다. 마지막은 사고로 인한 결과인 상해이다.

1934년 The Travelers 보험회사가 발간한 문서를 보면, 하인리히는 이 도미노 모델을 과학적인 사고발생 이론이라고 묘사하고 있다. 그리고 개인적 결함, 불안전/부적절한 관행 또는 조건, 그리고 상해 또는 생산 손실("Fault of Person," "Unsafe or Improper Practice or Condition," and "Injury or Production Loss") 세 가지를 원인과 영향 순서(Cause-and-effect-

---

1 국제민간항공기구(ICAO)에 따르면, 휴먼 퍼포먼스(Human Performance)는 시스템 성능에 대한 인간의 기여도를 나타내며 사람들이 작업을 수행하는 방법을 나타낸다. 그리고 미국 에너지부(DoE)에 따르면, 인간의 성과는 특정 작업 목표(결과)를 달성하기 위해 수행되는 일련의 행동이다.

sequence)라고 하였다. 그리고 아래 표와 같이 사고가 발생하는 원인을 아래의 두 가지 내용으로 지목하였다.

"누군가가 안전하지 않거나 부적절하게 행동하지 않는 한, 또는 안전하지 않거나 부적절한 조건이 존재하지 않는 한, 언제 또는 어디서나 사업장에서 상해 또는 생산 손실이 발생할 수 없다."

"어떤 사람의 잘못에 의해 야기되거나 허용되지 않는 한, 언제 또는 어디서나 사업장에서 안전하지 않거나 부적절한 관행 또는 조건이 발생하거나 발생할 수 없다."

하인리히는 다음 그림과 같이 첫번째 도미노가 쓰러지면, 그 다음 도미노가 쓰러진다는 전제를 두었다. 따라서 사고를 막기 위해서는 이전에 있는 도미노가 쓰러지는 것을 막아야 한다는 전제를 두었다. 그리고 그는 불안전한 행동과 물리적/기계적 위험이 사고의 주요 원인이라고 지목하였다.

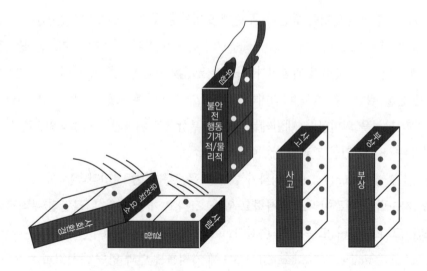

결과적으로 신체 상해는 사고의 결과로만 발생, 사고는 인적 또는 기계적 위험의 결과로만 발생, 개인 및 기계적 위험은 사람의 잘못으로 인해 발생한다는 논리를 마련하였다. 그리

고 인간의 결점은 환경에 의해 유전되거나 획득된다는 일종의 원칙이 마련되었다. 도미노는 사고에 대한 원인과 결과에 대한 직관적인 이해를 제공하였고, 안전을 하는 사람들은 빠르게 도미노 이론을 적용했다.

2.2. 하인리히의 도미노 이론 분석 사례

하인리히의 도미노 이론이 강조하는 바는 사고원인의 88%는 사람의 불안전 행동, 10%는 불안전 상태 그리고 2%는 천재지변이라는 것이다. 하인리히의 도미노 이론은 오랫동안 세계적으로 통용되어 왔으며, 안전관리를 잘못된 길로 인도하여 왔다. 특히 도미노 이론에 따른 사고원인의 대부분이 사람의 불안전 행동이라는(사고발생 원인 법칙 88-10-2)[2] 근거는 신뢰할 수 없고, 지지할 수 없음에도 불구하고 안전 분야의 전문가들은 지지해 왔다. 더욱이 2022년 11월 고용노동부가 '산업안전 선진국으로 도약하기 위한 중대재해 감축 로드맵'에 설명된 우리나라 중대재해 현 주소의 내용을 살펴보면, 2019년부터 2012년 간 발생한 중대재해(2,565건) 원인조사 결과, 방호조치 불량(30.9%), 작업절차 미준수(16.5%), 위험성 평가 미실시(16.1%) 및 보호구 미착용(15.6%) 등 기본안전수칙 미준수로 분석하고 있다.

저자는 전술한 사고원인이 다분히 사람의 불안전 행동을 비난하는 것으로 판단한다. 즉, 모든 조건이 완벽했지만 사람이 잘못한 행동으로 사고가 일어났다는 추측을 불러 일으킨다. 하지만, 중대재해를 입은 근로자가 작업 당시 기본안전수칙을 지키지 못한 다양한 원인에 대한 검토는 되었는지 궁금하다. 그 이유는 어느 누구도 사업장에서 죽고 싶어하는 사람은 없을 것이기 때문이다. 그리고 어떤 사고분석 방법을 사용하였는지는 모르지만, 만약 하인리히의 도미노 이론을 믿고, 사고발생 원인 법칙 88-10-2에 따라 사고의 원인을 불안전 행동으로 결론 지었다면, 향후의 우리나라 중대재해 지표는 지금과 같거나 나빠질 가능성이 크다.

우리 문화 전반과 안전 분야에 뿌리내린 하인리히의 사고원인 분석은 효과적인 사고방지 활동을 비효율적으로 이끌고 있다는 것을 인지해야 한다. 다음에서 설명하고자 하는 내용은 저자가 오래 전 하인리히의 도미노 이론과 사고발생 원인 법칙 88-10-2에 따라 사고분석을 시행했던 사고이다.

---

2 본 책자 III. 사고발생 원인 법칙 88-10-2를 참조하기 바란다.

(1) 근로자의 왼발이 윈치(Winch) 드럼 와이어로프에 끼임(1995년, 사망)[3]

• 개요

승강기는 건물 내부에 가이드레일 궤도에 따라 상부와 하부로 이동하는 시설이다. 건물 내부 승강기가 설치될 장소(이하 승강로)에 수직으로 설치되는 가이드레일(Guiderail, 24K, 중량 120kg)[4]은 보통 윈치(Winch)[5]를 사용하여 들어 올렸다. 당시 윈치는 건물 50층에 설치되어 있었고, 작업경력 3개월 미만인 근로자는 홀로 윈치 드럼에 감기는 와이어 로프가 이탈되지 않도록 감시하는 일을 하고 있었다. 사고 당시 근로자는 윈치 주변에서 와이어 로프가 드럼에서 이탈하는 것을 목격하고 발로 툭툭 차다가 왼발 바지 하단이 윈치(Winch) 드럼 와이어 로프에 끼이는 사고로 사망했다.

현장상황도

---

3 국내 승강기 제조, 설치 및 유지보수 업체의 사고보고서 참조.

4 엘리베이터 등의 카(Car)와 균형추(Counterweight)를 안내하는 궤도이다. 일반적으로 단면이 T자형으로 1m당 중량에 따라 8, 13, 18, 24, 30, 37, 50K레일 등으로 구분한다.

5 윈치는 무거운 물체를 들어올리기 위한 용도로 사용된다. 윈치는 전기에너지를 사용하고 드럼에 와이어로프를 감아 물체를 하부에서 상부로 들어 올리는 기능을 한다. 윈치 조작은 주로 조작 스위치를 사용한다. 윈치 드럼에 감겨진 와이어 로프 끝단은 고리(Hook) 형태로 무거운 물체를 감아 연결하는 용도로 사용된다. 윈치 드럼에 감긴 양중 와이어로프는 승강로 천정 부근에 설치된 도르래(윈치 드럼에 감긴 와이어로프가 승강로 최하층까지 마찰력을 줄이고 적절한 위치로 내려 보내기 위한 도구)를 통과해 승강로 내부 최하층까지 내려져 있었다.

• 원인
- 와이어 로프가 드럼에서 이탈하는 상황을 작업책임자에게 미보고
- 작업복 바지의 단을 안전화 밖으로 내고 작업
- 안전에 대한 인식 부족
- 움직이는 와이어로프를 발로 조정

• 대책
- 작업중 이상 발생시는 작업책임자에게 보고하여 조치를 받은 후 작업
- 작업복 바지의 단은 항상 안전화 속으로 단정히 넣고 작업
- 작업 전 위험예지활동 시행
- 움직이는 와이어로프는 비계나 긴 각목 등을 이용하여 조정

• 비판
전술한 사고 원인과 대책에 대한 비판 내용은 다음과 같다(아래 내용보다 더 많은 요인이 존재할 수 있다).
- 재해자는 윈치에 신체가 감길 수 있다는 사실을 알고 있었는지 궁금하다.
- 관리 감독자는 해당 위험을 근로자에게 교육했는지 궁금하다.
- 관리감독자나 재해자가 해당 위험을 알고 교육을 시행했다면, 과연 사고는 예방할 수 있었던 것일까?
- 가이드레일을 윈치로 들어 올리는 작업 방식은 과연 안전한 방식일까?
- 윈치에 회전체 보호 커버를 설치하는 방안은 검토되었는가?
- 작업 중 이상 발생 시 보고하라고 했는데, 실제 보고하면 어떤 개선이 될 것인가?
- 움직이는 와이어로프는 비계나 긴 각목을 사용하라고 했는데, 만약 그런 물건이 없으면 어떻게 해야 하는가?
- 경력 3개월 미만인 근로자에게 해당 업무를 맡긴 것은 적절한 것인가?
- 당시 회사는 사고의 근본원인을 불안전 행동으로 간주하고 도미노 이론의 합리성을 확인하였다. 이런 방식은 현재에도 유효한 것인가?
- 당시 회사는 해당 사고의 근본원인을 재해자의 불안전 행동으로 지목하고, 유족과 협의 시 민사상 보상금 비용을 낮게 책정했는데, 과연 정의로운 처리 방식인가?

(2) 시운전 작업 시 감전 사망(1996년, 사망)[6]

• 개요

경력 7년의 재해자는 아파트 승강기 설치현장 기계실에서 시운전 작업을 하기 위하여 단자대 커버가 열린 상태에서 CVV선을 제어반내 Pull Box로 밀어 넣던 중 얼굴이 단자대 (380V)에 접촉되면서 감전사고로 사망했다.

• 원인
- 전기 작업 시 전원스위치 On
- 단자대를 열어놓은 상태에서 작업실시
- 안전모 미착용

• 대책
- 전기 작업시는 Main 전원스위치 Off

---

6 국내 승강기 제조, 설치 및 유지보수 업체의 사고보고서 참조.

- 단자대를 닫고 작업실시
- 단자대에 감전 위험표시 부착
- 안전모의 올바른 착용

• 비판

전술한 사고 원인과 대책에 대한 비판 내용은 다음과 같다(아래 내용보다 더 많은 요인이 존재할 수 있다).

- 재해자는 단자대(380V)에 감전될 수 있다는 사실을 알고 있었는가?
- 관리 감독자는 해당 위험을 근로자에게 교육했는가?
- 관리감독자나 재해자가 해당 위험을 알고 교육을 시행했다면, 과연 사고는 예방할 수 있었던 것일까?
- 공장에서 제품 출시할 단계에 왜 감전 보호 커버가 미부착되었는가(투명한 재질의 감전 방지 보호 커버를 의미함)?
- 시운전 작업 시 왜 전원 차단을 하지 않았는가?
- 전원 차단과 관련한 교육과 잠금장치(Lock-out and Tag-out)를 지급했는가?
- 단자대에 감전 위험표시가 왜 부착되지 않았는가?
- 단자대를 열어 놓고 해야 할 일은 없었는가? 단자대를 닫고 작업이 가능했는가?
- 안전모를 착용했다면 작업을 진행할 수 있었는가?
- 당시 회사는 사고의 근본원인을 불안전 행동으로 간주하고 도미노 이론의 합리성을 확인하였다. 이런 방식은 현재에도 유효한 것인가?
- 당시 회사는 해당 사고의 근본원인을 재해자의 불안전 행동으로 지목하고, 유족과 협의 시 민사상 보상금 비용을 낮게 책정했는데, 과연 정의로운 처리 방식인가?

2.3 하인리히의 도미노 이론에 대한 비평

하인리히의 도미노 이론은 사고가 발생하는 순차적인 모델을 제안하였지만, 그의 이론에 대한 여러 학자들의 비평이 존재하고 있다. 아래 표는 그의 이론을 비평한 내용이다.

학자	비평내용
Toft et al (2012)	도미노 모델은 사고로 이어지는 순차적 요인을 설명한 이론으로 복잡한 사고를 단지 단순하게 모델링 하는 데 그쳤다.
Jacobs (1961)	도미노 모델을 활용한 사고 인과분석은 단지 사고를 일으킨 환경적인 요인을 파악하는 것이 전부이다.
McFarland (1963)	도미노 모델로는 사고로 이어지는 중요한 요인을 찾기 어렵다.
Petersen (1971)	도미노 모델을 보다 확장한 사고조사 모델을 활용해야 한다.
Hollnagel (2004), Dekker (2011, 2014)	도미노 모델은 현대의 역동적이고 복잡한 사회에서의 사고를 분석하기 어렵다.
Hollnagel (2004)	도미노 이론은 전형적인 선형 사고 모델로 1920년대 산업에 적합하도록 만들어졌다. 따라서 현대의 복잡한 변동성이 존재하는 산업에는 적합하지 않다.

2.4 버드의 도미노 이론

1985년 Bird와 Germaine은 하인리히의 도미노 이론을 수정하여 발표하였다. 수정 도미노 이론은 기술의 발전과 복잡한 환경을 고려한 결과였다. 가장 처음에 있는 도미노는 부적절한 프로그램과 표준과 관련 표준 불이행을 포함하고 있는 통제 부족(Lack of control), 두 번째 도미노는 사람과 작업 요인을 포함하는 기본 원인(Basic causes), 세 번째 도미노는 불충분한 행동과 조건(Substandard acts and conditions), 네 번째 도미노는 에너지나 자재와의 접촉(Contact with energy or substance) 그리고 다섯 번째 도미노는 사람, 자산 및 절차를 포함하는 손실이다. 다음 그림과 같은 수정 도미노 이론은 손실 원인 모델로 알려져 있으며, 순차적인 흐름을 보여준다.

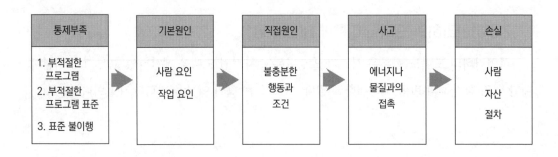

이 이론은 상대적으로 단순한 시스템에서 물리적 구성요소의 고장이나 인간의 행동으로 인한 손실사고에 대한 일반적인 설명을 제공한다. 그러나 시스템 관리, 조직 및 인적 요소 간의 인과관계를 설명하기에는 한계가 있다. 따라서 1970년대 말부터 발생한 쓰리마일섬(1979), 보팔사고(1984) 및 체르노빌사고(1986) 등 조직영향으로 인해 발생한 사고들에 대한 효과적인 사고조사 모델이 필요하게 되었다.

2.5 Bowtie 방법

2.5.1 개요

Bowtie방법은 1979년 호주 퀸즐랜드(Queensland) 대학교에서 진행된 위험분석 강의(Imperial Chemical Industries, ICI)에서 논의된 것으로 알려져 있다. Bowtie 도형은 사건을 일으키는 프로세스를 그림으로 보여주는 도구로 결함트리(Fault Tree, 사건 원인분석)[7]와 사건트리(Event Tree, 결과분석)의 특성을 결합한 선형적 방법이다. Bowtie 방법은 공정위험분석(Process Hazard Analysis. PHA)단계에서 폭넓게 활용되며, 항공분야의 위험성평가에 사용된다.

Royal Dutch/Shell Group은 Bowtie 방법을 사업에 통합적으로 적용한 최초의 기업이며, 재무, 전략, 보안, 품질, 정치, 인적 자원, 설계 및 프로젝트 위험을 검토하기 위해 다양한 산업에서 적용하고 있다.

보우타이 방법을 구현할 수 있는 소프트웨어(CGE- Bow Tie XP, Bow Tie PRO, DNV - Synergi, ABS - Bowtie Master)를 사용하면, 더욱 효과적인 Bowtie 도표를 작성할 수 있다.

2.5.2 방법론

Bowtie방법은 1980년대 초반부터 다양한 산업 분야에서 사용되어 왔으며, 잠재적 사고의 원인과 결과를 하나의 도형으로 보여준다. 다음 그림과 같이 Bowtie 도형의 중심에 사건

7　1961년 벨(Bell)연구소가 공군의 미니트맨 대륙간 탄도 미사일 시스템(Minuteman launch control system) 통제를 위해 FTA(Fault Tree Analysis)를 개발하였다. 이후 보잉사의 Dave Haasl에 의해 중대한 시스템 안전분석 도구로 인식되었다. 초기 FTA는 미니트맨 미사일 전체 시스템에 대한 안전평가로 사용되었고, 1965년 FTA는 최초의 시스템 안전 회의에서 소개되었다. 보잉(Boeing)사는 1966년 상업용 항공기에 대한 설계 안전기준으로 FTA를 활용하였다. 그리고 1971~1980년 사이 원자력 분야 및 발전 분야에서도 FTA를 적용하였다. 1980년 들어 FTA평가 알고리즘은 더욱 개선되었고, 상당한 양의 논문이 출간되었다. 그리고 화학분야에서도 널리 사용되기 시작하였다. 1990년대 들어 FTA는 컴퓨터 프로그램으로 사용되면서Robotic 및 Software 산업에서 적용하기 시작하였다.

이 위치하고, 그 왼쪽으로는 원인(Causes) 영역이 있고, 오른쪽에는 부상, 재산 손실, 환경 피해 등의 결과(Consequences) 영역이 있다. 왼쪽 영역에는 예방방벽(Prevention Barrier)이 있고, 오른쪽 영역에는 회복방벽(Recovery Barrier)이 있다. 그리고 각 통제 및 완화 방벽의 기능이 악화되거나 무효화되는 것을 되는 것을 확인할 수 있는 악화요소(Escalation Factor)가 있다. Bowtie 방법론은 Swiss Cheese Model과 같이 위험이 다양한 방벽을 뚫고 손실로 이어진다는 측면과 유사하다.

도형의 모양은 나비넥타이와 비슷해서 Bowtie라고 부른다. 도형은 사건으로 이어질 수 있는 모든 잠재적 위험을 식별하고, 위험을 막는 기능을 한다.

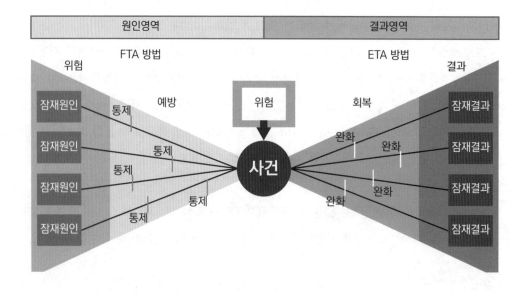

2.5.3 방벽의 종류

방벽은 1차 및 2차 방벽, 수동적/능동적 및 행동적 방벽, 전체/부분적 방벽으로 구분할 수 있다.

(1) 1차 및 2차 방벽(Primary and secondary barriers)

1차 방벽은 위험이 사고로 이어지는 것을 방지하거나 줄이고, 사고가 주요 결과로 확대되는 것을 완화하거나 방지한다. 즉, 1차 방벽은 위험을 방지하고 통제하는 역할을 한다. 1차 방벽에는 i) 능동 방벽(Active barriers)으로 차단 밸브 등의 시스템이 있다. ii) 수동 방벽(Passive barriers)으로 방화벽, 폭발방지, 격리 및 분리가 있다. iii) 통제 방벽(Control barriers)으로 화재/가스 감지 및 경보가 있다. iv) 조직/절차 방벽(Organizational/procedural barriers)으로 검사와 모니터링이 있다. v) 사람/운영자 방벽(Human/operator barriers)으로 프로세스 제어 운영자가 있다.

2차 방벽은 1차 방벽의 효과가 저하되는 것을 방지하거나 줄이며, 1차 방벽의 효과성을 유지한다. 2차 방벽에는 i) 사람/운영자 장벽(Human/operator barriers)으로 감독이 있다. ii) 절차적 방벽(Procedural barriers)으로 설계 검토, 운영 검토 및 역량 보증이 있다.

(2) 수동적, 능동적 및 행동적 방벽(Passive, active and behavioral barriers)

수동적 방벽은 자동설비나 사람의 개입이 필요 없이 위험의 전달을 방지 또는 감소시키거나 사고의 결과를 완화한다. 방유턱(Trench)은 수동적 방벽의 전형적인 예이다. 능동적 방벽은 시설이 자동으로 안전하게 활성화되는 작용이다. 시스템에서 어떠한 위험한 상황 발생 시 자동으로 종료(Trip)되는 방식은 능동적 방벽의 전형적인 예이다. 마지막으로, 행동적 방벽은 사람의 판단과 개입이 필요한 경우이다. 전형적인 예로는 시설 운영자가 계측기 판독 기준에 따라 장비를 정지시키는 결정을 하는 것이다.

(3) 전체 또는 부분적 방벽

전체 방벽은 어떠한 불안전한 원인이 결과로 이어지는 것을 막도록 설계되어 있다. 이러한 예에는 진동, 압력 및 액체 등이 너무 부족하거나 너무 많을 경우, 자동적으로 시스템이 정지되는 기능이다. 부분적 방벽은 어느 정도의 보호를 제공하지만 원인이 결과로 이어지는 것을 완전히 방지하지 못한다. 알람은 부분적 방벽의 전형적인 예이다.

2.5.4 Bowtie 방법을 활용한 사고조사 절차

Bowtie 방법을 활용한 사고조사는 정보수집, 최상위 사건(Top event) 확인, 위험 확인, 결과 평가, 예방방벽 확인, 완화방벽 확인, 방벽 효과 분석, Bowtie 도형 그리기, 근본원인 확인, 개선조치 실행, 문서화 및 이행확인 과정으로 시행된다.

(1) 정보 수집

사고와 관련된 자료를 수집한다. 목격자 진술, 장비 유지관리 기록, 절차 문서 및 기타 관련 정보가 포함된다.

(2) 중요한 사건(Top event) 확인

통제가 안되 사고로 이어진 사건을 정의하고, Bowtie 도형 중앙에 배치한다. 예를 들어, 탱크 폭발의 최상위 사건은 압력 통제 시스템 고장으로 인한 가스 누출이다.

(3) 위험 확인

최상위 사건에 관련한 기여요인을 확인한다. 이러한 위험은 Bowtie 도표의 왼쪽에 위치한다. 위험에는 장비 고장, 인적 오류, 악천후 조건 또는 부적절한 안전 절차가 있다.

(4) 결과 평가

최상위 사건으로 인해 발생한 결과를 확인한다. 이러한 결과는 Bowtie 도표의 오른쪽에 위치한다. 결과에는 부상, 환경 피해, 프로젝트 지연 또는 재정적 손실이 포함될 수 있다.

(5) 예방방벽 확인

최상위 사건을 예방하는 조치이다. 예방방벽은 위험과 인접한 도표 왼쪽에 위치한다. 이러한 예로는 정기적인 장비 유지 관리, 안전 교육 및 운영 절차 준수가 있다.

(6) 완화방벽 확인

최상위 사건이 발생한 후 영향을 완화하기 위해 시행된 조치이다. 이러한 완화방벽은 결과 도표 오른쪽에 위치한다. 완화방벽의 예로는 비상대응 계획, 의료 지원 가용성 및 격리 절차가 있다.

(7) 방벽 효과 분석

예방 및 완화 방벽의 효과를 평가한다. 방벽이 의도한 바와 같이 실행되었는지 확인하고 실패나 약점을 파악한다. 이 단계에서는 방벽을 면밀히 조사하여 실패 이유와 개선 방법을 파악한다.

(8) Bowtie 도형 그리기

수집한 정보를 활용하여 Bowtie 도형을 그린다. 최상위 사건(Top event)을 중앙에, 위험을 왼쪽에, 결과를 오른쪽에 배치한다. 예방 및 완화 방벽을 적절히 추가한다. Bowtie 도형은 사건의 순서와 다양한 요소 간의 상호작용을 보여준다.

(9) 근본원인 확인

위험을 검토하고 조사하여 사고의 근본원인을 파악한다. 위험으로 이어진 근본적인 문제를 이해하면 향후 유사 사고를 예방하는데 소중한 통찰력을 얻을 수 있다. 근본원인 확인 시 5 Whys 방법을 사용하는 것을 추천한다.

(10) 개선 조치 실행

사고조사 결과를 기반으로 근본원인을 도출하고, 방벽의 효과를 개선하기 위한 시정 조치를 개발한다. 개선 조치에는 절차 개정, 교육 프로그램 개선 또는 장비 업그레이드가 포함될 수 있다.

(11) 문서화 및 보고

Bowtie 도표, 사고분석, 조사 결과 및 개선 조치 실행 내역을 포함하여 사고 조사 보고서를 작성한다.

(12) 이행확인 과정

개선 조치 실행 내역을 확인하고 이행 현황을 모니터링한다.

2.5.5 Bowtie 활용 예시-항공분야

공항에서 비행기가 충돌하는 사고를 상정하여 Bowtie 방법을 적용해 본다. 사고 시나리오는 다음과 같다.
- 에어버스가 이륙하는 동안 보잉 747(이하 747)과 거의 충돌할 뻔 했다.
- 에어버스는 747 바로 위를 지나갔으며, 고도는 불과 67미터였다.
- 747의 대부분 승객은 비행기가 거의 충돌할 뻔한 순간을 목격했다.
- 이 사건은 밤에 발생했다.

- 에어버스는 이륙 허가를 받았지만, 747은 지상활주(Taxi clearance) 허가를 위반하고 활주로로 이동했다.
- 747 비행 승무원은 에어버스가 이륙 허가를 받는 것을 듣지 못했다.
- 747은 홀드 쇼트(Hold Short)[8] 허가를 받았지만, 홀드 쇼트 라인을 명확하게 보지 못했다.
- 눈부신 활주로 조명으로 인해 홀드 쇼트 라인을 보기 힘들었다.
- 홀드 쇼트 라인은 공항 다이어그램에 표시되지 않았다.
- ASDE-X[9] 경고는 747이 침범하는 것을 막기에는 너무 늦게 감지되었다.
- 사고 이후 747 항공사는 매출 손실, 주식 가치 하락, 언론의 나쁜 평가 및 벌금을 부과받았다.

(1) 1단계-최상위 사건(Top event) 설정

최상위 사건을 설정한다. 최상위 사건에는 위험, 안전 통제가 상실된 지점, 위험이 발생하고 피해로 이어지는 지점으로 747이 홀드 쇼트 라인 위반이라고 볼 수 있다. 이와 관련한 Bowtie 도형은 다음 그림과 같다.

---

8 관제탑에서 이륙허가를 받기 전 활주로 직전에서 대기하는 순간이다.

9 Airport Surface Detection Equipment, Model X (ASDE-X). 공항 표면 감지 시스템 - 모델 X(ASDE-X)는 레이더, 다중 측량 및 위성 기술을 사용하는 감시 시스템으로, 항공 교통 관제사가 항공기 및 차량의 표면 이동을 추적할 수 있도록 한다.

(2) 근본원인에 영향을 주는 사건 설정

사건 발생 시점에서 거슬러 올라가 각 사건 단계별로 나열한다. 각 사건을 나열하면서 "왜?"라는 질문을 한다. 사건은 조종사가 이륙 허가를 듣지 못한 점, ASDE-X 경보가 늦게 감지된 점 그리고 조종사가 홀드 쇼트 라인을 보지 못한 점이다. 이와 관련한 Bowtie 도형은 다음 그림과 같다.

(3) 원인파악

각 사건이 일어난 원인을 파악한다. 원인으로 설정할 수 있는 내용은 조종사 주의 산만, 눈부신 조명, 야간, 공항 다이어그램에 정보 부재 및 인적 오류 등의 명사형 단어이다. 위험은 주로 명사형 단어가 될 수 있고, 이어지는 사건은 동사(보다, 알아차리다, 들었다)가 포함된다. 이와 관련한 Bowtie 도형은 다음 그림과 같다.

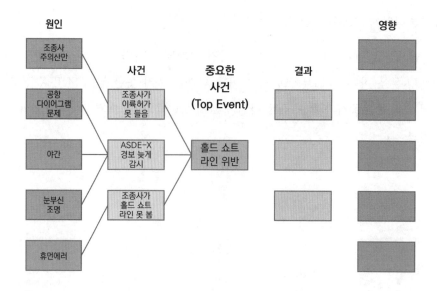

(4) 결과

다음 그림과 같은 중대한 사건의 결과를 검토한다. 결과에는 747이 활주로로 이동, 승객의 공포 및 언론 보도가 포함된다. 그리고 해당 결과는 영향에 기여한다. 이와 관련한 Bowtie 도형은 다음 그림과 같다.

(5) 영향 검토

결과로 인한 영향(피해)에는 벌금, 이미지 훼손, 재정적 손실, 승객 감소 및 소송 등이 있다. 이와 관련한 Bowtie 도형은 다음 그림과 같다.

(6) 예방 및 완화 방벽 설정

각 사건을 예방할 수 있는 방안으로는 비행 전 허가 체크리스트 운영, GPS 설치, 단거리 이륙, 보상 보험가입, 홍보관리 등의 방벽 등이 있다. 이와 관련한 Bowtie 도형은 다음 그림과 같다.

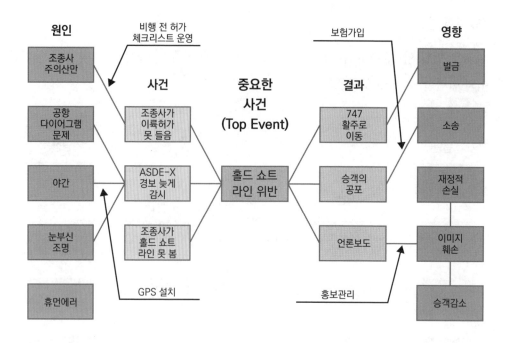

2.5.6 Bowtie 활용 예시-산업분야

2012년 11월 2일과 2019년 11월 15일 동아프리카 말라위(Malawi) Kaziwiziwi 석탄광산에서 발생한 사고를 대상으로 Bowtie 방법을 적용하여 분석하였다. 다음 표와 같이 사고를 유발한 위험과 통제방벽과 완화방벽을 도출하고 Bowtie 소프트웨어를 사용하여 도표를 만든다.

위협	통제 방벽	위험/중요한 사건	완화 방벽	잠재결과
1. 미끄러운 표면 2. 불안정한 표면	1. 표면에 미끄럼 방지 코팅	고소작업 높은 곳에서 미끄러지고 넘어짐	1. 안전보호구 착용 2. 응급처치	1. 상처와 멍 2. 골절
3. 장비에 걸림	2. 비계/사다리의 적절한 상태 3. 작업 바닥의 장비 제거		3. 비상 구출장비	3. 높은 곳에 갇힘

도표를 기준으로 다음 그림과 같이 Bowtie 도표를 만든다.

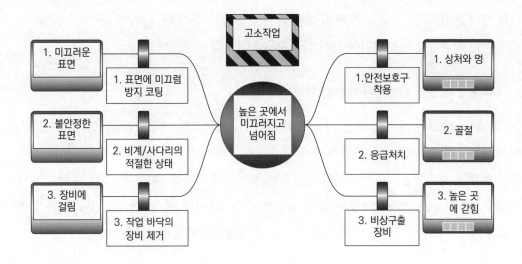

다음 그림은 Bowtie 도표에 사용된 기호에 대한 설명이다.

Risk Ranking
(Human, Environment, Equipment)

2.5.7 Bowtie 방법의 장점

(1) 주요 위험 시각화

Bowtie 도표는 주요 위험, 원인 및 결과, 예방 및 조치를 그림으로 보여주므로 누구나 쉽
게 이해할 수 있다. 사고와 원인을 좌우로 비교할 수 있어 전체적인 시각에서 접근할 수 있다.
Bowtie 도표는 시설을 직접 다루는 사람에서부터 사무실 직원까지 누구나 해당 위험과 조치
를 이해할 수 있도록 지원한다. 잠재적인 위험에 대한 체계적인 방벽을 적용함에 따라 유지
보수와 비용 투자 등 다양한 이해관계자가 공감하는 방법으로 사용될 수 있다.

(2) 근로자의 안전활동 참여

Bowtie 방식은 위험과 결과에 대한 구체적인 항목을 그림으로 보면서, 각 예방 방벽 및 회복 방벽을 브레인스토밍을 통해 폭넓은 의견을 반영할 수 있다. 다양한 사람의 의견이 안전 조치에 반영된다면, 다양한 사람이 안전활동에 참여할 가능성이 크다.

(3) 핵심 시설의 위험요인 개선과 관계기관 공유

Bowtie 방법은 시설의 핵심 기능에 적용하므로 효과적인 개선방안을 도출할 수 있다. 핵심 기능에 적용된 Bowtie 방법을 통해 시설의 운영자, 유비보수 인력, 설계인력, 안전보건환경 인력과 경영책임자가 잠재위험과 결과를 동일하게 공유할 수 있다. 그리고 각 방벽에 적합한 다양한 개선방안을 마련하고, 그 결과를 관련 정부기관에 공유할 수 있다. 이를 통해 시설의 경영책임자는 자신의 시설이 효과적으로 안전하게 관리되고 있음을 보증할 수 있다.

(4) ALARP수준의 지속적인 개선

Bowtie 방법을 통해 시설의 위험을 ALARP[10] 수준으로 보장할 수 있는 기회를 얻는다.

2.5.8 Bowtie 방법의 단점

Bowtie 방법을 시행하기 위해서는 설비에 대한 이해와 안전과 관련한 지식과 경험이 있어야 하며, Bowtie 도표를 그리고 원인과 방벽을 선정하기 위해서는 시간이 소요된다. 그리고 Bowtie 도표를 그리고 검토하는 과정에서 사람의 역량과 경험에 따라 방벽 선정 수준이 다를 수 있다. 또한 너무 많은 방벽과 악화요소가 존재할 경우, 혼란을 초래할 수 있으며, 정량적인 평가에 한계가 있다. 무엇보다 Bowtie 방법은 순차적 방식의 사고조사의 한계를 넘을 수 없다.

---

10 ALARP이라는 용어가 공식적으로 처음 등장한 것은 영국 법원이었다. 1949년 당시 에드워드의 항소 법원과 국가석탄위원회 판사의 판결에서 ALARP이라는 용어가 등장했다. ALARP은 As Low As Reasonably Practical의 영어 약자로 합리적이고 실행가능한 수준으로 위험을 낮춘다는 의미를 담고 있다. 여기에서 "합리적이고 실행가능한(Reasonably Practicable)"이라는 의미는 아래와 같이 해석할 수 있다. ALARP은 1972년 로벤스 보고서(Robens report) 권고에 따라 1974년 영국의 보건안전 법령 요건으로 규제화되었다. 영국에서는 사업장 밖의 사람이 심각한 부상을 입을 가능성을 1/10,000 수준으로 ALARP을 설정하고 있으며, 사업장의 경우는 1/1,000 수준으로 ALARP을 설정하고 있다.

1. 이론

1979년 3월 28일 미국 펜실베이니아주 해리스버그시에서 16km 떨어진 쓰리마일섬 원자력발전소에서 발생한 사고로 인해 산업계는 그동안의 안전관리 활동을 재검토하였다. 사고 이전 산업계에는 FMEA, HAZOP 및 사건수 분석(ETA, Event Trees Analysis)과 같은 기존 방법을 사용하면 원자력 시설의 안전을 보장하기에 충분할 것이라는 믿음이 있었다. 이러한 믿음에 따라 시행된 쓰리 마일 섬 원자력발전소의 확률론적 위험도 평가와 미국 원자력규제위원회(Nuclear regulatory commission)의 안전성 검토 결과는 적합한 것으로 승인을 얻었다. 하지만 인적요인과 조직영향으로 인해 발생한 원자력발전소의 치명적인 사고로 인간 신뢰성 평가(HRA, Human Reliability Assessment)와 같은 방식의 추가적인 위험평가가 개발되었다. 이러한 방식은 인적요인을 기반으로 기술 결함과 오작동을 분석하는 전문화된 방식으로 발전하였다.

첨단 제조 시스템, 항공, 통신, 원자력발전소와 석유화학과 같은 산업은 고도의 기술을 활용하므로 시스템이 복잡하고 대형화되어 새로운 종류의 시스템 고장과 사고가 발생한다. 조직영향인 예산삭감, 공사 일정 단축, 전문성 미확보 및 교육 부족 등으로 인해 사람의 실행 실패와 기술적이고 시스템적 방벽이 무너지게 된다.

이러한 조직영향을 잠재 조건(Latent condition)이라고 하며, 병원균처럼 잠재되어 있다가 창궐한다는 의미에서 역학적 요인이라고 한다. 역학적 모델은 순차적 모델보다 조직적인 요인으로 발생하는 사고를 효과적으로 확인할 수 있다. 설비와 개인의 문제를 넘어서 사고의 근본 원인을 시스템의 잠재 조건 측면에서 확인한다는 의미에서 포괄적인 대책을 수립할 수 있다.

2. Swiss Cheese Model

스위스치즈 모델은 잠재 실패(latent failure) 모델이며, Man-made disasters model에서 진화하였고, 조직사고(Organizational accidents)를 일으키는 기여요인을 찾기 위한 목적으로 개발되었다. 치즈에 구멍은 사고를 일으키는 기여요인으로 만약 한 조각에 구멍이 있어도 다른 한 조각이 막아준다면 사고가 발생하지 않는다는 이론이다. 아래 그림은 스위스 치즈 모델을 형상화한 그림이다.

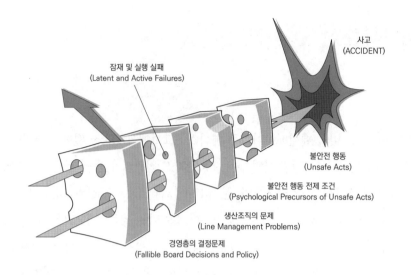

사고
(ACCIDENT)

잠재 및 실행 실패
(Latent and Active Failures)

불안전 행동
(Unsafe Acts)

불안전 행동 전제 조건
(Psychological Precursors of Unsafe Acts)

생산조직의 문제
(Line Management Problems)

경영층의 결정문제
(Fallible Board Decisions and Policy)

　　사고 예방을 위한 방벽, 안전장치 및 통제가 미흡하다는 것은 해당 조직이 병원균에 취약하다는 의미로 볼 수 있다. 그리고 조직의 의사결정 단계가 많을수록 병원균에 노출될 가능성이 크다. 또한 병원균은 사고가 일어나기 전보다는 사고가 발생한 이후에 주로 발견된다. 이러한 사유로 스위스 치즈 모델을 참조하여 잠재 요인과 잠재 실패를 확인하고 개선한다면 사고 예방에 효과가 있다.

　　하지만, 스위스치즈 모델의 긍정적인 면이 있음에도 불구하고 많은 현장 전문가와 학자들은 이 모델로는 구체적인 사고 기여 요인을 찾기 어렵다는 의견이 팽배하였다. 또한 사고조사를 전문적으로 수행하는 사람들을 혼란스럽게 한다는 의견이 생겨났다.

　　스위스치즈 모델은 인적오류로 인한 기여요인을 파악하는 데에는 기본적인 체계를 제공하였지만, 세부적인 지침이 없고 이론에 치중된 면이 있다. 이러한 사유로 인적오류 기여요인을 구체적으로 확인할 수 있는 인적요인분석 및 분류시스템(HFACS) 체계가 2000년도 초반에 개발되었다. 이 체계는 스위스치즈 모델을 대체하여 전 세계적으로 활용되고 있다. 하지만 스위스치즈 모델은 잠재 실패 기여 요인을 확인할 수 있는 세부적인 기준과 정보를 제공하지 않아 경험이 많은 사고조사자일지라도 실질적인 사고 기여 요인을 찾기 어려운 단점이 있다. Reason의 스위스치즈 모델은 사고 기여요인에 대한 구체적인 지침이 없고 이론에 치중되어 있어 사고조사 수행에 어려움이 있었다. 이러한 어려움을 보완하기 위하여 인적요인분석 및 분류시스템(HFACS, Human Factor Analysis Classification System) 체계가 개발되었다.

3. Tripod

3.1 Tripod 개요

Tripod 방법론은 1990년대 중반 네덜란드 라이덴 대학과 영국 맨체스터 대학의 공동 프로젝트로 석유 산업에서 사용하기 위해 개발되었지만 모든 유형의 대규모 조직에서도 적용이 가능하다. 이 방법론은 스위스치즈 모델에 근거한 사고원인 조사로 다음과 같이 시행된다. i) 사고는 통제가 실패하면서 발생한다. ii) 통제가 실패하는 것은 근본원인이 존재하기 때문이다. iii) 병원균(잠재적 조건, Pathogen)은 근본원인을 은유적으로 표현한 것으로 사고 발생 이전에 존재하고 누적된다. iv) 이러한 불완전성(Imperfections)은 사고가 발생하기 전 일부의 사람들이 알고 있다. v) 사람은 일반적으로 시스템의 불완전성에도 불구하고 자신의 작업을 선의적으로 완료하고자 노력한다. vi) 이러한 실패를 식별하고 제거하기 위한 조치를 취할 수 있다면, 사고 가능성을 줄일 수 있다. Tripod가 사고분석 방법으로 적용되었을 당시, 'Tripod Delta'로 불렸고 이후 'Tripod Beta'로 일반적으로 부르고 있다.

Tripod가 사용하는 일반적인 실패 유형은 다음과 같다. Hardware (HW), Design (DE), Maintenance Management (MM), Procedures (PR), Error Enforcing Conditions (EC), Housekeeping (HK), Incompatible Goals (IG), Organization (OR), Communication (CO), Training (TR) &Defenses (DF).

3.2 Tripod를 활용한 사고조사

Tripod 분석의 골격은 사건(결과, 대상의 상태 변화, 부상의 결과), 대상(피해를 입은 대상), 변화의 주체(에너지, 힘 또는 위험)로 구성된다. 사람이 화재로 인해 부상을 입는 사고를 가정하여 Tripod를 설명한다. i) 무슨 일이 있었는지 조사한다. 사건, 대상 및 주체를 고려하여 사건을 모델링 한다. ii) 사고를 막기 위한 방벽을 고려하여 어떻게 일어났는지 검토한다. 예를 들면, 화재를 방지할 수 있는 시설의 존재 여부, 화재감지기 작동 여부, 스프링클러 작동 여부, 보호구 착용 여부, 안전교육 시행 여부 등을 검토한다. iii) 왜 일어났는지 검토한다. 사건의 순서와 실패, 누락, 부적절한 방벽을 파악한 후, 해당 방벽이 적절하게 작동하지 않은 이유를 찾는다. iv) 사고의 직접원인을 찾는다. 직접원인은 주로 사람의 행동이 결부된다. 직접원인은 방벽과 직접적으로 관련된 사람의 행동일 수 있지만, 방벽 설계 또는 설치 중 실패하거나 경영층의 지원이 부족했던 간접적인 이유일 수 있다. v) 전제조건을 찾는다. 전제조건은 사람의 불안전 행동을 유도하는 작업 환경적 측면이다. 전형적인 전제조건에는 부적절한 일과 피로, 상황인식 상실, 부적절한 동기 부여, 열악한 감독, 작업을 빨리 완료하기 위한 서두름, 시끄럽거나 어두운 환경, 혼란스러운 절차, 작업 목표에 대한 잘못된 이해 등이 있다. vi) 근본원인을 찾는다. 근본원인은 회사나 조직이 관리해야 하는 작업 환경적 측면이다. 예를 들면, 경영층과 관리감독자의 안전 리더십, 안전문화 및 문서화된 안전관리시스템 등이 있다. vii) 개선조치를 마련한다. 개선조치는 동일하거나 유사한 사고가 재발하지 않도록 하는 방안이다. 개선조치 마련은 도출된 방벽과 근본원인에 집중하여 마련되어야 한다.

Tripod Beta는 소프트웨어 도구로 지원되지만 원칙적으로 화이트보드에 기재하면서 사용할 수 있다. 다음 그림은 시설에서 발생한 폭발로 유독가스에 근로자가 사망한 사례를 가정한 Tripod Beta 활용 예시이다.

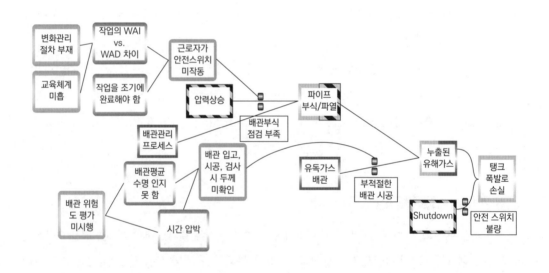

다음의 그림은 Tripod Beta에서 사용하는 기호이다.

4. 4M 4E

4M 4E 방법은 미국 국가교통안전위원회(National Transportation Safety Board)가 제안한 방법이며, 미국 항공우주국(NASA)에서도 사고분석 기술로 활용되고 있다. 그리고 일본철도(JR), 의료기관에서도 의료인의 휴먼에러와 관련한 사고를 분석하는 데 사용된다.

사고의 기여요인에는 Man(사람), Machine(장비 및 기계), Media(환경), Management(조직 및 관리)의 영어 앞 글자를 모은 4M이 있다. 그리고 4M 요인에 대한 개선방안으로 Education(교육 및 훈련), Engineering(기술), Enforcement(강화), Example(모델 및 사례)의 영어 앞 글자를 모은 4E가 있다. 다음 그림은 사고의 기여요인 4M과 개선방안 4E를 묘사한 그림이다.

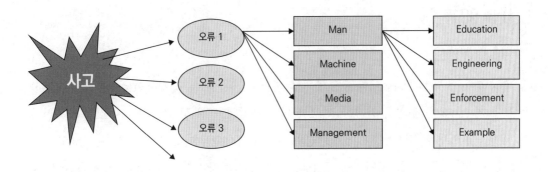

다음 그림은 4M 4E 기반의 사고발생을 보여준다. 가장 좌측에는 회사나 조직의 안전보건경영시스템 미흡으로 인해 Man(사람), Machine(장비 및 기계), Media(환경), Management(조직 및 관리) 문제로 인해 불안전한 행동과 상태가 만들어지게 되고 사고로 이어지는 과정이다. 여기에서 안전보건경영시스템과 4M 요인은 근본원인이고 불안전한 상태와 행동은 직접원인이다.

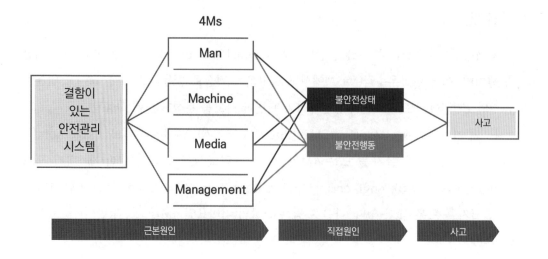

5. DNV SCAT

5.1 DNV개요

DNV(Det Norske Veritas)는 노르웨이 호비크에 본사를 둔 국제공인등록기관으로 해상, 석유 및 가스, 재생 에너지, 전기화, 의료 산업에 품질과 안전 등 다양한 서비스를 제공한다. 2024년 1월 현재 이 회사는 약 15,000명의 직원과 100개국 이상에서 운영되는 350개의 사무실을 보유하고 있다. 2013년 Det Norske Veritas(노르웨이)와 Germanischer Lloyd(독일)가 합병하여 DNV GL이 조직되었다. 이 회사는 나중에 2021년 이름을 DNV로 간소화했지만 합병으로 인해 생긴 조직 구조는 유지했다. DNV는 13,175척의 선박과 이동식 해상 유닛(MOU)에 서비스를 제공하며, 총 톤수는 2억 6,540만 톤으로, 세계 시장 점유율은 21%이다. 세계 해상 파이프라인의 65%는 DNV의 기술 표준에 따라 설계되고 설치된다.

5.2 DNV SCAT 사고분석 및 근본원인

DNV 시스템적원인분석기술(Systematic Cause Analysis Technique, 이하 SCAT)은 안전관리 선구자인 프랭크 E. 버드(1921-2007)의 수정 도미노 이론(손실 원인 모델)을 근간으로 하고 있다. 다음 그림은 수정 도미노 이론이다.

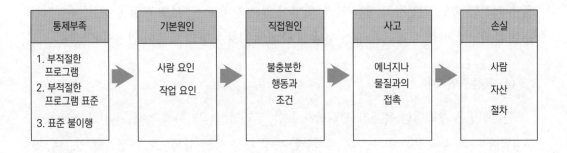

통제부족	기본원인	직접원인	사고	손실
1. 부적절한 프로그램 2. 부적절한 프로그램 표준 3. 표준 불이행	사람 요인 작업 요인	불충분한 행동과 조건	에너지나 물질과의 접촉	사람 자산 절차

DNV SCAT이 제안하는 사고조사 절차는 i) 사전조사(Pre-Investigation)에 최초보고, 잠재위험성 평가를 통해 사고 수준 결정, 사고조사 착수 및 현장 보존 등이 있다. ii) 사고조사에는 조사 팀 구성, 증거 확보, 사고조사 기간 설정, 사고조사 시나리오 설정, 사건 확인, 증빙 검증, 문서 검사, 원인요인 분석, 최종 가설 도출, 보고 등이 있다. iii) 분석(Analysis)에는 방벽 분석과 원인요인 분석이 있다. iv) 사후 조사에는 개선방안 개발과 적용, 개선조치 이행 모니터링 및 공유 등이 있다.

SCAT을 통한 근본원인 분석은 별도로 개발된 점검표를 활용한다. DNV SCAT점검표는 i) 일반정보, ii) 사건의 유형(Type of event), iii) 즉시/직접 원인(Immediate/Direct cause), iv) 기본/근본원인(Basic/Root cause), v) 개선조치(Action for improvement) 등 순차적으로 검토하도록 구분되어 있다.

(1) 일반정보

일반정보에는 손실의 심각도(중대, 심각 및 경미)와 잠재손실 평가(상, 중, 하) 항목이 있다.

(2) 사건의 유형

사건의 유형에는 충돌, 추락, 협착, 넘어짐, 에너지 접촉, 스트레스 등의 위험요인으로 구분한다.

(3) 즉시/직접 원인

즉시/직접 원인은 불안전한 행동으로 구분하며, 미승인 장비 사용, 경고 실패, 보호 미시행, 부적절한 속도, 안전장치 작동 안함, 결함이 있는 장비 사용, 보호구 잘못 사용, 부적절한 양중, 부적절한 위치, 부적절한 장소 및 운전 중에 유지보수 등의 항목이 열거되어 있다.

(4) 근본원인

근본원인은 부적절한 육체적/생리학자 요인, 부적절한 심리학적 능력, 정신적 스트레스, 부적절한 지식, 부적절한 의사소통, 부적절한 비상 대응 등의 항목으로 구성되어 있으며, 각 항목별 세부적인 요인이 다수 있다.

(5) 개선조치

경영책임자의 리더십, 인적자원, 위험관리, 자산관리, 비상대응 및 위험 모니터링 항목으로 구성되어 있으며, 각 항목 별 세부적인 요인이 다수 있다. 그리고 개선조치 분야에서는 각 항목별 S(System inadequate), PS(Performance Standard Inadequate) 및 C(Compliance with Performance Standards Inadequate) 검토를 하도록 되어 있다.

S(System inadequate)는 시스템 부족. 관리시스템의 격차를 메우기 위한 조치가 필요한 경우이다(예: 새로운 시스템, 프로세스 또는 절차를 개발하기 위한 개선). PS(Performance Standard Inadequate)는 성과 기준 부족. 누가 무엇을 언제 하는지 더 잘 정의하기 위한 조치가 필요한 경우이다(예: 절차 지침 또는 규칙 변경). C(Compliance with Performance Standards Inade-quate)는 성과 기준 준수 부족, 준수를 개선하기 위한 조치가 필요한 경우이다(예: 교육, 코칭 또는 홍보 프로그램 구현). 다음 그림은 SCAT 점검표(예시)이다.

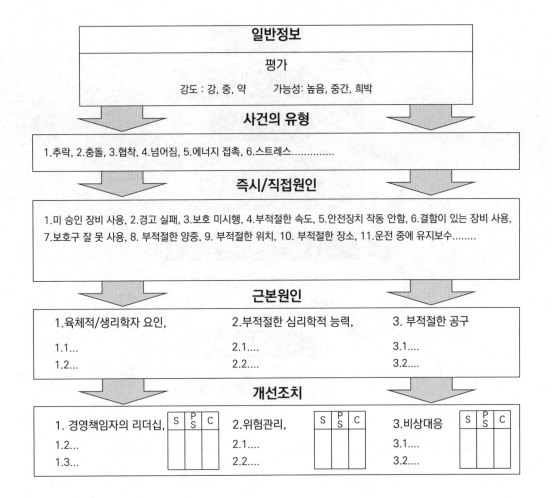

일반정보

평가

강도 : 강, 중, 약   가능성: 높음, 중간, 희박

사건의 유형

1.추락, 2.충돌, 3.협착, 4.넘어짐, 5.에너지 접촉, 6.스트레스............

즉시/직접원인

1.미 승인 장비 사용, 2.경고 실패, 3.보호 미시행, 4.부적절한 속도, 5.안전장치 작동 안함, 6.결함이 있는 장비 사용, 7.보호구 잘 못 사용, 8. 부적절한 양중, 9. 부적절한 위치, 10. 부적절한 장소, 11.운전 중에 유지보수........

근본원인

1.육체적/생리학자 요인,	2.부적절한 심리학적 능력,	3. 부적절한 공구
1.1...	2.1....	3.1....
1.2...	2.2....	3.2....

개선조치

1. 경영책임자의 리더십,	S P S C	2.위험관리,	S P S C	3.비상대응	S P S C
1.2...		2.1....		3.1....	
1.3...		2.2....		3.2....	

6. HFACS

6.1 HFACS 이론

스위스 치즈 모델은 인적오류로 인한 기여 요인을 파악하는 데에는 기본적인 체계를 제공하였지만, 세부적인 지침이 없고 이론에 치중된 면이 있다. 이러한 사유로 인적오류 기여 요인을 구체적으로 확인할 수 있는 인적요인분석 및 분류시스템(Human Factor Analysis and Classification System, HFACS) 체계가 2000년도 초반에 개발되었다.

인적요인분석 및 분류시스템 체계는 잠재 요인과 잠재 실패를 효과적으로 찾을 수 있는 대안을 제시한다. 이 체계는 아래 그림과 같이 조직영향, 불안전한 감독, 불안전한 행동 전제 조건 및 불안전한 행동으로 구분되어 있다.

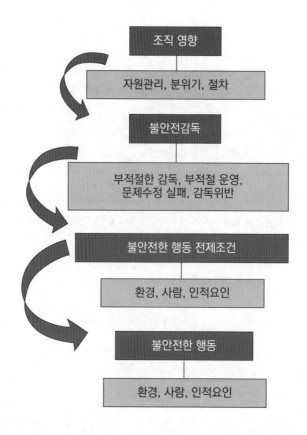

HFACS 체계는 2000년 항공산업에 처음으로 적용되었다. 이후 철도, 의료, 건설, 광업, 화학, 가스, 발전 등 다양한 산업에 적용되었다. 아래 표는 산업별 HFACS 종류이다.

산업 (HFACS 버전-연도)	수준(level) 개수	단계(tier) 개수	기여요인 개수
항공 (2000)	4	3	19
철도 (RR-2006)	5	3	23
광업 (MI-2010)	5	3	21
해운 (MSS-2011)	5	3	26
석유가스 산업(OGI-2017)	5	3	26
소규모 화학산업 (CSMEs-2020)	4	4	56
석유, 가스, 발전산업 (OGAPI-2022)	5	4	56

항공 분야는 미국 연방 교통안전 위원회가 취합한 사고(1992년부터 2002년까지) 1,020건을 분석하여 개발하였다. 이 체계는 조직영향, 불안전한 감독, 불안전한 행동 전제조건과 불안전한 행동 네 가지 수준(level)의 19가지 인적오류 기여 요인으로 구성되었다.

철도 분야(RR-2006)는 미국 연방철도위원회가 취합한 사고사례(2004년 5월부터 10월까지)의 6건의 사고를 분석하여 외부요인, 조직영향, 불안전한 감독, 불안전한 행동 전제조건, 불안전한 행동 5가지 수준(Level)을 3단계로 분류하고 23가지 인적오류 기여 요인으로 구성되었다.

광업 분야(MI-2010)는 호주 광업과 에너지국이 취합한(2004년부터 2008년까지) 탄광 사고 508건을 분석하였다. 외부요인, 조직영향, 불안전 리더십, 불안전한 행동 전제조건, 불안전한 행동 5가지 수준(level)을 3단계로 분류하고 21가지 인적오류 기여 요인으로 구성되었다.

해운 분야(MSS-2011)는 국제 해운 정보시스템이 취합한 사고(1990년부터 2006년까지) 41건을 분석하여 외부요인, 조직영향, 불안전한 감독, 불안전한 행동 전제조건 및 불안전한 행동 5가지 수준(level)을 3단계로 분류하고 26개의 인적오류 기여 요인으로 구성되었다.

석유 가스 분야(OGI-2017)는 미국 CSB가 분석한 사고(1998년부터 2012년까지) 11건을 분석하여 법령영향, 조직영향, 불안전한 감독, 불안전한 전제조건 및 불안전한 행동 5가지 수준(Level)을 3단계로 분류를 하고 26개의 사고 기여 요인으로 구성되었다.

소규모 화학산업 분야(CSMEs-2020)는 중국 남부 국가분석국(southern province national bureau of statistics)이 분석한 2012년부터 2016년까지의 소규모 화학사고 101건을 분석하여 불안전한 행동, 불안전한 행동전제조건, 불안전감독, 조직영향 4가지 수준 (level)을 4가지 단계로 분류하고 56개의 인적오류 기여 요인으로 만들어졌다.

석유, 가스, 발전 등 공정산업 분야(HFACS-OGAPI)는 미국 CSB와 안전보건공단이 발간한 사고 45건을 분석하여 법규영향, 조직영향, 불안전한 감독, 불안전한 행동 전제조건 및 불안전한 행동 5개 수준(level)을 4단계로 분류하고 56개의 인적오류 기여 요인으로 구성되었다. HFACS-OGAPI 체계는 HFACS-OGI와 HFACS-CSMEs의 단점을 보완하여 확장한 체계이다.

HFACS 체계가 조직에 잠재된 문제 파악과 사고 기여 요인을 확인할 수 있는 지침을 제공한다. HFACS는 광범위하게 널리 채택된 사고조사 도구로서 불안전한 행동, 불안전한 행동 전제조건, 불안전감독, 조직영향으로 구성되어 있다. HFACS 각 항목은 잠재 실패 요인에 대한 구체적인 기준과 지침을 제공하므로 사고의 기여 요인을 효과적으로 확인할 수 있다. 사고조사자가 HFACS 체계를 사고조사에 활용할 경우, 자료수집과 사고와 관련한 법규 영향, 조직영향, 불안전한 감독, 불안전한 행동 전제조건 및 불안전한 행동 등을 효과적으로 파악할 수 있다. 그리고 다양한 사람들의 이견을 통합하여 일관성 있는 기여 요인을 파악할 수 있다. 이를 통해 사고 예방대책을 효과적으로 수립할 수 있다.

국내에는 아직 체계적인 사고조사를 시행하기 위한 준비가 부족하다. 그 이유는 국가적으로 사고조사와 분석에 대한 정형화된 프레임 제공에 한계가 있기 때문이라고 생각한다. 또한 좋은 사고조사 체계가 존재한다고 하여도 사고조사와 분석은 현장과 관련한 지식과 경험이 풍부해야 하는데 대다수의 사업장은 이런 경험자를 보유하고 있지 않다. 다음 표는 HFACS-OGAPI 체계로 해외 및 국내 정유, 화학, 가스, 화학, 발전 등 산업 분야에서 발생한 45건의 사고를 분석하였다.

수준/단계	1	2	3	4
5	법규 영향	국가법규체계		적절한 법규 존재 여부
		산업코드와 표준		산업코드와 표준 존재 여부
		감독기관의 능력		점검여부, 점검자의 능력 (9), 문제시정 여부
4	조직영향	자원관리	인적자원	교육
			비용/예산 자원	과도한 예산삭감(1), 투자 부족
			도구/설비자원	알려진 설계 문제 미개선
		조직분위기	문화	규범 및 규칙
		조직절차	운영	시간 압박, 일정
			절차	절차/지침 부족
			감독	안전/위험평가 프로그램, 자원/분위기/절차확인
		공정안전문화	변경관리	변경절차 부재, 부적절한 위험성평가
			안전작업허가	절차 미준수, 위험요인을 제거하지 않은 채 승인
			위험성평가	위험성평가 미실시, 부적절한 위험성평가

3	불안전한 감독	부적절한 감독		적절한 교육 제공 실패, 적절한 휴식 시간 제공 실패, 책임 부족
		계획된 부적절한 운영		적절한 감독을 제공하지 못함
		문제수정 실패		부적절한 행동을 시정하지 못함/위험한 행동을 식별하지 못함
		감독위반		규칙과 규정을 시행하지 못함, 절차 위반, 위험요인 승인, 감독자의 고의적인 무시
2	불안전한 행동 전제 조건	환경요인	물리적조건	날씨, 조명
			기술조건	장비/제어 설계
			계약조건	안전기준 포함, 적절한 안전계획, 적절한 위험성평가
		개인과 팀	부정적 정신상태	상황 인식 상실, 스트레스, 과신, 정신적 피로
			부정적 생리생태	육체적 피로
			신체/정신 제약	실신
		개인요인	승무원 자원관리	팀워크 부족
			개인준비	휴식 요구사항 미준수, 부적절한 훈련, 부적절한 위험판단 패턴
1	불안전한 행동	오류	기술기반 오류	체크리스트 항목 생략, 부주의, 작업 과부하, 불안전한 행동 습관
			결정 오류	부적절한 조작/절차, 시스템/절차에 대한 부적절한 지식, 비상사태에 대한 잘못된 대응

		일상적 위반	훈련 규칙 위반, 명령/규정/SOPS 위반, 약간의 위험 감수, 단체 규범 위반
	위반		
		상황적 위반	시간 압박, 감독 부족
기여요인	5	17	22	56

6.2 HFACS-OGAPI를 활용한 분석 사례

(1) 안전보건공단이 분석한 사고를 HFACS-OGAPI 체계로 분석한 사례는 다음 표와 같다.

사고명: HDPE 사일로 폭발사고 (대림산업 여수공장)

출처: 안전보건공단 (2013). HDPE 공장 사일로 폭발사고, pp. 1-34.

발생년월	사고유형	구분	피해정도	출처
2013.3	폭발	국내	사망	KOSHA

사고내용: 2013년 3월 14일 20시 50분경 전남 여수시의 여수산업단지에 소재한 ○○산업(주) 여수공장 내의 HDPE 공정 사일로에서 폭발사고가 발생하여 맨홀설치 작업 중이던 협력업체 근로자 6명이 사망하고, 원청업체 작업감독자를 비롯한 협력업체 근로자 11명이 부상.

수준	HFACS-OGAPI 분석 (코드:내용)
5. 법규영향	–
4. 조직영향	L4-OI-OC-C: 규범/기준 (Silo 내부에 분체가 존재한다는 사실을 알고도 작업, 위험성평가 미흡, 감독부재) L4-OI-OP-Op: 시간압박 (정비기간 단축을 위해 분체 제거절차 미실시) L4-OI-PSC-MOC: 변경관리 (2012년 6월 정비시 사고발생 이후 작업절차 미개정) L4-OI-PSC-PTW: 안전작업허가 (가연성분체 제거조치 미실시/작업허가 승인) L4-OI-PSC-RA: 위험성평가 (Silo 내부 화재/폭발 위험성평가 미실시)
3. 불안전한 감독	L3-US-IS: 적절한 교육 미제공 (Silo 내부 화재/폭발 위험에 대한 교육 미제공) L3-US-PIO: 적절한 감독시간 제공실패 (분체가 존재하는 밀폐공간의 화기작업에 대한 감독/안전벨트 미착용 감독 미실시) L3-US-FCP: 불안전한 행동/위험행동 개선 실패 (분체가 존재하는 밀폐공간에서 불안전한 화기작업 행동 개선 실패) L3-US-SV: 위험상황을 의도적으로 묵인 (분체가 존재하는 밀폐공간에서 불안전한 화기작업의 위험을 알고도 방치)

2. 불안전한 행동 전제 조건	L2-PUA-PF-PR: 부적절한 교육 (Silo내부 화재/폭발 위험지식 미흡)
1. 불안전한 행동	L1-UAO-V-RV: 무의식적인 위반 (분체가 존재하는 밀폐공간에서 화기작업의 위험을 알고도 실행) L1-UAO-V-SV: 시간부족 (정비기간 단축을 위해 분체 제거절차 미실시 위반) L1-UAO-V-SV: 감독부재 (분체가 존재하는 공간에서 화기작업 위반)

(2) 미국 CSB가 분석한 사고를 HFACS-OGAPI 체계로 분석한 사례는 다음 표와 같다.

사고명: MGPI 화학물질 누출

출처: CSB (2016). MGPI Processing, Inc. Toxic Chemical Release, pp. 1-48.

발생년월	사고유형	구분	피해정도	출처
2016.6	누출	해외	부상	CSB

사고내용: 2016년 10월 21일 캔자스주 애치슨에 있는 MGPI(MGPI Processing, Inc.) 시설에서 부적합한 화학물질이 부주의하게 혼합된 것을 조사했다.

두 화학물질인 황산과 차아염소산나트륨(표백제로 덜 농축된 형태로 더 잘 알려져 있음)의 혼합물은 염소 및 기타 화합물을 포함하는 구름을 생성했다. 클라우드는 현장 작업자와 주변 커뮤니티의 일반 대중에게 영향을 미쳤다. 사고는 MGPI 시설 탱크 농장에 있는 Harcros Chemicals(Harcros) 화물 탱크 자동차(CTMV)에서 황산을 일상적으로 전달하는 중에 발생했다.

수준	HFACS-OGAPI 분석 (코드:내용)
5. 법규영향	L5-RS-ICS: 감독기관은 문제를 개선하지 않음
4. 조직영향	L4-OI-RM-HR: 교육 프로그램이 중요 안전 단계의 중요성을 효과적으로 전달하는 데 부족, L4-OI-RM-EFR: sodium hypochlorite line과 sulfuric acid line connection이 유사한 타입 (Same size fill line Design connections), sodium hypochlorite line과 sulfuric acid line이 가까이에 위치하여 실수유발, sulfuric를 sodium acid를 잘못 연결하여 주입할 경우, 별도의 자동중지 장치 없음, (No automated or remotely operated control valves at facility, .Chlorine gas entered control room via intakes (Ventilation design & siting), L4-OI-OP-Op: 배송 일정으로 인해 운영자가 산만 함, L4-OI-OP-P: 하역 절차가 작업자 관행과 일치하지 않음, L4-OI-OP-Ov: sodium hypochlorite line과 sulfuric acid line connection이 유사한

	타입(Same size fill line Design connections), sodium hypochlorite line과 sulfuric acid line가까이에 위치하여 실수유발, L4-OI-PSC-RA: sodium hypochlorite line과 sulfuric acid line이 가까이에 위치하여 실수유발
3. 불안전한 감독	L3-US-FCP: sulfuric acid를 sodium hypochlorite 잘못 연결시키는 불안전한 행동 개선 실패, L3-US-SV: sulfuric acid를 sodium hypochlorite 잘못 연결시키는 불안전한 행동 승인
2. 불안전한 행동 전제 조건	L2-PUA-PF-PR: MGPI operator는 driver에게 명확한 위치를 알려주지 않음-교육 미흡
1. 불안전한 행동	L1-UAO-E-SE: sulfuric acid를 sodium hypochlorite 잘못 연결함-주의부족, L1-UAO-V-RV: sulfuric acid를 sodium hypochlorite 잘못 연결함-무의식적인 위반

6.3 HFACS 비평

역학적 사고분석 방식은 순차적 분석 방식인 도미노 이론으로는 찾을 수 없었던 근본원인을 조직적 관점으로 확장하여 휴먼에러를 일으키는 기여요인을 찾을 수 있는 좋은 기회를 제공하였다. 사고분석에 있어 구체적인 지침을 제공하지 못했던 Swiss Cheese Model의 한계를 넘어 HFACS체계가 만들어 지면서 사고분석에 많이 활용되어 오고 있다. HFACS는 주로 항공, 철도(HFACS-RR), 광업(HFACS-MI), 해운(HFACS-MSS), 석유가스(HFACS-OGI), 소규모 화학산업(HFACS-CSMEs) 및 석유, 가스 및 발전산업(HFACS-OGAPI)을 대상으로 각각의 특성을 반영한 체계가 만들어져 있다. HFACS체계는 조직영향, 불안전 감독, 불안전한 행동 전제조건 및 불안전한 행동 등 네 가지 항목으로 구분하여 각 항목별 산업별 특성을 감안한 기여요인을 확인하는 방식이다.

하지만 HFACS는 사건이나 사고의 인과 관계를 순차적으로 간주하기 때문에 Swiss Cheese Model과 같은 단점을 갖고 있다. i) HFACS 체계가 개발된 항공, 철도, 광업, 해운, 석유가스, 소규모 화학산업 및 석유, 가스, 발전업 외의 산업에 적용할 HFACS체계가 없다. ii) HFACS체계는 여러 해외 국가나 산업군에서 개발되어 국내 산업이 그대로 적용하는 데 한계가 있다. iii) HFACS 체계의 기여요인 항목이 모든 사고와 긴밀한 관계가 있다고 보기 어렵다. 즉, HFACS체계로 분석될 수 없는 기여요인이 존재한다. iv) 사고의 복잡성과 결합성 간의 긴밀한 관계에서 일어나는 변동성을 확인하기 어렵다.

7. MTO 방법

(1) MTO 방법 개요

MTO는 Man, Technology 그리고 Organization의 영어 약자이다. 사고조사에 있어 인적, 기술적 및 조직적 요인에 집중해야 한다는 관점에서 MTO 방법으로 통칭한다. 이 방법을 활용하는 목적은 시스템의 약점을 식별하거나 인적, 기술적, 조직적 요인의 조합을 인식하여 예방 조치를 결정하여 수정하는 것이다. MTO는 심리학, 기술, 조직 및 관리 이론에 대한 지식을 활용하며, 화학산업에서 다양하게 사용된다.

MTO 방법은 i) 방벽분석 시행, ii) ECFCA 적용, iii) 변화분석으로 구분하여 시행할 수 있다. MTO 방법을 사고조사에 적용할 경우, 정보수집, 사건의 연쇄성 확인, 사고의 직접 원인에 대한 기여요인 확인, 체크리스트 활용, 방벽을 무너지게 한 근본원인 확인, 사건에 관련에 인적 요인 확인 및 사고조사 보고서 작성 등의 단계를 거친다. 각 단계별 사고에 기여한 인적, 기술적 및 조직적 요인을 찾는다. 다음 그림은 MTO방법 적용예시이다.

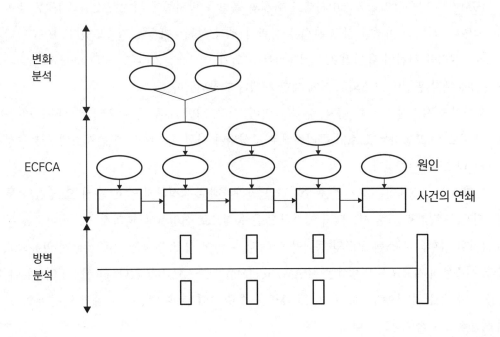

(2) MTO 방법의 장점

• 인과 관계가 복잡한 경우(인적, 기술적 및 조직적 요인이 관련됨)에 적합한 방법이다.

• 사고원인을 분류할 수 있다(원인 코드/체크리스트 존재).

• 절차/지침과 실행 간의 불일치를 확인한다.

• 기능한 방벽과 기능하지 않은 방벽을 확인한다.

• 근본원인 분석이 가능하다.

(3) MTO 방법의 단점

• 기술적 또는 인적오류가 아닌 사고에는 분석을 적용하기 어렵다.

• 시간 경과와 동시에 발생하는 사건을 설명하기 어렵다.

Ⅳ 시스템적 분석

1. 이론

19세기는 기술적(Technical) 시대로 화재와 폭발을 방지하기 위해 FMEA와 HAZOP이 개발되었다. 하지만 이러한 사고 분석은 사람과 조직보다는 기술에 집중되었다. 1990년대에 들어 설비와 사람이 유기적으로 작동하는 사회기술 시스템 이론(Sociotechnical systems theory)에 대한 관심이 고조되고 이에 대한 체계가 개발되었다.

사회기술 시스템은 기술, 규제, 문화적 의미, 시장, 기반 시설, 유지 관리 네트워크 및 공급 네트워크를 포함하는 요소의 클러스터로 구성되며 사회 시스템과 기술 시스템으로 구성된 시스템으로 볼 수 있다.

사회기술 시스템이론은 사건을 순차적인 인과관계로 설정하지 않고, 구성 요소 간의 통제되지 않은 관계로 인한 시스템의 예기치 않은 동작으로 설명한다. 따라서 시스템이론을 통해 다양한 유형의 시스템 구조와 동작을 이해할 수 있어 사고 분석을 위해 폭넓게 활용되고 있다. 시스템적 사고조사 방법에는 FRAM, AcciMap 및 STAMP가 있다. FRAM이 의료분야, 항공 분야 및 산업 분야에 적용되고, STAMP는 중요 산업 분야, 예방정비, 해양 안전 분야 등에 성공적으로 적용되고 있다.

2. AcciMap

2.1 AcciMap 이론

Rasmussen(1997)은 복잡한 사회기술 시스템에서 외부요인, 조직요인, 물리적/실행사건, 절차 및 조건으로 인하여 발생할 수 있는 사고의 기여요인(사람, 투자, 환경관점 등)을 체계적으로 확인하기 위한 목적으로 AcciMap을 개발하였다. AcciMap은 다음 그림과 같이 정부 법규, 규제기관과 협회, 회사, 경영진, 직원, 작업 등 여섯 가지의 수준을 구분하였다. 상부의 환경요인은 정치 분위기, 여론 인식, 시장조건 및 재무 압박 등을 포함하며, 하부에 위치한 안전관리, 역량과 교육 등 하부로 영향을 주는 인과관계를 형성한다. 하부에 있는 사람의 행동은 관리자, 경영층, 회사의 정책, 규제, 국가의 영향을 받는다.

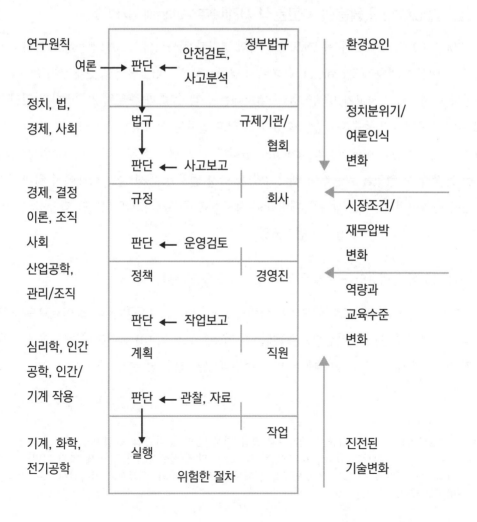

AcciMap은 시스템적 분석으로 다중의 수준을 포함하는 계층 구조로 되어 있으며, 다양한 행위자의 조건, 결정 및 조치가 서로 영향을 주는 요인을 묘사한다. AcciMap의 장점은 시스템 전반에 걸친 기여요인과 이들의 상호 관계를 통합하여 묘사할 수 있다는 것이다. 그리고 조직사고를 일으킨 기여요인을 단일화하여 수집하여 일관된 도표를 활용할 수 있다. 또한 사고와 관련한 정보를 간결하고 논리적으로 설명할 수 있으며, 사고에 영향을 준 시스템 전체를 파악할 수 있다.

Parnell(2017) 등은 Rasmussen(1997)이 개발한 AcciMap 체계를 확장하여 세계위원회, 국가위원회, 정부, 규제, 산업, 자원 제공, 사용자 및 장비와 환경 측면을 검토할 것을 추천하였다.

2.2 AcciMap을 활용한 사고분석 사례(호주 Waterfall 기차 사고)

2003년 1월 31일 호주 주 철도국의 여객 열차가 시드니에서 포트켐블라로 향하고 있었다. 7시 14분경 열차가 Waterfall NSW에서 남쪽으로 약 2km 떨어진 곳에서 지주와 암석과 충돌하여 전복되는 사고가 발생하였다. 열차에는 승객 47명과 승무원 2명이 타고 있었고 사고로 인해 운전자와 동승자 6명이 숨졌다. 그리고 열차는 심각하게 손상되었다. 사고조사 결과 열차 운전자는 Waterfall 역(station)을 출발한 직후 건강 상태 악화로 인해 열차 제어 장치를 조작할 수 없었을 가능성이 제기되었다. 당시 열차는 통제 불능 상태에서 최대 속도로 운전된 상황이었다. 이런 상황을 대비한 감시시스템이 존재하고 있었지만 작동하지 않았고 117km/h의 고속으로 주행하여 전복되었다.

(1) 사고의 기여요인을 나열할 AcciMap 도표를 만든다.

다음 그림과 같이 사고 기여요인을 확인할 AcciMap 도표를 만든다. 화이트보드나 큰 종이를 활용하여 수준을 구분한다. 왼쪽에는 i) 외부, ii) 조직, iii) 물리적/실행사건과 절차 및 조건, iv) 결과 네 개 수준[11]의 제목을 넣고 수준별 구분 선을 넣는다.

---

[11] 전술한 AcciMap 정부 법규, 규제기관과 협회, 회사, 경영진, 직원 및 작업 여섯 가지 수준은 i) 외부 (정부법규, 규칙기관과 협회), ii) 회사(조직), iii) 물리적/실행사건과 절차 및 조건(직원), iv) 결과 (작업)으로 분류할 수 있다. 선행연구를 살펴보면, AcciMap의 큰 틀은 유지하면서 표현 방식을 달리 하고 있다.

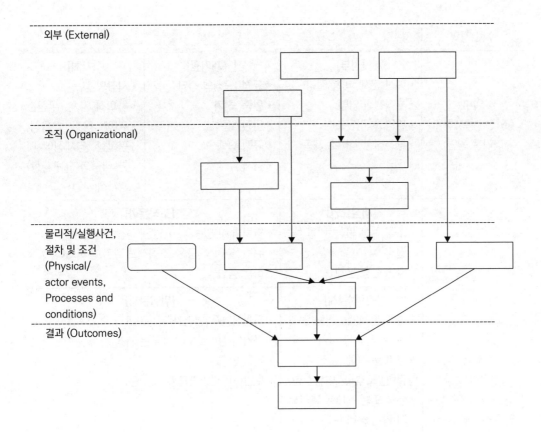

(2) 결과 확인

사고의 기여요인에서 부정적인 요인을 식별하고, 그 내용을 결과 수준에 넣는다.

(3) 기여요인 확인

사고조사 자료에서 기여요인이 될 만한 내용을 찾는다. 만약 기여요인으로 넣기에 불확실한 경우, 우선 넣어 놓고 향후 조정한다.

(4) 수준별 적절한 기여요인 확인

다음의 AcciMap 수준별 기여요인 예시를 참조하여 도표를 작성한다.

수준 정의	원인 항목		
외부 (조직이 통제하기 어려운 원인)	**[정부]** • 예산 문제, 비용 절감 • 부적절한 입법 • 민영화, 아웃소싱 • 부적절한 서비스 제공	**[규제기관]** • 규정, 규정의 전달 • 인증, 허가 • 안전기준 • 규정 집행 • 감사	**[사회]** • 시장의 힘 • 사회적 가치, 우선순위(예: 품질, 효율성, 편안함, 경제성에 대한 대중의 요구사항) 역사적 사건
조직 (주로 회사나 공공기관 조직의 업무 절차와 관련)	**[재정요인]** • 조직 예산 편성, 비용 절감 • 자원 할당 문제	**[조직문화]** • 양립할 수 없는 목표(안전/생산 우선순위) • 위반/불이행 등을 조직적으로 수용하거나 조장하는 행위	
	[장비/설계] • 설계 문제(예: 인체 공학적 문제, 접근 불가) • 장비 문제(예: 품질 저하, 결함, 노후화, 어수선함, 누락 또는 제대로 관리되지 않은 장비 또는 도구) • 설계조건 미사용 장비	**[위험관리]** • 위험식별/위험평가/결함보고 과거의 실수로부터 배우는 과정 • 위험 인식 • 보안(예: 비인가자 무단 접근)	
	[방호장치] • 사전 예방적 시스템 방어 (경보, 경고, 방벽, 개인 보호 장비) • 반응 시스템 (예: 위험 억제, 보호, 탈출/구조시스템)	**[안전절차]** • 절차, 규칙, 규정 또는 지침이 부적절하거나, 모호하거나, 상충되거나, 구식이거나, 부재하거나 따르기 어려움	
	[의사소통] • 정보 또는 지식 • 정보의 흐름 또는 구성 • 지침, 위험, 우선순위, 목표	**[인적자원]** • 감독, 관리, 조정, 직원 수 • 위임, 책임 • 직원 선택 절차 또는 기준	

	[감사/기준강화] • 규칙, 규정 또는 절차의 시행 및 시행 • 내부 감사, 검사	**[교육]** • 훈련 장비, 훈련 활동 • 교육 필요 분석
물리적/실행사건, 절차 및 조건 (결과에 대한 직접 원인)	**[물리적 사건, 절차 및 조건]** • 물리적 사건/순서(기술적 오류 포함) • 일련의 사건을 이해하는 데 필요한 물리적 환경과 관련된 환경 조건 및 요인	[행위자 활동과 조건] • 인적 오류, 실수, 위반, 조치, 활동 등 • 잘못된 인식, 오해, 오해, 상황 인식 상실 등 • 정신적 상태(예: 피로, 건강 악화, 부주의, 무의식, 만취)

(5) 기여요인 결정

기여요인 결정 내용은 상세하고 명확하게 표현해야 한다. 예를 들어 교육 또는 운영자 조치보다는 부적절한 교육 또는 운영자가 온도를 감시하지 못함 등 구체적으로 표현한다. 물리적/실행사건, 절차 및 조건 수준에는 실제 사고를 일으킨 행위, 조건 등이 포함되어야 한다.

(6) 인과관계 연결

어떠한 사건에 영향을 준 기여요인이 바로 위에 위치하도록 표기한다. 다음의 표를 참조하여 기여여인을 고려하고 원인과 결과 사이의 인과관계를 연결한다.

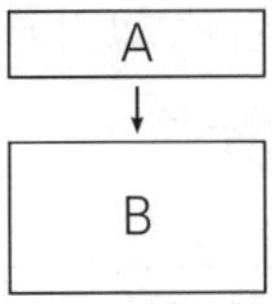

A	A가 발생하지 않았다면 B도 (아마도) 발생하지 않았을 것이다.
↓ B	B는 A의 직접적인 결과이다. 이들 사이에 다른 요소를 추가할 필요가 없다.

A의 원인이 B로 이어지는 경우 화살표로 연결한다. 인과관계에 포함될 수 있는 원인의 수는 제한이 없다. 따라서 자료 중 원인으로 추정되는 요인을 추가(원인으로 추정되는 사각형)로 표기한다. 다음 그림은 AcciMap 인과관계들의 연결이다.

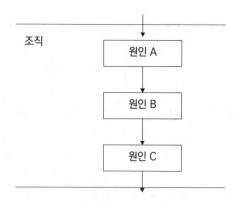

일부의 기여요인은 두 가지 이상의 결과와 연결될 수 있다. 반대로, 여러 원인이 하나의 공통 결과에 연결될 수 있다.

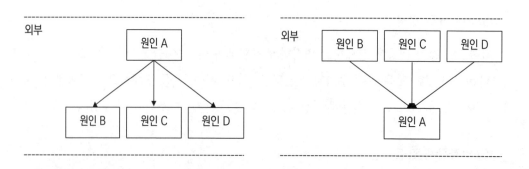

(7) 인과관계 확인

다음 표와 같이 '의료표준은 결함을 식별하지 못함', '조종사 의식상실에 대비한 관리 부족' 및 '조종자 의식상실에 대한 시스템 방어 미확인' 등 세 가지의 기여요인이 존재한다. 그리고 각각의 기여요인은 모두 하부로 화살표가 향해 있으며, 유사한 기여요인의 특징을 갖는다.

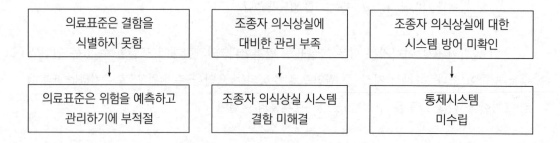

이러한 경우에는 다음의 표와 같이 세 가지의 기여요인을 한 가지로 묶어 요약하는 방법을 추천한다.

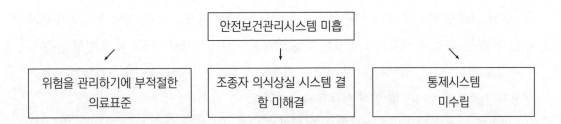

사고의 직접 원인은 고속으로 회전구간을 통과한 것으로 원인은 의료기준, 비상대응, 조종자 의식상실 관리시스템(데드맨 시스템, Deadman system) 미작동 등의 위험 통제 실패이다. 사고가 발생한 원인을 파악하기 위해 기차가 고속으로 회전구간을 통과한 사유와 관련한 시스템적 원인을 찾을 수 있도록 AcciMap모델을 한다. Waterfall 기차 사고의 원인을 조사한 AcciMap 도표는 다음 그림과 같다.

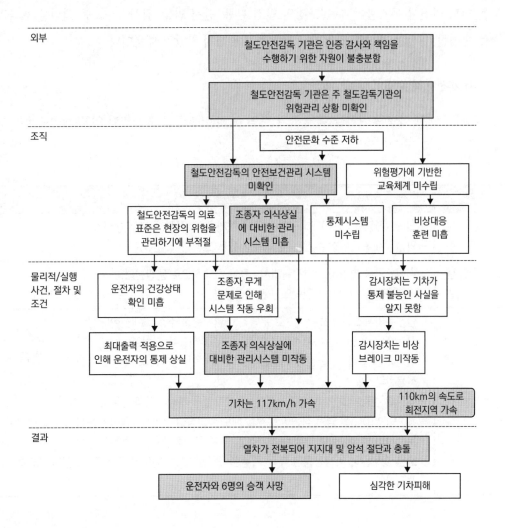

Waterfall 기차 사고의 원인을 조사한 AcciMap 분석 사례를 보면, 사고가 하부에 위치하는 것을 볼 수 있다. 도표의 화살표는 한 요인에서 다른 요인으로 이동하면서 영향을 준 인과관계로 볼 수 있다. 열차가 117km/h로 가속하고 회전구간에서 속도를 초과했기 때문에 열차가 전복되어 지지대 및 암석 절단과 충돌하였다.

열차가 가속된 이유는 운전자의 건강 악화로 인한 의식불명 상태에서 비상 제동을 적용하도록 설계된 조종사 의식상실 관리시스템이 작동하지 않았기 때문이다. 조종사 의식상실 관리시스템은 110kg이 넘는 운전자에게는 작동하지 않는 문제가 있었으며, 사고 당시 조종사 체중은 110kg을 넘은 상황이었다. 만약 주 철도청의 안전관리시스템이 이런 상황을 확인하여 사전에 개선했다면 사고는 막을 수 있었을 것이다. 이는 철도 안전 감독기관이 주 철도청의 불안전한 관리를 확인하거나 개선하지 않았기 때문이다. 더욱 근본적인 원인은 상부에 있는 철도 안전 감독기관이 주 철도청의 안전 감독, 안전 인증, 감사, 교육 등 책임을 효과적으로 수행할 수 있는 충분한 자원이나 사람을 지원하지 않았기 때문이다.

(8) 개선대책 수립

각 수준에서 식별된 원인을 다음 표와 같이 AcciMap 도표에 표현한 이후 개선대책을 수립한다.

구분	개선대책
정부	– 철도안전감독 기관이 철도 안전 규제 체제를 개발하도록 지시한다. – 안전감사를 시행할 수 있는 인력과 자원을 보강한다.
철도안전 감독 기관	– 위험요인을 평가하고 안전관리시스템을 효과적으로 운영한다. – 안전감사를 시행하여 위험요인을 개선한다.
주 철도청	– 안전관리시스템을 효과적으로 운영하고 안전문화 수준을 개선한다. – 모든 직원이 안전관리시스템을 이해하고 준수하도록 조치한다. – 위험요인 발굴, 위험성 평가 실시 등 효과적인 안전교육 시행 프로그램을 개발하고 적용한다. – 직원의 건강 악화를 예방할 수 있는 프로그램을 개발하고 적용한다. – 체중이 110kg을 넘는 직원이 운전할 때도 의식상실 관리시스템이 작동하도록 조치한다. – 운전자의 의식상실에 대비한 추가적인 안전관리시스템을 구축한다. – 모든 승무원이 비상상황에 대한 적절한 조치를 할 수 있도록 교육프로그램을 개발하고 점검한다.

2.3 AcciMap을 활용한 사고분석 사례[세월호 사고]

2014년 4월 16일 한국에서 발생한 세월호 사고로 인해 젊은 학생 304명이 사망하였다. 이 사고에 대한 원인조사를 위하여 Rasmussen(1997)이 제안한 AcciMap 체계를 적용하였다. 세월호 사고의 책임은 세월호 선장과 선원들에게 있다. 하지만 사고를 일으킨 배후 요인으로는 다양한 수준의 정부, 규제기관, 청해진 회사, 세월호 승무원의 역할과 책임이 존재한다. 즉 국가의 정치 환경과 규제기관의 무관심으로 인한 부적절한 안전 규정 운영, 열악한 안전문화, 인적 요소 문제에 대한 고려 부족으로 유발된 것이다.

(1) 정부 법규

2008년 이명박 정부는 여객선의 상한 선령을 20년에서 30년으로 연장하였다. 그 결과 청해진은 18년 된 일본 선박을 구매할 수 있었다. 그리고 국내의 노동시장은 비용 절감을 목적으로 비정규직을 선호하는 환경이 조성되었다. 더욱이 국내의 선박 관련 규제 시스템이 부족하여 정부와 규제기관의 안전 감독은 미흡하였다. 또한 비상 상황에서 승객을 구조하기 위한 지휘체계가 미흡하여 구조 조치가 지연되었다.

(2) 규제기관과 협회

정부와 법률 외에도 해양 산업과 관련된 규제기관과 협회에도 적절한 감독이 없었다. 청해진의 선박 재설계를 통해 선실의 최대 수용 인원은 116명으로 늘어났다. 그 결과 세월호의 무게중심은 51cm 위로 이동했고 최대 적재중량은 1,450톤에서 987톤으로 감소했다. 한국선급은 이러한 사실을 청해진에만 알리고 해경이나 대한 해운협회에는 알리지 않았다. 더욱이 선박 검사관이 세월호의 화물 과적 여부를 육안으로 검사한 결과, 실제 1,155톤이 초과 적재된 사실을 확인할 수 없었다.

정부 관리와 기업 간의 부패와 담합 의혹이 있다. 업계 분석가는 공공기관에서 근무하던 공무원이 공직 생활 후 민간 부문으로 이동하여 그들에게 유리한 활동을 한다고 지적한다. 그 결과 공공기관은 민간 부문을 적절하게 감독하지 못한다. 예를 들어, 대한 해운협회는 운행하는 선박의 안전관리를 해야 함에도 세월호 사고에서 보았듯이 적절한 관리가 부족했다. 대한 해운협회 이사 12명 중 10명은 해양수산부 등 주요 정부 기관에서 고위직에 있었다. 세월호 사고가 청해진과 승무원의 문제로 인해 발생한 것으로 보이지만, 실제로 정부와 규제당국 또한 사고를 일으킨 주요 원인을 제공하였다.

(3) 회사관리와 운영계획

항구의 짙은 안개로 세월호의 출항이 2시간 지연되었다. 그리고 6개월 정도의 미숙한 경험자(조타수)가 해류가 강한 맹골 수로를 향해 운항하였다. 더욱이 조타수를 지휘한 삼등 항해사는 화물선 운영의 경험만 있었다(조타수는 원래 삼등 항해사가 아닌 일등 항해사가 운전할 계획이었다). 경험이 부족한 사람들에게 운전을 지시한 것은 청해진이었다.

청해진의 안전 절차 위반도 확인되었다. 청해진은 사고 이전 13개월 동안 394회 중 246회에 걸쳐 화물 적재 한도를 초과하였다. 246회 중 136회는 2,000톤을 초과하였고, 12회는 3,000톤을 초과하였다. 더욱이 근로자 33명 중 19명이 기장을 포함한 비정규직이었다. 정부가 지정한 한국 해양 안전설비가 선박의 안전 시험을 하는 과정에서 기준상 5일 동안 6명 이상의 심사원이 점검해야 하지만, 1.5일 동안 2명의 심사원이 점검한 것으로 나타났다.

(4) 기술 및 운전관리 사항

휴먼에러는 사고를 일으킨 가장 중요한 요소다. 청해진 관리자는 출항 전 세월호에 충분한 밸러스트수(ballast water, 배의 균형을 잡기 위한 용수)를 주입하지 않았다. 밸러스트수는 파도가 있을 때 선박의 균형을 맞추는 데 중요한 역할을 한다. 밸러스트수가 부족하면 작은 횡력에도 선박이 전복된다. 2014년 6월 3일에 진행된 세월호 재판에서 검찰은 이 선박이 허용한도보다 1,155톤이 많은 2,142톤을 실었다고 주장했다. 따라서 허용된 화물을 초과하고 필요한 밸러스트수를 주입하지 않은 결정은 사고를 일으킨 원인이 되었다. 또한 선박에 실린화물과 컨테이너가 제대로 고정되지 않아 선박이 급선회할 때 화물이 떨어져 균형을 잃었다.

(5) 사건과 행동의 사고 과정

항해 중 삼등 항해사의 지휘 아래 미숙한 조타수가 1초 만에 10도 선회했고, 이에 따라 배가 수면을 향해 기울어졌다. 조타수의 급선회 결정은 심각한 오판이었다. 그 결과 배가 기울어지고 가라앉았다. 사고 이후 비효율적인 의사소통이 진행되었다. 승무원이 해상교통관제 서비스(VTS, vessel traffic service)와 통신할 때 기장을 포함한 승무원들은 승객을 대피시키라는 해양경찰의 요청을 무시했다.

선장과 승무원의 의사소통이 잘되지 않았다. 선장은 반복적으로 사람들을 진정시키기 위해 '움직이지 마라', '그냥 당신이 있는 곳에 있어라', '움직이면 위험하니 그대로 있어라' 등의 무책임한 안내를 하였다. 이후 승무원들은 승객에게 추가적인 안전 지시나 안내 없이 배를 탈출하였다. 이러한 여러 가지 상황과 근거를 통해 사고원인을 파악한 세월호 사고 AcciMap 분석 도표는 다음 그림과 같다.

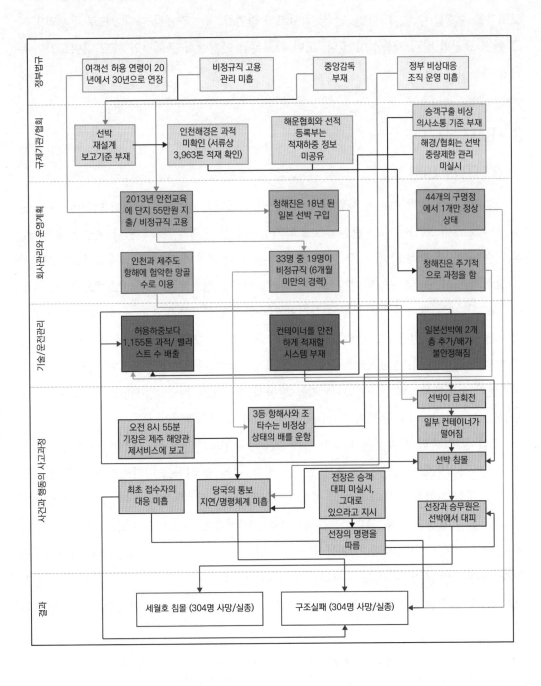

2.4 비평

AcciMap을 활용한 사고분석은 비교적 적은 시간 내 완료할 수 있으며, 사고와 관련한 계층을 전체적으로 볼 수 있다는 장점이 있다. 그리고 FRAM이나 STAMP 보다 수월하게 사고조사를 수행할 수 있다. 다만, 한 장에 사고와 관련한 계층 전체를 나타내므로 구체적인 사고 관련 요인이 빠질 가능성이 있다. 또한 사고분석 단계에서 구체적인 사고 기여요인이 누락될 가능성이 있다.

3. FRAM

3.1 FRAM 이론

1990년대에 들어 설비와 사람이 유기적으로 작동하는 사회기술시스템 이론(Sociotechnical systems theory)에 대한 관심이 고조되면서 다양한 체계가 개발되었다. 사회기술시스템은 기술, 규제, 문화적 의미, 시장, 기반 시설, 유지 관리 네트워크 및 공급 네트워크를 포함하는 요소의 클러스터로 구성되며, 사회시스템과 기술시스템으로 구성된 시스템으로 볼 수 있다. 사회기술시스템이론은 사건을 순차적인 인과관계로 설정하지 않고, 구성 요소 간의 통제되지 않은 관계로 인한 시스템의 예기치 않은 동작으로 설명한다. 따라서 시스템이론을 통해 다양한 유형의 시스템 구조와 동작을 이해할 수 있어 사고분석에 폭넓게 활용되고 있다. 시스템적 사고분석 방법인 FRAM은 기능 변동성 파급효과 분석기법(Functional Resonance Analysis Method)이라고 부르며, Hollnagel(2004)이 제안한 방법이다.

작업 설계, 관리 및 분석은 우리가 일이 어떻게 수행되는지 또는 수행되어야 하는지 알고 있다고 암묵적으로 가정한다. 인간과 조직은 절차, 규칙 및 지침을 따라야 하기 때문에 사고분석 및 위험 평가를 포함한 작업의 계획 및 관리에서는 절차를 준수해야 한다고 가정한다. 하지만, 실제 현장은 매우 특별한 경우를 제외하고는 결코 완전히 규칙적이거나 질서 정연하지 않다. 따라서 작업이 우리가 상상한 것과 같이 될 것이라고 생각하는 것은 바람직하지 않다. 실제 작업 조건, 특히 요구 사항과 자원이 무엇인지 미리 알 수 없기 때문에 완료된 작업(WAD)은 계획한 작업(WAI)[12]과 항상 다르다는 것을 인정해야 한다. 따라서 시스템이 어떻

---

[12] 생산, 운영 및 작업 등을 위한 계획된 작업기준을 WAI(Work As Imagined)라고하고, WAI를 기반으로 사람이 실행하는 실제작업을 WAD(Work As Done)라고 한다.

게 기능하고 작업 활동이 어떻게 수행되는지에 대한 분석은 실제로 작업이 어떻게 수행되고 일상적인 성과가 어떻게 발생하는지 확인하는 것으로 시작해야 한다. 특히 무엇이 잘못되었거나 잘못될 수 있는지 이해하기 위한 전제 조건으로 일이 어떻게 잘되는지 이해하는 것이 중요하다. 그럼에도 불구하고 대부분의 경우 일상적인 성과가 잘되는 이유는 사람들과 조직이 실제 조건, 자원 및 제약에 맞게 수행하는 작업을 조정하는 방법을 알고 있거나 배웠기 때문이다.

예를 들어 효율성과 철저함을 절충(ETTO)[13]하는 것이다. 조정(Adjust)은 어디에나 있고 일반적으로 유용하지만, 그러한 조정을 필요로 하는 바로 그 이유는 또한 그것들이 정확하기보다는 대략적일 것이라는 것을 의미한다. 대략적인 조정은 일이 일반적으로 잘되는 이유이지만, 동시에 일이 가끔 잘못되는 이유이기도 하다. 일이 완전히 실패, 실수 또는 위반으로 인해 잘못되는 것은 아니다. 오히려 일상적인 성과의 변동성이 예상치 못한 방식으로 집계되기 때문에 잘못된다. 이는 FRAM의 기초인 주요 기능 공명에 의해 포착된다. FRAM은 작업 활동이 회고적 또는 전향적으로 어떻게 발생하는지 분석하는 방법이다. 이는 작업 활동을 분석하여 작업이 수행되는 방식에 대한 모델이나 표현을 생성함으로써 수행된다. 이 방법은 문제가 발생한 방식을 확인하거나, 병목 현상이나 위험을 찾거나, 제안된 솔루션이나 개입의 실행 가능성을 확인하거나, 단순히 활동(또는 서비스)이 발생하는 방식을 이해하는 등 특정 유형의 분석에 사용할 수 있다.

기능변동성 파급효과 분석기법이 복잡한 사회기술 시스템에 적용할 수 있는 효과적인 방법으로 사고 전반에 대한 도식화를 통해 전체적인 시각에서 사고의 원인과 대책을 수립하도록 도와주는 모델이다.

---

13 WAI와 WAD 사이에서 사람이나 조직이 효율성과 철저함을 절충하는 것을 ETTO(efficient thoroughness trade-off)라고 한다. ETTO는 효율성과 철저함 사이의 균형 또는 균형의 본질을 다루는 원칙이다. 일상 활동 또는 사업장에서 사람들(및 조직)은 통상적으로 효율성과 철저함 사이에서 선택의 기로에 서게 된다. 그 이유는 두 가지를 동시에 모두 충족하는 경우는 거의 불가능하기 때문이다. 자원은 한정한데 생산성이나 성과를 급히 올리고자 한다면, 그 생산성과 성과를 높이기 위해 철저함이 줄어들기 때문이다(Hollnagel 2018).

3.2 FRAM 4원칙

FRAM은 성공과 실패의 등가(Equivalence of success and failure), 근사조정(Approximate adjustment), 발현적(창발적, Emergence) 및 기능 공명(Functional Resonance) 이라는 네 가지 원칙에 기초한다.

(1) 성공과 실패의 등가(Equivalence of success and failure) 원칙

실패는 주로 시스템이나 구성품의 고장이나 이상 기능이다. 이러한 관점에서 성공과 실패는 상반되는 개념이다. 하지만 안전 탄력성은 성공과 실패를 이분법적인 논리로 구분하지 않는다. 조직과 개인은 정보, 자원, 시간 등이 제한적인 상황에서 성공과 실패를 조정(adjust)해 가면서 운영하기 때문이다.

(2) 근사조정(Approximate adjustment) 원칙

고도화되고 복잡한 사회기술 시스템에서 진행되는 모든 일이나 상황에 대한 감시는 어렵다. 더욱이 현장의 실제 작업을 고려하지 않은 설계, 작업 일정, 법 기준 등의 WAI를 따라야 하는 사람들은 근사적인 조정이 불가피하다. 이러한 조정은 개인, 그룹 및 조직에 걸쳐 이루어지며, 특정 작업 수행에서 여러 단계에 영향을 준다. 그림과 같이 시간, 사람, 정보 등이 부족하거나 제한된 상황에서 실제 작업을 수행하는 사람들은 직면한 조건에 맞게 상황을 조정해 가면서 업무를 수행한다. 이때, 다음 그림과 같은 근사조정으로 인해 안전하거나 불안전한 조건이 만들어진다. 작업을 위하여 사전에 수립한 계획에는 일정, 자원투입, 자재 사용 등 여러 변수를 검토한 내용이 포함된다. 하지만 현장의 상황은 변화가 있다. 이러한 사항을 반영하지 않은 채 작업을 수행하므로 사고가 발생한다. 따라서 근사조정 원칙을 사전에 검토하여 조정해야 한다.

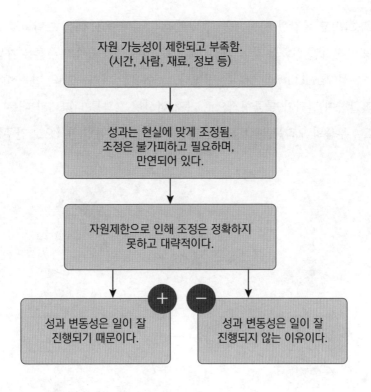

(3) 발현적(창발적, Emergence) 원칙

일반적으로 단순한 시스템을 감시하는 것은 어려운 일이 아니다. 예를 들어 교통사고가 발생하기까지 발생한 사건을 검토해 보면, 다음 그림과 같은 원인에 의해 생기는 결과와 같이 기후조건으로 인한 폭풍우, 차량 정비와 관련이 있는 타이어 문제, 구멍 난 도로, 운전자의 성향 등 여러 원인이 있다는 것을 알 수 있다.

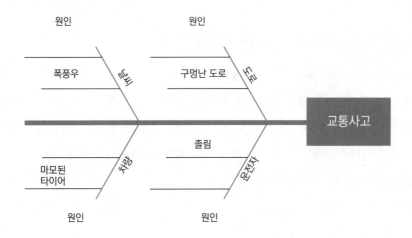

하지만 고도화되고 복잡한 사회기술 시스템 감시는 어렵다. 다음 그림의 결과는 시스템 또는 그 부분의 안정적인 변화와 같이 1번 기능에서 12번 기능까지의 추론은 가능하지만, 각 기능에 대한 변동성(Variability)을 찾기는 어렵다. 그 이유는 여러 기능의 변동성이 예기치 않은 방식으로 결합하여 결과가 불균형적으로 커져 비선형 효과를 나타내기 때문이다. 따라서 특정 구성 요소나 부품의 오작동을 설명할 수 없는 경우를 창발적인 현상으로 간주할 수 있다.

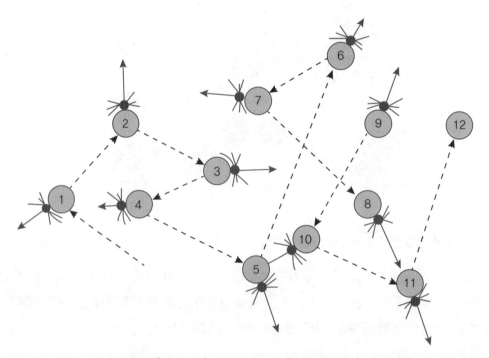

The outcome is a (relatively) stable change in the system or its parts

(4) 기능 공명(Functional resonance) 원칙

공명(Resonance)은 변동성의 상호작용으로 일어나는 긍정 혹은 부정의 결과이다. 공명은 세 가지 형태로 구분할 수 있다. 첫 번째 형태는 고전적인 공명으로 시소(Swinging)와 기타(Guitar) 등과 같이 특정 주파수(Frequency)에서 더 큰 진폭(Amplitude)으로 진동을 일으키는 현상이다. 이런 주파수에서는 반복적인 작은 외력에도 불구하고 큰 진폭의 진동이 일어나 시스템을 심각하게 손상하거나 파괴할 수도 있다.

두 번째 형태는 확률적인 공명(Stochastic resonance)으로 무작위 소음과 같다. 이 소음에 의한 공명은 비선형이며, 출력과 입력이 정비례하지 않는다. 그리고 시간이 지남에 따라 축적되는 고전적인 공명과는 달리 결과가 즉각적으로 나타날 수 있다. 세 번째 형태는 기능 공명(Functional resonance)으로 복잡한 사회기술 시스템 환경에서 근사조정의 결과로 일어나는 변동성이다. 기능 공명은 기능 간 상호작용에서 나오는 감지가 가능한 결과나 신호이다. 기능 간의 상호작용에는 사람들의 행동 방식이 포함되어 있어 확률적인 공명에 비해 발견하기 쉽다. 기능 공명은 비 인과적(창발성) 및 비선형(불균형) 결과를 이해하는 방법을 제공한다.

3.3 FRAM 모형화

FRAM 모형화는 4단계로 구성된다. 첫 번째는 여섯 가지 측면(Aspects, 기본특성)을 사용하여 기능을 발견하고 서술(Description)한다. 두 번째는 기능변동성을 특성화한다. 세 번째는 잠재적인 변동성의 결합(Coupling)과 종속(Dependency)을 기반으로 기능적 공명의 가능성을 찾고 결정한다. 네 번째는 부정적인 결과를 초래하는 변동성을 감시하고 관리하는 대안을 제시한다.

3.3.1 단계 1: 기능(Function) 발견과 서술(Description)

FRAM 모형화를 위해 분석된 활동에 대한 기능식별과 설명이 필요하다. 기능식별이 된 이후 기능별 여섯 가지 측면을 설명한다.

(1) 기능(Function)

기능은 작업과 활동을 포함한다. FRAM에서 기능은 목표를 달성하는 데 필요한 수단으로 특정 결과를 만드는데 필요한 행동이나 활동이다. 기능은 작업과 달리 다양한 방법과 수단으로 수행될 수 있다. 병원에서 환자를 분류하거나 일상생활에서 유리잔에 물을 채우는 등의 활동이나 행동은 사람 기능으로 볼 수 있다. 한편 병원 응급실 시스템이 환자를 치료하는 등의 활동이나 행동은 조직기능으로 볼 수 있다. 기능은 세탁기 동작 등 단순한 시스템에서부터 비행 관제 등 많은 사람이 참여하여 운영하는 사회기술시스템 기능으로 구분할 수도 있다.

기능은 이론적 통찰력을 나타내기보다는 실질적인 사람 기능, 조직기능 및 기술 기능에 영향을 주는 요인으로 구분하고 WAI와 WAD로 구분한다. 기능이 단일 단어 또는 동사구(Phrasal verbs)일 때 동사로 표현하고 부정사 형태를 취한다. 예를 들어 환자진단이라는

"Diagnosing a patient"는 "to diagnose a patient"로 표현한다. 그리고 펌프 시작이라는 "Starting a pump 또는 pumping water"는 "to start a pump"로 표현한다.

FRAM 모형화를 위해 기능을 식별하는 과정을 다음 그림과 같이 사발면(Cup noodles)에 물을 부어 먹는 과정으로 설명한다. 이 과정의 설명은 일반적으로 사발면 뚜껑에 표기되어 있다. 종이/플라스틱 덮개의 절반을 찢어서 연다(Tear open half of the paper/plastic lid. ...), 끓는 물을 용기 안쪽 선까지 붓는다(Pour some boiling water up to the inside line of the container), 뚜껑을 덮고 젓가락 등으로 뚜껑을 눌러준다(Put the lid on and weigh down the lid with a set of chopsticks or a light plate), 2~3분 정도 기다렸다가 젓가락으로 면을 잘 저어준다(Wait patiently for 2 to 3 minutes then stir the noodles well with chopsticks), 맛있게 먹는다(Eat and enjoy). 이렇게 표현된 동사구는 부정사 형태로 수정이 필요하다. "Tear open half of the paper lid는 to open half of lid"로 표현한다.

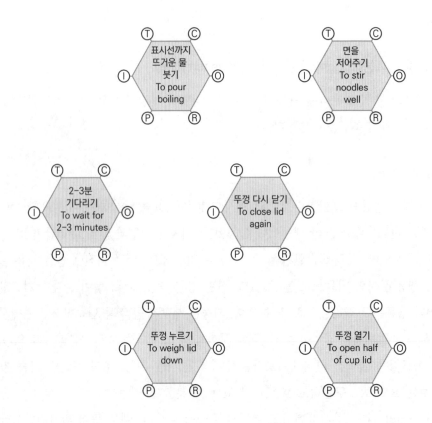

(2) 첫 번째 기능

FRAM 모형화는 어느 곳에서 시작해도 문제가 없다. 하지만 가능하다면 분석 중인 활동의 중심이 되는 기능에서 시작하는 것을 추천한다. FRAM 모형화 단계에서 사발면을 먹는 과정 순서로 기능을 설명할 수도 있고 영문 알파벳 순서로도 표현할 수도 있다. 또 다른 방식은 생각나는 대로 기능을 표현할 수도 있다. 중요한 점은 FRAM 모형화 과정이 반드시 어떠한 작업이나 활동을 순서에 따라 표현한다는 것은 아니라는 것이다.

(3) 깊이보다 넓이

FRAM 모형화 과정에서 여러 기능 중 핵심 기능을 설명해야 한다. 복잡하고 많은 기능을 모두 나열하기보다는 핵심 기능 4개에서 6개로 시작하는 것을 추천한다. 그동안 활용되어 온 FMEA, FMECA 그리고 HAZOP과 같은 위험성 평가는 넓이보다는 깊이에 초점을 두고 있다. 그 특징적인 예가 근본 원인분석이다. 이러한 위험성 평가는 하나의 항목 또는 절차를 세세히 분류하고 분석하는 특징이 있다. 하지만 FRAM 모형화 과정은 전체 시스템에 대한 핵심 기능을 선별하고 집중하는 특징이 있다.

(4) FRAM 모형 시각화

FRAM 모형 한글 시각화 도구는 인터넷 주소(https://functionalresonance.com/FMV/index.html)에서 무료로 받아 설치할 수 있다. 사발면에 물을 부어 먹는 과정의 여섯 가지 기능을 FRAM 모형 한글 시각화 도구인 FMV(FRAM model visualizer) 프로그램을 활용하여 시각화하였다. 영어 동사구로 표현이 효과적이라고 판단하여 이 과정을 영문으로 표기하고자 한다. 이 단계에서 6개의 기능을 선별하였지만, 기능별 연결이나 결합은 없다. 그리고 기능별 위치는 현재로서는 중요하지 않다.

(5) 측면(aspect)은 무엇인가?

기능은 입력(Input), 출력(Output), 전제조건(Precondition), 자원(Resource), 통제(Control) 및 시간(Time)이라는 6가지 측면을 통해 특성화된다. 기능의 여섯 가지 측면이 모두 도출될 수 있지만, 상황에 따라서 그렇지 않을 수 있다. 따라서 여섯 가지 측면 모두를 항상 도출할 필요는 없다. 측면은 명사 또는 명사구를 사용하여 표현한다. 따라서 측면은 상태 또는 결과이므로 활동으로 표현하지 않는다.

(6) 여섯 가지 측면 설명

가. 입력(Input)

출력을 생성하기 위해 사용된 물질, 에너지 또는 정보가 입력으로 정리, 지시 또는 무언가를 시작하라는 명령일 수 있다. 입력은 데이터 또는 정보의 한 형태이며 시작 신호의 기능으로 볼 수 있다. 따라서 입력에 대한 설명은 명사 또는 명사구로 표현한다. 하나의 기능에서 입력으로 정의된 것은 다른 기능 또는 해당 기능의 출력으로 정의되어야 한다.

나. 출력(Output)

출력은 입력처리의 결과이다. 사발면 예시의 기능에서 〈2~3분 기다리기〉의 출력은 [부드러운 사발면]이다. 출력은 물질, 에너지 또는 정보를 포함하며 허가 또는 결정의 결과가 될 수 있다. 출력은 시스템 또는 하나 이상의 출력 매개변수의 상태 변경으로 기능을 시작하는 신호이다.

출력에 대한 설명은 명사 또는 명사구로 표현한다. 출력은 다른 기능 또는 기능의 입력, 전제조건, 자원, 통제 또는 시간으로부터 정의되어야 한다. 하나의 출력은 다른 기능으로 연결되어 표현되어야 한다.

다. 전제조건(Precondition)

하나 이상의 전제조건이 설정되기 전에는 기능이 시작되기 어려울 수 있다. 전제조건은 [참, true]이어야 하는 시스템 상태 또는 기능을 수행하기 전에 확인해야 하는 조건이다. 입력은 기능을 활성화할 수 있게 하지만, 전제조건 자체는 기능을 시작하는 신호를 구성하지 않는다. 전제조건은 명사 또는 명사구로 표현한다.

라. 자원(Resource)

자원은 물질, 에너지, 정보, 전문성, 도구, 사람 등을 포함한다. 시간은 자원으로 간주할 수도 있지만, 별도의 측면으로 다룬다. 일부 자원은 기능을 수행하는 동안 소비되고 다른 자원은 소비되지 않기 때문에 (적절한) 자원과 실행 조건을 구별한다. 자원은 시간이 지남에 따라 소멸하거나 감소하므로 갱신하고 보충한다. 자원은 명사 또는 명사구로 표현한다.

마. 통제(Control)

통제는 원하는 출력이 나오도록 기능을 감독하거나 조절하는 것이다. 통제는 계획, 일정,

절차, 일련의 지침 또는 지침, 프로그램(알고리즘)을 포함하고 측정과 수정 기능이 될 수 있다. 통제는 경영층, 조직 및 동료의 기대와 같이 외부적인 요인이 될 수도 있고, 개인이 작업을 계획하고 그것을 수행할 시기와 방법을 스스로 검토하는 내부적인 요인이 될 수 있다. 통제는 명사 또는 명사구로 표현한다. 통제는 다른 기능의 출력으로 정의된다.

바. 시간(Time)

시간은 다양한 방식으로 기능에 영향을 준다. 시간은 하나의 기능이 먼저 행해지고 다른 기능이 나중에 행해지는 선후 관계로 표현될 수 있다. 그리고 다른 기능과 병렬적으로 수행되거나 완료될 수 있다. 시간은 전제조건과 같은 행태로 해석될 수도 있으나, 시간이라는 특정한 시점의 역할을 부여하기 위하여 별도 측면으로 분류한다. 시간에 대한 설명은 명사 또는 명사구로 표현한다. 다음 그림은 FRAM 기능의 여섯 가지 측면이다.

각 기능의 관련성과 필요성을 고려하여 여섯 가지 측면을 적용한다(반드시 모든 기능에 여섯 가지 측면을 반영하지 않아도 된다). 여섯 가지 측면은 언제든지 수정할 수 있다. 여섯 가지 개별적인 측면들은 두 개 이상의 항목이 공존할 수 있다. 예를 들면 출력으로 들어오는 관련된 여러 가지의 측면이 존재할 수 있고, 그 출력은 또다시 관련이 있는 여러 가지의 측면으로 이동할 수 있다. 그림과 같은 여섯 가지 측면으로 나타낼 수 있다.

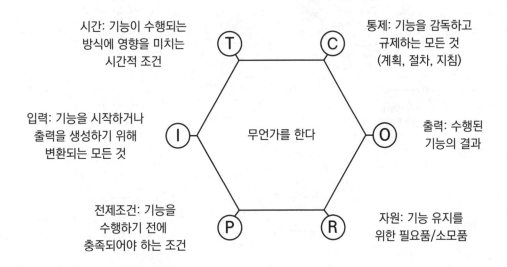

사발면 준비과정의 여섯 가지 측면 검토를 FMV를 통해 묘사하고자 한다. 사발면 예시에서 〈2~3분 기다리기 기능〉의 출력은 [부드러운 사발면]이었다. 이 기능을 유지한다는 전제에서 〈2~3분 기다리기〉의 시작은 사발면에 뜨거운 물을 부었을 시점이다. 따라서 이 기능의 입력은 [끓는 물에 덮인 면]으로 정의할 수 있다. 면이 부드러워지는 데 필요한 시간을 확인하기 위해 시간을 정의할 필요가 있다.

이 기능의 출력은 다른 기능으로 이동될 것이다. 이외 전제조건, 통제, 자원은 별도의 정의가 필요 없어 보인다. 이에 따라 그림과 같은 사발면-첫 번째 기능이 묘사되었다. 다음 그림과 같이 FRAM FMV 사발면-첫 번째 기능과 같이 〈2~3분 기다리기〉에 정의된 입력, 출력, 시간의 세 가지 측면이 굵게 원형으로 표기된 이유는 한 가지 기능에 대한 측면이 묘사되었기 때문이다. 출력은 다른 기능의 측면 (입력, 전제조건, 자원, 통제 및 시간)에 영향을 준다.

〈2~3분 기다리기〉의 입력인 [끓는 물로 덮인 면]은 〈표시 선까지 뜨거운 물 붓기〉 기능의 출력이다. 그리고 출력인 [부드러운 면]은 〈면을 저어주기〉 기능의 입력이다. 한편 시간 측면 [2-3분]은 다른 기능의 출력이 아니다.

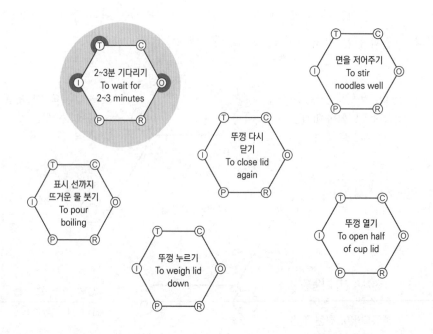

따라서 이 출력에 영향을 주는 신규 기능인 〈지시사항 읽기〉를 추가한다. 이에 따라 다음 그림과 같이 FRAM FMV 사발면-두 번째 기능이 묘사되었다.

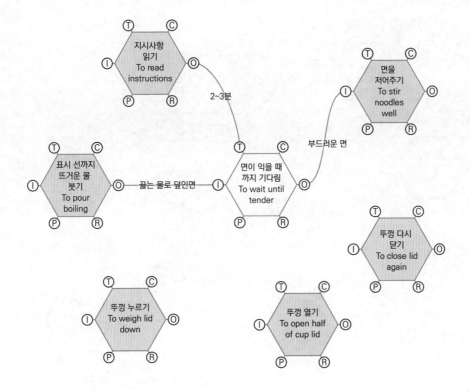

(7) 기타 특성 이해하기

가. 결합(Coupling)

FRAM 모형화는 기능의 여섯 가지 측면을 모두 사용하거나 일부를 사용하는 것이 특징이다. 기능 간 같은 이름이 존재하면 기능 간 잠재적인 결합이 발생한다. 예를 들면 FRAM FMV 사발면-두 번째 기능과 같이 〈지시사항 읽기〉 기능의 출력에 2~3분이 기재되고 〈면이익을 때까지 기다림〉 기능의 시간이 2~3분으로 기재되어 두 개의 기능이 연결되는 상황이다. 연결된 선이 이어지고 기능의 출력이 다른 기능으로 이동한다는 개념이다. 다음 그림과같이 FRAM FMV 사발면-세 번째 기능은 사발면-두 번째 기능의 〈뚜껑 누르기〉와 〈뚜껑 다시 닫기〉 기능이 하나로 합쳐졌다(다음 그림의 화살표 표기된 육각형). 그리고 〈물 끓이기〉, 〈준비하기〉, 〈사발면 즐기기〉의 세 가지 기능이 추가(굵은 육각형) 되었다.

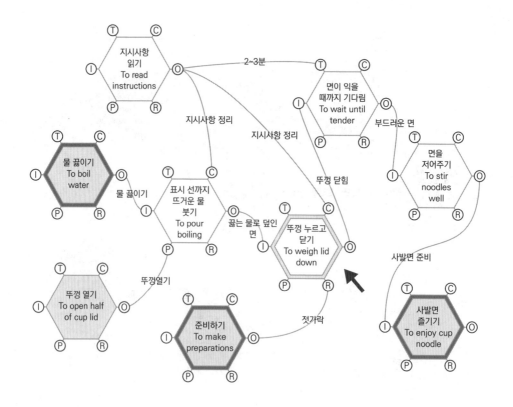

나. 전경 기능과 배경 기능(Foreground and background functions)

기능은 전경 기능 또는 배경 기능으로 구분할 수 있다. 전경 기능은 사건이나 프로세스의 결과에 영향을 주는 일부분의 요인이고, 배경 기능은 활동이나 프로세스에서 전경 기능에 상황적 정보와 일정한 영향(변하지 않는)을 주는 요인이다. 그림 사발면-세 번째 기능과 같이 4개의 전경 기능과 5개의 배경 기능이 있다. 전경 기능은 흰색이고 배경 기능은 회색으로 음영 처리되었다. 배경 기능으로 결정되는 요인은 출력과 입력만 설명된 기능이고, 이외는 전경 기능이다.

배경 기능은 어떤 특정한 활동이 변하지 않는다고 가정하므로 기능이 확장되지 않는다. 이러한 사유로 배경 기능은 분석 중인 시스템 경계의 일부에 속할 수 있다. 배경 기능은 일반적으로 전경 기능으로 활용되고 일정한 영향을 준다. 예를 들어, 사람 배치, 사람의 능력, 또는 관련 지침 등이 배경 기능이 될 수 있다. 이 경우 사람의 능력과 지시는 안정적(변하지 않는)이라는 가정을 한다. 따라서 사람의 능력이 충분하거나 지시가 정확하다는 등의 수준을 의미하는 것은 아니다.

배경 기능을 활용하여 기능 확장을 제한하거나 중지할 수 있다. 그리고 기능 확장을 할 수 있다. 따라서 전경 기능과 배경 기능은 기능 자체의 "본질"이 아니라 기능의 상대적 중요성을 나타낸다. 기능의 초점이 바뀌면 기능은 전경 기능에서 배경 기능으로 바뀔 수 있고, 그 반대도 가능하다.

배경 기능은 다른 기능의 입력, 전제조건, 자원, 통제, 시간에 영향을 준다. 그리고 출력은 다른 기능 어딘가에서 종료되어야 한다. 그림 사발면-세 번째 기능과 같이 〈면을 저어주기〉 기능의 출력에 영향을 받은 〈사발면 즐기기〉 기능과 같다.

다. 상류 기능과 하류 기능(Upstream and downstream functions)

전경 기능과 배경 기능은 기능의 역할 수행을 하고 상류 기능과 하류 기능은 기능 간의 시간적 관계를 구분한다. 하나의 기능은 다른 기능으로 연계되어 잠재적인 결합을 통해 작동하므로 기능 간 변동성이 존재하게 된다. 상류 기능은 이미 수행된 기능이고 여기에 관련되어 뒤따르는 기능을 하류 기능이라고 한다. 상류 기능과 하류 기능은 변경할 수 있다.

라. FRAM 모형의 지속적인 개발(Continuing the development of a model)

사발면을 먹는 과정을 상정한 FRAM 모형화는 대체로 어렵지 않다고 볼 수 있다. 그 이유는 많은 사람이 무엇을 해야 할지 대체로 알기 때문이다. 하지만 복잡한 사회기술 시스템에 대한 FRAM 모형화는 쉽지 않은 과정이다. FRAM 모형화를 위해서는 기존 여러 사고조사 기법과 같이 해당 업종의 경험이 있는 사람이 참여해야 하고 관련된 인터뷰, 현장 방문, 사례 연구 등의 보완 작업이 필요하다.

3.3.2 단계 2: 기능 변동성 특성화(characterizing the variability of functions)

FRAM은 업무 활동 방식을 설명하고 표현하는 도구이다. FRAM 모형화를 통해 기능에 미치는 변동성(variability)과 조정(adjustment)을 파악할 수 있다. 변동성이 증폭되어 예상하지 못한 결과를 초래할 수 있다. 따라서 변동성이 증폭되는 상황을 파악하는 것이 중요하다. 이를 위해 FMV를 활용하여 초기 기능들을 구분하고 각 기능이 적절하게 구분되었는지 확인한다. 전경 기능의 모든 측면은 다른 기능의 출력으로부터 온다. 그리고 전경 기능의 모든 출력은 다른 기능의 출력을 제외한 비출력 측면(입력, 전제조건, 자원, 제어 및 시간)에 영향을 준다. 배경 기능은 출력과 입력만 필요하므로 기능 확장은 중지된다.

(1) 변동성 설명(How to describe the variability)

변동성의 특성화는 기능 간의 연결과 기능으로 인한 예상치 못한 결과를 분석하는 단계이다. 분석은 기능 자체의 변동성보다는 출력의 변동성에 집중한다. 그 이유는 기능의 출력에 변동성이 있다면 그로 인해 기타 기능에 영향을 주기 때문이다.

기능의 출력이 변동성을 갖는 이유는 여러 가지 이유가 있다. 첫 번째는 자체의 변동성에 의한 결과로 기능 고유의 특성 결과이다. 이를 내부 변동성(internal variability)이라고 한다. 두 번째는 기능이 수행되는 조건으로 인한 변동성(작업환경 변동성)이다. 이를 외부 변동성(external variability)이라고 한다. 세 번째는 입력, 자원, 통제 또는 시간에 따른 상류 기능의 출력 변동성으로 인해 하류 기능에 영향을 준다. 이러한 유형의 결합은 기능 공명 기초이며 상류 기능과 하류 기능의 결합이라고 한다. 기능 변동성은 내부 변동성, 외부 변동성 및 상류 기능과 하류 기능의 결합으로 인한 것이다.

(2) 다양한 기능의 변동성(Variability of the different types of functions)

FRAM은 변동성에 영향을 주는 요인으로 기술 기능(Technology), 사람 기능(Man) 및 조직기능(Organization) 세 가지로 구분한다. 이는 전통적인 기술, 사람, 조직(Technology, Man, Organization) 구분에 해당한다. 기술 기능은 정보 기술과 다양한 유형의 '기계'에 의해 진행된다. 기술 기능은 원칙적으로 예측할 수 있도록 설계되었다. 따라서 상당한 변동성이 없다고 전제한다. 다만, 기술 기능이 가변적일 수 있다는 것을 전제한다.

사람 기능은 개인 또는 공식 그룹(공식 또는 비공식)에 의해 수행된다. 사람 기능은 고주파수와 큰 진폭을 갖는 변동성이라고 전제한다. 높은 주파수는 성능이 빠르고 갑자기 변경될 수 있다는 것을 의미한다. 그 이유는 사람은 다른 사람들과의 관계에서 많은 즉각적인 반응을 하기 때문이다. 큰 진폭은 성능의 차이가 클 수 있음을 의미한다. 변동성은 작업조건을 포함하여 상황에 따라 달라진다.

조직기능은 사람들이 모이는 규모에 따라 작은 그룹 그리고 큰 그룹으로 수행된다. 조직은 사람으로 구성되어 있지만, 조직기능은 사람 기능과 다르다. 즉 조직기능은 사람 기능이 아니고 시스템 자체의 기능이다. FRAM 분석은 조직 변동성의 빈도(성과가 천천히 변함)는 낮지만, 진폭은 크다고 전제한다.

(3) 내부 변동성(Endogenous variability)

내부 변동성은 기술, 사람 및 조직기능에 모두 영향을 준다. 기술 기능에 영향을 주는 내부 변동성 요인은 기술 수준에 따른 취급과 관련된 문제일 수 있다. 그리고 기술과 관련된 소프트웨어 일 수 있다. 또한, 기계 구성품의 품질 문제로 인해 발생할 수 있다. 사람 기능에 영향을 주는 내부 변동성 요인은 사람의 생리적, 심리적 요인에 따라 달라진다. 피로와 스트레스, 주간 리듬, 웰빙(또는 질병), 다양한 생리적 필요 등이 있다. 그리고 성격 특성, 인지 스타일, 평가 및 의사결정의 편향 등과 같은 작업수행에 영향을 미칠 수 있는 다양한 심리적 요인도 있다. 조직기능에 영향을 주는 내부 변동성은 의사소통의 효율성, 권위, 자신감, 조직문화 등이 있다.

(4) 외부 변동성(Exogenous variability)

외부 변동성은 기술, 사람 및 조직기능에 모두 영향을 준다. 기술 기능에 영향을 주는 외부 변동성은 설비나 장치의 부적절한 유지보수, 부적절한 작동 조건, 설계 사양 초과, 측정 기기와 센서의 결함, 과부하, 오용 등으로 인해 달라질 수 있다. 사람 기능에 영향을 주는 외부 변동성은 사회적 요인(동료 압력, 무언의 규범 및 기대 등)과 기대, 표준, 요구사항, 상업적 고려 사항, 정치적 고려 사항 등이 있다. 조직기능에 영향을 주는 외부 변동성은 환경, 물리적, 법적(규정) 요건 등이다. 환경에는 고객 요구사항 또는 기대치, 자원 및 예비 부품의 가용성, 규제 환경, 상업적 압력, 감독자, 날씨 및 기타 자연의 힘이 포함된다.

기능의 변동성은 여러 가지 이유로 발생할 수 있다. FRAM 모형화 단계에서 내부 및 외부 변동성을 모두 고려해야 한다. 다만, FRAM 모형화 과정에서 내부와 외부 변동성은 별도로 표시되지는 않는다.

(5) 변동성의 징후(Manifestations of variability)

내부와 외부 변동성이 확인되면 출력이 어떻게 나타날지 확인한다. 이를 통해 변동을 감시하기 위한 기초자료를 파악할 수 있고, 변동성이 하류 기능에서 어떤 영향을 줄 수 있을지 확인할 수 있다. 확인 방법에는 단순한 방법과 세부적인 방법으로 구분할 수 있다. 단순한 방법은 시간(Time)과 정확도(Precision) 차원에서 기능의 출력 변동성을 특성화한다. 시간 측면에서 출력은 너무 이름, 정시, 너무 늦거나 전혀 발생하지 않음으로 구분한다(전혀 발생하지 않음은 너무 늦었다로 표현할 수 있다). 결과는 출력이 발생하지 않았거나 너무 늦게 발생하여 사용하기 어려울 수 있다. 제시간에 사용할 수 없는 출력은 여러 가지 다른 방식으로 하류 기능의 변동성에 영향을 줄 수 있다. 정교한 방법에서 출력은 정확, 수용가능 또는 부정확할 수 있다. 출력은 상류 기능과 하류 기능 간의 결합을 제공하므로 정확도의 의미는 상대적이다. 하류 기능의 요구사항을 충족하는 경우 출력은 정확하다고 할 수 있다. 따라서 정확한 출력은 하류 기능의 변동성을 증가시키지 않고 감소시킬 수 있어야 한다. 수용할 수 있는 출력은 하류 기능에서 사용될 수 있지만 일부 조정과 변동성이 필요하다. 따라서 수용할 수 있는 출력은 하류 기능의 가변성을 증가시킬 수 있다. 부정확한 출력은 불완전, 부정확 및 모호한 상황으로 오해의 소지가 있는 경우이다. 부정확한 출력은 그대로 사용할 수 없고 별도의 해석, 검증 및 상황 비교가 필요하다.

출력 변동성을 자세하게 표현하는 일곱 가지 방법으로 시간(Time)은 너무 이름과 너무 늦음, 지속시간(Duration)은 짧고 김, 강도(Strength)는 약함에서 강함, 거리(Distance)는 너무 길거나 너무 짧음, 방향(Direction)은 잘된 방향과 잘못된 방향으로 구분할 수 있다. 그리고 대상(Object)은 잘못된 항목, 잘못된 수신자, 순서(Sequence)는 두 개 이상의 하위 활동으로 구분할 수 있다.

(6) 잠재적 및 실제적 변동성(Potential and actual variability)

잠재적 변동성은 다양한 조건에서 발생할 수 있고 실제적 변동성은 요구, 기회, 자원 등 주어진 조건에 따라 발생할 수 있다. 기술 기능의 변동성은 크지 않다고 본다. 다만, 인적 기능과 조직기능의 잠재적 변동성은 실제 변동성에 영향을 준다는 것을 전제한다.

(7) 기능 간 종속성(Dependence between the functions)

작업에는 여러 하위 작업이 존재하고 이를 기능이라고 표현한다. 기능을 통해 다양한 사람들 간의 협업과 조정이 이루어진다. 그리고 각 기능은 또한 다른 기능의 일부 조건으로 구성된다. 변동성이 기능의 출력에서 나온다는 전제로 출력과 사전 조건, 출력과 자원, 출력과 통제, 출력과 시간, 출력과 입력 사이의 다섯 가지 상류 기능-하류 기능의 결합이 발생한다. 이는 상류 기능과 하류 기능 간 결합과 선형 인과 관계없이 기능 출력의 변동성이 다른 기능에 어떻게 영향을 미칠 수 있는지 설명할 수 있다. FRAM 모형화는 일상적인 근사조정이 어떤 예상치 못한 결과로 이어지는지 설명하고 있다.

3.3.3 단계 3: 기능적 공명 찾기(looking for functional resonance)

FTA 분석은 개별 구성 요소의 실패 조합 추론에 사용된다. 그리고 계층적 작업 분석(HTA, hierarchical task analysis)은 활동 또는 작업 계층을 분리하여 다양한 영역으로 구분하는 과정이다. 이 과정을 통해 무엇이 실패 요인인지 확인하는 데 사용된다. 그러나 FRAM은 흐름 모델(Flow model)이나 그래프 또는 네트워크 모델이 아니다.

FRAM은 기능 간의 관계 또는 결합 뿐만 아니라 목표 활동을 수행하는 데 필요하다고 간주하는 기능을 포함한다. FMV에 의해 구체화한 FRAM의 그래픽 렌더링은 기능 간 측면의 연결선을 보여준다. 선은 실제 연결이라고 보기 보다는 잠재력으로 볼 수 있다. 상류 기능은 하류 기능에 영향을 줄 수 있지만 인과관계에는 영향을 미치지 않는다. 입력은 기능을 시작하는 부분이다. 출력은 내부 변동성과 외부 변동성에 따라 달라질 수 있다. 따라서 기능의 입력이 출력을 유발한다고 볼 수 없다.

3.3.4 단계 4: 변동성 감시 및 관리 대안

FRAM을 통해 변동성을 파악한 이후 적절한 개선이 필요하다. 제거(Elimination), 방지(Prevention), 촉진(Facilitation), 보호(Protection), 감시(Monitoring), 완화(Dampening) 등은 변동성 감시와 관리 대안이다.

(1) 제거(Elimination)

제거는 위험(hazard) 요인을 없애는 것이다. 위험과 관련이 있는 물리적인 부분이 될 수도 있고 특정 작업일 수도 있다.

(2) 방지(Prevention)

방지는 방벽(Barrier)과 방어(Defense)를 적용하여 위험을 관리하는 방법이다. 일반적으로 비용이 소요되지만, 위험을 관리하는 데 효과적이다. 다만, 단순한 방벽은 설치가 빠르고 저렴하지만, 효과가 저하될 수 있다.

(3) 촉진(Facilitation)

예방은 해로움을 대상으로 하지만 촉진은 유용함을 대상으로 한다. 시스템을 변경하거나 재설계로 인해 활용이 어려운 예도 있다. 이 경우 작업 재설계 또는 사람-시스템 인터페이스 개선 등을 통해 사용자가 쉽게 사용하도록 촉진할 수 있다. 촉진은 올바른 일을 할 수 있도록 지원하는 탄력성 공학과도 일치한다.

(4) 보호(Protection)

보호는 사건이 발생한 이후 결과에 중점을 두어 적용한다. 결과의 심각성을 완화하거나 복구하는 것을 포함한다.

(5) 감시(Monitoring)

사회기술 시스템을 관리하기 위해서는 적절한 목표를 설정하여 주기적으로 감시하여 진행 현황을 확인해야 한다. 주로 선행지표(leading indicator)를 설정하여 시스템에서 일어나는 일을 효과적으로 파악한다.

(6) 완화(Dampening)

문제가 될 수 있는 변동성을 파악한 이후 개선을 위한 완화를 목적으로 한다. 그 예로는 인적기능의 경우 능력이나 실력이 있는 사람을 선발하는 것을 들 수 있다. 상류와 하류 기능의 결합으로 인한 변동성의 경우, 상류기능의 출력을 조정해야 하지만 그 출력은 또 다른 기능으로부터 영향을 받으므로 완화방안을 수립하는 데에는 어려움이 존재한다. 따라서 완화방안은 더 넓은 범위에서 적용을 검토해야 한다. FRAM 모형화를 위해서는 사고와 관련한 기능식별과 설명, 기능별 변동성 평가, 여러 기능의 가변성을 결합하는 방법 평가(비선형 기능적 공명) 및 대책 수립의 과정을 거친다고 하였다.

3.4 FRAM을 활용한 사고분석 사례

콘크리트 구조설치 과정에서 발생할 수 있는 위험요인을 파악하기 위하여 FRAM 방식을 적용한 사례를 설명한다. 다섯 개 건설 현장을 대상으로 관련자 85명을 대상으로 인터뷰(10분~50분)와 현장 관찰을 시행하였다. 먼저, 콘크리트 구조, 건물 기초 검토, 인터뷰와 현장 관찰을 통한 자료수집과 분석을 시행하였다. 그리고 거푸집공사, 철근공사, 콘크리트 타설, 설정/확인, 사람 보호, 크레인 이동 등 6개 그룹으로 분류하고 65개 기능을 파악하였다. 다음 표는 65개 기능 중 일부 예시이다.

거푸집공사	철근공사	콘크리트 타설	설정/확인	보호	크레인 이동
플라스틱 원형 Spacer배치	Steel Cage 제작	기둥과 벽 타설	기둥 설치	생명선 설치	크레인 운반 대상 결정
판넬준비	철근 벽 조립	진동(vibrator) 장치 설치	철근 슬라브 확인	안전망 설치	이동자재 정리
판넬설치	Steel Cage 조립	진동장치 작동	철근확인	안전망 연결	자재이동

외부요인에는 악천후, 바람, 눈, 날씨 등 기후적인 조건 등이 있고 공사를 정해진 기간 내에 완료해야 하는 압박 등의 영향이 있다. 내부요인으로는 공사 작업자의 스트레스, 장기간 노동, 피로, 의사결정에 따른 영향이 있다. 그리고 작업을 조기에 완료하기 위해 일부 안전 절차나 기준이 준수되지 않는 경향을 포함한다. 이러한 조건을 기반으로 콘크리트 주문 과정 및 철근 확인의 변동성을 확인하였다. 다음 표는 콘크리트 주문하기의 변동성이다.

출력	출력 변동성
공사 진행 상황에 따라 콘크리트 납기 일이 앞당겨지는 경우	너무 이름
공사의 진행에 따라 콘크리트의 납기가 늦어지는 경우	너무 늦음
잘못된 콘크리트 종류	부정확
충분하지 않은 콘크리트 수량	부정확

건설업의 특성으로 인해 콘크리트 주문 전에 철근 작업이 완료되어야 하므로 작업을 서두르게 되고 안전 수칙 준수가 어렵다. 작업자는 기한 내에 작업을 완료하기 위하여 절차를 무시한다. 콘크리트 주문의 출력은 다른 기능에 영향을 준다. 주요 영향은 콘크리트 이동을 위한 크레인 기사의 운전 일정이다. 다음 표는 타워크레인을 이용한 자재 운송과 관련한 상류와 하류 기능 결합이다.

기능	출력	하류기능 측면	하류 기능	하류기능 출력	하류 기능측면	다음 하류기능
운반 대상 결정	자재 운송 결정	입력	자재 저장	자재 정리	자원	Steel Cage 제작
					자원	슬라브 형틀 조립
					자원	슬라브 난간 조립
			크레인 운전자 지원하기	크레인 운전자 지원	통제	자재저장

크레인 기사의 기존 일정에 콘크리트 이동 업무 추가로 인해 결합이 발생한다. 그리고 이러한 결합은 하류 기능에 영향을 미친다. 콘크리트 구조설치를 분석한 결과 WAI와 WAD의 차이로 인해 건설 현장 안전보건 절차준수가 어렵다는 것을 확인할 수 있었다. 조직압력이 안전관리에 영향을 주는 것으로 파악하였다(안전관리와 관련한 여러 압박-공사를 빨리 수행하도록 압박 받음), 또한 운영 중이던 선행지표가 실제 작업의 위험요인을 통제하지 못한다는 것을 확인하였다(건설 현장의 지표는 보통 후행 지표임). 그리고 건설공사의 위험요인을 다음 표와 같이 개인 보호와 관련된 하류 기능 결합 분석으로 표현하였다.

기능	출력	측면	하류기능
슬라브 난간설치	난간설치	전제조건	슬라브에 난간설치
추락 안전망 조립	안전망 설치	전제조건	슬라브 형틀 일부 제거
안전망 조립	안전망 설치	전제조건	슬라브 철근 설치

콘크리트 구조설치의 변동성 관리대책으로 안전 탄력성 확보를 위해 건설 안전보건 관리계획 개선, 안전 탄력성 강화를 통한 조직의 안전문화 개선, 효율적인 콘크리트 수령 날짜 선택, 선행지표 개발(일상 업무에 대한 운영 모니터링 중점) 등의 개선대책을 수립하였다.

3.5 비평
FRAM 사고분석의 장점은 사건과 기능을 확인하여 여섯 가지 측면 요인을 파악할 수 있다. FMV를 사용하여 사고를 입체적 측면에서 바라볼 수 있으며, 기능 변동성 관리대책을 제거, 예방, 완화 등으로 구분하여 재발 방지대책 수립이 쉽다. 다만, 사건과 기능을 확인하기까지 시간이 소요되고, FMV 작성을 위한 지식이 필요하다. 기능의 여섯 가지 측면을 세밀하게 분석해야 하므로 주관적인 판단이 반영된다.

4. STAMP

4.1 STAMP 이론

시스템이론사고모델프로세스(System-Theoretic Accident Model and Processes, 이하 STAMP)가 사회기술 시스템 기반에서 시스템과 제어 이론을 효과적으로 활용하는 사고분석 방법이다. STAMP는 시스템 구성 요소 간의 상호 작용으로 발생하는 사고를 효과적으로 조사하기 위해 제약 조건, 제어 루프, 프로세스 모델 및 제어 수준에 중점을 둔다. STAMP가 시스템 제어를 담당하는 행위자와 관련된 조직을 식별하여 시스템 수준 간의 제어와 피드백 메커니즘을 확인하도록 구성되어 있다. 따라서 상위 계층의 제어에 따라 하위 계층의 실행을 상호 확인하여 효과적인 개선대책을 수립할 수 있다.

STAMP는 실패 예방에 집중하기보다는 행동을 통제할 수 있는 제약사항(Constraints)을 집중한다. 따라서 안전을 신뢰성의 문제로 보기보다는 제어(Control problem)의 측면에서 본다. 상위 요소(예: 사람, 조직, 엔지니어링 활동 등)는 제약을 통해 계층적으로 하위 요소에 영향을 준다.

STAMP가 사회기술 시스템에서 발생하는 사고에 대해 다양한 이해 관계자 간의 정보를 파악에 효과적이다. STAMP를 적용할 경우, 사고조사자가 시스템 피드백의 역할을 이해하고 그에 대한 조치를 고려할 수 있다. 동일수준에서 조직적 제약, 기술적 제약 및 개인적 제약을 구조화한다. 사고의 근본원인에 매몰되지 않고 시스템 전체의 안전성을 향상을 찾을 수 있다. 이러한 맥락에서 STAMP 접근방식과 AcciMap 모델은 유사한 부분이 있다.

STAMP는 복잡한 사회기술 시스템에 효과적으로 사용되는 사고분석 방법으로 시스템이론을 기반으로 개발되었다. 시스템이론이 추구하는 원칙은 시스템을 부분의 합이 아니라 전체로 취급하는 것이고, 개별 구성 요소의 합보다는 구성 요소 간 상호작용(Emergence, 창발적 속성)을 중요하게 판단한다. 안전과 보안의 문제점은 창발적 속성으로 인해 발생한다. 다음 그림은 STAMP 창발적 속성(시스템이론)과 같이 시스템 요인들 간의 상호 작용과 맞물리는 방식으로 시스템이 작동된다. STAMP는 물리적 요인과 사람과 시스템 사이의 복잡한 상호작용으로 사고가 발생한다고 믿는다. 따라서 실패(failure) 방지에 초점을 두기보다는 동적 통제 관점에서 상호작용을 바라본다.

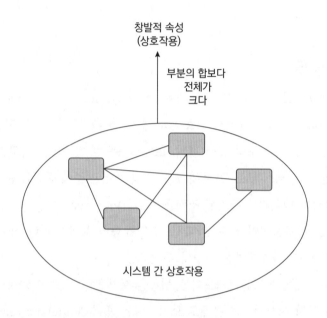

STAMP는 요인 간의 상호작용에 의한 발현적(창발적) 속성의 결과로 사고가 발생한다는 기준을 설정하므로 사고를 예방하기 위한 컨트롤러(controller)를 시스템에 추가할 것을 권장한다. 다음 그림은 STAMP 컨트롤러의 제약 활동 강화와 환류(Controller enforce constraints on behavior)와 같이 컨트롤러는 시스템 요인별 상호작용에 대한 통제 활동을 제공하고 시스템 요인은 그 결과를 환류한다. 이러한 과정을 표준 환류 통제 고리(Standard feedback control loop)라고 한다.

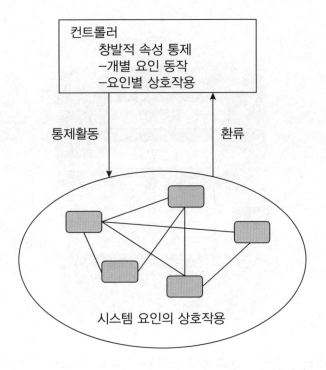

컨트롤러
창발적 속성 통제
-개별 요인 동작
-요인별 상호작용

통제활동   환류

시스템 요인의 상호작용

컨트롤러는 시스템을 안전하게 동작시키는 역할을 한다(저자는 이런 역할을 제약사항인 Constraints로 표현하였다). 제약사항과 관련한 사례로는 '항공기는 안전거리를 두어야 한다', '압력용기는 안전한 수준으로 유지되어야 한다', '유해화학물질이 누출되어서는 안 된다' 등이 있다. 통제의 일반적인 사례로는 방벽(Barrier), 페일세이프(Fail safe), 인터락(Interlock) 적용 등의 기술적 통제와 교육훈련, 설비정비, 절차 보유 등 사람에 대한 통제 및 법규, 규제, 문화 등 사회적 통제가 있다.

다음 그림 안전 통제구조의 기본 구역(The basic building block for a safety control system)과 같이 컨트롤러는 통제된 공정에(Controlled process) 통제의 기능을 수행한다.

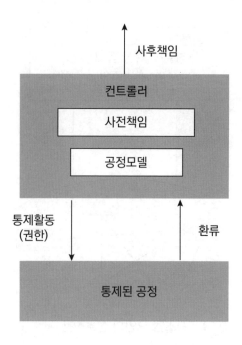

공학에서는 이러한 활동을 환류 통제 고리(Feedback control loop)라고 한다. 컨트롤러의 사전책임(Responsibility)은 하부로 이동하여 권한(Authority)으로 할당된다. 그리고 상부로 이동하여 사후책임(Accountability)으로 할당된다. 컨트롤러가 시스템 안전을 확보하기 위한 활동의 사례로는 비행 시 조종 익면(Control surface) 통제를 위한 명령 수행 및 압력탱크의 수위 조절 통제 등의 명령 행위 등이다. 컨트롤러는 통제된 공정을 식별하고 어떤 유형의 통제가 추가로 필요할지 결정한다. 상위수준에 있는 컨트롤러의 한 예는 미국 비행안전국(Federal aviation administration)이다.

비행안전국은 교통부에 대한 안전 감독, 규정 및 절차준수 현황을 감시 등의 안전관리 책임이 있다. 비행안전국과 같은 상위수준에 있는 컨트롤러의 관리가 미흡할 경우 사고가 발생할 가능성이 크다. 사고는 주로 컨트롤러의 공정이 실제와 맞지 않을 때 발생한다. 그 사례로는 항공 관제사가 두 대의 항공기가 운항 중 충돌하지 않으리라고 판단하고 두 대의 항공기를 동시에 운항하게 하는 경우이다.

컨트롤러가 사용하는 공정과 실제 공정이 다른 또 다른 예는 항공기가 하강하고 있으나 소프트웨어는 상승하고 있다고 판단하여 잘못된 명령을 하는 경우이다. 또한, 조종사가 오판하여 미사일을 발사하는 경우이다. 이런 사고를 예방하기 위해서는 효과적인 통제구조 설계 시 실제상황에 맞는 공정 컨트롤러를 설계하여야 한다.

우리가 일반적으로 사용하는 근본 원인 찾기의 분석 모델은 여러 가지 약점이 있다. 주요 약점은 근본 원인에 치중하여 기타 요인을 무시하거나 제외하는 문제이다. 그 결과 추가적인 개선이 필요한 영역이나 요인이 빠지거나 중요하게 여겨지지 않는다. STAMP 사고조사 기법의 목표는 다양한 사고원인을 포함하고 사후확신 편향(hindsight bias)을 갖지 않는 것이다. 그리고 사람의 행동을 시스템적 관점에서 개선하며, 사고가 발생한 원인에 대해 "왜"와 "어떻게"라는 측면에서 검토한다. 통제가 적절하게 적용되었는지 확인하고 어떻게 개선할지 검토한다.

4.2 STAMP 분석 절차

STAMP에는 사고조사(CAST, Causal Analysis based on Systems Theory), 위험분석(STPA, System-Theoretic Process Analysis), 사전 개념분석(STECA, System-Theoretic Early Concept Analysis) 등 여러 기법이 있다. 본 책자에서는 사고조사에 특화된 STAMP CAST를 활용하고 STAMP로 통칭하여 표현한다.

STAMP는 시스템 기반으로 상호작용과 인과관계를 분석하는 기법이다. 사고조사 과정에서 사고가 발생한 원인을 포괄적으로 파악하므로 사고 예방대책을 수립하는 데 효과적이다. 안전 통제구조(Model safety control structure)의 안전 제약사항이 미흡할 경우 사고가 발생한다는 논점을 기반으로 하는 방법이다. 다음 그림은 다섯 단계로 구분된 STAMP 분석 절차이다.

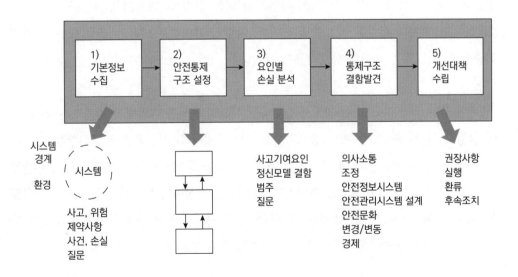

4.2.1 기본정보 수집(Assemble basic information)

분석에 필요한 기본정보를 수집하는 단계에는 시스템 경계 정의, 사고나 손실을 일으킨 위험 설명, 사건 예방을 위한 개선대책 수립, 사고에 대한 비난 피하기, 장비와 통제 측면의 설계사항 및 위험을 유발한 상호작용, 안전 통제구조의 한계점 파악 및 개선과 관련한 사항이 있다. 시스템 경계 정의 이후 사고나 손실을 일으킨 위험요인과 안전 제약사항을 확인한다.

2014년 6월 3일 발생한 네덜란드 Shell Moderdijk(모다익) 화학공장의 화재와 폭발사고로 두 사람이 다치고 심각한 설비 손상 사고가 발생했다. 반응로의 화학물질이 외부로 누출되었고, 일부 파편은 800미터 먼 곳에서 발견되었다. 화학공장은 플라스틱을 만드는 데 사용되는 프로필렌과 에틸렌 같은 화학물질을 생산한다.

STAMP 모델 기반으로 네덜란드 화학공장에서 발생한 사고를 분석한다. 사람이 독성물질에 노출될 수 있는 시스템의 제약사항은 사람이 있는 장소에서 독성물질이 노출되지 않도록 하는 기준을 설정하는 것이다. 그리고 노출이 발생할 경우를 대비한 장치와 개인보호구를 사용하는 것이다. 통제되지 않는 에너지 누출로 인한 화재 및 폭발 위험이 있는 시스템의 제약사항은 화학물질이 반응 폭주(runaway reaction)하지 않도록 통제하는 것이고, 사람과 환경을 보호하기 위한 경고와 조치를 하는 것이다. 그리고 화재와 폭발에 대비한 비상 대응 수단을 마련하는 것이다.

시스템에는 여러 소규모 공정이나 기능이 존재한다. 소규모 공정 및 기능과 관련한 위험을 시스템 위험으로 간주하지 않고 위험요인(a cause of hazard)으로 간주한다. 예를 들면 압력 밸브의 고장, 반응기 과압, 작업자의 불안전한 행동 및 압력 밸브의 부적절한 설계 등은 위험요인이고, 화재나 폭발은 시스템 위험이다. 이렇게 정의하는 이유는 구성 요소 한 가지에 집중하면 요소 또는 요인별 상호작용을 확인하기 어렵고 시스템 차원에서 볼 수 없기 때문이다.

통제된 공정(controlled process)에서 발생하는 사건의 원인을 파악하기 위해서는 우선 "무엇"이 발생하였는지 확인하는 것이 중요하다. 화학공장에서 화재나 폭발사고와 관련하여 "무엇"이 발생했는지 파악하기 위해서는 우선 화재나 폭발을 통제하지 못한 안전장치, 압력밸브 및 감지 센서 등의 물리적인 요인을 확인한다. 그 이유는 부상이나 물리적 손실은 공정 절차로 인해 발생하기 때문이다. Shell Moderdijk 화학공장의 물리적 통제 현황은 다음 표와 같이 물리적 통제 현황과 위험 수준을 낮추기 위한 위험 예방과 통제로 구분하여 파악할 수 있다.

구분	내용
위험예방	반응폭주 예방, 독성물질 유출 예방, 안전 장비 사용 현황/개선, 위험모니터링 지표 제공, 위험성이 낮은 물질로 대체, 물질 배출 억제, 유출 대비 비상 대응 등
통제	Shell Moderdijk 화학공장의 자동 가스방출 장치 (가스를 플레어 타워로 보내는 시스템), 압력완화 장치, 경보, 온도센서 등

    물리적 통제 현황을 파악한 이후 실패와 상호작용을 검토하여 무슨 사건이 발생하였는지 확인할 수 있다. 다음 표와 같이 STAMP 실패와 상호작용을 확인할 수 있다.

구분	내용
실패	물리적 통제의 위험 예방 조치인 자동 보호 장치가 (액체가 플레어로 주입되는 것을 막는) 올바로 작동하였지만, 결국 가스 배출을 막아 폭발을 일으키는 상호작용이 발생하였다.
상호작용	Shell Moderdijk 화학공장의 상호작용으로 인한 사고는 아래와 같이 발생했다. 1. 촉매 알갱이(습윤)에 에틸벤젠을 살포하는 공정에서 건조구역이 생성되었다 (촉매제를 충분히 적시기 위한 질소 유량 부족, 에틸벤젠 흐름 불안정). 2. 반응로의 방출 에너지는 건조구역에서 데워진 에틸벤젠과 촉매제 알갱이 사이에서 화학반응을 일으켰다. 결과적으로 촉매제 알갱이는 가열되어 뜨거워졌다. 또한, 반응로의 온도 감지 센서의 부착 개소가 부족하여 자동 검출이 어려웠다. 3. 지속되는 온도 상승으로 많은 열이 생성되었다. 그 결과 에틸벤젠과 다른 촉매제인 산화구리와 화학적 반응이 일어나 가스가 방출되었다. 이런 과정을 거치면서 반응폭주가 일어났다. 4. 가스발생으로 반응로의 압력이 올라갔다. 그리고 분리 용기의 최대 액체 수준이 초과함에 따라 액체가 플레어 시스템으로 주입을 막는 자동 보호 시스템이 자동으로 작동되었다. 그 결과 시스템 내부의 가스가 플레어로 배출될 수 없었다. (액체가 플레어로 주입을 막는 자동 보호 장치는 설계 의도와 같이 작동하였지만, 결과적으로 가스 배출을 막았다). 5. 가스 축적으로 압력은 더욱 올라갔고, 자동 압력 완화 장치가 가스를 적절히 배출할 수 없는 상황에 도달하였다. 그 결과 반응로는 폭발하였고 20초 후 분리 용기도 폭발하였다. 6. 반응로와 분리 용기의 물질은 공장 경계를 넘어서 확산하였다. 불타던 촉매제 알갱이로 인해 작업자가 상처를 입었다.

그리고 다음 표와 같이 STAMP 물리적 통제 미흡 사항과 상황적 요인을 확인할 수 있다. 사고는 예견하지 못한 화학적 및 물리적 상호작용에 의한 것으로 안전을 통제하지 못한 설계 결함으로 인해 발생하였다.

구분	내용
물리적 통제 미흡	반응로 내부 뜨거운 지역을 감지하기 위한 센서 부착 개소가 부족했다. 반응 폭주를 막을 수 있는 압력 밸브가 없었다. 기존의 밸브는 급격한 압력증가를 처리할 수 없었다.
상황적 요인	건조구역 발생으로 인한 온도 상승, 에틸벤젠을 대체할 만한 물질 사용 미검토

4.2.2 안전통제 구조 설정(Model safety control structure)

STAMP는 사고가 발생한 원인을 통제와 컨트롤러의 문제로 보고 있다. 따라서 사고분석을 위해서는 통제구조를 설정하여야 한다. 상위수준에 추상적인 통제구조를 설정하고 이를 기반으로 상세화하는 방식과 위험이 존재하는 통제를 전반적으로 검토하는 방법이 있다. 이러한 두 가지 방법은 별도로 수행할 수도 있고 같이 수행할 수도 있다. 만약 STAMP STPA(위험 분석 방식, system theoretic process analysis)와 관련한 정보가 있다면 구조 설정이 쉬울 수 있다. 다음 그림 STAMP-Moderdijk(모다익) 화학공장의 통제구조는 화학물질 생산과 공공 안전(보건) 영역의 두 가지로 구분할 수 있다. 통제 요인을 구분한 이후 계층구조를 설정하여 통제 현황을 파악한다. 그리고 통제목록에 물리적 설계, 사람 컨트롤러, 자동화 또는 조직, 사회구조와 관련한 통제 요인을 파악한다.

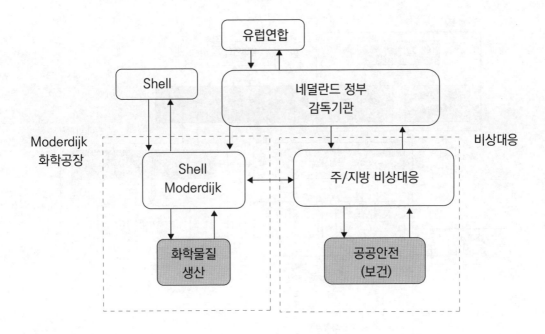

상위수준에 있는 운영자는 하부에 있는 통제된 공정에 대해 적절한 교육제공, 경험이 있는 사람 배치, 관리 감독 등을 통해 조정한다. 통제구조 전체를 한 번에 완벽하게 만드는 것은 현실적으로 어렵다. 따라서 설정된 통제구조를 검토해 가면서 수정한다. 화학공장에서 화재와 폭발을 예방하기 위한 물리적인 통제로는 경보, 센서, 밸브 운영이 있다. 그리고 관리적인 수단으로 운영자의 관리 감독, 안전관리시스템 운영 등이 있다.

Shell 본사에 있는 프로젝트/기술을 담당하는 부서는 각 지역의 생산설비에 대한 설계를 감독하고 관리한다. 그리고 경영층은 안전관리 정책을 수립하고 이행을 검토한다. 이러한 사항을 포함한 Moderdijk 화학공장의 화학물질 생산과 공공안전 영역의 상세 통제구조는 다음 그림과 같다.

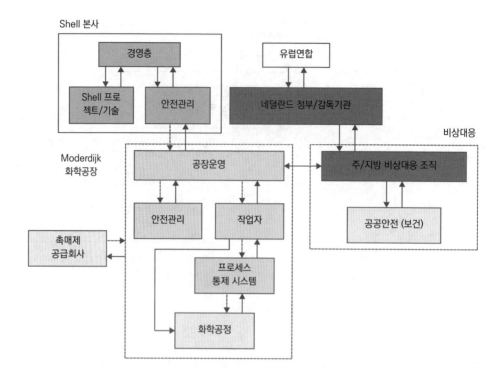

화학물질 생산과 공공안전 영역의 상세 통제구조를 기반으로 통제구조 요인별 책임(Moderdijk 화학공장)을 확인할 수 있다. 다음 표는 통제구조 요인별 책임이다.

구분	내용
공정 통제시스템의 책임	운영 혹은 정비 (가동중지, 기동, 비상대응 등) 중 공장을 통제할 수 있는 지원, 생산공정 설비 정보를 표시를 통한 경고시스템 구축 및 통제 활동 실시, 생산설비의 온도, 압력, 유량을 통제하여 안전한 운영이 되도록 지원
운영자의 책임	– 일반적인 책임 : 공장 설비 점검/모니터링 시행, 비상 대응 실시 등 – 구체적인 책임 : 운전 중 가스/유량/압력 조정
공장 안전관리 부서의 책임	공장 유해 위험 요인 파악/개선, 안전 절차/지침 수립/교육, 변경관리 절차 유지/운영 확인, 응급처치 절차/장비 구비 및 운영, 안전관리 현황 진단/개선
운영관리의 책임	안전관리기준 이행, 유해위험 요인 평가/개선, 사고 보고, Shell과 Moderdijk의 안전기준 준수, 작업자에게 적절한 교육훈련 실시, 변경관리 이행 여부 확인, 사고기록/보고, 적절한 경험이 있는 사람 확보

Shell 본사 프로젝트/기술 담당의 책임	공장 안전설계 확보, 공장 운영자에게 유해위험 요인 정보 제공, 설계 정보 제공, 공장 운영자의 의견 청취/개선
Shell 본사 안전관리 담당의 책임	공장 운영 안전진단 실시, 변경관리 절차 개선, 사고/사건 공유, 안전 의사소통 시행
임원의 책임	사고예방 리더십 발휘, 안전사고 예방 프로그램 보장/지원, 안전관리시스템 운영/개선
촉매제 공급업체의 책임	촉매제 안전보건 정보 제공, 잠재적인 위험성 평가결과를 고객에게 제공
네덜란드 규제 당국의 책임	– 일반적인 책임: 환경과 공공안전 보호, 프로세스 관점의 검사/감사 실시/개선 – 구체적인 책임: 회사나 공장의 안전관리 미흡 사항을 개선, 공장의 절차/생산 변경내용 평가
비상대응 조직의 책임	– 소방당국 등의 정부기관은 비상상황을 파악하고 시민에게 홍보, 법규에 근거한 환경 노출 확인, 비상연락 체계 유지 등

4.2.3 요인별 손실분석(Analyze each component in loss)

통제구조의 하위수준에서 사고가 발생한 원인을 찾아 상위수준으로 확장해 가면서 진행한다. 이런 과정에서 개별 컨트롤러 요인 간 상호작용을 포함하여 전체 시각에서 통제구조를 확인한다.

컨트롤러에는 사고 관련 요인의 책임, 위험 행동(불안전 행동, 의사결정 등), 행동과 관련한 정신/프로세스 모델 결함을 포함한 상황적 요인 등이 포함된다. 요인별 손실분석 단계에서는 통제구조 요인별 책임과 같은 내용을 확인하되 손실과 관련된 책임을 고려한다. 그리고 운영자가 안전조치를 하지 않은 상황에 대해서 사후확신 편향(hindsight bias)이나 비판적인 용어를 사용하지 않는다. 예를 들어 "운영자가 촉매제 알갱이 과열을 막지 못했다" 또는 "막아야 했다" 등의 문장보다는 어떤 일이 일어났는지 객관적 시각에서 단순한 설명을 한다. 손실분석을 하는 과정에서 사고가 발생한 상황을 두고 "왜"라는 관점에서 일어난 일을 확인해야 한다.

일어난 일에 대해서 문제를 제기하는 방식의 질문을 한다. 이 과정에서 컨트롤러가 어떤 방식으로 운영되었는가라는 측면에서 확인하는 것이 중요하다. 복잡한 사회기술 시스템에서는 사람을 개선대책의 대상으로 본다. 사람이 올바른 판단을 할 수 있도록 지원하는 교육, 프로그램 개발, 절차 개선 등의 개선대책을 수립할 수 있다. Moderdijk 화학공장의 손실과 관련한 안전 관련 책임은 다음 표와 같다.

구분	내용
공정 통제시스템의 안전책임	운영/정비 (가동 중지, 기동, 비상 대응 등) 중 공장을 통제할 수 있도록 지원, 생산공정 설비의 수치를 표시하고 경고시스템 구축 및 통제활동 제공, 생산설비의 온도, 압력, 유량 등을 통제하여 안전한 운영이 되도록 통제

위험한 상태를 유발한 기여 요인으로는 공정 통제시스템이 작업자가 가열 속도와 변수 제어를 안전하게 통제할 수 있는 지원을 제공하지 않았다. 그리고 공정 통제시스템이 급격한 온도 상승에도 불구하고 공정을 중단시키지 않았다. 분리 용기의 최대 액체 수준이 초과함에 따라 액체가 플레어 시스템으로 주입을 막는 시스템이 자동으로 작동되었다.

공정 통제시스템이 온도와 압력이 급격히 증가하였음에도 공정을 중단시키지 않은 상황적 요인의 이유 분석 (1)을 다음 표와 같이 검토할 수 있다.

이유(why) 안전한 통제를 방해하는 상황적 요인	제기된 질문
사고가 발생한 Unit 4800에는 비상정지스위치가 없었다. 사고보고서에는 이런 결함이 제시되지 않았다.	비용 또는 기술적인 사유일까? 누락 한 것일까?
반응로에서 수소는 촉매제와 함께 메틸페닐케톤(methylphenyl ketone)을 메틸페닐카르비놀(methylphenylcarbinol)로 전환하는 데 사용된다. 사고 이후 수소가 화학반응을 일으켜 온도가 상승하는 것을 막기 위해 추가 안전장치가 설치되었다.	설계와 최초 설치 단계에 이런 위험성이 평가되었는가?

Moderdijk 화학공장의 화학물질 생산과 공공안전 영역의 상세 통제구조와 같이 운영자와 컨트롤러(공장 안전관리부서, 운영 관리, Shell 본사의 프로젝트와 기술/안전관리/임원, 촉매제 공급업체, 네덜란드 규제당국 및 비상 대응 조직)의 책임을 열거한다.

(1) 운영자(Operators)

운영자가 반응기의 열이 급격하게 증가하는 시점에 수동으로 에틸벤젠에 열을 가한 것, 급격한 온도 상승 지역에 대한 파악이 미비한 것, 경보음에도 불구하고 적절한 대응을 하지 않은 것, 가스가 누적되는 상황에서 공정을 중단하지 않은 것은 명백한 불안전 행동이었다. 이러한 불안전 행동을 보면서 우리는 운영자의 심각한 책임을 추론한다. 하지만 사고 당일 운영자는 사고를 예방하기 위한 노력을 했을 가능성을 배제하면 안 된다. 수정된 Moderdijk 화학공장의 화학물질 생산과 공공안전 영역의 상세 통제구조는 다음과 같다.

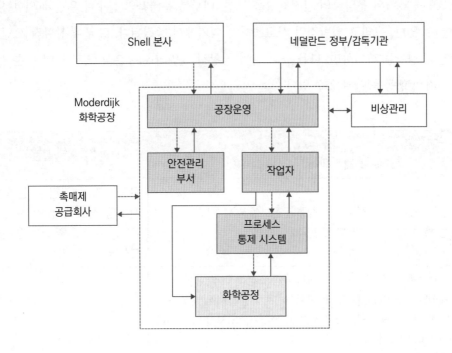

가. 일반적인 책임

설비상태와 경보 모니터링 시행, 공정통제 시행, 비상 대응 시행

나. 구체적인 책임

가동 중 가스와 유량 조정, 반응기가 빨리 가열되지 않도록 조치해야 했으나, 운영자는 할당된 안전책임을 아래와 같이 실행하지 않았다. 구체적인 책임은 다음 표와 같다.

- 운영자는 높은 압력을 초과했지만, 공정을 중단시키지 않음
- 촉매 알갱이에 에틸벤젠을 살포하는 공정에서 건조구역이 생성됨
- 열이 급격히 증가하는 과정에서 에틸벤젠 가열함
- 운영자는 뜨거운 부위가 발생하고 있는 것을 몰랐음
- 운영자는 질소 유량을 적절하게 조정하지 못함(기준보다 낮은 질소 유량 사용)
- 운영자는 경보음을 무시함

위 표에 열거된 운영자의 안전책임을 보면, 대부분 운영자의 실수나 위반에 의한 사고로 인식할 수 있다. 그리고 일반적인 사고조사는 여기에서 종결된다. 그러나 상황적 요인과 공정 모델의 결함을 확인하면, 다음 표와 같이 상황적 요인의 이유분석 (2)과 같이 다른 시각에서 운영자의 행동을 이해할 수 있다.

이유(why) 안전한 통제를 방해하는 상황적 요인	제기된 질문
- 운영자는 올바른 결정을 위한 적절한 정보를 받지 못했다. - 공정 통제시스템은 통제를 못 했다.	운영자가 부적합한 공정통제 시스템 상황에서 안전한 행동을 할 수 있도록 하는 인적요인 분석을 시행하였는가?
- 중앙펌프 문제로 인해 가스와 액체 유량 조정이 어려웠다. - 구체적인 지침을 업무지시서(직무분석)로 제공하지 않았다. - 유일한 지침은 중앙펌프가 건조한 상태로 가동되지 말아야 한다는 조항이 있었다.	
- 운영자와 생산팀 책임자의 기술과 지식에 의해 안전관리 수준은 달라진다. - Moderdijk 화학공장의 안전 지침에 따르면 반응로는 숙련된 운영자가 수행해야 한다고 되어 있다. - 운영자는 정상적인 상황에서 운영과 관련한 경험과 훈련은 충분했지만, 촉매제 교체와 같은 일은 처음 하는 일이었다. - 운영자는 컨트롤러로부터 통제를 위한 지원을 받지 못했다.	

– 운영자는 문제가 있었던 기동절차를 준수하였다. – 작업지침은 Shell이 제공한 양식과 다르고 중요 조건과 운영자가 해야 할 필수 단계가 생략되었다(질소 유량을 고려하지 않은 점).	운영자에게 부적절한 작업지침이 제공된 사유는 무엇인가?
– 운영자가 기동 절차를 수립할 때 기술자나 안전담당자의 검토를 받지 않았다. – 사고보고서에는 이러한 원인을 언급하지 않았다.	왜 보고서에 이러한 내용이 없었는가? 왜 운영자는 작업지침을 만들고 별도의 검토를 받지 않았는가?
– Shell 프로젝트/기술이 만든 설계에는 반응로 설계와 운영에 대한 사항이 포함되어 있다. – 하지만 반응로 설계가 복잡하게 표현되어 있어 운영자가 이해하기 어려웠다. – 그 결과 운영자가 작업지침을 만드는 데 활용되지 못했다.	이와 관련한 여러 중요한 의문이 있다.
– 사고보고서에는 확신 편향을 주는 여러 내용이 존재하고 있었다. – 운영자는 재기동 과정에서 압력이 올라가는 것을 정상으로 간주했다. – 운영자는 이전에도 유사하게 경험했던 상황이라 대수롭지 않게 생각했다. – 운영자는 당시에 울렸던 경보음에 적절한 대응을 하지 않았다.	이 상황에서 운영자의 정신 모델(Mental model)은 어떠하였는가?
– 사고 당시 상황을 안전하게 대응하기 위해서는 충분한 경험과 지식이 필요했다. – 운영자는 해당 설비와 관련한 유해 위험 요인을 파악하고 통제해야 했다. – 하지만 운영자는 이러한 상황을 인지하지 못하고 있었고, 심지어 엔지니어도 모르고 있었다. – 이러한 위험 상황을 누구도 생각하지 못했다.	설계자와 엔지니어는 왜 이런 상황을 생각하지 못했는가?

　　상황적 요인의 이유분석 (2)의 결과를 보면, 운영자의 불안전한 행동 이외에 여러 상황적 요인이 존재하는 것을 볼 수 있었다. 사고 당시 상황을 보면 운영자는 컨트롤러로부터 적절한 통제를 할 수 있는 지원을 못 받았다. 사고 당시 상황을 보면 설비에 대한 깊은 지식과 경험이 필요했기 때문이다. 더욱이 설계자가 이러한 위험을 인지하지 못했기 때문에 운영자의 불안전한 행동이 유발되었다. 이와 관련한 개선대책은 운영자에게 적절한 교육, 훈련 제공, 이행현황 진단, 인적요인 분석, 업무지침 개선 등을 하는 것이다.

(2) 공장 안전관리부서(Plant safety management)

공장 안전관리부서는 일반적인 공장 운영에 대한 안전 감독을 수행하고, 공정운영과 관련한 안전 정보를 제공한다. 공장 안전관리부서의 책임은 아래와 같다.

- 공장의 위험요인 확인 및 개선
- 안전 관련 지침 제공
- 교육훈련 프로그램 운영/적절한 경험과 훈련된 사람 지정
- 변경관리 기준 운영/통제
- 비상 대응 및 응급처치 관리
- 공장 안전 관련 이행실적 평가/진단 시행

공장 안전관리부서가 안전조치 실시하지 않은 내용은 다음 표와 같다.

- 공정에서 사용하는 에틸벤젠을 안전한 물질로 간주하였다.
- 기동 절차에 위험이 있다고 판단하지 않았다.
- 운영자와 생산팀 책임자의 지식과 경험 정도면 충분히 관리하고 통제할 수 있다고 믿었다.

공장 안전관리부서의 상황적 측면을 검토해 보면, 작업지침과 절차는 중요하게 간주하지 않았고, 안전 평가 절차는 정부의 요구조건 수준을 따랐다. 그리고 안전 평가는 주로 환경적 요인에 치중되었다.

공장 안전관리부서의 역할을 요약하면 i) 공정과 관련한 위험평가 분석이 부적절하였다. ii) 당시 위험평가는 Shell과 네덜란드의 법규의 요구조건을 충족하였다. 이 위험평가는 석유화학 업체의 표준을 준수한 수준이었다. iii) 안전관리부서는 에틸벤젠이 다른 촉매제와 반응하여 폭발을 일으킬 수 있다는 위험을 검토하지 않았다. iv) 그리고 많은 사람이 에틸벤젠과 다른 촉매제 사이의 반응은 거의 불가능하다고 믿었다. v) 변경관리 절차가 준수되지 않았다. 공정과 촉매제 변경에 따른 위험이 확인되지 않았다. vi) 새로운 촉매제를 사용하면서도 이전

에 사용했던 촉매제와 동일하게 위험이 없다고 판단하였다. vii) 위험성 평가 없이 촉매제 가열을 시행하였다. 이러한 작업을 사전에 막을 지침이 없었다. viii) 1999년 Shell의 다른 공장에서도 유사한 사고가 있었지만, 별도의 개선이 없었다. ix) 안전부서는 운영부서의 작업지침을 검토하지 않았다. 그리고 작업지침은 Shell의 형식을 따르지 않았다. 공장 안전관리부서의 개선대책은 다음 표와 같다.

- 위험성 평가에 기반을 둔 실질적인 안전 지침을 수립한다.
- 안전 지침 수립 시 운영자, 엔지니어와 안전부서가 검토한다.
- 변경 절차를 준수한다.
- 위험성 평가 기법을 고도화/다양화한다.
- 위험요인을 관리하기 위한 선행지표를 관리한다.
- 사고의 원인을 파악하고 개선대책을 시행한다.

(3) 공장 운영 관리(Operations management)

공장 운영 관리의 책임은 다음 표와 같다.

- 안전 정책을 수립한다.
- 안전관리 조직이 책임을 이행하도록 위험평가 기준을 제공한다.
- 위험성 평가 결과를 공장 운영의 의사결정에 활용한다.
- Shell 본사와 같은 안전관리스템을 Moderdijk 화학공장에 적용한다.
- 운영자에게 정상 운영/비정상 운영 단계를 구분하여 교육한다.
- 변경관리 기준을 검토하고 위험성 평가에 기반을 둔 절차를 유지한다.
- 작업지침을 재평가하여 개선한다.
- 재기동 과정에서 위험성이 높은 작업을 선별하고 개선한다.
- 사고사례를 수집하고 적절한 조치를 한다.
- 작업에 필요한 경험과 지식을 갖춘 인력을 양성한다.
- 운영자에게 필요한 통제 활동을 제공한다.
- 안전관리 진단을 시행하여 성과를 평가하고 개선한다.
- 효과적인 선행지표를 설정하고 운영한다.

공장 운영 관리가 부적절하게 된 원인은 다음 표와 같다.

- 에틸벤젠이 안전한 물질이라고 간주하였기 때문에 누구도 가열단계에서 위험하다고 생각하지 않았다.
- 운영자가 적절한 교육을 받고 경험이 있다고 생각했다.
- 유해유험 요인에 대한 관리를 무시하였다.
- 공정 안전관리 보고서에는 가열단계가 없었다.
- 공정 안전관리는 위험성을 평가하지 않았다.

공장 운영 관리의 역할을 요약하며 다음 표와 같다.

- 공정 운영을 위한 위험성 평가에서 사고를 일으킨 위험을 발견하지 못했다. 단, 위험성 평가는 네덜란드 규제당국의 요구조건은 충족하였다.
- 변경관리 절차를 적절하게 통제하지 못했다.
- 운영자가 엔지니어나 안전관리 부서의 검토 없이 안전 지침을 만들도록 허용하였다. 운영자는 Shell의 형식을 사용하지 않았다.
- 공정 통제시스템이 비정상 단계에도 적용되도록 확인하지 않았다.
- 적절한 경험과 지식을 갖춘 운영자를 비치하도록 조치하지 않았다.
- 1999년에 발생했던 유사 사고의 경험을 적용하지 않았다.
- 내부 감사는 유해 위험요인을 파악하지 못했다.

공장 운영 관리에 대한 개선대책은 i) 적절한 변경관리 절차를 수립하고 운영한다. ii) 변경사항 발생 시 변경에 따라 영향을 받는 요인을 검증한다. iii) 작업지침 개선, 관리 감독 실시, 적절한 위험성 평가 시행.

(4) Shell 본사(Shell global)

본사의 기능은 다음 그림과 같이 프로젝트/기술, 안전관리 및 이사회를 포함한 임원으로 구분한다.

Shell 본사

경영층

Shell 프로젝트/기술　　안전관리

네덜란드 정부/감독기관

촉매제 공급업체　　Moderdijk 화학공장　　비상대응

가. 프로젝트/기술(project and technology)

프로젝트/기술의 안전 관련 책임은 i) 안전한 설계를 한다(위험성 평가를 통한 제거, 대체, 완화 조치 등), ii) 공장 운영자에게 설계 관련 정보와 시나리오 정보를 공유한다. iii) 운영자의 의견을 청취하여 개선하는 것이다. 프로젝트/기술의 안전 관련 문제는 i) 운영자가 작업지침을 안전하게 작성하도록 설계 자료를 제공하지 않았다. ii) 1999년에 발생한 사고원인에 대한 개선 조치를 반영하지 않았다.

프로젝트/기술의 안전 관련 역할을 조사하면서 답변이 이루어지지 않았던 질문이 존재한다. 예를 들면, 사고보고서에는 포함되지 않은 설계 검토사항이다. 그리고 설계 결함이 왜 발생하였고 어떻게 설계 검토 과정을 통과했는지 검토되지 않은 사항이다. 그리고 운영자에게 어떤 개선 요청을 받았는가 하는 내용이다.

프로젝트/기술이 개선해야 할 대책은 i) 설계 단계에서 사고를 유발할 수 있는 요인을 효과적으로 검토한다. ii) 설계 검토와 승인 과정에서 위험요인을 확인하고 개선한다. iii) Shell 전사에 적용할 절차를 개발하고 적용한다.

나. 안전관리 부서(Corporate safety management)

본사의 안전 관련 책임은 다음 표와 같다.

- 전사에 적용할 위험평가 기준을 설계에 반영하도록 조치한다.
- 프로젝트/기술의 안전관리 현황을 검토하고 개선한다.
- 전사 차원의 변경관리 절차를 검토/개선한다.
- 의사소통 채널을 구축하고 주기적이고 효과적인 정보를 공유한다.
- 전사 차원의 안전보건관리시스템을 보완하고 개선한다.

본사의 안전관리의 역할에서 문제점은 i) 화학공장의 위험요인 파악과 효과적인 개선을 하지 않았다. ii) Shell이 운영하는 위험관리 프로세스는 위험요인을 파악하기에 부족하다. iii) HAZOP 기법의 위험성 평가를 적용하지만, 위험요인을 파악하기에 부족하였다.

본사의 안전 관련 책임과 역할 요약 기반의 개선대책은 i) 본사의 안전진단 방법을 개선한다. ii) 위험성평가 절차를 검토하고 현실적인 위험을 제거한다. iii) 안전보건관리시스템을 재검토하고 개선한다. iv) 현장의 의견 청취를 기반으로 위험요인을 개선한다.

다. 본사 임원(Executive-level corporate management)

본사 임원의 안전관련 책임은 i) 사고예방을 위한 책임감/리더십 보유, ii) 안전보건관련 위험요인 개선 지원, iii) 국가의 안전보건 정책/법규 이행, iv) 안전보건관리시스템 운영 검토/개선 지원, 안전문화 조성 등이다. 본사 임원이 안전관리 역할은 i) 효과적인 안전보건관리 시스템을 구축하고, ii) 안전문화 수준을 개선하는 것이다.

본사 임원의 안전 관련 책임과 역할 요약 기반 개선대책은 i) 안전보건관리 시스템의 효과적인 실행을 확인한다. ii) 사고원인을 파악하여 유사/동종 사고를 예방한다. iii) 현장 의견을 청취할 수 있는 체계를 구축하고 개선하는 것이다.

(5) 촉매제 공급업체

촉매제 공급업체의 안전 관련 책임은 촉매제의 안전 정보를 고객에게 제공하는 것이다. 그리고 촉매제 변경사항을 서류로 알렸다고는 하였지만, 이와는 별도로 위험성을 알려야 한다. 공급업체는 촉매제 변경사항이 있을 때 명확하게 고객에게 알려야 한다.

(6) 네덜란드 규제당국(Dutch regulatory authorities)

네덜란드 규제당국은 다음 그림과 같이 위치한다. 네덜란드 규제당국의 안전환경 감독은 두 가지로 구분되어 있다. 첫 번째 Brzo(안전 및 재난 대응과 관련된 법률과 규정을 통합하는 관리당국, besluit risico's zware ongevallen)는 공장이 준수해야 할 안전보건관리시스템의 운영 기준을 만들고 감독하는 당국이다.

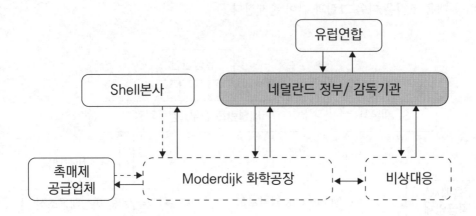

Wabo(일반환경 감독, wet algemene bepalingen omgevingsrecht)는 공장의 환경안전 허가를 관리하고 공장이 관련 규정을 준수하는지 확인하는 당국이다. 규제당국의 일반적인 안전 관련 책임은 i) 환경안전과 공공을 보호하기 위해 네덜란드의 법규 준수와 감독이다. ii) 유럽연합의 안전보건 법률을 네덜란드에 적용하는 것이다.

구체적인 안전 관련 책임은 i) 공장의 안전보건 관련 미흡 사항을 개선한다. ii) 감독을 통해 공장이 안전한 운영을 하도록 독려한다. iii) 발견된 위험이나 결점을 개선한다. iv) 절차와 변경사항을 평가한다. v)유지보수와 반응로 운전과 관련한 중요 절차를 확인하는 것이다.

규제당국의 안전 관련 역할은 규제당국은 제한된 인원을 보유하고 공장에 대한 효과적인 감독을 통해 공장 책임자가 효율적인 안전관리를 수행하도록 하는 역할을 갖는 것이다. 따라서 규제당국은 일정한 주기로 공장을 방문하여 그들의 안전관리시스템을 확인하고 개선해야 한다. 규제당국은 Moderdijk 화학공장의 부적절한 안전관리시스템 운영 현황을 확인하지 못하였다(규제당국이 Moderdijk 화학공장의 위험을 파악하지 못한 이유는 무엇일까?)

규제당국이 개선해야 할 대책은 i) 제한된 인력에도 불구하고 안전관리를 고도화해야 한다. ii) 공장의 위험요인을 보고받고 확인하는 과정이 필요하다. iii) 점검이나 평가 시 현장경험이 풍부한 감독관을 파견하여 실질적인 위험을 파악하고 개선한다. iv) 점검시스템 수준을 높여야 한다.

(7) 비상 대응 조직(Emergency service)

비상 대응 조직은 다음 그림과 같이 존재한다.

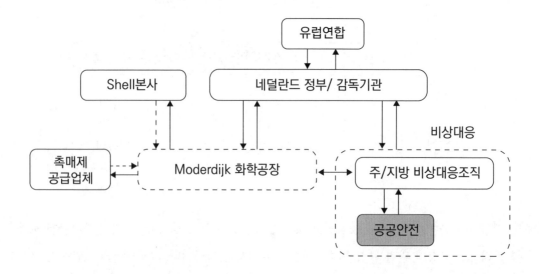

비상대응 조직의 안전 관련 책임은 시민에게 사고를 알리고 기준에 따라 유출된 물질을 측정하고 유출물질의 측정 결과를 시민에게 알리는 것이다. 비상 대응 조직의 안전 관련 역할은 비상 대응 조직은 시민들에게 효과적으로 비상 상황을 알리는 것이다. 비상대응 조직이 개선해야 할 대책은 국가 위기관리시스템을 개선하여 의사소통을 원활하게 하는 것이다.

4.2.4 통제구조 결함발견(Identify control structure flaws)

이제까지 검토한 STAMP 분석과정은 개별 요인 간 통제에 초점을 두었다. 즉 컨트롤러가 적절하게 통제를 못 한 사유를 확인한 것이다. 이제는 통제구조 결함발견(Identify control structure flaws)을 통해 통제구조 전체를 바라보는 시각에서 통제의 비효율을 초래하는 사항을 확인한다. 시스템 전체를 바라보기 위해서는 의사소통, 조정, 안전 정보시스템, 안전관리시스템 설계, 안전문화, 변화와 변동, 경제적 측면 등의 요인들을 검토하는 것이 효과적이다.

(1) 의사소통 및 조정(Communication and coordination)

사고가 발생하는 주요 원인은 안전 통제 구조 요인 간 적절하지 않은 의사소통과 조정의 결과이다. 2000년 캐나다에서 발생한 용수오염으로 2,000명 이상이 상해를 입고 6명이 사망한 사고를 보면, 당시 환경 당국과 보건당국의 중첩된 책임으로 인한 이해 상충으로 인한 관리 감독 부족이 원인이었다.

(2) 안전정보 시스템(Safety information system)

사고율이 높은 회사와 낮은 회사를 대상으로 안전 정보시스템의 적용 수준을 파악한 결과, 안전 정보시스템이 잘 갖춰진 회사의 사고율이 낮았다는 결과가 있다. 안전 정보시스템은 관련 표준(standard) 평가, 위험평가 비교, 설계 표준 마련, 위험식별 등의 내용을 포함한다. Moderdijk 화학공장의 사례를 보듯이 공장이 예전에 발생했던 사건이나 사고를 사전에 검토하고 공유하였다면 사고를 막을 수도 있었다. 물론 좋은 안전 정보시스템을 갖추어도 담당자가 보고하지 않는다면 그 효과는 낮을 것이다.

(3) 안전관리시스템 설계(Design of the safety management system)

안전관리시스템 체계는 STAMP 분석의 안전 통제구조와 유사하다. 안전관리시스템은 사고를 예방하기 위한 효과적인 체계로 주로 계획, 실행, 확인 및 개선하는 단계를 거치면서 성과를 개선하는 활동이다. 이에 따라 규제당국은 안전 점검이나 진단을 시행하는 동안 회사의 안전관리시스템 이행현황을 확인해야 한다. 예를 들면 규제당국이 Moderdijk 화학공장의 안전관리시스템 확인하고 개선하는 등의 활동이다. 당시 네덜란드 규제당국은 Moderdijk 화학공장의 안전관리시스템 이행 여부를 점검하고 별도의 개선지시를 하지 않았다. 당시 정황으로 볼 때, 규제당국에는 충분한 인력이 없거나 있다고 하여도 점검이나 진단을 수행하는 사람들의 경험과 역량이 부족했기 때문이라고 볼 수 있다.

(4) 안전문화(Safety culture)

안전문화는 안전 통제구조 모든 영역에 영향을 준다. 안전문화는 사람이 어떠한 결정을 내리는 데 있어 판단의 기준이 되는 조직의 가치와 가정이라고 정의할 수 있다. 사고가 발생한 현장에서 발견된 문제는 i) 생산과정에서 사고 발생은 불가피하다고 믿고, 사고는 사람의 불안전한 행동으로 인해 발생한다고 믿는 위험수용 문화이다. ii) 관리자는 좋은 내용만 보고받고 잠재적인 위험을 보고하면 무시하는 부정의 문화, iii) 정부 규제를 준수하는 데에만 치중, 정규 규제는 최종 생산이나 제품에 집중되어 있어 생산과정의 실질적인 위험을 개선하기 어렵다는 믿음, 정규 규제나 검사는 일시적이며, 회사가 미리 대비할 수 있다는 안이함, 정부 규제는 실제 운영과 생산을 실시간 관리하기 어렵다고 믿는 편협한 규정 준수 문화, iv) 실질적인 위험요인을 개선하기보다는 서류 위주로 실행을 대신하는 문서문화이다.

(5) 변화와 변동(Change and dynamic)

운영시설이나 시스템이 변화와 변동이 발생할 때 사고가 발생할 가능성이 크다. 변화와 변동의 범주는 물리적 절차, 운영 절차, 안전 활동, 관리 절차, 감독업무 등이다. Moderdijk 화학공장의 경우, 새로운 촉매제로 변경하였으나 적절한 시험과 절차를 준수하지 않았다.

(6) 경제 관련 요인(Economic related factors)

사고를 일으키는 영향 요인으로 시장의 경쟁, 매출, 영업이익과 관련한 조건이 있다. 그리고 공통적인 요인으로 공장이 입지한 환경적인 조건이 있다. 전통적으로 위험시설은 사람이 있는 인근에 배치하지 않는다. 하지만 시간이 지나면서 위험시설 주위로 사람들이 이사를 오는 경우가 있다. 이 경우 기존의 인허가 조건이나 관리 수준을 높인 안전관리가 필요하다.

4.2.5 개선대책 수립(create improvement program)

통제구조 개선을 위한 개선대책을 아래와 같이 수립한다.

(1) 개선대책 수립

사고분석 이후 유사 사고를 예방하기 위한 개선대책을 수립한다. 개선대책은 중요도에 따라 개선 시기를 조정할 수 있다.

(2) 지속적인 개선 구조구축

개선대책을 설정한 이후 개선현황을 관리하기 위하여 적절한 책임과 역할을 명시한다. 그리고 개선 기간을 설정하여 해당 기간에 조치를 시행하도록 관리한다.

(3) STAMP 분석 결과 형식

STAMP는 손실을 단순한 사건으로 보지 않고 복잡하게 연결된 상호작용으로 보고 있다. 따라서 STAMP 분석구조는 복잡하고 다양하다. 구조화 과정은 요인 간의 관리 설정에 따른 질문과 답변을 통해 연결고리를 구체화하는 것이다. 이렇게 복잡하고 다양한 정보를 AcciMap과 같이 한 장에 표현한다면, 많은 정보를 빠뜨릴 수 있는 상황이 만들어질 수 있다.

4.3 STAMP를 활용한 사고분석 사례[해외 작업장 사례]

대형 제품이 조립되는 공장에서 일부 설비에 설치되어야 했던 부품 A가 준비되지 않아 설치를 나중에 하게 되었다. 부품 A를 설치하기 위하여 교대조 A가 가설 비계(scaffolding)를 설치하였다. 교대조 B는 부품 A를 설치하기 위해서는 기존 설비의 일부 구조물을 해체해야 했기 때문에 설치된 비계의 발판을 제거하였다.

일부 구조를 해체하여 비계 구조의 반대편에 있는 리프트에 옮기는 동안 작업자가 제거된 발판 사이로 추락하는 사고가 발생하였다. 회사의 사고조사팀은 이 사고에 대한 분석을 시행하였다. 사고의 직접 원인은 작업자 높은 곳에서 추락한 것으로 결정하였다. 기여 원인은 작업자의 경험 부족과 위험이 존재하는 작업임에도 불구하고 지원을 요청하지 않은 점으로 판단하였다. 그리고 근본 원인으로는 비계발판을 제거한 것으로 판단하였다. 사고 원인조사를 통한 단기 대책은 발판을 제거하면 안 된다는 경고 표시 부착과 비계 구조의 발판 고정 여부를 확인하는 것으로 조치하였다. 장기 조치는 작업지침 확보와 작업 전 위험요인을 논의하는 것으로 조치하였다.

이 회사의 사고조사과정을 검토해 보면, 사고에 관한 질문에 작업자가 추락한 것으로 답하였다. 그리고 작업자가 추락한 이유는 무엇이냐는 질문에 대해 상황인식(situation awareness)이 부족했다거나 실수였다는 답을 하였다. 이러한 사고분석 방식은 정확한 사고원인을 찾기보다는 사람의 행동을 비난하는 방식으로 전개될 수 있다. 즉, 이 사고 보고는 사고와 연관된 작업자를 집중하여 원인을 분석하였다는 점이다.

4.3.1 기본정보 수집

사고보고서에 언급된 기본정보가 부족하지만, 이 사고를 STAMP 분석 기반으로 분석한다. 먼저 물리적 통제와 관련한 실패 사항은 해당 사항이 없다. 상호작용으로는 작업자가 비계 공간으로 추락한 것이고, 기여 사항은 부적합한 비계가 설치된 것이다.

4.3.2 안전통제 구조 설정

다음 그림과 같은 비계 추락사고에 대한 안전 통제구조를 설정한다.

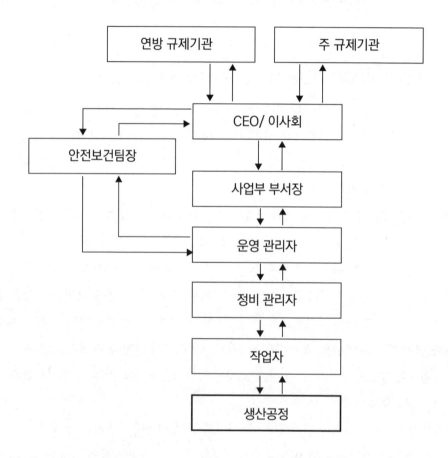

4.3.3 요인별 손실분석

(1) 교대조 A

교대조 A의 책임은 감독자의 요청을 준수하는 것이고 문서 표준을 따르는 것이다. 정신 모델(mental model)의 결함으로는 작업자가 당시 어떤 목적의 비계인지 정확히 몰랐다는 것이다. 상황적 요인으로는 비계설치와 관련한 정확한 지침이 없었다는 것이다. 그리고 비계설치를 위한 정확한 안전 정보가 없었다.

(2) 교대조 A 감독자

감독자의 책임은 작업자에게 정확한 안전 정보를 주는 것이다. 정신 모델의 결함으로는 어떤 목적의 비계인지 정확히 몰랐다는 것이다. 상황적 요인으로는 비계설치를 위한 정확한 안전 정보가 없었다는 것이다.

(3) 교대조 B

교대조 B의 책임은 작업지침을 따라 작업하는 것이다. 정신 모델 결함으로는 작업자가 비계발판 제거로 인한 위험요인을 몰랐다는 것이다. 상황적 요인으로는 비계 제거와 관련한 승인을 얻어야 하는 것을 몰랐다는 것이다.

(4) 교대조 B 감독자

감독자의 책임은 작업자가 안전하게 작업수행을 관리하는 것이다. 정신 모델 결함으로는 잠재적 위험을 불충분하게 알고 있었다는 것이다. 상황적 요인으로는 비계 제거와 관련한 지침을 알지 못했다는 것이다. 아쉽게도 사고에 대한 정보가 부족하므로 STAMP를 효과적으로 수행하기 어렵지만, 여기에는 답변이 이루어지지 않은 많은 질문이 다음 표와 같이 존재한다.

- 비계설치 경험이 없는 작업자를 감독하지 않은 이유는 무엇인가?
- 작업자가 비계설치를 할 때 위험을 보고할 체계가 있었는가?
- 위험한 상황을 발견했을 때 적절하게 보고하는 절차가 있는가?
- 설비 운영의 책임은 누구에게 있는가?
- 비계 구조를 해체한 작업을 누가 감독하는가?
- 비계 구조 해체와 관련한 위험평가는 누가 하는가?
- 작업자는 임시방편으로 업무를 한 것으로 추정된다. 이것이 사실인가?
  이런 일은 얼마나 자주 발생하는가? 이런 행동을 경영층이 원하는가?
- 비계설치와 관련한 감독자의 책임은 무엇인가? 감독자는 왜 감독을 하지 않았는가?
- 왜 부품이 원래 설치되지 않았는가?
- 안전보건팀장은 비계 구조설치와 발판 해체 사실을 알고 있었는가? 어떤 관리 감독을 해야 했는가?
- 경영층이 이러한 사실을 알고 있는가? 알고 있다면 왜 사전에 조치하지 않았는가?

- 안전 관련 감사 프로그램은 이런 상황을 파악하였는가?
- 연방규제기관과 주 규제기관의 안전 관련 역할은 무엇인가?

4.3.4 통제구조 결함발견 및 개선대책 수립

사고정보가 부족한 상황이지만, 아래와 같은 개선대책을 수립할 수 있다.

- 작업위험성평가를 실시하고 감독자의 승인을 받는다.
- 작업자의 행동을 주기적으로 관찰하고 개선한다.
- 비계 작업에 대한 별도의 안전 지침을 수립하고 교육한다.
- 경영층은 안전문화 수준을 개선한다.
- 현장의 개선 의견을 청취하고 개선한다.
- 급박한 위험이 존재하는 경우 작업을 중지토록 하고 보고받는다.
- 비계설치와 관련한 위험성이 높은 작업은 별도의 전문교육과 경험이 있는 사람이 수행하게 한다.
- 추락의 공간이 발생하면 별도의 안전난간을 설치한다.
- 기본적인 추락 방지 보호구를 착용한다.
- 사고가 날 수 있었던 상황을 자유롭게 보고할 수 있는 분위기를 조성한다.

4.4 비평

STAMP는 사고와 관련한 모든 관련자의 법적책임과 사내 안전보건관리규정 상의 책임 등을 세밀하게 검토할 수 있는 장점이 있다. 그리고 책임을 이행하지 못한 사유를 객관적으로 질문할 수 있다. FRAM과 AcciMap보다 객관적인 사고분석, 신뢰성 확보와 다양하고 많은 개선대책 수립이 가능하다. 다만, 단점은 사고와 관련한 모든 계층 사람의 책임과 책임 불이행 확인 그리고 개선대책 수립이 필요하므로 사고분석에 시간이 많이 소요된다. 국내의 경우, 그동안 시스템적 사고분석과 관련한 정보가 일부 공유되어 현장에서 활용되고 있지만, 그 실적이 저조하다. 사고조사자들은 시스템적 사고조사 방법을 활용하는 데 어려움을 느끼고 있는 것으로 파악된다.

시대 상황에 따라 많은 사고조사 모델과 방법이 세상에 존재하고 있지만, 어떤 산업에 어떤 모델이나 방법이 적합한가에 대한 논란은 상존한다. 하지만 무엇보다 중요한 것은 하인리히(1931)가 주장한 오래된 방식의 안전관리 방식은 요즘 시대에 맞지 않다는 것은 안전과 관련한 전문가들 사이에서 공론화된 지 오래되었다. 하지만 어떤 단순한 사고들에 대해서는 일부 활용의 여지가 있을 수 있다. 시스템이나 환경이 안전하지만, 근로자의 순간 방심으로 인해 발생하는 사고 그리고 회사의 안전문화가 열악하여 조직적인 영향이 크고 관리감독자가 책임을 다하지 않아 발생하는 사고 등 여러 상황이나 경우가 있을 수 있다. 이러한 산업군과 사고의 심각도 등을 고려하여 순차적 모델, 역학적 모델, 시스템적 방법을 선택하여 적용하되, 혼용하여 사용한다면 재발 방지대책을 효과적으로 수립할 수 있을 것이다.

아래 그림은 산업이 갖는 결합(Coupling)[14]과 관리력(Manageability)을 고려한 사고분석 모델이다. 우체국, 탄광 등의 경우 결합이 낮고 관리력이 높은 수준이므로 순차적 모델을 적용하고 철도와 전력망 등의 경우 결합이 높고 관리력이 높은 수준이므로 역학적 모델 적용을 추천한다. 그리고 원자력발전소, 화학공장 및 우주개발의 경우 결합이 높고 관리력이 낮은 수준이므로 시스템적 방법을 추천하고 있다.

---

14 기능 변동성 파급효과 분석기법(FRAM, functional resonance analysis method)에서 정의하는 통제, 출력, 자원, 전제조건, 입력, 시간 등의 여섯 가지 측면의 잠재적인 결합으로 인해 위험한 상황을 초래하는 상황

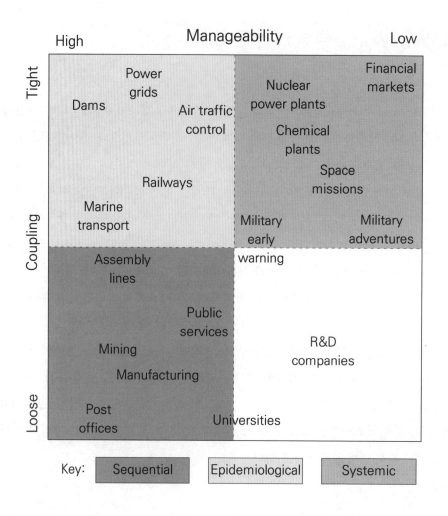

산업별로 사고가 일어나는 상황은 서로 달라 특정한 한 가지 모델을 적용하여 사고분석을 한다면, 자칫 편향된 재발 방지대책이 수립될 여지가 있다.

김성훈. (2022). 해지드/보우타이 기법의 한계와 개선에 대하여. *대한조선학회 논문집, 59*(3), 164-172.

관계부처합동. (2022). 산업안전 선진국으로 도약하기 위한 중대재해 감축 로드맵.

한국산업안전보건공단. (2011). 반정량적(Semi-quantitative) 보우타이(Bow-Tie) 리스크 평가 기법에 관한 지침(KOSHA GUIDE X-40-2011).

Abbassi, R., Khan, F., Khakzad, N., Veitch, B., & Ehlers, S. (2017). Risk analysis of offshore transportation accident in arctic waters. *International Journal of Maritime Engineering, 159*(A3).

Alexander, T. M. (2019). A case based human reliability assessment using HFACS for complex space operations. *Journal of Space Safety Engineering,6*(1), 53-59.

Allison, C. K., Revell, K. M., Sears, R., & Stanton, N. A. (2017). "Systems Theoretic Accident Model and Process (STAMP) safety modelling applied to an aircraft rapid decompression event", Safety science, 98, pp. 159-166.

Bargal, B., Benneyan, J., Eisner, J., Ergai, A., Chen, K., & Chari, S. Alternate Safety Methods to Root Cause Analysis for Learning from Healthcare Adverse Events. *Available at SSRN 4341451*.

Beach, P. M., Mills, R. F., Burfeind, B. C., Langhals, B. T., & Mailloux, L. O. (2018). A STAMP-based approach to developing quantifiable measures of resilience. In *Proceedings of the 16th International Conference on Embedded Systems, Cyber-Physical Systems, and Applications (ESCS 2018), Las Vegas, NV, USA* (Vol. 30).

Bellamy, L. J. (2015). Exploring the relationship between major hazard, fatal and non-fatal accidents through outcomes and causes. *Safety Science, 71*, 93-103.

Benner Jr, L. (2019). Accident investigation data: Users' unrecognized challenges. *Safety science,118*, 309-315.

Bjerga, T., Aven, T., & Zio, E. (2016). Uncertainty treatment in risk analysis of complex systems: The cases of STAMP and FRAM. *Reliability Engineering & System Safety, 156*, 203-209.

Bonsu, J., Van Dyk, W., Franzidis, J. P., Petersen, F., & Isafiade, A. (2016). "A systems approach to mining safety: an application of the Swiss cheese model", *Journal of the Southern African*

Institute of Mining and Metallurgy, 116(8), pp. 776-784.

Branford, K., Hopkins, A., & Naikar, N. (2009). "Guidelines for AcciMap analysis. In Learning from high reliability organisations", CCH Australia, pp. 1-12.

Burgess-Limerick, R., Horberry, T., & Steiner, L. (2014). Bow-tie analysis of a fatal underground coal mine collision. *Ergonomics Australia, 10*(2).

Cassano-Piche, A. L., Vicente, K. J., & Jamieson, G. A. (2009). A test of Rasmussen's risk management framework in the food safety domain: BSE in the UK. *Theoretical Issues in Ergonomics Science, 10*(4), 283-304.

Celik, M., & Cebi, S. (2009). Analytical HFACS for investigating human errors in shipping accidents. *Accident Analysis & Prevention,41*(1), 66-75.

Chauvin, C., Lardjane, S., Morel, G., Clostermann, J. P., & Langard, B. (2013). Human and organisational factors in maritime accidents: Analysis of collisions at sea using the HFACS. *Accident Analysis & Prevention,59*, 26-37.

De Oliveira, N. M., & Hegde, J. (2015). Analysis and Discussion of Deepwater Horizon Accident and Barrier Strategies. *Presentation File*.

De Linhares, T. Q., Maia, Y. L., & e Melo, P. F. F. (2021). The phased application of STAMP, FRAM and RAG as a strategy to improve complex sociotechnical system safety. *Progress in Nuclear Energy, 131*, 103571.

del Carmen Pardo-Ferreira, M., Rubio-Romero, J. C., Gibb, A., & Calero-Castro, S. (2020). Using functional resonance analysis method to understand construction activities for concrete structures. *Safety Science, 128*, 104771.

DNV. (2015). Systematic Cause Analysis Technique (SCAT) 1 An Introduction. Retrieved from: URL: https://www.isrs.net/About-ISRS-Book-of-Knowledge.

Fam, I. M., Kianfar, A., & Faridan, M. (2010). Application of tripod-beta approach and map-overlaying technique to analyze occupational fatal accidents in a chemical industry in Iran. International journal of occupational hygiene, 2(1), 30-36.

Gong, Y., & Fan, Y. (2016). Applying HFACS approach to accident analysis in petro-chemical industry in China: Case study of explosion at Bi-benzene Plant in Jilin. In *Advances in Safety Management and Human Factors*(pp. 399-406). Springer, Cham.

Goode, N., Salmon, P. M., Taylor, N. Z., Lenné, M. G., & Finch, C. F. (2017). Developing a contributing factor classification scheme for Rasmussen's AcciMap: reliability and validity evaluation. *Applied Ergonomics, 64*, 14-26.

Grant, E., Salmon, P. M., Stevens, N. J., Goode, N., & Read, G. J. (2018). Back to the future: What do accident causation models tell us about accident prediction?. Safety Science, 104, 99–109.Heinrich, H. W. (1941). *Industrial Accident Prevention. A Scientific Approach. Industrial Accident Prevention. A Scientific Approach.*, (Second Edition).

Ham, D. H. (2021). Safety-II and resilience engineering in a nutshell: an introductory guide to their concepts and methods. *Safety and health at work, 12*(1), 10–19.

Hamim, O. F., Hasanat-E-Rabbi, S., Debnath, M., Hoque, M. S., McIlroy, R. C., Plant, K. L., & Stanton, N. A. (2022). Taking a mixed-methods approach to collision investigation: AcciMap, STAMP-CAST and PCM. *Applied Ergonomics, 100*, 103650.

Hollnagel, E. (2018). *Safety-I and safety-II: the past and future of safety management.* CRC press.

Hollnagel, E. (2017). *FRAM: the functional resonance analysis method: modelling complex socio-technical systems.* Crc Press.

Hollnagel, E. (2012). An Application of the Functional Resonance Analysis Method (FRAM) to Risk Assessment of Organisational Change.

Hollnagel, E., Hounsgaard, J., & Colligan, L. (2014). *FRAM-the Functional Resonance Analysis Method: a handbook for the practical use of the method.* Centre for Quality, Region of Southern Denmark.

Hsieh, M. C., Wang, E. M. Y., Lee, W. C., Li, L. W., Hsieh, C. Y., Tsai, W., ... & Liu, T. C. (2018). Application of HFACS, fuzzy TOPSIS, and AHP for identifying important human error factors in emergency departments in Taiwan. *International Journal of Industrial Ergonomics,67*, 171–179.

Hudson, P. (2010, April). Integrating organizational culture into incident analyses: extending the bow tie model. In *SPE International Conference and Exhibition on Health, Safety, Environment, and Sustainability?* (pp. SPE-127180). SPE.

Hudson, P. T. W., Reason, J. T., Bentley, P. D., & Primrose, M. (1994). Tripod Delta: proactive approach to enhanced safety. *Journal of petroleum technology, 46*(01), 58–62.

Hulme, A., Stanton, N. A., Walker, G. H., Waterson, P., & Salmon, P. M. (2019). What do applications of systems thinking accident analysis methods tell us about accident causation? A systematic review of applications between 1990 and 2018. *Safety science, 117*, 164–183.

Jalonen, R., & Salmi, K. (2009). Safety performance indicators for maritime safety management. *Literature survey. Espoo: Teknillinen korkeakoulu. Insinööritieteiden ja arkkitehtuurin tiedekunta. Sovelletun mekaniikan laitos. Sarja AM/9.*

Jenkins, D. P., Salmon, P. M., Stanton, N. A., & Walker, G. H. (2010). A systemic approach to accident analysis: a case study of the Stockwell shooting. *Ergonomics, 53*(1), 1–17.

Karanikas, N., Chionis, D., & Plioutsias, A. (2020). "Old" and "new" safety thinking: Perspectives of aviation safety investigators. *Safety science, 125*, 104632.

Kim, S. K., Lee, Y. H., Jang, T. I., Oh, Y. J., & Shin, K. H. (2014). An investigation on unintended reactor trip events in terms of human error hazards of Korean nuclear power plants. *Annals of Nuclear Energy,65*, 223-231.

Khakzad, N., Khan, F., & Amyotte, P. (2012). Dynamic risk analysis using bow-tie approach. *Reliability Engineering & System Safety, 104*, 36-44.

Kunieda, Y., Ino, A., Kashima, H., & Murai, K. (2020). Effective Measure for Accident Prevention Onboard Sea Vessels—Improvements on 4M4E Analysis. *Journal of Traffic and Transportation Engineering, 8*, 47-54.

Larouzee, J., & Le Coze, J. C. (2020). Good and bad reasons: The Swiss cheese model and its critics.*Safety science,126*, 104660.

Lee, S., Moh, Y. B., Tabibzadeh, M., & Meshkati, N. (2017). Applying the AcciMap methodology to investigate the tragic Sewol Ferry accident in South Korea. *Applied ergonomics, 59*, 517-525.

Leveson, N. (2004). A new accident model for engineering safer systems. *Safety science, 42*(4), 237-270.

Leveson, N. G. (2016). *Engineering a safer world: Systems thinking applied to safety* (p. 560). The MIT Press.

Liu, R., Cheng, W., Yu, Y., & Xu, Q. (2018). Human factors analysis of major coal mine accidents in China based on the HFACS-CM model and AHP method. *International journal of industrial ergonomics,68*, 270-279.

Liu, S. Y., Chi, C. F., & Li, W. C. (2013, July). The application of human factors analysis and classification system (HFACS) to investigate human errors in helicopter accidents. In *International conference on engineering psychology and cognitive ergonomics* (pp. 85-94). Springer, Berlin, Heidelberg.

Li, W., Zhang, L., & Liang, W. (2017). An Accident Causation Analysis and Taxonomy (ACAT) model of complex industrial system from both system safety and control theory perspectives. *Safety science, 92*, 94-103.

Martinolli, J. B. HFACS taxonomy and Accidents and Barriers methodology in Bow Tie Analysis, one Introductory Analysis.

Mevsim, R. (2023). Development of an accident causation model for underground coal mines.

Mohammadfam, I., & Gholamizadeh, K. (2020). Investigation of causes of plasco building accident in Iran using timed MTO and ACCIMAP methods: investigation of Plasco 4 building accident in Iran. *Journal of Failure Analysis and Prevention, 20*(6), 2087-2096.

Niskanen, T., Louhelainen, K., & Hirvonen, M. L. (2016). A systems thinking approach of occupational safety and health applied in the micro-, meso-and macro-levels: A Finnish survey. *Safety science, 82*, 212-227.

NorthWest Data Solution. (2021). How to Do Bowtie Analysis in Aviation SMS - 5 Step Walkthrough. Retrieved from: URL: https://en.wikipedia.org/wiki/Bow_tie.

Parkinson, H. J., & Bamford, G. Big Data in Railway Accident Prediction Including a Review of Current Analytical Methods. *Submitted to the International Journal of Railway Technology (IJRT)*.

Parnell, K. J., Stanton, N. A., & Plant, K. L. (2017). "What's the law got to do with it? Legislation regarding in-vehicle technology use and its impact on driver distraction", Accident Analysis & Prevention, 100, pp. 1-14.

Patterson, J. M., & Shappell, S. A. (2010). Operator error and system deficiencies: analysis of 508 mining incidents and accidents from Queensland, Australia using HFACS. *Accident Analysis & Prevention,42*(4), 1379-1385.

Presight Solution. (2016-2024). 13 ways the bowtie methodology can be used in an accident investigation. Retrieved from: URL: https://presight.com/bowtie-methodology/.

Pranger, J. (2009). Selection of incident investigation methods. *Loss Prevention Bulletin, 209*, 12.

Péter, J., & Tibor, K. (2018). INVESTIGATING A ROPE RESCUE ACCIDENT. Hadmérnök, 13(2), 171-181.

Qureshi, Z. H., Ashraf, M. A., & Amer, Y. (2007, December). Modeling industrial safety: A sociotechnical systems perspective. In *2007 IEEE International Conference on Industrial Engineering and Engineering Management* (pp. 1883-1887). IEEE.

Raben, D. C., Viskum, B., Mikkelsen, K. L., Hounsgaard, J., Bogh, S. B., & Hollnagel, E. (2018). Application of a non-linear model to understand healthcare processes: using the functional resonance analysis method on a case study of the early detection of sepsis. *Reliability Engineering & System Safety, 177*, 1-11.

Rasmussen, J. (1997). Risk management in a dynamic society: a modelling problem. *Safety science, 27*(2-3), 183-213.

Reason, J., Hollnagel, E., & Paries, J. (2006). Revisiting the Swiss cheese model of accidents. *Journal of Clinical Engineering,27*(4), 110-115.

Reason, J. (2017). *Managing the risks of organizational accidents*. Routledge.

Reinach, S., & Viale, A. (2006). Application of a human error framework to conduct train accident/incident investigations. *Accident Analysis & Prevention, 38*(2), 396-406.

Salmon, P. M., Cornelissen, M., & Trotter, M. J. (2012). Systems-based accident analysis methods: A comparison of Accimap, HFACS, and STAMP. *Safety science, 50*(4), 1158-1170.

Salmon, P. M., Hulme, A., Walker, G. H., Waterson, P., Berber, E., & Stanton, N. A. (2020). The big picture on accident causation: A review, synthesis and meta-analysis of AcciMap studies. *Safety science, 126*, 104650.

Salguero-Caparrós, F., & Rubio-Romero, J. C. (2023). Evaluation and comparison of selected methodologies to investigate occupational accidents. *Work, 74*(3), 1077-1089.

Salehi, V., Hanson, N., Smith, D., McCloskey, R., Jarrett, P., & Veitch, B. (2021). Modeling and analyzing hospital to home transition processes of frail older adults using the functional resonance analysis method (FRAM). *Applied Ergonomics, 93,* 103392.

Schröder-Hinrichs, J. U., Baldauf, M., & Ghirxi, K. T. (2011). Accident investigation reporting deficiencies related to organizational factors in machinery space fires and explosions. *Accident Analysis & Prevention,43*(3), 1187-1196.

Siemieniuch, C. E., & Sinclair, M. A. (2014). Extending systems ergonomics thinking to accommodate the socio-technical issues of Systems of Systems. *Applied ergonomics, 45*(1), 85-98.

Subagyo, E., Kholil, K., & Ramli, S. (2021). Risk assessment using bowtie analysis: A case study at gas exploration industry PT XYZ Gresik East Java Indonesia. *Process Safety Progress, 40*(2), e12190.

Svedung, I., & Rasmussen, J. (2002). Graphic representation of accident scenarios: mapping system structure and the causation of accidents. *Safety science, 40*(5), 397-417.

Sklet, S. (2004). Comparison of some selected methods for accident investigation. *Journal of hazardous materials, 111*(1-3), 29-37.

Stemn, E., Hassall, M. E., & Bofinger, C. (2020). Systemic constraints to effective learning from incidents in the Ghanaian mining industry: A correspondence analysis and AcciMap approach. *Safety Science, 123*, 104565.

Strauch, B. (2017). *Investigating human error: Incidents, accidents, and complex systems.* CRC Press.

Theophilus, S. C., Esenowo, V. N., Arewa, A. O., Ifelebuegu, A. O., Nnadi, E. O., & Mbanaso, F. U. (2017). Human factors analysis and classification system for the oil and gas industry (HFACS-OGI). *Reliability Engineering & System Safety, 167*, 168-176.

Toft, Y., Dell, G., Klockner, K., & Hutton, A. (2012). Models of causation: Safety.

Underwood, P., & Waterson, P. (2014). Systems thinking, the Swiss Cheese Model and accident analysis: a comparative systemic analysis of the Grayrigg train derailment using the ATSB, AcciMap and STAMP models. *Accident Analysis & Prevention,68*, 75-94.

Underwood, P., & Waterson, P. (2013). Accident analysis models and methods: guidance for safety professionals. *Loughborough University*.

Underwood, P., & Waterson, P. (2012). A critical review of the STAMP, FRAM and Accimap systemic accident analysis models. Advances in human aspects of road and rail transportation, (January 2016), 385–394.

Van Nunen, K., Swuste, P., Reniers, G., Paltrinieri, N., Aneziris, O., & Ponnet, K. (2018). Improving pallet mover safety in the manufacturing industry: A bow-tie analysis of accident scenarios. *Materials, 11*(10), 1955.

Vannerem, M. (2013). *Bow tie methodology: a tool to enhance the visibility and understanding of nuclear safety cases* (No. NEA-CSNI-R--2012-4).

Waterson, P., Robertson, M. M., Cooke, N. J., Militello, L., Roth, E., & Stanton, N. A. (2015). Defining the methodological challenges and opportunities for an effective science of sociotechnical systems and safety. *Ergonomics, 58*(4), 565–599.

Waterson, P., Jenkins, D. P., Salmon, P. M., & Underwood, P. (2017). 'Remixing Rasmussen': the evolution of Accimaps within systemic accident analysis. *Applied ergonomics, 59*, 483–503.

Waterson, P., Robertson, M. M., Cooke, N. J., Militello, L., Roth, E., & Stanton, N. A. (2015). Defining the methodological challenges and opportunities for an effective science of sociotechnical systems and safety. *Ergonomics,58*(4), 565–599.

Wikipedia. (2024). Bowtie. Retrieved from: URL: https://en.wikipedia.org/wiki/Bow_tie.

Wang, J., Fan, Y., & Gao, Y. (2020). Revising HFACS for SMEs in the chemical industry: HFACS-CSMEs. *Journal of Loss Prevention in the Process Industries, 65*, 104138.

Xia, N., Zou, P. X., Liu, X., Wang, X., & Zhu, R. (2018). A hybrid BN-HFACS model for predicting safety performance in construction projects. *Safety science,101*, 332–343.

Yazdi, M. (2022). *Linguistic methods under fuzzy information in system safety and reliability analysis* (pp. 5–12). Berlin/Heidelberg, Germany: Springer.

Yang, J., & Kwon, Y. (2022). Human factor analysis and classification system for the oil, gas, and process industry. *Process Safety Progress, 41*(4), 728–737.

Zhan, Q., Zheng, W., & Zhao, B. (2017). "A hybrid human and organizational analysis method for railway accidents based on HFACS-Railway Accidents (HFACS-RAs)", *Safety science, 91*, pp. 232–250.

Cenosco. (2024). Presight Solution. (2016–2024). 13 ways the bowtie methodology can be used in an accident investigation. Retrieved from: URL: https://presight.com/bowtie-methodology/. Retrieved from: URL: https://presight.com/bowtie-methodology/.

DNV. SCAT Chart – Systematic Cause Analysis technique – SCAT Chart. Retrieved from: URL: https://

www.keypointresources.com/SCAT–Chart–Systematic–Cause–Analysis–Technique.pdf.

DNV. (2015). Systematic Cause Analysis Technique (SCAT) 1 An Introduction. Retrieved from: URL:
https://www.isrs.net/files/SCAT/Introduction%20to%20SCAT%20rev4.pdf.

FRAM. (2024). CASE STUDIES–Be inspired by how FRAM works in the real world. Retrieved from:
URL: https://functionalresonance.com/.

P&I Loss Prevention Bulletin. (2021). 4M4(5)E Analysis–Analysis of Accident Cases. Retrieved from:
URL: https://www.piclub.or.jp/wp-content/uploads/2021/02/Loss–Prevention–Bulletin–
Vol.50–Light_1.pdf.

Tripod–powered by K&B. (2024). About TRIPOD. Retrieved from: URL: https://www.
tripodincidentanalyse.nl/en_US/about–tripod/.

TÜV Rheinland. (2024). Lessons learned from the real world application of the bowtie method.
Retrieved from: URL: https://risktec.tuv.com/knowledge–bank/lessons–learned–from–the–
real–world–application–of–the–bow–tie–method/.

Wikipedia. 2024. DNV. Retrieved from: URL: https://en.wikipedia.org/wiki/DNV.

Chapter

10

사고분석 도구

I 사고분석의 기초와 핵심 도구

1. 사고분석의 기초

사고정보 수집에서 얻은 내용을 효과적인 사고분석 방법론을 활용하여 사고의 기여요인을 파악하는 것은 미래의 사고를 예방하는데 중요하다. 효과적인 사고분석을 하기 위해서는 사안에 적합한 사고분석 도구를 사용해야 한다. 한가지의 단일 사고분석 도구로 모든 사고분석을 할 경우, 사고의 기여요인을 구체적으로 파악할 수 없다. 따라서 다양한 사고분석 도구를 활용하고, 도구별로 객관적인 검증을 할 수 있어야 한다.

2. 사고분석의 핵심 도구

미국 에너지부는 효과적인 사고분석을 위해 i) 사건 및 원인요인 차트 작성과 분석(Event and Causal Factors Charting and Analysis, 이하 ECFCA), ii) 방벽분석(Barrier Analysis), iii) 변화분석(Change Analysis), iv) 근본원인 분석(Root Cause Analysis) 및 v) 검증분석(Verification Analysis) 도구를 추천하고 있다. 그리고 다음 그림과 같이 인과관계를 확인하기 위하여 각각의 도구를 순차적으로 사용할 것을 추천하고 있다.

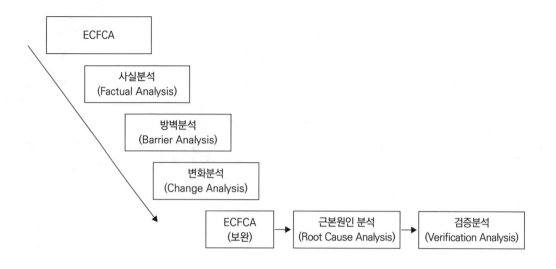

II ECFCA

1. ECFCA개요

ECFCA는 1970년대에 개발되어 미국에너지부에 의해 그 기능이 확장되었으며, 휴먼 퍼포먼스 개선(Human Performance Improvement, 이하 HPI)[1] 이론의 철학을 담고 있다. ECFCA가 개발된 배경에는 전통적으로 사고의 원인이 근로자가 범하는 오류라는 잘못된 믿음을 개선하기 위한 차원이 있었다. 그리고 좋은 일을 하기 위해 일터에 나오는 근로자가 사고 당시 내린 결정을 객관적인 상황적 맥락에서 바라봐야 한다는 시대적 사명감이 있었기 때문이다. 여기에서 상황적 맥락은 근로자의 사고방식(Worker's mindset)에서 달성하고자 했던 목표, 사용 가능한 지식과 정보 및 결정이 포함된다.

ECFCA는 사고 당시 근로자의 행동 결정 시점을 고려하여 사고의 기여요인을 파악할 수 있는 체계적인 방법으로 사건과 의사 결정 내용을 시간표 상에 그림 형태로 묘사할 수 있는

---

[1] 휴먼 퍼포먼스(Human Performance)는 특정한 작업 목표(결과)를 달성하기 위해 수행하는 사람의 행동이다. 행동은 사람들이 행하고 말하는 것이며 목적을 위한 수단으로 보고 들을 수 있는 관찰 가능한 대상의 범주이다.

일종의 흐름도이다. 시간표에 사고와 관련된 조건, 정보, 근로자의 지식, 사건 및 결정이 연결된다. 이 시간표를 보면, 사고 당시 근로자가 왜 그런 행동을 했는지 그리고 그들이 왜 그러한 결정과 행동을 했는지 이해할 수 있다. ECFCA에 포함되는 주요 기여요인은 휴먼 퍼포먼스 문제, 사고 예방 기회 놓침, 조직 문화 특성, 잠재적인 조직 약점 등이다. ECFCA를 활용하면 사건의 시간표 상 주요했던 정보를 수집함으로써 사고조사자 간의 편견을 없애거나 최소한으로 유지하여 객관적인 조사를 시행할 수 있다. ECFCA를 적용할 경우, 회사나 조직이 구축한 방벽의 기능을 검토할 수 있고, 어떤 문제가 있었는지 효과적으로 확인할 수 있다. 다음의 표와 같이 ECFCA의 장점은 다양하다.

- 사고로 이어지는 사건의 순서와 사건에 영향을 준 요인을 확인할 수 있다.
- 사고와 관련된 조직과 근로자의 관계를 묘사할 수 있다.
- 수집한 사고정보의 수준을 확인하여 추가적인 정보를 얻을 수 있다.
- 사실과 기여요인을 조직적 기능과 관리 시스템 차원에서 확인할 수 있다.
- 다양한 사고분석 도구와 같이 활용하여 통합적 관점을 검토할 수 있다.
- 수집한 사고정보를 논리적으로 정리하고 통합하는 구조화된 방법을 제공한다.
- 사고조사자 간 이견을 좁히고, 논리적인 기여요인을 찾을 수 있다.
- 사고 관련 정보를 그림 형태로 묘사하므로 쉽게 이해할 수 있다.

2. ECFCA 기호

ECFCA 기호에는 다음과 같이 사건, 조건, 사고, 상황, 추측사건, 추측조건, 원인요인, 사건별 연결, 조건으로부터 연결 및 이동 등이 있다.

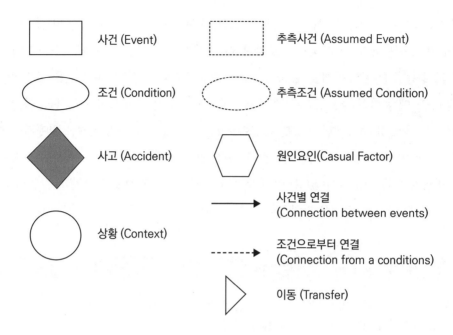

사건 (Event)	추측사건 (Assumed Event)
조건 (Condition)	추측조건 (Assumed Condition)
사고 (Accident)	원인요인(Casual Factor)
	사건별 연결 (Connection between events)
상황 (Context)	조건으로부터 연결 (Connection from a conditions)
	이동 (Transfer)

3. ECFCA 작성 단계

미국 에너지부 산하 사업장(1998년 7월 아이다호에 있는 사업장의 시험용 원자로에서 발생한 CO2 방출 사고)에서 발생했던 사고사례를 통해 ECFCA 작성 단계를 설명한다.

3.1 차트 만들기

초기의 차트는 ECFCA에서 골격의 역할을 하며, 사고분석을 통해 지속적으로 업데이트 되면서 그 내용이 수정과 개선이 된다. 차트의 사건(Event)은 다음 그림과 같이 사고가 발생한 시점인 왼쪽으로부터 오른쪽 방향으로 표기되고, 각각의 사건은 별도로 구분한다. 다음 그림은 A사건으로 마름모로 표기한다.

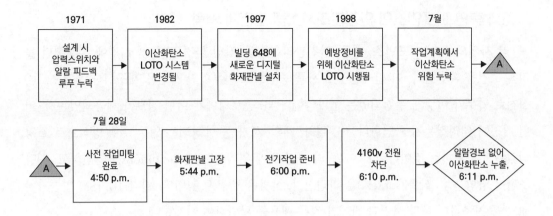

3.2 행동과 사건 순서

사고조사자는 사건의 시작에서부터 진행되는 일련의 과정을 차트로 표현한다. 이때 사건과 사건 사이 근로자가 취한 행동을 추가한다. 다음 그림은 각 사건에 행동이 추가된 모습이다.

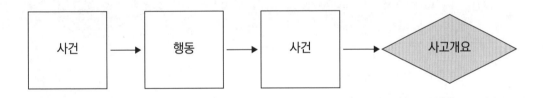

3.3 행동 전 결정

각 사건별 근로자가 상황적 맥락을 통해 결정한 사항을 추가한다. 이 과정은 근로자가 처한 상황에서 작업의 목표와 지식수준에 따라 주변 상황의 변화에 어떻게 대응하는가를 기재하는 것이다. 다음 그림은 행동 전 결정이 추가된 모습이다.

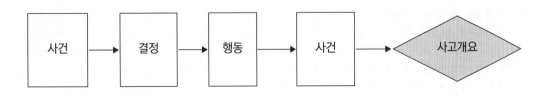

3.4 휴먼 퍼포먼스와 안전관리시스템 조건과 맥락

각 사건의 휴먼 퍼포먼스, 행동, 안전관리시스템, 작업 환경 및 특정 시점에 존재했던 물리적 조건을 확인한다. 이 단계는 근로자를 중심으로 이루어진 사건을 재구성하는 것으로 i) 실제로 업무가 어떻게 수행되었는지 파악한다. ii) 근로자에게 어떤 정보가 제공되었는지, 어떤 결정이 내려졌는지 확인한다. iii) 절차, 계획, 허가 등 예상되는 업무 수행 방식으로 결정되었는지 확인하는 것이다. 다음 그림의 사건 위에 위치한 조건(Condition)을 확인하고, 해당 조건이 영향을 준 상황(Context)을 확인한다. 상황은 별첨 9. HPI[2]와 별첨 10. ISM 일곱가지 원칙[3]을 참조하여 해당 사건과 관계가 깊은 내용을 확인하여 기재한다.

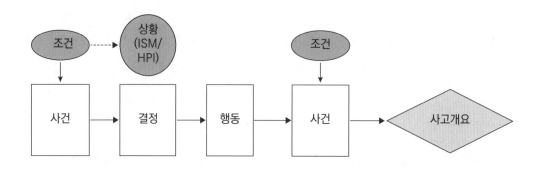

4. ECFCA 예시

4.1 사건

미국 에너지부 산하 원자력 시설에서 발생한 손가락 절단사고를 예시로 ECFCA를 작성하는 방법에 대해서 설명한다. 사고는 시설 지하에서 작업하던 전기 기사(Electrician, 이하 E-1)가 스프링이 장착된 공기 차단기(Air Circuit Breaker, 이하 ACB)[4]를 조작하는 동안 발생했다.

---

2 미국 원자력발전협회(Institute of Nuclear Power Operation, INPO)는 사람이 범하는 오류를 작업 환경, 개인의 능력, 과제의 요구사항 및 인간본성(WITH, Work environment, Individual capabilities, Task demand, Human nature)으로 더욱 구체화하여 구분하고 예시를 안내하였다. 이것을 공통적인 오류 전조(Common Error Precursors)라고 하며, 미국 에너지부 사고조사 핸드북은 HPI로 통칭하여 사용한다.

3 Integrated Safety Management의 약자로 미국 에너지부가 관리하는 안전관리시스템 체계이다.

4 ACB는 주로 저압 라인을 보호하기 위해 설치된 전기 장치이다. 사고가 발생한 ACB는 수배전반 구

공기 차단기(Air Circuit Breaker, 이하 ACB) 정보

ACB는 GE사의 AK-2-75타입이다. ACB는 정격 전압이 600V이며 1950년대와 1960년대에 설치되었다. 수배전반 구조에 설치된 ACB는 넣고 빼는 인출형 구조이다. 수배전반 구조에는 다음 그림과 같이 Knob(손잡이)이 설치되어 있어, 조작 시 ACB가 전자적으로 자동 닫히는 구조이다. 만약 전자적으로 닫히지 않을 경우에는 수동 조작 핸들(Manual closing handle)을 사용하여 수동으로 닫을 수 있다.

E-1은 문제가 생긴 ACB의 Trip Latch(ACB를 차단 상태로 유지하는 기능)를 고치기 위해 무릎을 꿇은 채로(ACB 인출 높이에 맞추기 위해) 수동 조작 핸들을 작동시켜 수배전반 구조에서 ACB를 왼손으로 인출하였다. 당시 E-1은 균형을 잃으면서 그의 오른손이 수배전반에 있던 Knob를 조작했고, 차단기가 닫히면서 왼쪽 가운데 손가락 끝이 절단되었다.

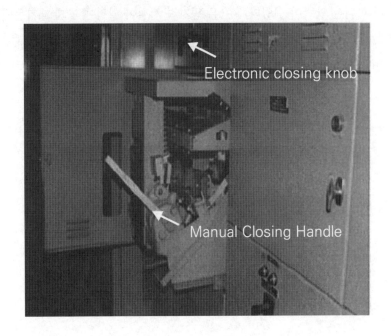

조와 별도로 설치되어 있어, ACB본체를 수배전반 구조에서 분리(인출)할 수 있어 점검과 교체가 용이한 장점이 있다.

4.2 배경

이 작업에는 주 변압기에 대한 예방적 유지보수(PM)를 위한 정전이 포함되어 있었고, 시설 운영에 영향을 주지 않고 PM을 수행하기 위해 주말 작업이 예정되어 있었다. E-1과 E-2(보조 전기기사)는 사고 대상 차단기를 포함한 일곱 개의 차단기와 여러 부하 차단기를 열고 닫는 방식으로 PM 활동을 했다. 작업은 통합 작업허가 문서에 따라 승인되었다. 허가 문서에는 "장비의 종료 및 재가동과 적절한 기능 확인과 지원"으로 기재되어 있었다.

E-1은 사고 두 달 전 사고가 발생한 ACB Trip Latch와 유사한 문제를 해결했던 경험이 있었다. 당시 문제는 Trip Latch 고착으로 인해 ACB가 닫히지 않았으며, ACB가 6년 이상 정비되지 않았다는 사실도 알고 있었다. 이러한 배경에서 E-1은 사고대상 ACB의 문제에 대해서 잘 해결할 수 있을 것이라는 자신감이 있었다. 따라서 E-1과 E-2는 문제가 있던 ACB를 별도의 수리장소로 보내지 않고, 자체적으로 수리하기로 결정했다. 그 이유는 ACB를 수리장소로 보낼 경우, 최대 일주일이 걸릴 수 있었기 때문이었다. 더욱이 원자력 시설을 다음 날 재가동해야 한다는 압박이 있었다. E-1은 원자력 시설이 일정에 맞게 재가동될 수 있도록 작업을 완료해야 한다는 목표가 있었고, 과거 경험을 바탕으로 조기 전력 복구에 따른 보상을 받을 수 있다는 생각에 고무되어 있었다. 다음 그림은 당시 E-1과 E-2가 시행한 ACB 수리 관련 내용을 ECFCA로 묘사한 그림이다.

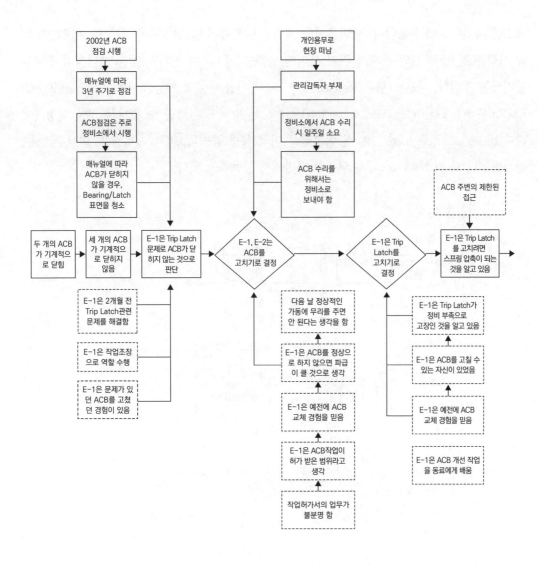

III 방벽분석

1. 방벽분석 개요

방벽분석(Barrier Analysis)은 MORT[5]의 중요한 구성 요소이며, 사고예방에 필요한 프로

---

5   관리감독위험트리(The Management Oversight and Risk Tree, 이하 MORT)는 사고의 원인과

세스를 확인하는데 유용하다. 방벽분석의 개념은 이름에서 알 수 있듯이 사고를 예방하기 위해 사람 또는 물체 간의 잠재적 위험 사이에 방벽을 설치하여 원하지 않는 에너지의 전달을 방지하는 것이다. 다음 그림은 Reason(1997)이 제시한 방어의 기능(방벽과 유사한 용어이지만 Reason은 책자에서 Defenses로 표기하였다)으로 모든 방벽이 완벽할 수 없다는 것을 인정해야 한다(Less Than Adequate, LTA). 방벽분석은 미국 육군 공병대, 미국 에너지부, 미국 국방부, 원자력 위원회 및 NASA와 같은 대규모 기관에서 사용하고 있다.

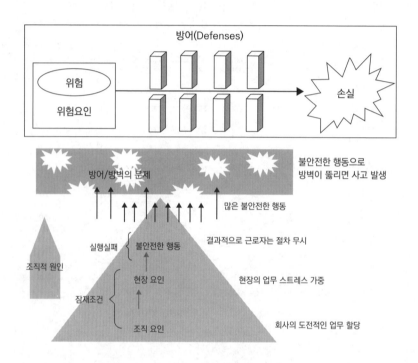

방벽의 개념은 Haddon의 에너지 모델에 기초하고 있다. Haddon은 사회학적으로 손상과 피해를 주는 다양한 현상 중 에너지 흐름으로 인한 것을 강조하였다. 부적절한 에너지 흐름으로 인해 발생하는 사고는 허리케인, 지진, 발사체, 방사선, 번개, 화재 및 산업재해를 포함한다. Haddon은 이러한 피해를 줄이기 위한 방법으로 열 가지의 전략을 제안하였다. 첫

기여요인을 결정하기 위한 분석 절차이다. MORT는 1970년대 미국 핵 산업에 높은 수준의 안전을 달성할 수 있는 위험 관리 프로그램을 제공하는 것을 목표로 만들어졌다. 안전을 보장하기 위한 MORT 프로그램은 W.G. Johnson의 "MORT: 관리 감독 및 위험 트리"(SAN 821-2, 1973년 2월 2일)에 의해 널리 알려져 있다(출처: International Crisis Management Association).

번째 전략은 부적절한 에너지 누적을 처음부터 방지하는 것, 두 번째 전략은 누적된 에너지의 양을 줄이는 것, 세 번째 전략은 에너지의 방출을 방지하는 것, 네 번째 전략은 에너지가 방출되는 공간에서 발산 속도를 수정하는 것, 다섯 번째 전략은 공간 또는 시간적으로 사람이나 생물을 방출되는 에너지 공간에서 분리시키는 것, 여섯 번째 전략은 물리적 방벽을 삽입하고 분리하는 것, 일곱 번째 전략은 모서리나 가장자리를 제거하거나 둥글게 만들고 부드럽게 하는 것처럼 접촉 표면이나 표면 구조를 적절하게 수정하는 것, 여덟 번째 전략은 에너지 전달로 인해 손상될 수 있는 구조(생명체 또는 비생명체)자체를 강화하는 것, 아홉 번째 전략은 앞의 여덟 가지 조치로 예방할 수 없는 피해를 대응하는 것으로 신호 생성, 신호의 전달, 스프링클러 및 기타 억제기 대응, 방화문, SOS 호출 및 화재 경보를 설정하는 것이 있고, 열 번째 전략은 사건 전 상태로 돌아가거나 구조적으로 또는 기능적으로 변화된 상태에서 안정화를 꾀하는 것이 포함될 수 있다. 전술한 Haddon의 열 가지 원칙 중 여섯 번째 전략인 방벽 설정은 그가 매우 중요하다고 강조하였다.

2. 물리적/관리적 방벽

방벽은 공학적(물리적) 방벽과 관리적(행정적) 방벽으로 크게 분류할 수 있다. 공학적 방벽(Hardware적인 방법)에는 회전체 방호, 안전 난간대, 인터록, 전기시스템 및 안전 밸브 등이 있다. 그리고 관리적 방벽(Soft적인 방법)에는 절차, 교육, 관리감독, 커뮤니케이션, 작업계획 및 표준 등이 있다. 본 책자 제9장 사고분석 방법론 2.5 Bowtie 방법에 설명한 바와 같이 방벽은 1차 및 2차 방벽(Primary and secondary barriers), 수동적, 능동적 및 행동적 방벽(Passive, active and behavioral barriers), 전체 또는 부분적 방벽 등 세부적으로 구분할 수 있다.

(1) 공학적 방벽

공학적 방벽은 에너지 흐름이나 위험에서 사람과의 접촉 방지하기 위해 만들어진 구조이다. 공학적 방벽에는 벽, 울타리, 난간, 컨테이너 및 탱크와 같은 에너지를 흡수하거나 보호하는 것들이 있다. 안전벨트, 하네스 및 케이지 등과 같은 추락의 위험을 예방하는 것들이 있다. 스크러버와 필터 등 위험한 에너지를 분리하는 것들이 있다. 잠금 장치, 연동 장치 및 하드웨어 조정 등 움직임/동작에서 보호하는 것들이 있다. 비밀번호, 코드 및 지문 등으로 움직임이나 부적절한 행동을 방지하는 것들이 있다. 에어백 및 스프링클러와 같이 에너지를 완화하는 것들이 있다.

(2) 관리적 방벽

공학적 방벽과 같은 확실한 방법을 대체하는 수단으로 주로 사람과 관련한 대상에 적용하는 방벽이다. 경고표시 부착, 절차서 운영 및 교육 등이 여기에 속한다.

3. 방벽분석 적용사례

방벽분석은 위험을 식별하고 근로자가 위험에 노출되지 않도록 하는 방벽을 확인하는 것이다. 방벽의 초점은 휴먼에러 예방, 장비 또는 운영 프로세스의 오작동 예방, 시설 오작동 또는 자연재해로 인해 발생할 수 있는 위협이다. 다음 그림은 1996년 미국 에너지부 산하 빌딩 집수구 굴착 사고 사례를 예시로 방벽분석의 모형을 설명한 것이다.

사고는 1996년 1월 17일 오전 9시 34분경 XX 빌딩에서 건물 바닥의 집수구 굴착 작업 중 발생했다. 하수구 배출구 결함을 수정하기 위해 두 명의 근로자가 오전 8시 40분경 현장에 도착하여 전날 시작한 굴착 작업을 재개했다. 근로자는 건설 및 유지보수를 담당하는 1차 하청 업체인 WS에 고용된 사람들이었다. 이들은 공기 구동식 해머(air-powered jackhammer)와 지렛대, 삽을 사용해 집수구에서 잔해를 풀고 제거했다. 오전 9시 34분경, 39인치 깊이에서 굴착작업을 하던 근로자 A가 13.2kV 전기 케이블이 들어 있는 도관을 뚫던 중 사고를 입었다. 그는 지역 의료 센터로 이송되어 심장 약물을 투여 받았다.

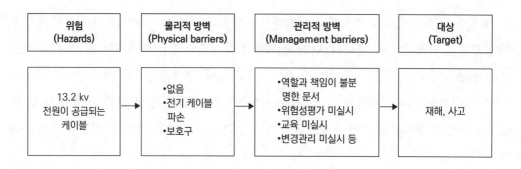

위험 (Hazards)	물리적 방벽 (Physical barriers)	관리적 방벽 (Management barriers)	대상 (Target)
13.2 kv 전원이 공급되는 케이블	•없음 •전기 케이블 파손 •보호구	•역할과 책임이 불분 명한 문서 •위험성평가 미실시 •교육 미실시 •변경관리 미실시 등	재해, 사고

방벽분석을 효과적으로 시행하기 위해서는 사고와 관련한 물리적 방벽 및 관리적 방벽을 확인해야 한다. 물리적 방벽을 확인하기 위한 정보는 다음 표와 같다.

- 장비 또는 시스템에 대한 계획 및 사양
- 공급업체 기술 문서, 설치 및 테스트 기록
- 사진 또는 그림
- 유지 관리 기록 등

관리적 방벽을 확인하기 위한 다양한 정보는 다음 표와 같다.

- 안전에 대한 감독 및 계약자 관리 역할과 책임을 정의하는 조직도
- 사고 관련자의 교육 및 자격 기록
- 위험 분석 문서
- 위험 관리 계획
- 근로계약서
- 작업 중에 사용된 문서 및 절차
- 시설 기술 안전 요구 사항 및 안전 분석 보고서
- 안전 관리 문서
- 통합 안전 관리 이행 현황
- 정책, 명령 및 지침
- 예산 책정

사고조사자는 사고를 예방할 방벽의 존재 여부, 방벽이 존재하였지만 사고를 막기에는 역부족이었던 경우 그리고 사고를 막기 위한 방벽이 사용되지 않았던 경우 등 다양한 상황을 고려하여 분석해야 한다.

4. 방벽분석 절차

다음에 열거된 내용을 참조하여 사고와 관계된 방벽의 작성하고, 사고의 기여요인을 확

인한다. 전술한 전원이 공급되는 케이블 업무와 관련한 사고를 예시로 방벽분석을 시행한다. 다음 표와 같은 단계를 참조하여 방벽분석을 시행한다.

단계	내용
1단계	위험요소와 대상을 확인한다. 방벽분석 양식 가장 위에 기재 • 위험은 13.2kV 전기 케이블이고 대상은 전선공임
2단계	어떤 방벽이 있었는가(What were the barriers) 열을 확인 • 방벽은 도면과 내부 굴착허가임
3단계	어떻게 방벽이 작동하였는가?(How did each barrier perform) • 도면이 불완전하여 집수구 위치의 전기 케이블을 식별하지 못함 • 내부 굴착 허가를 받지 않음 • 보호구를 사용하지 않음
4단계	왜 방벽이 실패했는가(why did barrier fail) • 도면과 시공 시방서를 입수하지 못함 • 사용된 도면은 예비 도면임 • 완성 도면은 유틸리티 라인의 위치를 식별하는 데 사용되지 않음
5단계	방벽이 어떻게 사고에 영향을 주었는가(how did the barrier affect the accident) • 13.2KV 전기케이블의 존재를 알 수 있는 방법이 없음 • 존재하는 전기케이블을 확인할 수 있는 기회를 놓침
6단계	해당 사건과 관계가 깊은 내용을 확인하여 상황(context) 기재 • 별첨 9. HPI 참조 • 별첨 10. ISM 일곱가지 원칙 참조 • 별첨 11. ISM 다섯가지 핵심 기능 참조

이전 표와 같은 단계를 기반으로 다음의 방벽분석 현황을 작성한다. 좌측으로부터 어떤 방벽이 있었는가(What were the barriers), 어떻게 방벽이 작동하였는가(How did each barrier perform), 왜 방벽이 실패했는가(Why did barrier fail), 방벽이 어떻게 사고에 영향을 주었는가(How did the barrier affect the accident) 그리고 각 방벽과 관계된 상황(Context)을 확인하여 시행한다.

위험(Hazard): 13.2 KV 전기 케이블			대상(Target): 전선공	
어떤 방벽이 있었나?(what were the barriers)	어떻게 방벽이 작동하였는가? (How did each barrier perform)	왜 방벽이 실패 했는가(why did barrier fail)	방벽이 어떻게 사고에 영향을 주었 는가(how did the barrier affect the accident)	상황(context)
도면	도면이 불안전했다 (집수구 측으로 전 기 케이블이 가는 것을 식별하지 못함	• 엔지니어링 도면과 시공 사항이 불 일치함 • 사용된 도면은 예비 도면임 • 완성 도면은 유틸 리티라인의 위치 를 식별하는 데 사 용되지않음	13.2 KV 전기케이 블의 존재를 알 수 있는 방법이 없음	HPI • HN 5. 마음가짐 (의도) • HN 6. 부정확한 위험 인식 • IC 2. 지식 부족(잘못된 정신 모델) ISM • GP-3, GP-5 위험확인
내부 굴착허가	• 내부 굴착허가서 는 승인되지 않음 • 보호구 미사용	전선공과 설비 전 문가는 내부 굴착 허가서가 필요했 는지 몰랐음	존재하는 전기케이 블을 확인할 수 있 는 기회를 놓침	ISM • CF-1 작업범 위 정의 • CF-2 위험분석 • CF-3 위험관리

Ⅳ 변화분석

1. 변화분석 개요

변화는 어떠한 일을 하는 데 있어 필요한 요인이지만, 어떤 변화는 우리가 원하지 않는 치명적인 결과를 불러 일으킬 수 있다. 변화는 예상할 수 있으나, 가변성이 심해 때로는 의 도하지 않은 결과를 불러올 수 있다. 변화분석(Change Analysis)은 사고와 관련한 요인이 바 뀌고 수정되는 과정을 분석하는 것이다. 변화분석은 제2차 세계 대전 이전에 사용되었으며,

1950년대 들어 Charles Kepner와 Benjamin Tregoe가 미국 공군에 적용하였다. 그리고 Bill Johnson은 미국 에너지부의 MORT시스템에 적용하였다.

변화분석은 모든 사고분석에 사용 가능하지만, 주로 일상적인 작업을 수행하는 동안 발생하는 사고에 유용하다. 변화분석의 접근방식은 사고당시 상황과 사고를 일으키지 않았을 상황을 비교하여 직관적인 차이점을 발견하는 것이다. 예를 들면, 사고가 발생한 상황과 사고가 발생하지 않았던 일주일, 한달 그리고 일년 전의 상황을 비교할 수 있고, 무엇이 달라졌는지 알 수 있다. 또는 사고와 동일한 일을 100번도 넘게 했을 때는 문제가 없었는데, 왜 당시에는 문제가 있었는지 확인할 수 있다. 이러한 과정은 목격자 인터뷰, 동료 근로자의 의견, 문서 증거 등 다양한 정보원을 활용할 수 있다.

변화분석 과정은 다음 그림과 같이 사고의 상황과 사고가 발생하지 않았을 상황을 비교하여 그 차이점을 확인하는 것이다. 그리고 사고의 기여요인을 확인하고, ECFCA에 적절하게 반영한다.

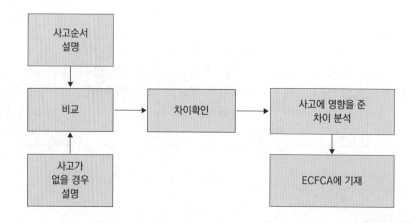

2. 변화분석 시 확인해야 할 사항

변화분석 시 다음 표를 참조한다.

- 동일한 상황이지만 사고 전 상황(이전 교대 근무, 지난주 또는 지난달)
- 모델 또는 이상적인 상황(설계된 바와 같이)
- 잘 정의된 이상적인 상황
- 절차에 설명된 작업과 실제로 수행된 작업 비교
- 장비 설명 문서, 도면 및 회로도
- 운영 및 유지 관리 절차
- 직무/업무 설명 및 역할과 책임
- 자격
- 위험 분석 결과
- 성과 지표
- 이직률 통계

3. 변화분석 절차

변화분석 양식을 활용하여 사고와 관계된 내용을 작성한다. 전술한 1996년 미국 에너지부 산하 빌딩 집수구 굴착 사고 사례를 참조하여 변화분석 양식을 작성한다. 양식은 좌측 열로부터 요인(Factor), 사고상황(Accident Situation), 이전, 이상 또는 사고가 발생하지 않을 상황(Prior, Ideal or Accident Free Situation), 차이(Difference) 및 영향평가(Evaluation of Effect)를 검토한다. 그리고 각 열의 내용에 대한 무엇(What), 언제(When), 장소(Where), 누가(Who), 어떻게(How) 그리고 기타를 작성한다. 만약 해당 사항이 없을 경우는 기재하지 않아도 된다. 변화분석 절차에 따라 작성된 내용은 다음 표와 같다.

요인 (Factor)	사고상황(Accident Situation)	이전, 이상 또는 사고가 발생하지 않을 상황(Prior, Ideal or Accident Free Situation)	차이(Difference)	영향평가 (Evaluation of Effect)
무엇(What) 조건, 발생, 활동, 장비	1. 설계와 안전보건환경 검토 미수행 2. 위험검토절차 누락	1. 설계와 안전보건환경 부서가 적절한 검토를 통해 안전 관리 2. 위험 검토 시행	1. 설계와 안전보건환경 검토 없이 시행 2. 위험 검토 없이 시행	설계, 안전보건환경, 위험성평가 미흡, 준공도면 미검토, 허가서 미시행

	3. 수행중 작업의 위험 미확인 4. 준공도면 미검토 5. 내부 굴착허가 미승인 6. 보호구 미사용	3. 위험성평가 시행 4. 준공도면 검토 5. 내부 굴착허가 승인 6. 보호구 사용	3. 미흡한 위험성 평가 시행 4. 준공도면 검토 없이 시행 5. 내부 굴착허가 승인 없이 시행 6. 보호구 미사용	및 보호구 미사용의 사고 기여요인 발생
언제(When) 발생, 확인, 장비상태, 일정				
장소 (Where) 물리적 장소, 환경, 조건	1. 집수구 위치가 13.2KV 상부임	1. 집수구는 안전한 곳에 위치	1. 집수구가 고전압 케이블이 있는 장소에 위치	1. 집수구가 고전압 케이블이 있는 장소에 위치하여 사고 기여요인 발생
누가(Who) 구성원 참여, 교육, 인증, 감독	1. 환경업무부서가 업무의 책임을 맡음	1. 안전보건환경 각 담당자가 업무 책임을 맡음	1. 안전전담자 없이 시행	1. 안전전담자가 없어 사고 기여요인 발생
어떻게 (How) 통제체계, 위험분석 모니터링	1. 허용된 관리, 환경 업무부서가 작업 감독	1. 경영진은 안전보건환경 각 담당자가 업무 책임을 맡도록 지원	1. 경영진은 안전전담자가 감독하도록 하는 조치 미시행	1. 안전전담자 미배치로 사고 기여요인 발생
기타				

 원인요인

1. 원인요인 개요와 중요성

원인요인은 사고에서 원치 않는 결과를 만들어낸 사건 또는 조건이다. 원인요인은 직접

원인(Direct cause), 기여(Contributing cause)원인 및 근본원인(Root cause)으로 구분한다. 다음 그림은 원인요인을 결정하는 과정을 설명한다. 각 사건의 사건별 조건들을 검토한다. 그리고 각 조건들의 상황(HPI 및 ISM)을 검토하여 원인요인을 판단한다. 이때 중요한 검토 사항은 왜 사고가 일어났고 관리시스템이 왜 예방을 하지 못했는지 질문(왜, 어떻게, 무엇을, 누가 등)을 하는 것이다.

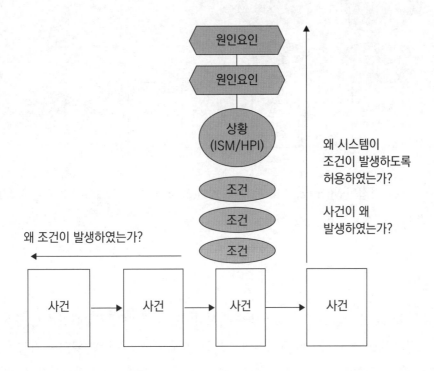

원인요인은 ECFCA를 최대한 완벽하게 구성한 후 판단하는 것을 추천하며, 방벽분석과 변화분석은 상황에 따라 그 깊이를 조정하여 시행한다. 전술한 미국 에너지부 산하 사업장(1998년 7월 아이다호에 있는 사업장의 시험용 원자로에서 발생한 CO_2 방출 사고)에서 발생했던 사고사례를 활용한 원인요인 분석 결과는 다음 그림과 같다. 작업 전 위험검토 단계와 소방판넬 고장과 관련한 각각의 조건, 맥락(HPI 및 ISM) 및 원인요인(HPI 및 ISM)을 검토하고 판단한다.

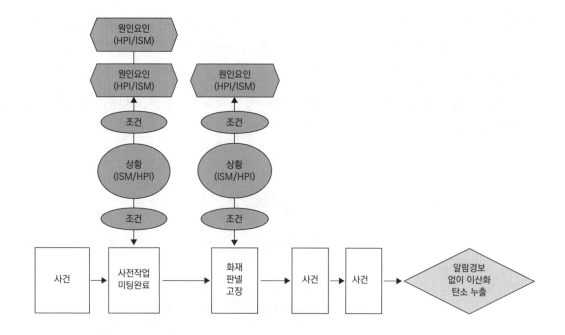

원인요인에는 직접원인(Direct Cause), 기여원인(Contributing Causes) 및 근본원인(Root Causes)이 있다.

2. 직접원인

사고의 직접원인은 사고를 일으킨 직접적인 사건이나 조건이다. 직접원인은 한 문장으로 서술해야 한다. 일반적으로 사고의 직접적인은 ECFCA에서 사고의 바로 옆이나 가까운 곳에서 발생한 사건 및 조건에서 구성되거나 도출될 수 있다. 1996년 미국 에너지부 산하 빌딩 집수구 굴착 사고 사례의 직접원인은 공기 구동식 해머(air-powered jackhammer)의 치즐 비트(chisel bit)와 굴착 중인 집수구의 13.2kV 전기가 통하는 전기 케이블이 접촉한 것이다.

3. 기여원인

기여원인은 다른 원인과 함께 종합적으로 사고 발생 가능성을 높였지만, 개별적으로는 사고를 일으키지 않은 사건 또는 조건이다. 기여원인은 오랜 기간 지속된 조건 또는 단독으로는 사고를 일으키기에 충분하지 않지만, 사고 발생에 필요한 일련의 이전 사건일 수 있다.

기여원인은 사건의 '무대'가 되는 사건 및 조건으로 지속되거나 재발하도록 허용할 경우, 향후 사건 또는 사고의 발생 가능성을 높이는 원인이다. 기여요인의 예를 들면, i) 프로젝트에 적용되는 안전절차를 이행하지 않은 것이 사고의 원인이 되었다. ii) 방벽을 세우거나 경고 표지판을 게시하지 않은 것이 사고의 원인이 되었다. iii) 작업공간의 부적절한 조명으로 인해 근로자가 추락하는 원인이 되었다. 여기에서 중요한 사실은 기여요인은 직접원인이 아니라는 것이다. 기여요인은 사고와 관련이 있는 교육, 절차, 조명, 게시판 미부착, 위험요인 파악 등 그야말로 사고를 일으키는 데 기여한 요인이다.

4. 근본원인

4.1 근본원인의 개요

근본원인은 단일 문제나 결함보다는 여러 종류의 결함을 다루는 고차원적이고 인과적인 요인이다. 근본원인을 해결하면 동일한 사고의 재발을 방지할 수 있을 뿐만 아니라 다른 사고를 유발할 수 있는 관리, 감독 및 관리 시스템의 결함도 개선할 수 있다. 근본원인을 확인할 수 있는 내용을 다음 표와 같이 설명한다.

- 안전에 대한 명확한 역할과 책임이 정의되어 있는지 확인
- 근로자가 자신의 책임을 수행할 수 있는 역량을 갖췄는지 확인
- 중요한 업무 및 안전 목표를 달성하기 위한 자원의 균형 확인
- 근로자가 안전 기준과 요건을 숙지하고 작업하는지 확인
- 위험 관리가 수행 중인 작업에 적절한지 확인
- 업무가 적절하게 검토되고 승인되었는지 확인

4.2 근본원인 분석

사고는 안전관리시스템 운영에서 나타난 문제의 증상이다. 일반적으로 사고는 여러 가지 인과적 요인으로 인해 발생하지만, 사고의 국소적 원인만 바로잡는 것은 증상만 치료하고 질병은 무시하는 것과 같다. 시스템에 내재된 문제를 해결하려면 사고의 근본원인을 파악해야 한다. 근본원인 분석은 안전관리시스템의 결함을 파악하여 이를 시정하면 동일하거나 유사

한 사고의 발생을 방지할 수 있는 방안이다.

하지만, 근본원인 분석은 정확한 수치적인 연산에서 나오는 결과가 아니므로 전문성이 포함된 판단이 필요하다. 근본원인 분석의 목적은 자연재해와 같이 합리적으로 예측하고 통제할 수 없는 사건이나 조건을 제외하고 조사 대상 시스템 내에서 통제할 수 있는 요인을 식별하고 해결하는 것이다.

사람을 위주로 잘못이나 비난을 찾는 데 집중하면 유사한 사고를 멈추지 못할 것이다. 그리고 사고조사가 결함을 찾는 데 초점을 맞추면 근본원인을 발견하지 못한 채 초기 사고에서 멈출 수 있다. 사고조사의 목표는 항상 위험에 대한 물리적인 그리고 관리적인 방벽이 무너지거나 불충분한 것으로 입증된 방법과 이유를 이해하는 것이어야 하며 비난할 사람을 찾는 것이 아님을 명심한다.

많은 사례 중 시설과 환경은 안전했지만 "근로자가 부주의했다", "직원이 안전 절차를 따르지 않았다"와 같은 결론은 사고의 근본원인을 파악하지 못하게 할 뿐 아니라 회사의 안전 문화 수준을 열악하게 하는 대표적인 사례이다. 사고조사자는 오해의 소지가 있는 결론을 피하기 위해 "왜?"라고 하는 질문을 해야 한다. 만약 근로자가 작업을 완료하기 위해 서두르고 안전 절차를 준수하지 않았다면, 근로자가 서두른 이유를 알아야 한다. "왜?"라는 질문을 하면 할수록 기여요인을 더 많이 발견할 수 있고, 근본원인 분석에 더 가까워질 수 있다.

근로자가 절차나 안전 수칙을 따르지 않았다면, 그 절차나 규칙을 따르지 않은 이유는 무엇인가? 생산이나 작업에 많은 압박이 있었는가? 그렇다면 생산이나 작업에 압박이 있었던 이유는 무엇인가? 안전을 위태롭게 하는 압박은 왜 허용되었는가? 절차가 구식이거나 안전 교육이 적절했는가? 그렇다면 왜 문제가 이전에 확인되지 않았는가? 또는 확인되었다면 해결되지 않은 이유는 무엇인가? 등으로 확장한다. 아래 열거된 내용은 사고조사자가 근본원인을 파악하기 위해 사용할 수 있는 질문의 예시이다.

- 절차나 안전수칙을 지키지 않았다면 그 절차나 규칙을 지키지 않은 이유는 무엇인가? 절차가 구식이거나 안전교육이 불충분했는가? 작업 속도를 빠르게 진행해야 하는 요소가 있는가? 이전에 문제가 식별되거나 해결되지 않은 이유는 무엇인가?

- 기계나 장비가 손상되었거나 제대로 작동하지 않았는가? 그렇다면 왜? 작동하지 않았는가?

- 위험한 상태가 사고를 일으킨 기여요인이었는가? 그렇다면 그 위험은 왜 존재했는가? (장비/도구/자재의 결함, 이전에 확인되었지만 수정되지 않은 불안전한 상태, 부적절한 장비 검사, 잘못된 장비 사용 또는 제공, 부적절한 대체 장비 사용, 작업환경 또는 장비의 열악한 설계 또는 품질)

- 장비/자재/근로자의 위치가 사고를 일으킨 기여 요인이었는가? 그렇다면 그 위치는 왜 존재하였는가? (예: 근로자가 그곳에 없어야 함, 작업공간 부족, 실수가 발생하기 쉬운 절차 또는 작업공간 설계)

- 개인보호장비(PPE) 또는 비상 장비의 부족이 사고를 일으킨 기여 요인이었는가? 그렇다면 왜 그 상황이 존재하였는가? (작업과 맞지 않는 개인보호장비, 적절하지 않은 개인보호장비, 개인보호장비가 사용되지 않았거나 잘못 사용됨, 비상 장비가 지정되지 않았거나, 의도한 대로 작동하지 않음)

- 관리 프로그램 결함이 사고를 일으킨 기여 요인이었는가? 그렇다면 왜 그런 프로그램이 존재하였는가? (생산 목표를 유지하기 위한 즉흥적인 문화, 위험한 상태 또는 작업절차의 벗어남을 감지하거나 보고하는 감독자의 감독 미흡, 감독자의 책임이 불분명함, 감독자 또는 근로자가 부적절하게 교육받거나 이전에 권장된 시정조치를 시작하지 않은 경우)

다음 표에 열거된 내용은 사고조사자가 근본원인을 파악하기 위해 사용할 수 있는 질문의 예시이다.

질문
1. 근로자가 따라야 하는 서면 절차나 확립된 절차가 있는가?
2. 작업절차 또는 표준이 작업수행의 잠재적 위험을 적절하게 식별하는가?
3. 사고에 기여할 수 있는 위험한 환경 조건이 있는가?
4. 작업 영역의 위험한 환경 조건을 근로자 또는 감독자가 인식하는가?
5. 환경 위험을 제거하거나 통제하기 위해 근로자, 감독자 또는 둘 다 취한 조치가 있는가?
6. 근로자는 발생할 수 있는 위험한 환경 조건에 대처하도록 교육받는가?
7. 작업을 수행하기 위해 충분한 공간이 제공되는가?
8. 작업과 관련하여 할당된 모든 작업을 적절하게 수행할 수 있는 적절한 조명이 있는가?
9. 근로자가 업무절차를 잘 알고 있는가?
10. 기존의 업무절차에서 벗어난 내용은 있는가?

11. 적절한 장비와 도구가 작업에 사용 가능하고 사용되었는가?

12. 정신적 또는 신체적 조건이 근로자가 직무를 적절하게 수행하는 데 방해가 되었는가?

13. 평소보다 더 까다롭거나 어렵다고 여겨지는 업무가 있었는가(과도한 집중력 요구 등)?

14. 평소와 다른 점이나 특이한 점은 없었는가? (다른 부품, 새 부품 또는 사용된 다른 화학물질, 최근 조정/유지보수/장비 청소)

15. 작업이나 작업에 적절한 개인보호장비가 지정되었는가?

16. 근로자는 개인보호장비의 적절한 사용에 대해 교육받는가?

17. 근로자는 규정된 개인보호장비를 사용했는가?

18. 개인보호장비가 손상되었거나 제대로 작동하지 않았는가?

19. 근로자는 특수 비상 장비의 사용을 포함하여 적절한 비상절차에 대해 교육받고 적용하였는가?

20. 사고 현장에서 장비 또는 재료의 오용 또는 남용의 징후가 있었는가?

21. 장비 고장 이력이 있는가?

22. 모든 안전 경고 및 안전장치가 작동하고 장비가 제대로 작동했는가?

23. 모든 근로자의 인증 및 교육 기록이 최신 상태인가? (해당 시)

24. 사고 당일 인원 부족은 없었는가?

25. 감독자가 안전하지 않거나 위험한 상태를 감지, 예상 또는 보고했는가?

26. 감독자가 정상적인 업무절차에서 벗어난 것을 인식했는가?

27. 특히 드물게 수행되는 작업에 대해 감독자와 근로자가 작업검토 했는가?

28. 감독자는 작업 영역과 근로자의 안전에 대한 책임을 인식하였는가?

29. 감독자는 사고 예방 원칙에 대해 적절하게 교육받았는가?

30. 인사 문제 또는 상사와 직원 간 또는 직원 간의 갈등 이력이 있는가?

31. 감독자는 직원과 정기적인 안전 회의를 시행했는가?

32. 안전 회의에서 논의된 주제와 조치가 회의록에 기록되었는가?

33. 작업이나 작업을 수행하는 데 필요한 적절한 자원(즉, 장비, 도구, 재료 등)이 즉시 사용 가능하고 적절한 상태에 있었는가?

34. 감독관은 근로자가 업무에 배정되기 전에 근로자가 교육받고 능숙한지 확인했는가?

근본원인 분석은 주로 다양한 원인요인을 항목화 한 내용으로 회사나 조직의 안전보건경영시스템의 요소(Element)를 활용할 것을 추천한다.

4.3 근본원인을 둘러싼 다양한 의견

미국의 안전전문가 Fred A. Manuele가 발간한 근본원인-사고의 원인과 이유 밝히기 (Root-Causal Factors- Uncovering the Hows & Whys of Incidents)논문을 토대로 근본원인을 둘러싼 다양한 학자의 의견과 저자의 의견을 설명한다.

4.3.1 Hollnagel이 바라본 근본원인

사고조사자는 사고에 대한 설명(Explanation)보다는 사고의 근본원인을 찾아야 한다는 강박관념에 사로잡혀 있다. 원인이 결과(Cause-effect)에 단순하게 영향을 준다는 가정은 비효과적이며, 근본원인은 의미가 없는 개념이다.

4.3.2 Dekker가 바라본 근본원인

인적오류는 더 깊은 문제의 결과 또는 증상으로 사람들의 도구, 작업 및 운영 체제의 특징과 체계적으로 연결되어 있으며, 개인적인 것이 아니라 구조적인 것이다. 인적오류는 그것을 둘러싼 시스템에 뿌리를 두고 있으므로 그것을 이해하려면 사람들이 일하는 시스템을 파악해야 한다. 인적오류는 사고조사의 결론이 아니며, 시작점이다. 인적오류를 통해 더 깊은 근본원인을 찾았다는 것은 더 이상 아무것도 찾지 않겠다는 의미이다.

4.3.3 Leveson이 바라본 근본원인

궁극적인 사고조사의 목표는 사고예방과 관련한 학습과정으로 확인된 원인들을 임의적인 근본원인으로 축소하면 안 된다. 사고조사를 하고 분석을 통해 다양한 요인을 확인하였을 경우, 근본원인이 가장 마지막 종착점이라는 생각을 하기 보다는 그 이상의 다양한 요인을 검토할 필요가 있다. 사실 STAMP CAST의 경우, 상당히 많은 수의 사고 기여요인을 도출함에 따라 회사나 기업이 이에 대한 후속 조치가 어렵다는 의견이 있다. 그리고 사고의 심각도에 비해 많은 수의 후속 조치를 하는 방식에 대해 비 경제적인 발상이라는 의견이 있으며, 침소봉대[6]하는 것이 아니냐는 반대 의견이 있다. 하지만, 사고조사의 궁극적인 목표는 무엇인가? 사고에 대한 단순한 설명인가? 아니면 모든 원인분석으로부터 가능한 한 많은 것을 배우기 위한 것인가? 한 번의 사고로부터 한 가지 교훈을 배우고 매번 계속해서 사고를 겪는 것은 합리적인 행동이 아니다.

좋은 사고분석과 도구를 통해 알게 된 소중한 정보를 기반으로 i) 근본원인이라는 틀에 묶어 한두가지로 결정하는 것 ii) 식별된 원인을 축소하거나 과도하게 단순화하여 비난할 만한 누군가 또는 무언가를 찾아 비난하는 것, iii) 전술한 내용을 통해 다음 사고가 일어나기

---

6 (針小棒大) 어떤 사람이나 일에 대해 작은 실수를 두고 큰 트집을 잡는 것이다.

전까지 일상을 유지하는 것은 그동안 우리가 수 없이 해온 일들이다. 이 시점에서의 가장 중요한 질문은 지금 대가를 치를 것인가, 아니면 나중에 치를 것인가이다.

4.3.4 Manuelle가 바라본 근본원인

Manuelle는 Dekker와 Hollnagel이 주장한 근본원인이 무의미하다는 설명에 대해서 다음과 같은 반박을 하고 있다. 그들은 근본원인을 정의하기 어렵다는 견해를 반복하지만, 근본원인을 식별하는 것이 시정 조치를 결정하는 데 유익하고 가치 있다고 인정하고 있다. Manuelle가 바라보는 근본원인의 문제점을 i) 다수의 사고조사자가 근본원인을 사람의 불안전행동으로 지목하고 있다. ii) 근본원인은 사고조사자의 신념에 영향을 받고 있다. iii) 사고조사자가 불안전 행동을 근본원인으로 지목하면, 경영책임자는 그것을 사실로 믿는 것으로 주장하고 있다. 그리고 그는 근본원인이 안전보건경영시스템(Safety Management System)과 관련이 있으며, 안전정책 및 절차, 감독, 위험성평가 및 교육 등에 영향을 받는다고 주장한다. 그리고 다음 표와 같이 미국 화학공정안전센터가 정의하는 근본원인에 대해서 강조하였다.

미국의 화학공정안전센터(Center for Chemical Process Safety, CCPS)는 화학공정사고를 조사하기 위한 지침에 근본원인을 파악하기 위한 체계적 접근 방식을 포함하여 운영하고 있다. 화학공정안전센터는 근본원인을 찾기 위해서는 시스템 관련 원인과 안전관리시스템의 문제를 찾아야 한다고 정의하고 있으며, 근본원인의 개수는 한 개에서 시작하여 두개이상이 존재한다고 정의하고 있다. ISO IEC(2015)는 근본원인분석(Root Cause Analysis, RCA)에 대한 국제 표준을 설정하여 운영하고 있다. RCA는 긍정적, 부정적, 실패 및 사고와 관련한 근본원인 분석에 사용된다. 따라서 근본원인 분석을 필수 불가결한 요소이다.

4.3.5 저자가 생각하는 근본원인

Dekker가 근본원인이 없다고 주장하는 데에는 인적오류를 근본원인으로 몰아가는 상황을 견제하기 위한 것으로 판단한다. 근본원인은 문서, 인터뷰, 현장검증 등의 사고정보와 ECFCA, 변경분석, 변화분석 등 다양한 사고분석 도구를 활용해 얻은 원인요인(Casual Factors)을 포함하고 있다. 따라서 Manuelle가 주장한 내용과 같이 시스템적으로 미래의 사고를 예방하기 위해 근본원인 분석이 필요하다. 근본원인 분석을 시행하는 과정에서 사람의 인적오류를 비난할 것이 아니고, 시스템적인 관점에서 위험을 효과적으로 통제할 수 있는 방안 마련이 필요 하다고 판단한다.

5. 규정 준수 및 미준수

5.1 규정준수 및 미준수 개요

규정준수 및 미준수에 대한 검토는 사고조사자가 사고와 규정 위반이 인과관계가 있다고 판단할 경우 사용한다. 이 방법은 수집한 증거를 기반으로 별도의 양식에 사고와 규정준수 및 미준수 간의 모름, 준수할 수 없음 및 준수하지 않음 내용을 기재한다.

5.2 규정준수 및 미준수 판단

규정준수 및 미준수 여부를 판단하기 위해서는 사건과 관련한 사실을 충분히 이해해야 한다. 그리고 규정 위반과 관련한 사건을 광범위하게 분류해야 한다. 그리고 근로자가 규정을 위반한 이유를 파악해야 한다. i) 모름의 경우, 근로자가 준수하지 않은 특정 절차, 정책 또는 요구 사항을 알고 있었는지 또는 알고 있어야 할 이유가 있었는지에 초점을 맞춘다 ii) 준수할 수 없음의 경우, 필요한 자원이 무엇인지, 어디서 구할 수 있는지, 자원을 확보하는 데 무엇이 필요한지, 자원을 확보했을 때 근로자가 무엇을 했어야 했는지 그리고 알고 있었는지 여부를 확인한다. iii) 준수하지 않음의 경우, 근로자가 특정 지침을 따르지 않거나 특정 표준에 부합하지 않는 의도적인 결정이 있었는지에 초점을 맞춘다.

Ⅵ 원인과 영향 분석

1. 원인과 영향 분석 개요

원인과 영향 분석은 사고가 발생한 사건의 원인과 결과를 파악하기 위한 체계적인 접근 방식이다. 다양한 분석 방법이 있지만 본 책자에서는 Fishbone 분석 및 5 Whys 분석을 살펴본다.

2. Fishbone Analysis

2.1 Fishbone Analysis 개요

1950년대 일본의 가우루 이시카와(Kaurou Ishikawa) 교수는 Fishbone Analysis(이하 FBA)를 최초로 제안하였다. 이 분석은 시각적 도형을 사용하여 문제의 원인을 설명할 수 있는 도구이다. FBA를 시행하면 다음과 같은 다섯 가지의 장점이 있다. i) 시각적 도형은 당면한 문제를 분석하고 설명하는 데 도움이 될 수 있다. ii) 근본원인 분석이 용이하다. iii) 브레인스토밍 방식의 열린 토론을 통해 합리적인 대안을 수립할 수 있다. iv) 문제가 발생하기 전 상황을 구체적으로 검토하여 새로운 개선 방안을 만들 수 있다. v) 개방형 질문 방식을 사용하여 원인 간의 인과관계를 파악할 수 있다.

FBA는 제조, 식품, 의료, 화학 및 건설 등 다양한 산업에서 작업방법 개선, 효율 개선, 도두 사용, 사고조사, 인력 운영 등 다양한 분야에 활용된다. 일반적으로 도형의 가장 오른쪽은 밝혀진 문제가 위치하고 그 좌측으로 화살표로 연결된 다양한 범주(생선의 뼈 형태의 골격)의 사람(Man), 기계(Machine), 환경(Environment), 재료(Material) 및 방법(Method) 등이 있다. 그리고 그 하부에는 교육 부족, 안전 점검 미흡, 위험성평가 미시행, 압력용기 미설치, 변형된 안전장치 사용, 안전작업허가 미승인 등 다양한 원인요인이 존재한다. 다음 그림은 FBA의 예시이다.

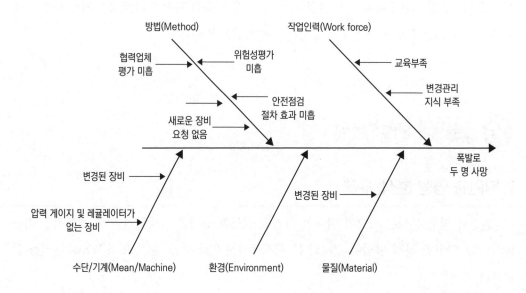

2.2 Fishbone Analysis 시행 절차

사업이나 특성에 따라 i) 문제, 증상, 결과 및 위험을 확인한다. ii) 확인된 문제를 항목화 한다. iii) 1차 원인요인(Main causes)과 2차 원인요인(Secondary causes)을 확인한다. iv) 각 사건에 대한 조사, 인터뷰 및 다양한 정보 수집을 통한 개선방안 마련, v) FBA 작성, vi) FBA 분석, vii) 개선방안에 대한 허용가능 여부 검토(허용할 수 없을 경우 i) 문제확인으로 이동), viii) FBA를 확정한다.

2.3 Fishbone Analysis를 활용한 사고조사

1960년부터 2003년까지 저장 탱크에서 발생한 242건의 사고 원인을 FBA으로 조사한 선행 연구를 설명한다. 자료는 미국 CBS, 미국화학공학회 자료 및 다양한 서적이 참조되었다. 해당 연구의 사고는 원유(66건), 유류(59건), 가솔린 및 나프타(55건), 석유화학 제품(27건), LPG(15건), 폐유(9건), 암모니아(3건), 염산(3건), 수산화 나트륨(3건) 및 유황 탱크(2건)에서 발생하였다. 사고유형은 화재(145건), 폭발(61건), 누출(18건), 가스누출(5건) 및 기타 5건이었다.

탱크사고의 원인이 되는 항목과 내용은 다음과 같다. i) 정전기(고무 실링 정단, 접지 미흡, 부적절한 샘플링 절차 및 유체와 고체 혼합), ii) 조명(접지 미흡, 림 실 누유, 충격), iii) 장비와 계기 불량(온도조절기 불량, 산소 분석기 고장, 부유지붕 침하, 배출 밸브 파열 및 밸브 열리지 않음, 히터 불량, 얼은 LPG 밸브, 수위 표시기 오류 등), iv) 작동 오류(운전자 오류로 누출, 방류 밸브 열림, 과충전, 절차 미준수, 하역 중 탱크로리 차량 이동, 하역 중 벤트 잠금 등), v) 정비 오류(스파크, 비 방폭 설비, 단락 및 용접, 접지 미흡 등), vi) 탱크 균열 및 파열(제작 불량 및 고압 등), vii) 파이프 파열 및 누출(낮은 온도, 펌프 누출, 오일 실러 절단, 가스켓에서 누출, 프로판 라인 파열), viii) 기타(테러, 방화, 지진, 허리케인, 흡연 등). 다음 그림은 사고원인에 대한 FBA 그림이다.

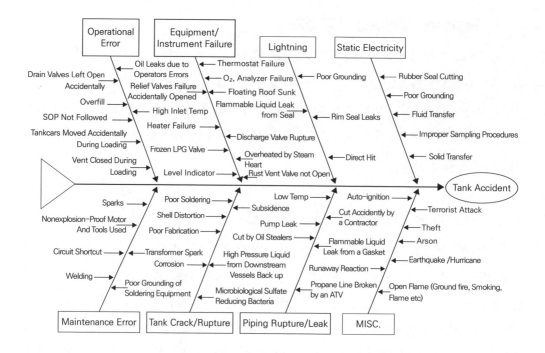

사고조사 결과, 화재와 폭발이 사고의 85%를 차지하고, 낙뢰로 인한 사고가 33%를 차지하였다. 그리고 부실한 운영 및 유지 관리를 포함한 인적오류로 인한 사고가 30%를 차지하였다. 기타 원인으로는 장비 고장, 방해 행위, 균열 및 파열, 누출 및 라인 파열, 정전기 및 화염 등이 있었다. 대부분의 사고는 우수한 공학적 설계가 반영되었다면 피할 수 있었던 사고이다.

3. 5 Whys

3.1 5 Whys 개요

5 Whys는 Toyota Motors의 설립자인 Sakichi Toyo da와 Toyota의 엔지니어인 Taiichi Ohno가 생산과 품질 문제를 해결하기 위하여 개발했다. Toyoda와 Ohno는 문제에서 배우고 개선할 수 있는 기회를 얻는 것을 중요하게 생각하였다. Ohno는 문제가 발생할 때마다 어떠한 선입견 없이 관찰하고 탐색하여 원인을 묻도록 지시했다.

현장에서 무슨 일이 일어나고 있는지 확인하고, 해당 원인을 찾고 개선하는 일은 안전보건 업무와 관련이 깊다. 5 Whys를 사용할 경우 각 사건별 중요한 잠재적 요소를 확인할 수 있으며, 관리시스템 수준으로 관리가 가능하다. 5 Whys는 문제, 사건 또는 사고가 발생한 이유를 최소 5번 반복해서 질문하는 방식의 탐구 방법이다. 5 Whys는 특히 위험으로 인한 부상, 질병, 사고, 화재 및 폭발 등의 사고를 예방하는데 통찰력을 제공한다.

3.2 5 Whys 장점

5 Whys의 장점에는 다음과 같이 다섯 가지가 있다. i) 사용하기 쉽고 도구가 필요 없는 단순성(Simplicity)이 있다. ii) 사고의 원인을 빠르게 파악하는 데 큰 도움이 되는 효과성(Effectiveness)이 있다. iii) 다양한 문제 원인 간의 관계를 파악하는 데 도움이 되는 포괄성(Comprehensiveness)이 있다. iv) 단독으로 사용하거나 다른 품질 개선 및 문제 해결 기술과 결합하면 효과적으로 유연성(Flexibility)이 있다. v) 본질적으로 팀워크를 촉진하고 생성하므로 참여적(Engaging)이다.

3.3 5 Whys 시행절차

일반적인 5 Whys 시행절차는 다음과 같다. i) 사고의 정확한 정보를 공유한다. ii) 리더는 사고가 발생한 이유를 묻고, 팀원들은 자유롭게 답변을 한다. 리더는 인과적 요인이 도출되고, 상호 협의될 때까지 지속적으로 이유를 묻는다. iii) 리더는 팀원이 사실에 집중할 수 있도록 안내하고 상호 토론 시 비난을 삼갈 것을 강조한다. iv) 화이트보드를 사용하여 기록한다. 그리고 '왜' 라는 질문을 강조한다. v) 한 가지 사실에 두 개 이상의 원인이 도출될 경우, 각각의 원인에 대한 인과적 요인을 확인한다. vi) 토론 종료 시간을 설정하고 관리한다. vii) 근본원인이 확인되면 유사한 유형의 사고가 재발하지 않도록 재발방지 대책을 수립하고, 개선 완료 일자를 설정한다.

근로자의 손이 끼인 사고를 가정한 5 Whys 적용 시 다음의 표와 같이 다양한 질문을 할 수 있다.

- 회전체 보호 커버가 있었는가?
- 근로자가 회전체 보호 커버를 제거했는가?
- 왜 제거했는가?
- 작업에 불편이 있어 제거했는가?
- 다친 근로자 외에도 보호 커버를 제거하고 작업하는가?
- 혹시 예전에도 보호 커버를 제거하고 작업하던 중 다친 근로자가 있는가?
- 감독자는 보호 커버가 제거된 것을 알고 있는가?
- 감독자는 보호 커버가 제거된 것을 알고 있으면서 묵인했는가?
- 회전체 보호 커버 사용과 관련한 문서화된 절차가 있는가?
- 해당 절차는 현장의 실제 작업 조건을 감안하여 만들었는가?
- 근로자는 해당 절차를 교육받았는가?
- 근로자가 해당 절차에 문제가 있음을 말한 적 있는가?
- 회사에 근로자의 의견을 청취하는 절차가 있는가?
- 근로자가 회전체에 끼일 뻔한 사고를 보호한 적 있는가?
- 위험성평가를 시행했는가?
- 안전관리자는 현장에 있는가?
- 안전관리자는 회전체 보호커버가 없었 것을 알고 있는가?
- 안전관련 감독 기관의 점검이 있었나?
- 회전체 보호커버 관련 지적이 있었는가?
- 노사협의체가 있는가?
- 노사협의체 안건에 회전체 보호커버 관련 내용이 있는가?

프레스 기계의 클램프(Clamp) 고장 사례를 예시로 5 Whys를 적용한다. 품질 관리자는 클램프 고장이 재발하지 않도록 근본원인을 식별하고자 다음과 같은 5 Whys 차트를 구성하고, '왜'라는 질문을 통해 원인을 찾는다.

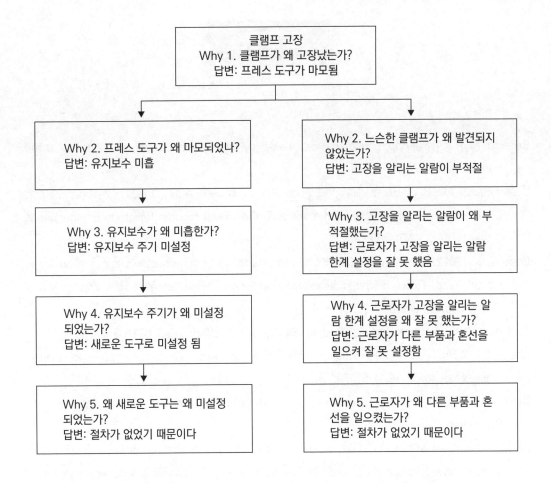

3.4 5 Whys 고려사항

5 Whys라고 해서 다섯 번만 묻는 것은 아니다. 인과관계를 얻는 조건으로 세 번을 물을 수 있다. 또는 여섯 번 이상도 물을 수 있다. '왜'라는 질문은 근본원인에 도착할 때까지 묻는 다. 현장과 관련한 질문도 하지만 관리시스템과 장비 고장과 관련한 내용도 포함해야 한다.

3.5 5 Whys 단점

5 Whys는 사고조사를 시작할 때 사용하는 방법이 아니라 사고에 대한 정보를 얻은 후 에만 사용이 가능하다. 5 Whys는 세계적으로 많은 사람들이 사용하고 있지만, 효과적인 인 과관계를 밝히기 어려워 올바른 근본원인을 찾기 어렵다. 특히, 회사나 조직은 5 Whys의 특 성상 사용이 쉬워 교육받지 않은 사람에게 이 방법을 사용하도록 압박함에 따라 비 효율적인 대처방안이 마련되고 적용되고 있다.

참고문헌

Barsalou, M. A. (2014). *Root cause analysis: A step-by-step guide to using the right tool at the right time*. CRC Press.

Bellamy, L. J., Ale, B. J., Geyer, T. A. W., Goossens, L. H., Hale, A. R., Oh, J., ... & Whiston, J. Y. (2007). Storybuilder—A tool for the analysis of accident reports. Reliability Engineering & System Safety, 92(6), 735–744.

Bose, T. K. (2012). Application of fishbone analysis for evaluating supply chain and business process-a case study on the St James Hospital. *International Journal of Managing Value and Supply Chains (IJMVSC), 3*(2), 17–24.

Card, A. J. (2017). The problem with '5 whys'. *BMJ quality & safety, 26*(8), 671–677.

Chang, J. I., & Lin, C. C. (2006). A study of storage tank accidents. *Journal of loss prevention in the process industries, 19*(1), 51–59.

Dekker, S. (2006). The field guide to understanding human error. Burlington, VT: Ashgate Publishing.

Ersdal, G., & Friis Hansen, A. (2004, January). Safety barriers in offshore drill rigs derived from accident investigation. In *International Conference on Offshore Mechanics and Arctic Engineering* (Vol. 37440, pp. 469–477).

Haddon Jr, W. (1973). Energy damage and the ten countermeasure strategies. *Human factors, 15*(4), 355–366.

Harms-Ringdahl, L. (2013). *Guide to safety analysis for accident prevention*. Stockholm: IRS Riskhantering.

Hollnagel, E. (2004). Barriers and accident prevention. Burlington, VT: Ashgate Publishing.

Hughes, P., & Ferrett, E. (2016). *International Health and Safety at Work: The Handbook for the NEBOSH International General Certificate*. Routledge.

Jabrouni, H., Kamsu-Foguem, B., Geneste, L., & Vaysse, C. (2011). Continuous improvement through knowledge-guided analysis in experience feedback. *Engineering Applications of Artificial Intelligence, 24*(8), 1419–1431.

Kauffman, R. (2020). Barrier Analysis: Toward an Integrative and Comprehensive Model. *Journal of

Outdoor Recreation, Education, and Leadership, 12(2).

Leveson, N. (2019). CAST Handbook: How to learn more from incidents and accidents. Nancy G. Leveson http://sunnyday. mit. edu/CAST-Handbook. pdf accessed, 30, 2021.

Ilie, G., & Ciocoiu, C. N. (2010). Application of fishbone diagram to determine the risk of an event with multiple causes. *Management research and practice, 2*(1), 1-20.

Lyon, B. K., Popov, G., & Roberts, A. (2018). Causal Factors Analysis: Uncovering & Correcting Management System Deficiencies. *Professional Safety, 63*(10), 49-59.

Myszewski, J. M. (2013). On improvement story by 5 whys. *The TQM journal, 25*(4), 371-383.

Manuele, F. A. (2016). Root-Causal Factors: Uncovering the Hows & Whys of Incidents. *Professional Safety, 61*(05), 48-55.

Nugroho, R. E., & Sunbara, A. (2021). Work Accident Analysis in the Construction Project of PT. XYZ. *International Journal of New Technology and Research, 7*(2).

Peter Sturm and Jeffrey S. Oakley. (2019). *Accident Investigation Techniques: Best Practices for Examining Workplace Incidents*. ASSP.

Reyes, J. S. (2014). A preliminary analysis of two bus rapid transit accidents in Mexico City. *Procedia Engineering*, 624-633.

Sklet, S. (2004). Comparison of some selected methods for accident investigation. *Journal of hazardous materials, 111*(1-3), 29-37.

Łakomy, K., & Nowacki, K. (2023). Use of accident analysis methods at work to determine responsibility for the event. *System Safety: Human-Technical Facility-Environment, 5*(1), 112-120.

Özbakır, O. (2024). Analyzing Occupational Accidents by Using Fishbone for Enhanced Safety: A case study in Excavation Work. *Kahramanmaraş Sütçü İmam Üniversitesi Sosyal Bilimler Dergisi, 21*(2), 972-982.

Chapter

11

개선방안 마련
및 결과보고

Chapter

11

개선방안 마련 및 결과보고

Ⅰ 결론 도출

　사고분석을 통한 결론 도출 과정은 중요한 추론의 단계이다. 결론은 사실과 검증 결과 및 다양한 분석을 기반으로 논리적이어야 한다. 결론 도출 시 유의사항은 다음 표와 같다.

- 사실관계 분석을 통해 파악한 사고의 원인요인을 간결하게 기술한다.
- 추정되었던 원인과 실제 원인 간의 차이를 확인하고 논란을 완화할 수 있어야 한다.
- 사실에 근거한 기본 결론과 사실에 대한 후속 분석을 시행한다.
- 결론 도출 시 긍정적인 측면을 검토한다.
- 결론을 시간 순서대로 도출(하드웨어, 절차, 사람, 조직)한다.
- 사고와 직접 관련이 있고 사고의 원인으로 이어지는 중요한 사실에 집중한다.
- 결론은 짧게 작성하고, 참조 인용(사용된 경우)은 결론 한 개에 한 번 사용한다.

II 판단

　　판단은 결론 도출을 통해 심각성을 방지하거나 최소화하기 위해 사고조사위원회가 결정한 안전조치이다. 판단은 인과적 요인과 결론도출과 긴밀하게 연결되어야 한다. 판단 내용은 i) 명확하고 간결하며 직접적인 방식으로 설명되어야 한다, ii) 사실과 증거를 기반으로 설명되어야 한다, iii) 시정 조치 계획의 근거가 될 수 있도록 구체적으로 제시되어야 한다, iv) 규범적인 시정 조치 계획이나 권고가 되어서는 안 되며, 징벌적 조치를 제안해서는 안 된다.

III 개선방안 마련

1. 개선방안 마련 가이드라인

　　사고정보 수집, 사고조사 시행 및 사고분석을 통해 근본원인을 도출하였다면, 동종 및 유사사고를 예방할 개선방안 마련이 중요하다. 가장 중요한 사실은 훌륭한 근본원인을 도출하였더라도 개선방안이 좋지 않다면, 미래의 사고를 예방하는 데 어려움이 있을 것이다.

2. 개선방안 마련 원칙

　　개선방안은 위험 제거, 위험 대체, 공학적 대책 사용, 행정적 조치 그리고 보호구 사용 등의 우선순위를 적용한다.

2.1 위험 제거(Elimination)

　　위험을 줄이는 가장 효과적이고 좋은 방법은 위험을 없애는 것이다. 사람이 통행하는 길 주변 절벽에 낙석이 존재하는 위험을 통제하는 방식은 아래 그림과 같이 크레인을 사용하여 낙석을 치우는 것이다. 이러한 방법은 공정이나 작업에서 독성 화학물질을 제거하거나 에너지 차단이 필요한 장비 등을 없애는 것과 같이 위험성 감소의 효과가 크지만, 위험성에 비해 비용이 많이 소요될 수 있다.

2.2 덜 위험한 물질, 공정, 작업 또는 장비로 대체(Substitution)

위험한 형태의 물질이나 절차를 덜 위험한 물질, 공정, 작업 또는 장비로 대체하는 과정이다. 용제형 도료의 위험성을 낮추기 위해 수성 도료 사용, 전기 대신 압축 공기를 전원으로 사용, 강한 화학물질을 사용하는 대신 막대를 사용하여 배수구 청소, 사다리를 오르는 대신 이동식 승강 작업대를 사용하는 등의 방식이 있다. 다만, 위험성 감소 방안을 적용하는 동안 새로운 위험이 발생할 수 있는 상황을 검토하여 적용해야 한다.

2.3 공학적 대책 사용(Engineering controls)

사람을 대상으로 하는 위험성 감소조치에 의존하지 않고 공학적인 조치를 활용하여 위험성을 감소하는 방안이다. 공학적 대책에는 효율적인 먼지 필터 사용 또는 소음이 적은 장비 구매 등 발생원으로부터 위험을 통제하는 방식과 장벽, 가드, 인터록, 방음덮개 등 노출 원으로부터 위험을 통제하는 방식이 있다. 사람이 통행하는 길 주변 절벽에 낙석이 존재하는 위험을 통제하는 방식은 아래 좌측 그림과 같이 낙석이 떨어질 경로에 방책을 설치하여 사람이 통행하지 못하게 하는 방식과 아래 우측 그림과 같이 낙석이 떨어질 경로를 우회하여 새로운 통행방식인 배를 이용하는 방식 등을 검토할 수 있다. 다만, 위험성 감소 방안을 적용하는 동안 새로운 위험이 발생할 수 있는 상황을 검토해 적용해야 한다.

2.4 행정적 조치(Administrative controls)

(1) 노출시간 감소

구성원에게 휴식 시간을 제공함으로써 위험에 노출될 수 있는 시간을 줄이는 방법이다. 일반적으로 소음, 진동, 과도한 열 또는 추위 및 유해 물질과 관련된 건강상의 위험관리에 적용한다.

(2) 격리

위험 요소를 격리하거나 사람과 위험 요소를 분리하여 관리하는 것은 효과적인 통제 수단이다. 예를 들어 사업장 내 차량도로와 보행자 통로 분리, 도로 수리 시 통행인을 위한 별도의 통로 제공, 현장에 휴게공간 제공 및 소음 피난처 제공 등이 있다.

(3) 안전절차

이 방법은 일반적이고 비용 소요가 적은 방식의 통제 수단으로 현장의 유해 위험요인을 통제할 수 있도록 체계적으로 구축되어야 한다. 안전 절차는 서면으로 작성되어 조직의 공식적인 체계로 공지되어야 하며, 조직은 근로자에게 안전 절차를 교육하고 그 근거를 유지하여야 한다.

(4) 교육

교육은 잠재된 유해위험 요인을 구성원에게 인식시켜줄 수 있는 좋은 도구이다. 조직은 효과적인 안전보건 교육 프로그램을 마련하여 구성원이 안전보건 관련 기능, 기술, 지식 및 태도를 습득할 수 있도록 지원한다.

2.5 개인 보호 장비

개인 보호-장비(PPE, personal protective equipment)는 위험 제거, 대체, 공학적 대책 및 행정적 대책 이후 가장 마지막으로 검토해야 하는 제한적인 보호 수단이다. 상황에 따라 보호구를 착용했다고 하여도 사고가 발생할 위험성이 존재한다는 사실을 유념해야 한다.

3. 개선방안 고도화

(1) 위험 제거, (2) 위험 대체, (3) 공학적 대책 사용, (4) 행정적 조치 그리고 (5) 보호구 사용 등의 우선순위를 적용한다는 것은 일반적으로 알려져 있는 정설이다. 다만, 중요한 사실은 유해위험요인에 대한 제거, 대체 그리고 공학적 대책은 그 효과가 좋지만 비용이 소요

된다. 일반적으로 비용은 본사의 경영층이나 사업주의 좋은 리더십이 없이는 투자가 현실적으로 어려운 부분이 있다. 따라서 효과적인 비용투자를 통한 위험성감소 조치의 가장 중요한 우선 순위는 문화적 통제(Cultural control)이다. 다음 그림은 문화적 통제를 가장 중요한 우선 순위로 둔 위험성감소 조치를 보여주는 그림이다.

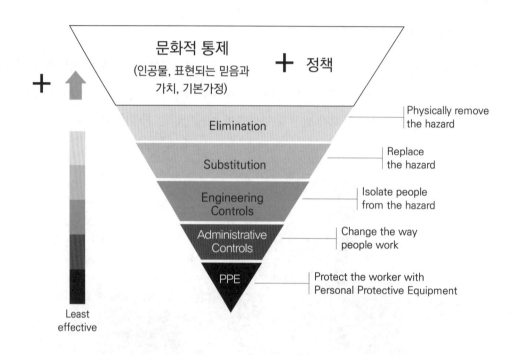

효과적인 안전 문화가 존재하는 조직에서는 사업장에 존재하는 유해위험요인을 조사하고, 위험성추정 및 결정에 따라 위험성 감소조치의 효과를 높이는 일을 일상적인 것으로 생각한다. 이런 일상적인 생각에는 사람들이 중요하게 생각하는 것 그리고 높은 우선 순위로 간주하는 것을 가치로서 느끼는 것이다. 가치는 조직의 핵심 도덕으로도 간주할 수 있고 조직이 업무를 수행하는 방식에 대한 일종의 청사진 역할을 한다. 그리고 사람들은 이러한 사고를 예방할 수 있는 조치라고 믿는 경우, 믿는 방향으로 태도와 행동을 이끄는 경향이 있다. 믿음은 무엇이 성공할지에 대한 가정을 포함하여 어떤 것의 진실, 존재 또는 타당성을 받아들이고 확신하는 것이다. 위험성감소 조치를 시행하기 위해서는 조직에 좋은 안전문화를 구축하고 문화적 통제를 기반으로 한 유해위험요인의 제거, 대체, 공학적 조치, 행정적 조치 및 보호구 사용 등의 우선순위를 적용해야 한다.

Ⅳ 결과보고

결과보고의 목적은 사고조사 결과를 관련부서와 경영층에게 논리적이고 효과적으로 전달하여 미래의 사고를 예방하기 위한 것이다. 따라서 결과보고에는 보고 받는 사람이 어떤 일이 일어났는지(사고 설명 및 연대기), 왜 그런 일이 일어났는지(인과관계), 재발 방지를 위한 방안이 무엇인지 포함되어 있어야 한다.

1. 보고서 작성

사고조사 보고서는 공식 기록물로 사고조사, 사고분석, 대책 수립, 판단 및 결론과 관련이 있는 내용이 담긴다. 회사나 조직이 공식적으로 설정한 보고서 양식을 사용할 수 있다. 하지만 그런 양식이 없을 경우 다음의 표에 열거된 내용을 참조하여 보고서를 작성한다.

- 보고서의 각 목차 별 작성을 책임지는 사람의 역할을 설정한다(여러 명의 사고조사자가 있을 경우).
- 최종 보고서 마감일을 기준으로 보고서 작성과 검토 및 기한을 설정한다.
- 회사나 조직에서 설정한 제목, 약어, 부록, 각주 등을 사용한다.
- 사고 연대표를 사건을 누락하지 않고 기록한다.
- 보고서에 담길 사진이나 그림을 사전에 준비한다.
- 가급적 기술적인 용어는 일반적인 용어로 변환하거나 주석을 달아 놓는다.
- 여러 번의 수정은 기본적인 과정이라고 인식한다.

2. 보고서 형식 및 내용

회사나 조직이 공식적으로 설정한 보고서 양식을 사용할 수 있다. 하지만 그런 양식이 없을 경우 다음의 표에 열거된 내용을 참조하여 보고서를 작성한다.

내용	
목차	3.4 통합 안전 관리 분석
약어 및 약어	3.5 운영 수행, 작업 계획 및 통제
요약	3.6 작업 감독 및 감독
1.0 서론	3.7 근로자 안전 및 건강 프로그램
1.1 배경	3.8 휴먼 퍼포먼스 분석
1.2 시설 설명	3.9 프로그램 및 감독
1.3 범위, 수행 및 방법론	3.10 원인요인 분석 요약
2.0 사고	3.11 방벽분석
2.1 배경	3.12 변화분석
2.2 사고 설명	3.13 ECFCA
2.3 사고 대응	4.0 결론 및 판단
2.4 의료 보고서 요약	부록 A: 임명장
2.5. 사건 연대기	부록 B: 방벽분석
3.0 사실 및 분석	부록 C: 변화분석
3.1 비상 대응	부록 D: ECFCA
3.2 사고 후 현장 보존 및 관리 대응	부록 E: HPI 및 ISM
3.3 이전 사건 및 사고 전조의 평가	부록 F: 원인요인에 대한 자세한 요약

3. 약어 및 이니셜

약어와 이니셜을 사용하는 것은 최근 추세를 감안하면 일반적인 일이다. 하지만 이러한 용어는 소수의 사람들만 알 수 있으므로 이에 대한 해석을 별도로 해 두는 것을 권장한다.

4. 핵심요약

핵심요약은 보고 받는 사람에게 사고의 개요와 원인 및 재발 방지를 위해 필요한 조치를 합리적으로 간략하게 전달하는 것이다. 사고의 복잡성에 따라 다르지만, 핵심요약은 일반적으로 2~5페이지로 할 수 있다. 핵심요약에는 i) 사건 발생 및 주요 결과와 관련된 필수 사실(발생한 내용), ii) 사고가 발생할 수 있었던 조직, 관리 시스템 및 일선 관리 감독 결함 등의 인과적 요인을 식별하는 결론(사고가 발생한 이유), iii) 재발 방지를 위한 필요성 판단 등이 담긴다.

핵심요약은 해당 주제에 비교적 익숙하지 않은 고위 관리자나 일반인이 이해할 수 있도록 작성되어야 한다. 요약본에는 모든 사실, 결론 및 필요성 판단을 나열할 필요는 없으며,

중요한 사실, 인과적 요인, 결론, 필요성 판단을 요약하는 것이 효과적이다. 즉, 핵심요약을 보면 전체를 이해할 수 있을 정도로 작성되어야 한다. 이와 관련한 자료는 구글 홈페이지에서 'DoE Accident report'를 입력하면, 다양한 종류의 사고보고서가 있다. 이 보고서에서 핵심요약을 참조하기 바란다.

참고문헌

양정모. (2024). 새로운 안전관리론-이론과 실행사례(박영사)

양정모. (2023). 새로운 안전문화-이론과 실행사례(박영사)

Accident, D. H. (2012). *Operational Safety Analysis—Volume I: Accident Analysis Techniques*. DOE-HDBK-1208-2012.

Albrechtsen, E., Solberg, I., & Svensli, E. (2019). The application and benefits of job safety analysis. *Safety science, 113*, 425-437.

HSE. (2014). Risk Assessment, INDG163 (rev 4).

ILO. (2014). A 5 STEP GUIDE for employers, workers and their representatives on conducting workplace risk assessments.

ISO 45001 (2018). Occupational health and safety management systems — Requirements with guidance for use.

McKinnon, R. C. (2022). *A Practical Guide to Effective Workplace Accident Investigation*. CRC Press.

OSHA. (2016). Recommended Practices for Safety and Health Programs.

U.S. Department of Labor, Occupational Safety and Health Administration (OSHA) 3071 Job Hazard Analysis, 2002 (revised), public domain.

Zhou, Y., She, J., Huang, Y., Li, L., Zhang, L., & Zhang, J. (2022). A design for safety (DFS) semantic framework development based on natural language processing (NLP) for automated compliance checking using BIM: The case of China. *Buildings, 12*(6), 780.

-Canadian Centre for Occupational Health and Safety. (2023). Job Safety Analysis. Retrieved from: URL: https://www.ccohs.ca/oshanswers/hsprograms/job-haz.html.

Encompass. (2023). JSA-JHA - Importance of Performing Daily. Retrieved from: URL: https://www.encompassservices.com/safety-news/jsa-jha-importance-of-performing-daily.

HSE. (2022). Managing for health and safety(HSG65). Retrieved from: URL: https://www.hse.gov.uk/pubns/books/hsg65.htm.

Health and Safety Executive. (2023). Managing risks and risk assessment at work. Retrieved from: URL: https://www.hse.gov.uk/simple-health-safety/risk/risk-assessment-template-andexamples.htm.

HSA. (2023). Designing for Safety. Retrieved from: URL: https://www.hsa.ie/eng/your_industry/construction/designing_for_safety/.

Rozenfeld, O., Sacks, R., Rosenfeld, Y., & Baum, H. (2010). Construction job safety analysis. *Safety science, 48*(4), 491–498.

Safety Info. (2023). Job Safety Analysis – JSA & Job Hazard Analysis – JHA. Retrieved from: URL: https://www.safetyinfo.com/job-safety-analysis-jsa-safety-index/.

SCAL Academy Pte Ltd. (2023 Design for Safety Checklist. Retrieved from: URL: https://scal-academy.com.sg/courses/course_detail/407.

용어	설명	출처
사고 (Incident)	Accident의 의미와 아차사고(Close calls 또는 Near-misses)를 포함하고 있다.	미국 OSHA
	부상이나 건강을 해칠 가능성이 있는 사건인 아차사고(Near-miss)와 원하지 않는 상황(Undesired circumstance)으로 정의하고 있다.	영국 HSE
	부상 및 건강 악화를 초래하는 사건이 발생할 수 있거나 초래하는 경우로 정의하고 있다.	ISO 45001
	부상이나 건강에 해를 끼치는 사건의 결과로 정의하고 있다.	영국 HSE
	부상 및 건강 악화가 발생하는 경우로 정의한다.	ISO 45001
	방벽(Barrier)이나 통제(Control) 장치가 없거나 고장으로 인해 발생하는 원치 않는 에너지 전달이나 환경 조건으로 인해 사람에게 부상을 입히거나, 재산을 손상시키거나, 공정 출력을 감소시키는 현상으로 정의한다.	미국 에너지부 (DoE)
아차사고 (Near-miss)	사고로 부상과 질병이 발생하지는 않았지만 그렇게 될 가능성이 있는 경우로 정의하고 있다. Near-miss는 Near-hit 또는 Close call이라고 부른다.	미국 OSHA, 영국 HSE, ISO 45001
업무와 관련된 부상, 건강 악화 및 질병 (Work-related injuries, ill health and diseases)	업무와 관련된 부상, 건강 악화 및 질병은 직장에서 화학적, 생물학적, 물리적, 업무조직적, 심리사회적 요인에 노출되어 건강에 미치는 부정적 영향이다.	국제노동기구 ILO OSHMS

주요 부상/질병 (major injury/ ill health)	주요 부상/질병은 골절(손가락이나 발가락을 제외한), 절단, 시력 상실, 눈에 화상을 입거나 관통하는 부상, 의식 불명을 초래하는 부상 또는 급성 질환, 소생이 필요하거나 24시간 이상 병원에 입원해야 하는 경우로 정의한다 (RIDDOR, 스케줄 1 정의 참조).	영국 HSE
심각한 부상/건강 악화 (Serious injury/ ill health)	심각한 부상/건강 악화는 재해자가 3일 이상 연속하여 정상적인 업무를 수행하기에 부적합한 경우이다.	영국 HSE
경미한 부상 (Minor injury)	경미한 부상은 재해자가 3일 미만의 정상적인 업무에 부적합한 경우를 말한다.	영국 HSE
사고조사 (Accident Investigation)	원치 않는 사건에 대한 체계적인 평가로, 원인 요인, 후속 시정 조치 및 예방 조치를 결정하는 것으로 정의한다.	미국 에너지부 (DoE)
사고분석 (Accident analysis)	사고분석은 사고조사에 필요한 자료를 결정하고, 사고원인에 대한 일관성, 타당성 및 논리를 확립하는 것이다. 그리고 원인에 대한 필요충분한 사건을 확립하고 추론과 판단을 근본원인을 도출하는 과정이다.	미국 에너지부 (DoE)
방벽 (Barrier)	사고에 영향을 주는 에너지 흐름을 제어, 방지 또는 예방하는 데 사용되는 모든 것이다. 물리적인 방벽에는 안전설비나 장비 등이 있고 행정적인 방벽에는 안전 절차 및 프로세스, 감독/관리, 안전 경고 및 교육 등이 있다.	미국 에너지부 (DoE)
방벽분석 (Barrier analysis)	사고를 일으키는데 기여한 에너지원을 확인하는데 사용하는 분석 기술이다. 여기에는 방벽을 실패로 이끌거나 미흡하도록 만든 제어장치를 식별하는 방안이 포함된다.	미국 에너지부 (DoE)
원인요인 (Causal factor)	사고 과정에서 원치 않는 결과를 만들어낸 사건 또는 조건이다. 원인요인은 직접원인(Direct cause), 기여(Contributing cause)원인 및 근본원인(Root cause)으로 구분한다.	미국 에너지부 (DoE)
원인 (Cause)	사고나 사건에 기여하는 모든 것이다.	미국 에너지부 (DoE)
변화 (Change)	정상적인 시스템 운영에 가해지는 스트레스이다. 그리고 계획된 시스템 운영을 방해하는 모든 것이다.	미국 에너지부 (DoE)

변화분석 (Change analysis)	사고 조사에 사용되는 분석 기법으로, 사고가 없었던 상황을 상정하여 사고가 발생한 원인과 상황과 관련된 변경 내역을 체계적으로 식별한다. 변화분석은 사람에게 초점을 맞추어 모든 변경 사항을 고려한다.	미국 에너지부 (DoE)
결론 (Conclusion)	사고분석 결과로 도출된 추론이다. 결론은 사고조사를 통해 밝혀진 진실이 사고분석을 통해 도출과 검증되어야 한다. 결론에는 무슨 일이 일어났고 왜 일어났는가? 그리고 사고분석을 통해 결정된 사고의 원인 요인(직접적, 기여적, 근본적 원인)에 대한 간결한 요약이 포함된다.	미국 에너지부 (DoE)
기여요인 (Contributing cause)	다른 원인과 함께 사고 가능성을 증가시키지만 개별적으로 사고를 일으키지 않는 사건(Event) 또는 조건(Condition)이다.	미국 에너지부 (DoE)
통제(Control)	전기 에너지 차단, 정지, 안전절차 또는 안전작업허가와 같은 에너지 흐름을 통제하는 데 사용되는 방벽이다.	미국 에너지부 (DoE)
직접원인 (Direct Cause)	사고를 일으킨 즉각적인 사건 또는 조건이라고 정의한다.	미국 에너지부 (DoE)
에너지 (Energy)	에너지는 일을 하고 저항을 극복하는 능력이다. 에너지는 음향, 전위, 전기, 운동, 열, 생물학적, 화학적, 방사선을 포함한 여러 형태로 존재한다.	미국 에너지부 (DoE)
에너지 흐름 (Energy flow)	에너지의 근원에서 다른 지점으로 이동하는 것을 에너지의 흐름이라고 한다. 에너지에는 원하는(통제어됨—일을 할 수 있음)과 원하지 않는(통제되지 않음—해를 끼칠 수 있음)흐름이 있다.	미국 에너지부 (DoE)
사건 (Event)	사건은 중요하고 실시간으로 발생하는 일이다. 사고는 작업 활동 과정에서 발생하고 의도치 않은 부상이나 손상으로 끝나는 일련의 사건을 포함한다.	미국 에너지부 (DoE)
사건 및 원인 요인 차트(ECFA, Events and Causal Factors Chart)	사건 및 원인 요인 차트는 사고에 앞서 발생하는 논리적 사건과 관련 조건을 그림으로 표현한 것이다.	미국 에너지부 (DoE)
목격자 (Eyewitness)	목격자는 사고 또는 사고 직전이나 직후의 상황을 직접 관찰한 사람이다.	미국 에너지부 (DoE)

일반적 목격자 (General Witness)	일반적인 목격자는 사고 전 또는 직후 사고와 관계가 있는 사람이다(예: 사고 이전 교대 감독자 또는 작업 관리자).	미국 에너지부 (DoE)
위험(Hazard)	위험은 에너지 흐름이 사고나 그 밖의 부정적인 결과를 초래할 가능성을 의미한다.	미국 에너지부 (DoE)
	위험은 건강과 부상을 포함한 위해를 일으킬 수 있는 가능성이다. 위험으로 인한 재산, 식물, 제품 또는 환경의 손상, 생산 손실이 증가한다.	영국 HSE
	사람들의 건강에 부상이나 피해를 입힐 수 있는 내재적 잠재력	국제노동기구 ILO OSHMS
조사(Investigation)	조사는 사고발생의 "누구, 무엇, 언제, 어디, 왜, 어떻게"를 밝혀내고 재발을 방지하기 위해 필요한 시정 조치를 결정하기 위한 자세하고 체계적인 활동이다.	미국 에너지부 (DoE)
조사 보고서 (Investigation Report)	조사 보고서는 조사 결과에 대한 명확하고 간결한 서면 설명이다.	미국 에너지부 (DoE)
교훈(Lessons Learned)	교훈은 사고분석을 통해 알게 된 "좋은 업무 관행" 또는 혁신적인 접근 방식이다. 교훈은 사고재발을 피하기 위해 공유하는 부정적인 업무 관행 또는 경험일 수도 있다.	미국 에너지부 (DoE)
핵심증인(Principal witness)	핵심증인은 실제로 사고와 관련이 있는 사람이다.	미국 에너지부 (DoE)
검증분석 (Verification Analysis)	검증분석은 사고분석이 결론 및 필요성 판단에서 논리적으로 사실에 근거하는지 확인하는 것이다. 검증분석은 사고와 관련한 모든 분석이 완료된 후에 수행된다.	미국 에너지부 (DoE)
근본 원인 (Root cause)	근본원인은 사고를 예방하기 위해 개선할 수 있는 방안이다.	미국 에너지부 (DoE)
	근본원인은 일반적으로 관리, 계획 또는 조직적 실패이다.	영국 HSE
근본원인 분석(Root Cause Analysis)	근본원인 분석은 사고예방을 위한 원인요소 식별 법론이다.	미국 에너지부 (DoE)
대상(Target)	대상은 원치 않는 에너지 흐름으로 인해 손상, 부상 또는 사망을 초래할 수 있는 사람, 사물 또는 동물이다. 주로 방벽분석에서 이 용어를 사용한다.	미국 에너지부 (DoE)

위협(Threat)	위협은 사람의 오류, 장비 오작동, 운영 프로세스 오작동, 시설 오작동 또는 위험한 에너지 방출을 유발하거나 유발할 수 있는 행동 또는 힘이다. 주로 방벽분석에서 이 용어를 사용한다.	미국 에너지부 (DoE)
즉각적인 원인 (Immediate cause)	즉각적인 원인은 위험한 사건이 일어나는 가장 명백한 이유이다. 하나의 좋지 않은 상황으로 몇 가지 즉각적인 원인이 있을 수 있다.	영국 HSE
산업재해	산업재해는 노무를 제공하는 사람이 업무에 관계되는 건설물·설비·원재료·가스·증기·분진 등에 의하거나 작업 또는 그 밖의 업무로 인하여 사망 또는 부상하거나 질병에 걸리는 것을 말한다.	산업안전보건법 제2조 정의
중대재해	중대재해는 산업재해 중 사망 등 재해 정도가 심하거나 다수의 재해자가 발생한 경우이다. 중대재해는 1. 사망자가 1명 이상 발생한 재해, 2. 3개월 이상의 요양이 필요한 부상자가 동시에 2명 이상 발생한 재해, 부상자 또는 직업성 질병자가 동시에 10명 이상 발생한 재해를 말한다.	산업안전보건법 제2조 정의 및 산업안전보건법 시행규칙 제3조
중대산업재해	중대산업재해는 「산업안전보건법」 제2조제1호에 따른 산업재해 중 다음 각 목의 어느 하나에 해당하는 결과를 야기한 재해를 말한다. 가. 사망자가 1명 이상 발생 나. 동일한 사고로 6개월 이상 치료가 필요한 부상자가 2명 이상 발생. 다. 동일한 유해요인으로 급성중독 등 대통령령으로 정하는 직업성 질병자가 1년 이내에 3명 이상 발생	중대재해처벌법 제2조 정의
중대시민 재해	중대시민재해는 특정 원료 또는 제조물, 공중이용시설 또는 공중교통수단의 설계, 제조, 설치, 관리상의 결함을 원인으로 하여 발생한 재해로서 다음 각 목의 어느 하나에 해당하는 결과를 야기한 재해를 말한다. 다만, 중대산업재해에 해당하는 재해는 제외한다. 가. 사망자 가 1명 이상 발생. 나. 동일한 사고로 2개월 이상 치료가 필요한 부상자가 10명 이상 발생. 다. 동일한 원인으로 3개월 이상 치료가 필요한 질병자가 10명 이상 발생	중대재해처벌법 제2조 정의
근로손실사고 (DAFW, Days away from work	근로자가 부상이나 질병으로 인해 1일 이상으로 근무를 하지 못한 질병이나 사고이다. 질병이 시작된 다음날부터 시작하여 해당 사람이 근무할 수 없었던 달력일을 포함한다.	미국 OSHA/ 국방부 (Department of Defense)

제한된 작업 또는 다른 작업으로의 전환 일수(Days of restricted work or transfer to another job)	제한된 작업 또는 다른 작업으로의 전환 일수는 근로자가 일은 하고 있지만 당일에 할당된 작업을 완료하는 것이 어렵거나, 하루 또는 교대 근무 시간보다 적게 일하거나, 부상이나 질병을 수용하기 위해 다른 작업으로 전환되는 사고로 인한 손실 일이다.	미국 국방부 (Department of Defense)
의료치료(Medical treatment)	의료치료는 재해자를 치료하고 돌보는 것이다. 다만, 다음에 열거된 내용은 의료치료로 간주할 수 없으며, 기록가능한 사고로 기재하지 않는다. 관찰이나 상담만을 위한 의사나 의료 전문가 방문, 진단 목적으로만 사용되는 처방약 투여를 포함한 진단 절차 등	미국 OSHA Forms for Recording Work-Related Injuries and Illnesses
응급처치(First aid)	다음과 같은 유형의 치료만 필요했다면 응급처치 사고로 간주할 수 있다. 비처방약의 비처방 강도 사용·파상풍 예방 접종 투여·피부 표면의 상처 세척·붕대, 거즈 패드 등과 같은 상처 덮개 사용 또는 SteriStrips™ 또는 버터플라이 붕대 사용·온열 또는 냉열 요법 사용·탄력 붕대, 랩, 비강성 허리 벨트 등과 같은 지지 수단 사용·손톱이나 발톱에 구멍을 뚫어 압력을 완화하거나 물집에서 체액 배출·안대 사용·손가락 보호대 사용·마사지 시행·열 스트레스를 완화하기 위해 수분을 섭취 등	미국 OSHA Forms for Recording Work-Related Injuries and Illnesses

용어	설명
DART (Days Away, Restricted, or Transferred, 근로손실, 제한된 작업 또는 전환 작업율)	• 근로자 100명이 연간 200,000시간(100명 x 주 40시간 x 50주) 근무 기준, 근로손실, 제한된 작업 또는 전환으로 휴업이 필요한 사고에 대한 사고율이다. OSHA는 DART를 사용하여 고위험 산업을 모니터링한다. • DART=근로손실, 제한된 작업 또는 전환으로 휴업이 필요한 사고X 200,000)/총 근로시간
LTIR (Lost Time Incident Rate, 근로손실사고율)	• 근로자 100명이 연간 200,000시간(100명 x 주 40시간 x 50주)근무 기준, 1일 이상 휴업이 필요한 근로손실사고에 대한 사고율이다. • LTIR= (1일 이상 휴업이 필요한 근로손실사고 X 200,000)/ Employee hours worked.
TRIR (Total Recordable Incident Rate, 총기록가능한 사고율)	• 근로자 100명이 연간 200,000시간(100명 x 주 40시간 x 50주) 근무 기준, 총 기록가능한 사고(의료적 치료, 근로손실사고, 중대재해 및 사망사고)에 대한 사고율이다. • TRIR= (총 기록가능한 사고 X 200,000)/Employee hours worked.
재해율	• 근로자 100명 당 재해자 수에 대한 사고율 • 3일 이상의 휴업이 필요한 재해자수/산재보험적용 근로자수 X 100
사망 만인율	• 근로자 10,000명당 사망자수에 대한 사고율 • (사망자수/근로자수) X 10,000
연천인율	• 근로자 1,000명당 연간 발생 재해자수에 대한 사고율 • (재해자수/근로자수) X 1,000
휴업재해율	• (휴업재해자수/근로자수) X 100 ※ 휴업재해자는 근로복지공단에서 휴업급여를 받은 재해자 수를 말함

도수율(빈도율)	• 1,000,000 근로시간당 재해발생건수에 대한 사고율 • 재해건수/연근로시간수 X 1,000,000 ※ 연근로시간은 실제 기록에 따라 산출. 다만, 실제 기록 산출이 어려울 경우, 1일 8시간 X 300일 기준으로 2,400시간 산정
강도율	• 1,000 근로시간당 재해로 인한 근로손실일수에 대한 사고율 • (총요양근로손실일수 X 연근로시간수) X 1,000 • 총요양근로손실일수는 재해자의 총 요양기간을 산출하되, 사망/부상 등 장해자의 등급별 요양근로손실일수는 다음과 같다. 자세한 사항은 산업재해통계업무처리규정 별표 1 참조. (사망 7,500일, 1~3등급 7,500일, 4등급 5,500일, 5등급 4,000일, 6등급 3,000일, 7등급 2,200일, 8등급 1,500일, 9등급 1,000일, 10등급 600일, 11등급 400일, 12등급 200일, 13등급 100일, 14등급 50일
평균강도율	• 재해 한 건당 평균근로손실 일수에 대한 사고율 • (강도율/도수율) X 1,000
환산강도율	• 근로자 평생 근무시 근로손실일수에 대한 사고율 • 강도율 X 100 ※ 근로자의 평생 근무시간은 정년 40년 X 1일 8시간 X 300일 기준 96,000시간으로 설정하고 잔업시간 4,000시간을 더해 총 십만 시간을 설정한다.
환산도수율	• 근로자 평생 근무시 재해건수에 대한 사고율 • 도수율/10 ※ 근로자의 평생 근무시간은 정년 40년 X 1일 8시간 X 300일 기준 96,000시간으로 설정하고 잔업시간 4,000시간을 더해 총 십만 시간을 설정한다.
종합재해지수	• 회사별 사고로 인한 위험비교 • $\sqrt{}$ 도수율 X 강도율
안전활동율	• 안전관리 활동에 대한 정량적 평가, 백만 시간당 안전활동 • 안전활동건수/(연 근로시간 X 평균 근로자수) X 1,000,000 ※ 안전활동건수(안전개선 건수, 행동 피드백, 안전 홍보 등)

■ 항공안전법 시행규칙 [별지 제66호서식] <개정 2019. 9. 23.> 통합항공안전정보시스템(https://www.esky.go.kr)에서도 보고할 수 있습니다.

항공안전 자율보고서(Aviation Safety Voluntary Report)

보고분야 구분 (Fields)	[ ] 운항 (Flight Operation) [ ] 객실 (Cabin Operation)		[ ] 관제 (Air Traffic Control) [ ] 지상조업 (Ground Handling)	[ ] 정비 (Maintenance) [ ] 기타 (Others:_____)
직 책 (Function)		직책 근무년수 (Years at Function)		
소지 자격 (Qualification/Ratings)				
호출 부호 (Call Sign)		등록 기호 (Registration)		
항공기기종 또는 공항·항행시설 명칭 (Type of Aircraft or Name of Aerodrome or NAVAID)				
발생 일시 (Date, Time)	년/ 월/ 일/ 시: 분 (YYYY/MM/DD/hh:mm)	발생장소 또는 공항 (Location or Aerodrome)		
발생단계 (Phase of Flight)	[ ] 정지(standing) [ ] 푸시백/견인(push-back/towing) [ ] 유도로이동(taxi) [ ] 이륙(take-off) [ ] 초기 상승 (initial climb) [ ] 순항 (en-route) [ ] 접근(approach)	[ ] 착륙 (landing) [ ] 기동(maneuvering) [ ] 비상강하(emergency descent) [ ] 제어불능상태의 고도강하(uncontrolled descent) [ ] 충돌발생 후(post-impact) [ ] 불분명(unknown)		
비행 구간 (Flight Route)		비행 고도 (Altitude)		
기 상 (Weather)				
승객 수 (Number of Passengers)		승무원 수 (Number of Crew Members)	운항승무원(Flight Crew)	
			객실승무원(Cabin Crew)	

사건/상황 기술 ※ 상황, 사건발생 경위 및 내용, 원인, 조치사항 등을 되도록 구체적으로 적어주십시오.
(Description of Event/Situations. ※ Please describe the details of the event or situation, causes, and actions.)

「항공안전법」 제61조제1항 및 같은 법 시행규칙 제135조제1항에 따라 항공안전 자율보고 사항을 위와 같이 보고합니다.(In accordance with the Article 61 of the Aviation Safety Act and the Article 135 of the Ministerial Regulation of Aviation Safety Act, I hereby report the occurrence of voluntary reporting items as described above.)

년 월 일
Date:_____/_____/_____ (YYYY/MM/DD)

한국교통안전공단 이사장 귀하
(Attention : President of Korea Transportation Safety Authority)

접수번호는 _____번입니다. 보고서 제출 증빙자료로 활용하시기 바랍니다.

Your registration number is _____. ※ This number can be used when ensuring the report submission.

보고자 성명 (Name)	
보고자 주소 (Address)	
연락처 (Telephone)	이메일 주소 (e-mail Address)

210mm×297mm[백상지(80g/㎡) 또는 중질지(80g/㎡)]

사고발생시 해당 작업:	상해 종류:	상해 부위:
◦ 자재 취급 ◦ 장비 설치 ◦ 정비/서비스 ◦ 제조/조립 ◦ 사무실 또는 영업 업무 ◦ 기계 작동 ◦ 차량 운전 ◦ 차량 내 승객 ◦ 검사 ◦ 수리 ◦ 장비 검사 ◦ 작업 수행하지 않음 ◦ Other기타: _____	◦ 질식 ◦절단 (전체 또는 부분) ◦ 화상/동상 (열) ◦화상 (화학) ◦ 충격/무의식 ◦타박상, 좌상 ◦ 충돌 상해 ◦ 통증, 무감각, 따끔거림 ◦ 누적적 외상 질환 ◦ 베인 상처, 열상, 찔림, 과상 ◦ 감전 ◦눈 상해/자극 ◦ 골절/탈구 ◦청각 상실 ◦ 복수 부상 ◦ 호흡기 질환/직업 질병 ◦ 피부 발진/피부 상태 ◦ 삠 ◦없음/아차 사고 ◦ 기타: _____	◦ 머리, 얼굴, 목, 귀, 입 ◦ 귀 ◦몸통 ◦ 등 (위, 아래) ◦ 팔, 팔꿈치, 어깨 ◦ 손, 손목 ◦손가락 ◦ 다리, 둔부, 무릎 ◦ 발목, 발 ◦발가락 ◦ 내부 기관 **신체 계통** ◦ 신경 계통 ◦청각 ◦ 호흡기 계통 ◦ 피부 ◦순환 계통 ◦ 기타 신체 계통 ◦ 복수 신체 부위
사고 유형:	**직접 원인:**	**근본 원인:**
◦ 다른 물체를 받음(추락 포함 하지 않음) ◦ 부딪힘 ◦추락 (높은 곳) ◦ 미끄러짐, 걸려 넘어짐, 떨어짐 (같은 높이) ◦ 이물체가 눈에 들어감 ◦ 전기 에너지 접촉 ◦ 동물 또는 곤충 물림	상태 ◦ 이동에 대한 안전 미조치 ◦ 방어가 없는/부적절한 방어 ◦ 결함 있는 공구/장비/구조물 ◦ 불량한 관리 정돈/혼잡 ◦ 부자연스러운 자세 ◦ 부적절한 장비 설계 ◦ 날카로운 물체 ◦ 자연 재해	위험 인식 ◦ 위험을 인식/인지하지 못함 ◦ 위험을 알았지만 위험성이 낮은 것으로 인식 통제 조처 ◦ 규정되지 않음 ◦ 위험을 적절히 다루지 않음 ◦ 완전하지 않게 또는 부적절하게 실행

접촉/노출
- 극도의 온도
- 소음
- 방사
- 물질/약품에 대한 노출 중 또는

노출에 대해 힘을 사용:
- 흡입
- 섭취
- 피부
- 자동차 사고(차/트럭)
- 걸림, 깔림 또는 끼임
- 반복적 동작/스트레스/진동
- 자동차/트럭 이외의 차량

- 부적절한 조명
- 통제되지 않은 보건 위험
- 화재 폭발 위험
- 반복적 동작/진동
- 불안전한 운전 상태
- 개인/의학적 상태

절차
- 부자연스러운 자세 취함
- 안전 장치 무시
- 동력 해제/안전화 실패
- 확립된 규칙/절차 준수 실패
- 의도대로 사용하지 않음
- 불안전한 속도로 작동

훈련
- 실행하지 않음
- 이해하지 못함
- 위험과 연관되지 않음

의사 전달
- 위험이 전달되지 않음
- 위험이 이해되지 않음

방침, 규칙, 절차
- 확립되지 않음
- 부적절/위험을 다루지 않음
- 규칙을 집행하지 않음

검사/감사
- 실시하지 않음
- 위험을 다루지 않음
- 시정 조치 취하지 않음

사고의 종류	□상해 □질병	사고의 심각성	□ 사망 □ 경미한 사고	□ 근로손실 발생 □ 치료만 발생
직원의 업무 복귀 여부	□ 예 □ 아니오		업무 복귀 (예정)일자	일 년 월
근로손실(예상) 일수		직원 상태	□ 사망 □ 활동적	□ 비 활동적
상병 상태	(			

즉각적인 시정조치 사항:

No	조치 내용	책임부서/책임자	개선시작 예정일	개선완료 예정일	개선 소요 비용

필요시) 개선 사항 사진 부착 및 부연설명

장기적인 시정조치 사항:

No	조치 내용	책임부서/책임자	개선시작 예정일	개선완료 예정일	개선 소요 비용

필요시) 개선 사항 사진 부착 및 부연설명

추가 시정조치가 필요한지에 대한 관리자의 의견:

서 명	보 고 일 자:		보 고 일 자:	
	관리감독자 :	(인)	관리감독자 :	(인)

■ 산업안전보건법 시행규칙 [별지 제30호서식] <개정 2021. 11. 19.>

산업재해조사표

※ 뒤쪽의 작성방법을 읽고 작성하시기 바라며, [ ]에는 해당하는 곳에 √ 표시를 합니다. (앞쪽)

I. 사업장 정보	①산재관리번호 (사업개시번호)				사업자등록번호		
	②사업장명				③근로자 수		
	④업종				소재지	(–)	
	⑤재해자가 사내 수급인 소속인 경우(건설업 제외)	원도급인 사업장명			⑥재해자가 파견근로자 인 경우	파견사업주 사업장명	
		사업장 산재관리번호 (사업개시번호)				사업장 산재관리번호 (사업개시번호)	
	건설업만 작성	발주자			[ ]민간 [ ]국가·지방자치단체 [ ]공공기관		
		⑦원수급 사업장명			공사현장 명		
		⑧원수급 사업장 산재 관리번호(사업개시번호)					
		⑨공사종류			공정률	%	공사금액 백만원

※ 아래 항목은 재해자별로 각각 작성하되, 같은 재해로 재해자가 여러 명이 발생한 경우에는 별지에 추가로 적습니다.

II. 재해 정보	성명		주민등록번호 (외국인등록번호)		성별	[ ]남 [ ]여
	주소				휴대전화	– –
	국적	[ ]내국인 [ ]외국인 [국적:]	⑩체류자격:	⑪직업		
	입사일	년 월 일	⑫같은 종류업무 근속 기간			년 월
	⑬고용형태	[ ]상용 [ ]임시 [ ]일용 [ ]무급가족종사자 [ ]자영업자 [ ]그 밖의 사항 [ ]				
	⑭근무형태	[ ]정상 [ ]2교대 [ ]3교대 [ ]4교대 [ ]시간제 [ ]그 밖의 사항 [ ]				
	⑮상해종류 (질병명)		⑯상해부위 (질병부위)		⑰휴업예상 일수	휴업 [ ]일
					사망 여부	[ ] 사망

III. 재해 발생 개요 및 원인	⑱ 재해 발생 개요	발생일시	[ ]년 [ ]월 [ ]일 [ ]요일 [ ]시 [ ]분
		발생장소	
		재해관련 작업유형	
		재해발생 당시 상황	
	⑲재해발생원인		

IV. ⑳재발 방지 계획	

※ ⑳재발방지 계획 이행을 위한 안전보건교육 및 기술지도 등을 한국산업안전
보건공단에서 무료로 제공하고 있으니 즉시 기술지원 서비스를 받으려는 경
우 오른쪽에 √ 표시를 하시기 바랍니다. | 즉시 기술지원 서비스 요청 [ ]

※ 근로복지공단은 재해자의 개인정보를 활용하는 것에 동의하는 사람에 한
정하여 해당 재해자에게 산재보험급여의 신청방법을 안내하고 있으니 관련
안내를 받으려는 재해자는 오른쪽에 √ 표시를 하시기 바랍니다. | 산재보험급여 신청방법 안내를 위한
재해자의 개인정보 활용 동의 [ ]

작성자 성명
작성자 전화번호   작성일   년   월   일
                                      사업주   (서명 또는 인)
                                      근로자대표(재해자)   (서명 또는 인)

( )지방고용노동청장(지청장) 귀하

재해 분류자 기입란 (사업장에서는 적지 않습니다)	발생형태	☐☐☐	기인물	☐☐☐☐☐
	작업지역·공정	☐☐☐	작업내용	☐☐☐

210mm×297mm[백상지(80g/㎡) 또는 중질지(80g/㎡)]

중대재해발생보고[건설업]

문서번호 :
수 신 :
발 신 :

20 . . .

1. 사업체 개요

사업장명	원 청 (공동도급)	(대표 :)	공사금액	(백만원)	기술 지도 관계	−지도기관명 : ☐ 미계약 ☐ 해당없음
	하 청	(대표 :)	공사기간 (근로자수)	20 . . . ~20 . . . (명)	방 지 계획서 관 계	☐ 대 상 ☐ 비대상
현장명	발주처		공정율(%)		공사 종류	

2. 재해자 인적사항

성 명	주민등록번호	소 속	직 종	입사일자	동종경력	재해정도
						■ 사망(명) ☐ 부상(명) (치료예상기간: 월)

3. 재해발생 내용 및 조치현황

일시		장소		발생 형태		기인물		행정 조치	기타 (조사후 필요시 조치)

∘ 사고 경위 (6하 원칙에 의거 상세히 작성)

문서번호 :   201 . . .
수 신 :
발 신 :

1. 사업체 개요

사업장명	원청		대표자		소재지		근로자수		업종	
	하청									

2. 재해자 인적사항

성 명	주민등록번호	소 속	직 종	입사일자	동종경력	재해정도
						■ 사망(명) □ 부상(명) (치료예상기간: 월)

3. 재해발생 내용 및 조치현황

일시		장소		발생형태		기인물		행정조치	기타 (조사후 필요시 조치)

4. 재해발생원인 및 경위

(1) 작업 환경(Work Environment)

구분	내용
WE 1. 혼란 및 방해	• 작업 순서에 따라 작업하는 동안 잠시 중지, 그리고 다시 시작하도록 요구받는 작업 환경 조건
WE 2. 일상의 변화와 일탈	• 기존의 업무 방식에서 벗어남 • 작업이나 장비 상태에 대한 정보를 이해할 수 없도록 하는 익숙하지 않거나 예측하지 못한 작업 또는 작업 현장 조건
WE 3. 혼란스러운 디스플레이 또는 컨트롤	• 사람의 작업 기억이 혼동될 수 있도록 설치된 디스플레이 및 제어 장치의 특성 • 시설에 대한 설명이 누락되거나 모호한 내용(불충분하거나 관련성이 없음) • 특정 프로세스 매개변수 표시 부족 • 비논리적인 구성 또는 레이아웃 • 표시된 프로세스 정보에 대한 식별 부족 • 표시 간의 충돌을 구별하는 명확한 방법 없이 서로 가깝게 배치된 컨트롤
WE 4. 계측오류	• 보정되지 않은 장비나 프로그램의 결함
WE 5. 잠재된(숨겨진) 시스템 응답	• 장비나 기기 조작 후 사람이 볼 수 없거나 예상하지 못한 시스템 반응 • 어떠한 조치로 인해 장비나 시스템이 변경되었다는 정보를 받을 수 없음
WE 6. 예상치 못한 장비 상태	• 일반적으로 접하지 않았던 시스템 또는 장비 상태로 인해 개인에게 익숙하지 않은 상황 발생
WE 7. 대체 표시 부족	• 계측 장치가 없어 시스템이나 장비 상태에 대한 정보를 비교하거나 확인할 수 없음
WE 8.성격 갈등	• 두 명 이상의 사람이 함께 작업을 수행하는 경우 개인적 차이로 인해 주의가 산만해짐

(2) 개인의 능력(Individual Capabilities)

구분	내용
IC 1. 업무 미숙	• 작업 기대치나 기준을 알지 못함 • 작업을 처음 수행함
IC 2. 지식 부족(잘못된 정신 모델)	• 작업을 완료하는 데 필요한 정보를 알지 못함 • 작업 수행에 대한 실제적인 지식 부족
IC 3. 이전에 사용되지 않은 새로운 기술	• 작업 수행에 필요한 지식 또는 기술 부족
IC 4. 부정확한 커뮤니케이션 습관	• 근로자 간 정확한 의사소통이 어려운 수단이나 습관
IC 5. 실력/경험 부족	• 해당 작업을 자주 수행하지 않아 작업에 대한 지식이나 기술의 수준이 낮음
IC 6. 불분명한 문제 해결 능력	• 익숙하지 않은 상황에 대한 체계적이지 못한 대응 • 이전에 성공한 해결책을 사용하지 않음 • 변화하는 환경(시설 조건)에 대처하지 못 함
IC 7. 불안전한 태도	• 존재하는 위험에 대한 주의를 기울이지 않고 작업(생산)을 달성하는 것이 중요하다는 개인적인 믿음 • 특정 작업을 수행하는 동안 무적이라는 인식, 자부심, 과장된 감정, 운명론적 마음가짐
IC 8. 질병 또는 피로	• 질병 또는 피로로 인한 신체적 또는 정신적 능력 저하 • 허용 가능한 정신 능력을 유지하기 위한 휴식 부족

(3) 과제의 요구사항(Task Demands)

구분	내용
TD 1.시간의 압박 (서두름)	• 행동이나 과업을 긴박하게 수행해야 함 • 지름길을 가야 하고 조급함을 부추김 • 부가적인 작업을 수락해야 함 • 여유 시간이 없음
TD 2.높은 수준의 작업	• 높은 수준의 집중력 유지 • 개인의 정신적 요구(해석, 결정, 과도한 양의 정보 검토)

TD 3.동시 다중 동작	• 정신적 또는 신체적으로 둘 이상의 작업 수행 • 주의력 분산 및 정신적 과부하
TD 4.반복적인 행동/ 단조로움	• 반복적인 행동으로 인한 부적절한 수준의 정신 활동 • 지루함 • 허용 가능한 수준의 주의력 유지가 어려운 정보
TD 5.돌이킬 수 없는 행동	• 일단 행동을 하면 상당한 지연 없이는 복구할 수 없는 조치 • 조치를 취소할 수 있는 명확한 방법이나 수단이 없음
TD 6.설명 요건	• 현장 진단이 필요한 상황 • 잠재적으로 잘못된 규칙 또는 절차의 오해 또는 적용
TD 7.불분명한 목표, 역할 또는 책임	• 불확실한 작업 목표 또는 기대치 • 업무 수행의 불확실성
TD 8.기준이 없거나 불분명	• 모호한 행동 지침 • 적절한 기준이 없음

(4) 인간본성(Human Nature)

구분	내용
HN 1. 스트레스	• 업무가 적절하게 (표준에 따라) 수행되지 않을 경우 자신의 건강, 안전, 자존감 또는 생계에 위협이 된다는 인식에 대한 마음의 반응 • 반응에는 불안, 주의력 저하, 작업 기억력 감소, 잘못된 의사 결정, 정확함에서 빠른 것으로의 전환 등이 포함될 수 있음 • 개인의 업무 경험에 따른 스트레스 반응 정도
HN 2.습관 패턴	• 잘 실행된 작업의 반복적인 특성으로 자동화된 행동 패턴 • 과거 상황이나 최근 업무 경험과의 유사성으로 인해 형성된 성향
HN 3.가정	• 일반적으로 최근 경험에 대한 인식을 바탕으로 사실 확인 없이 이루어진 추측으로 부정확한 정신 모델로 인해 생성됨 • 사실이라고 믿어짐
HN 4.자기만족/과신	• 세상의 모든 것이 잘되고 모든 것이 예상대로 이루어지고 있다는 가정으로 이어지는 "Pollyanna(어떤 상황에서도 항상 긍정적인 면을 찾으려는 상황)" 효과

	• 위험이 있는 상황을 인식하지 못하고 자기 과신. 직장에서 7~9년 정도를 근무하면 보통 생김 • 과거 경험을 바탕으로 작업의 어려움이나 복잡성을 과소평가
HN 5.마음가짐(의도)	• 보고 싶은 것만 바라보는 경향(의도), 선입관 • 예상하지 못한 정보를 놓칠 수도 있고 실제로 존재하지 않는 정보를 볼 수도 있음 • 자신의 오류를 발견하는 데 어려움을 겪음
HN 6.부정확한 위험 인식	• 위험과 불확실성에 대한 개인적인 평가 또는 불완전한 정보나 가정 • 잠재적인 결과나 위험을 인식하지 못하거나 부정확하게 이해함 • 개인의 오류 가능성에 대한 인식과 결과에 대한 이해를 바탕으로 위험을 감수하는 행동의 정도(남성에게 더 많이 발생)
HN 7.정신적 지름길 또는 편향	• 익숙하지 않은 상황에서 패턴을 찾거나 보는 경향, 익숙하지 않은 상황을 설명하기 위해 경험 법칙 또는 마음의 습관(휴리스틱) 적용, 확증 편향, 빈도 편향, 유사성 편향 및 가용성 편향
HN 8. 제한된 단기 기억	• 망각을 일으킴 • 동시에 2~3개 이상의 정보 채널에 정확하게 주의를 기울일 수 없음

별첨 10 ISM(Integrated Safety Management) 일곱 가지 원칙

기본 원칙 #1(GP-1): 경영진은 공공, 근로자, 환경 보호에 대한 직접적인 책임이 있다.

- 미국 에너지부(이하 DOE)는 계약업체의 관리를 위한 문서화된 안전 정책과 목표를 수립 했는가?
- 사고 당시 ISM 정책이 이행되었는가?
- DOE 경영진은 조직, 계약업체, 하청업체 및 근로자가 ISM을 이행하도록 관리했는가?
- DOE 및 계약자 조직에 대한 안전보건환경 성과 기대치를 전달하고 이해했는가?
- 관리자는 근로자의 적극적인 참여를 유도하고 권한을 부여했는가?

지침 원칙 #2(GP-2): 안전에 대한 명확한 권한과 책임이 부서 및 계약업체 내 모든 조직 수준에서 설정되고 유지되어야 한다.

- 경영진은 현장 운영에 효과적으로 통합할 수 있도록 안전보건환경의 역할과 책임을 명확 하게 정의하고 유지하는가?
- 작업을 수행하는 근로자, 하청업체, 임시 직원, 방문 연구원, 공급업체 대표, 임차인 등에게 안전 책임을 부여하기 위한 절차가 수립되어 있는가?
- 경영진은 조직, 시설, 대중에게 잠재적인 안전보건환경 영향을 알리기 위한 커뮤니케이션 시스템을 구축했는가?
- 관리자와 근로자는 안전한 시설 운영을 위해 책임과 의무를 인식하고 있는가?
- 개인은 성과 목표, 평가 시스템, 결과를 통해 안전에 대한 성과 책임을 갖는가?
- DOE의 관리감독은 적절한 계약 및 평가 체계를 통해 계약업체와 하청업체에게 안전보건 환경에 대한 책임을 부여했는가?

지침 원칙 #3(GP-3): 근로자는 자신의 안전 책임을 수행하는 데 필요한 경험, 지식, 기술 및 능력을 보유해야 한다.

- 관리자는 높은 수준의 기술 역량, 프로그램 운영 및 시설에 대한 이해를 하고 있는가?
- 직원, 계약자 및 협력업체가 유해성, 위험 사항 및 계약자 정책 및 요구사항에 대해 적절하게 교육받고 자격을 갖추었는지 확인하기 위한 문서화된 절차가 존재하는가? 그리고 그 절차는 경영진에 의해 마련되어 있는가?
- 위험에 상응하는 자격을 갖춘 인력이 특정 작업 활동에 업무 하도록 보장하는 절차가 있는가?
- 변경관리 절차가 존재하는가(절차, 위험, 시스템 설계, 시설 임무 또는 수명 주기 상태의 중대한 변경)?
- 경영진은 안전보건환경 교육 프로그램이 성과를 효과적으로 측정 및 개선하고 교육 필요성을 파악할 수 있도록 절차를 수립하고 구현했는가?
- 교육 프로그램이 요구사항에 맞게 최신 상태로 유지되고, 직무 숙련도가 유지되도록 보장하는 절차가 수립되어 있는가?

지침 원칙 #4(GP-4): 안전, 프로그램 및 운영상의 고려 사항을 해결하기 위해 자원을 효과적으로 할당해야 한다. 모든 활동을 계획하고 수행할 때 대중, 근로자, 환경을 보호하는 것을 우선순위로 세워야 한다.

- 경영진이 안전보건환경 프로그램이 현업 조직 내에서 충분한 자원과 우선순위를 갖도록 보장하기 위한 노력을 하고 있는가?
- 경영진이 ISM이 모든 유형의 작업과 위험에 대처하도록 수립했는가?
- 경영진이 DOE 규정(DEAR) 안전보건환경 조항(48 CFR 970.5204-2)에 따라 안전보건환경 관리 프로세스, 절차 및/또는 프로그램을 현장, 시설 및 작업 활동에 통합하는 안전 관리 시스템을 구축했는가? 자원 감축과 예상치 못한 사건으로 인해 안전보건환경에 투자되어야 할 자금을 집행하기 어려운가? 또는 비효율적으로 운영하는가?

지침 원칙 #5(GP-5): 작업을 수행하기 전 관련 위험을 평가하여 대중, 근로자 및 환경을 부정적인 결과로부터 보호할 수 있는 적절한 보장을 제공할 수 있는 안전 기준을 수립해야 한다.

- 표준 및 요구사항을 정책, 프로그램, 절차로 반영하고 특정 업무 활동에 맞게 요구사항을 조정하는 절차를 개발하는 등 요구사항을 관리하는 프로세스가 있는가?
- 현장 또는 시설의 수명 주기 단계에서 발생하는 유해성, 취약성 및 위험에 대응할 수 있는 방안이 수립되어 있는가?
- 정책에 부합하는 절차가 공식적으로 수립되고 해당 기관의 승인을 받았는가?
- 커뮤니케이션 시스템을 통해 관리자와 근로자가 자신의 직위, 업무 및 관련 위험에 적용되는 모든 표준과 요건을 인지하고 있는가?

지침 원칙 #6(GP-6): 위험을 예방하기 위한 관리와 공학적 통제는 해당 작업에 맞게 조정되어야 한다.

- 작업 활동과 관련된 위험을 식별, 분석 및 분류하여 예방대책을 마련하는가? 그리고 예방대책은 관리 및 공학적 통제에 따라 위험요인을 우선적으로 개선하고 있는가?
- 모든 작업 단계(예: 정상 운영, 감시, 유지보수, 시설 개조, 오염 제거 및 해체)에 대한 위험관리 방안이 수립되어 있는가?
- 작업의 유형과 규모, 작업 환경에 영향을 미치는 위험 및 관련 요인에 따라 위험관리가 되고 있는가?
- DOE 계약업체와 협력업체가 상황 변화에 따라 위험(테스트, 구현, 관리, 유지 및 수정 등)을 관리하는 절차가 있는가?
- 근로자가 수행하는 업무와 관련이 있는 위험을 통제할 수 있는 지식을 갖추고 있는가?

지침 원칙 #7(GP-7): 안전한 운영을 하기 위해 필요한 사항과 요건을 설정하고 합의해야 한다.

- 업무 환경에 존재하는 유해위험 요인과 취약성에 대응할 안전관리시스템과 장비의 가용성을 보장하는 절차가 마련되어 있는가?
- DOE와 협력업체 간 경영진이 안전 운영을 위해 충족해야 하는 조건과 요구 사항을 수립하고 동의했는가?
- 안전한 작업을 위한 범위와 승인 단계를 명시한 문서가 존재하는가? 그리고 승인 대상 작업의 범위 및 복잡성을 확인하기 위한 관리 절차가 있는가?
- 변경관리 절차를 통해 해당 작업을 관리(변경관리 허가, 승인 등)하기 위한 절차가 있는가? 그리고 사고 당시 변경관리 절차는 준수되고 있는가?

별첨 11 — ISM(Integrated Safety Management) 다섯 가지 핵심 기능

1. 작업 범위 정의: CF-1

업무를 작업으로 변환하고, 기대치를 설정하고, 작업을 식별하고 우선순위를 정하고, 자원을 할당한다.

2. 위험 분석: CF-2

작업과 관련된 위험을 식별, 분석 및 분류한다.

3. 위험 관리 개발 및 구현: CF-3

적용 가능한 표준 및 요구 사항을 식별하고 합의하고, 위험을 예방/완화하기 위한 관리가 식별되고, 안전 범위가 설정되고, 관리가 구현된다.

4. 관리 범위 내에서 작업 수행: CF-4

준비가 확인되고 작업이 안전하게 수행된다.

5. 피드백 및 지속적인 개선 제공: CF-5

관리의 적절성에 대한 피드백 정보를 수집한다. 작업의 정의 및 계획을 개선할 수 있는 기회를 식별하고 구현한다.

FRAM, STAMP, AcciMap 사고분석 사례

발전소에서 발생했던 사고를 조사하고 분석하기 위하여 미국 에너지부(DoE, department of energy, 2012)의 사고와 운영 안전 분석(accident and operational safety analysis) 핸드북 가이드라인을 참조하여 시스템적 사고조사 방법인 FRAM, AcciMap 그리고 STAMP CAST 를 적용하고 개선대책을 수립하였다. 다만, 미국 에너지부의 사고와 운영 안전 분석 핸드북 (2012) 가이드라인의 사건 및 원인요인 도표 및 분석(event and causal factors charting and analysis, 이하 ECFCA)만 사용하였다.[1]

I 사고정보

A사 발전소 가스터빈 보수 공사작업 중에 가스터빈 인클로저(enclosure) 덕트를 연결하는 미고정 플레이트(plate, 길이 8미터, 약 190kg)가 약 4미터 상부에서 하부 B사 작업자 4명 방향으로 떨어지는 사고가 발생하였다. 미고정 플레이트는 외부 비계 작업자가 발판을 설치하는 과정에서 충격으로 떨어졌다. 사고로 인해 2명은 3일간의 치료, 1명은 3주 치료 그리고 1명은 1개월 치료 후 모두 건강을 회복하였다.

---

[1] 미국 에너지부가 발간한(2012) 사고조사 핸드북에 따라 사고가 왜 일어났는지 확인하는 과정 (Analyze Accident to Determine "Why" It Happened)에는 ECFCA(Event and Causal Factors Charting and Analysis), 방벽분석(Barrier analysis), 변경분석(Change analysis), 근본원인분석 (Root Cause Analysis) 그리고 확인분석(Verification Analysis)을 추천하고 있다.

1. 무슨 일이 있었는가?(what it happened)

A사는 발전소 운영과 유지보수를 위한 안전보건 정책, 안전보건관리규정, 절차를 갖추어 공사를 관리하고 있다. 공정안전관리(PSM, process safety management) 제도에 따라 변경관리, 안전작업허가(PTW, permit to work), 협력업체 관리(contractor management), 위험성 평가(risk assessment) 등 공정안전관리 12대 요소를 운영하고 있다. 그 결과 고용노동부의 정기 평가에서 양호 수준인 S등급을 유지하고 있다.

A사의 안전보건관리 규정, 작업절차, 협력업체 관리, 위험성 평가, 안전작업허가 등의 관련 자료를 검토하였다. 그리고 사고와 관련된 A사 작업관리자, 작업허가자와 안전관리자, B사 재해자와 현장소장, C사 목격자, 안전관리자, 현장소장 2명, 조장, 공무담당자, D사 비계 작업자 및 반장을 대상으로 인터뷰를 시행하였다.

A사와 B사 간 공사계약서, B사와 C사 간 공사계약서, A사와 B사 간 3개월 전 공사미팅 2회차 기록 및 1개월 전 공사미팅 기록, A사의 안전관리 계획서, B사의 안전관리계획, A사가 발행한 안전작업허가서, 위험성평가 내용, A사가 실시한 안전교육 이력, 공사 전 안전교육 이력(TBM, tool box meeting), A사의 안전점검 이력, A사가 고용한 안전감리의 점검 이력, B사의 위험성평가 내용 등의 서류를 접수하고 분석하였다.

2. 공사관리의 역할과 책임

A사는 발전소를 소유한 회사로 B사와 가스터빈 정비 도급 계약을 맺었다. B사는 A사와 가스터빈 정비 도급 계약을 맺고 가스터빈 예방정비를 위해 C사와 가스터빈 정비 도급 계약을 맺어 업무를 수행하는 회사이다. C사는 B사와 가스터빈 정비 도급 계약을 맺고 가스터빈을 정비하는 회사이다. D사는 C사와 도급 계약을 맺고 기계설비 공사 지원과 비계를 설치하는 회사이다.

3. 왜 일어났는가?(why it happened)

계약현황, 공사협의 내용, 안전 작업 계획서 작성 및 검토 내용, 안전작업허가서 검토 및 승인 내용, 안전교육 실시 내용, 안전 점검 시행 내용, 공사실시 경과, 사고 발생, 응급처치, 병원 후송 및 치료 단계로 구분하여 사고가 발생하기까지의 과정을 설명한다. 전술한 과정별 ECFCA 도표 일부를 본 책자에서 설명한다.

3.1 도급 계약 현황

A사와 B사는 가스터빈 정비를 위한 도급 계약을 맺었다. A사는 전력 수급 계획을 파악하여 B사와 정비 일정을 확정하였다. B사는 A사와의 정비 일정을 확인한 이후 정비 협력업체를 파악하여 C사와 가스터빈 정비 도급 계약을 체결하였다. 이때 A사와 B가 검토한 안전관리 검토사항에는 플레이트 낙하와 관련한 위험요인은 없었다. C사는 B사와의 정비 도급 계약에 따라 D사와 기술 협약을 체결하였다.

당시 C사는 D사와 기술 협약을 체결하였다. 기술 협약 내용으로는 공사 기간 설정, 투입인원, 공사 자재 산출, 인력 단가 등의 기본적인 내용이 포함되어 있다. 협력내용으로는 가스터빈 기계장치 업무 지원과 비계설치 및 해체와 관련한 내용이 포함되어 있다. 공사와 관련해 구체적인 안전관리계획이나 관리 감독과 관련한 내용은 없었다. 그리고 D업체는 비계설치와 해체를 주로 하는 경험이 있다.

3.2 공사협의

A, B, C사는 가스터빈 공사 시행 3개월 전, 1개월 전 및 공사 전 회의를 시행하였다. 회의의 주제는 공사 품질, 공사 기간, 자재 확보, 안전관리계획 등이었다. 공사협의 과정에서 안전관리를 포함한 공사와 관련한 다양한 의견을 공유하고 협의하였다. 아래 그림은 ECFCA 도표이다.

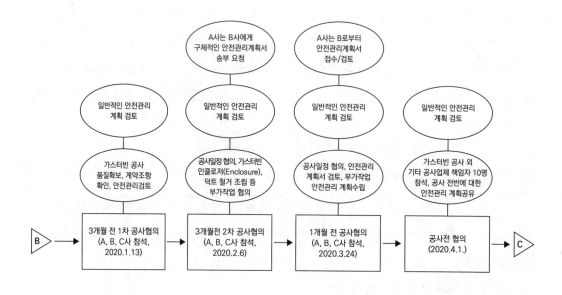

3.3 안전관리계획서

A사는 B사에게 가스터빈 공사 안전관리를 위한 교육계획, 협력업체 관리, 위험성평가, 안전점검 실시, 안전관리 조직 구성 등의 내용을 포함하는 안전관리계획서 제출을 요청하였다. B사는 A사의 요청에 따라 안전관리계획서를 제출하였다. A사와 B사는 가스터빈과 연결된 덕트(외부 공기를 가스터빈에 전달하기 위한 통로이며, 덕트는 인클로저와 플레이트로 고정되어 있다) 해체로 인해 플레이트가 낙하할 수 있는 잠재적인 위험을 몰랐다.

3.4 안전작업허가서(PTW, permit to work)

A사는 공정안전관리 대상 사업장으로 사고 예방을 위하여 작업위험성분석(JSA, job safety analysis)을 시행하고 있다. 가스터빈 정비 작업 이전 A사 작업감독자는 B사가 제출한 위험성 평가를 기반으로 안전작업허가서류를 작성하였다.

안전작업허가 서류에는 협력업체 정보, 공사현황, 작업 방법 등 위험성 평가 내용이 포함된다. 위험성 평가 단계에는 위험요인(hazard) 확인, 빈도(likelihood) 및 강도(severity) 등 위험성 추정(estimation), 위험성 감소 방안(risk reduction) 등이 포함된다. 그리고 작업과 관련한 도면, 중장비 취급, 고소작업, 밀폐공간, 에너지 통제, 록아웃/테그아웃(lock out and tag out), 유해 위험물질 목록, 기본안전수칙, 보호구 지급 확인서, 위험성 평가, 작업 지시서, 작업 전 교육 서명 일지, 차량 정보 등과 관련한 서류가 포함된다.

작업감독자가 작성한 안전작업허가서류는 정비 관련 책임자와 안전작업허가서 승인 책임자의 검토를 받고 승인된다. 안전작업허가서 내용은 현장 작업 전 회의에서 공유되고 검토된다. 아래 그림은 ECFCA 도표이다.

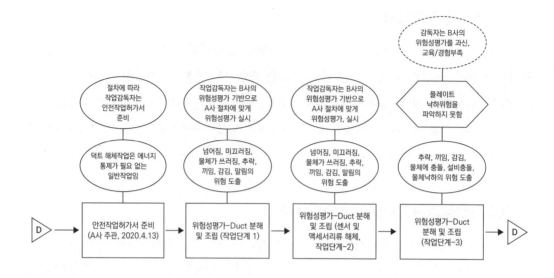

3.5 안전교육 및 안전점검

A사의 안전담당자는 안전 절차에 따라 공사 업체 작업자를 대상으로 작업 전 안전교육을 실시하였다. 교육내용은 A사 발전소의 유해위험 요인, 비상대피소 안내, 유해위험 요인 보고체계, 안전점검 실시 및 비상연락 방법 등이다. A사의 안전점검은 현장 안전검증, 작업 감독자 주관의 일상점검 및 안전담당자의 순회점검 등으로 시행되고 있다. A사는 잠재된 위험을 파악하고 개선하기 위하여 별도의 안전 전문 감리를 공사 기간에 고용하여 현장점검과 개선을 지원하였다. B사와 C사의 현장소장은 현장 순회 점검을 주기적으로 실시하였다.

B사와 C사의 안전관리자는 주기적으로 현장점검과 개선을 시행하였다. 다양한 사람들의 지속적인 안전 점검에도 불구하고 플레이트 낙하와 관련한 위험을 파악하지 못했다.

3.6 공사

공사는 가스터빈 외부에 비계설치, 덕트 플레이트 볼트 해체, 가스터빈 인클로저 해체, 벽체에 있는 플레이트 남겨짐, 벽체에 있던 플레이트 제거 시도, 덕트 해체를 위해 가스터빈 내부에 비계설치, 덕트 해체(연결구 볼트 제거), 지면으로 덕트 이동, 가스터빈 외부에 설치된 비계 해체, 벽체에 있던 플레이트 90도 기움, 비계설치 작업, 가스터빈 커플링(coupling) 작업실시, 덕트 조립작업 순으로 공사가 시행되었다.

3.7 플레이트 낙하사고 발생

미고정되었던 플레이트는 비계 작업자가 발판을 설치하는 동안 충격으로 인하여 하부로 떨어졌다. 그리고 하부에 커플링 작업을 수행하고 있던 4명 방향으로 떨어졌다. 다행히 플레이트는 기타 구조물(커플링 커버)에 먼저 떨어진 후 작업자들을 타격하여 심각한 부상으로 이어지지는 않았다.

3.8 보건관리자 응급처치 시행

A사는 보건관리자를 상주할 의무가 없어 공사 기간 별도로 외부의 보건관리자를 채용하여 상주시켰다. 사고 당시 보건관리자는 소식을 듣고 급히 응급처치를 시행하였다.

3.9 119 후송 및 인근 병원으로 이동

사고 재해자들에 대한 효과적인 응급처치가 이루어졌다. 그리고 작업감독자는 침착하게 119로 전화하여 적절한 시간 내에 재해자를 병원으로 후송할 수 있었다.

3.10 재해자 자택 주변 병원에서 치료 완료

A사는 재해자들의 치료 경과를 매주 확인하고 적절한 치료를 하도록 B사에 요청하였다.

II FRAM 시행

ECFCA는 왜 일어났는가? (why it happened) 분석 결과를 참조하여 FRAM 분석을 시행한다. FRAM 모형화 지침과 적용사례를 참조하여 기능 그룹, 기능설명 및 여섯 가지 측면 검토 및 FMV(FRAM model visualizer) 작성, 기능 변동성 구분(technology, man, organization), 변동성(variability) 파악, 변동성 관리대책 수립 순으로 FRAM 분석을 설명한다.

1. 기능분류

플레이트 낙하사고를 38개 기능으로 분류하고, 이를 11개의 큰 기능인 계약, 공사협의, 안전작업계획서, 안전작업허가서, 안전교육, 안전 점검, 공사, 사고 발생, 응급처치, 병원 후송 및 치료 등 그룹으로 아래 표와 같이 분류하였다.

No	그룹	기능 (Function) – 38개
1	계약	A사와 B사 간 계약, B사와 C사 간 계약, C사와 D사 간 기술협약
2	공사협의	3개월 전 1차 공사협의, 3개월 전 2차 공사협의, 1개월 전 공사협의, 공사 전 협의
3	안전작업계획서	안전관리계획서 작성 (B사), 안전관리계획서 접수 (A사)
4	안전작업허가서	안전작업허가서 준비, 위험성평가-Duct 분해 및 조립 (작업단계 1), 위험성평가-Duct 분해 및 조립 (센서 및 엑세서리 류 치외 2), 위험성평가-Duct 분해 (Duct 분해 3), 위험성평가-Duct 조립 (Duct 조립 4), 위험성평가-센서 및 엑세서리 류 취부 (5), 안전작업허가서 승인, 작업전 회의 (Tool Box Meeting 실시)
5	공사	가스터빈 외부에 비계설치 (1), 덕트 플레이트 볼트 해체 (2), 가스터빈 인클로저 해체 (3), 벽체에 있던 1개의 플레이트 남겨짐 (4), 벽체에 남겨진 플레이트 제거 시도 (5), 덕트 해체를 위해 가스터빈 내부에 비계설치 (6), 덕트 해체 (연결구 볼트 제거) (7), 지면으로 덕트 이동 (8), 가스터빈 외부에 설치된 비계 해체 (9), 벽체에 있던 플레이트 90도 기움 (10), 비계설치 작업 (사고발생 전 11), 가스터빈 커플링 (Coupling)작업 실시 (12), 덕트 조립작업 (사고당시 13)
6	사고발생	플레이트 낙하사고 발생,
7	안전교육	A사 주관 안전교육
8	안전점검	A사 주관 안전점검, 안전감리원 주관 안전점검, B사 및 C사주관 안전점검
9	응급처치	보건관리자 응급처치 시행

10	병원후송	119 후송 및 인근병원으로 이동
11	치료	재해자 자택 주변 병원에서 치료

2. 기능별 측면 검토

FRAM 11개 그룹의 38개 기능별 측면 검토를 완료하였다. FMV를 이용하여 38개 기능을 묘사하였다. 아래 그림은 FMV 38개 기능 묘사이다. 굵은선으로 표기된 기능은 변동성 (variability)을 보여준다.

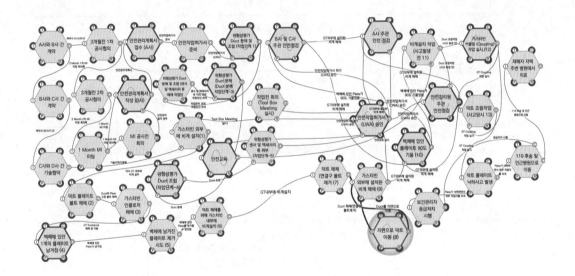

3. 기능 변동성 확인

FMV 작성을 통해 기능에 영향을 주는 변동성 요인을 아래 표와 같이 파악하였다.

그룹		기능 (function)			
No	내용	No	내용	변동성 영향요인	변동성
1	계약	1	A사와 B사 간 계약		
		2	B사와 C사 간 계약		
		3	C사와 D사 간 기술협약		
2	공사협의	4	3개월 전 1차 공사협의		
		5	3개월 전 2차 공사협의		
		6	1개월 전 공사협의		
		7	공사 전 협의		
3	안전작업계획서	8	안전관리계획서 작성 (B사)	사람	시간(정시), 부정확
		9	안전관리계획서 접수 (A사)	사람	시간(정시), 부정확
4	안전작업허가서	10	안전작업허가서 준비		
		11	위험성평가-Duct 분해 및 조립 (작업단계 1)	사람	시간(정시), 부정확
		12	위험성평가-Duct 분해 및 조립 (센서 및 액세서리 류 치외 2)		
		13	위험성평가-Duct 분해 (Duct 분해 3)	사람	시간(정시), 부정확
		14	위험성평가-Duct 조립 (Duct 조립 4)	사람	시간(정시), 부정확
		15	위험성평가-센서 및 액세서리류 취부 (5)		

		16	안전작업허가서 승인	사람	시간(정시), 부정확
		17	작업전 회의 (Tool Box Meeting 실시)		
5	공사	18	가스터빈 외부에 비계설치 (1)		
		19	덕트 플레이트 볼트 해체 (2)		
		20	가스터빈 인클로저 해체 (3)		
		21	벽체에 있던 1개의 플레이트 남겨짐 (4)	사람/기술/조직	시간(NA), 부정확
		22	벽체에 남겨진 플레이트 제거 시도 (5)		
		23	덕트 해체를 위해 가스터빈 내부에 비계설치 (6)		
		24	덕트 해체 (연결구 볼트 제거) (7)		
		25	지면으로 덕트 이동 (8)		
		26	가스터빈 외부에 설치된 비계 해체 (9)		
		27	벽체에 있던 플레이트 90도 기움 (10)	사람/ 기술/조직	시간(NA), 부정확
		28	덕트 조립작업 (사고발생 전 11)		
		29	가스터빈 커플링 (Coupling)작업 실시 (12)	사람/ 기술/조직	시간(NA), 부정확
		30	덕트 조립작업 (사고당시 13)		
6	사고발생	31	플레이트 낙하사고 발생		
7	안전교육	32	A사 주관 안전교육	사람	시간(정시), 부정확
8	안전점검	33	A사 주관 안전점검	사람	시간(정시), 부정확

		34	안전감리원 주관 안전점검	사람	시간(정시), 부정확
		35	B사 및 C사 주관 안전점검	사람	시간(정시), 부정확
9	응급처치	36	보건관리자 응급처치 시행		
10	병원후송	37	119 후송 및 인근 병원으로 이동		
11	치료	38	재해자 자택 주변 병원에서 치료		

　　기능 변동성을 보인 안전작업계획서, 위험성 평가와 안전작업허가서 승인으로 굵은선으로 표기된 기능들은 아래 그림과 같다.

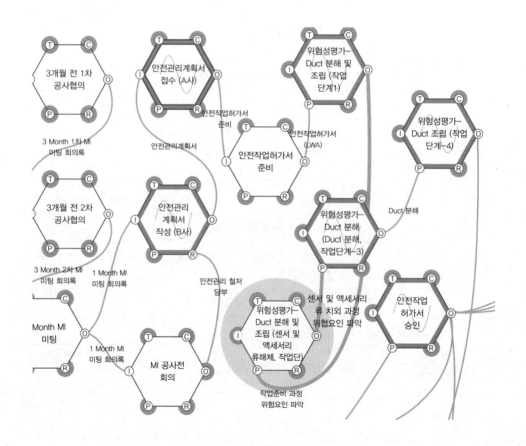

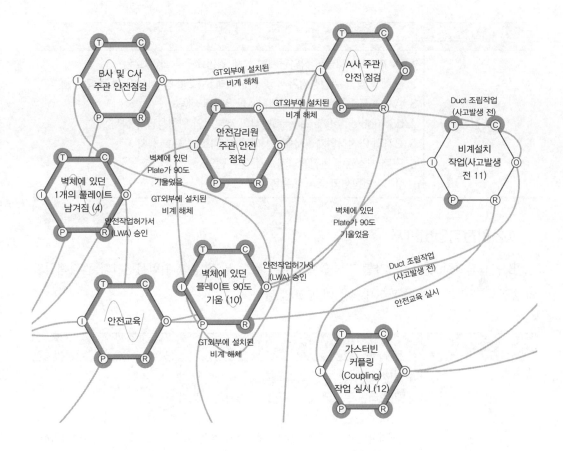

4. 기능 변동성 관리대책 수립

Hollnagel(2012)과 윤완철(2019)이 제안한 변동성 관리대책 수립은 보호(protection), 촉진(facilitation), 제거(elimination), 감시(monitoring), 방지(prevention), 완화(dampening) 방식으로 구분하여 검토하였다.

4.1 안전작업 계획서

B사가 작성하고 A사가 접수 및 검토한 안전관리계획서의 변동성 관리대책은 아래 표와 같다.

대책	내용
촉진	1. A사는 B가 제출한 작업단계별 상세 위험요인을 확인/보완 2. 단계별 작업 위험성평가서 및 안전대책 (구조물 등 시설 위험 포함) 3. A사의 표준화된 안전작업계획서를 B사에 제공 4. JSA(job safety analysis)방식의 세부적인 위험성평가 실시 5. B사의 안전작업계획서를 A사와 함께 검토/발표회 실시 6. 구매 시스템에 안전작업계획서 접수 반영 (내부 변동성의 조직적 측면)

4.2 안전작업허가서

B사가 작성한 위험성평가를 기반으로 A사가 검토 및 작성한 위험성평가와 관리책임자의 승인과 관련한 변동성 관리대책은 아래 표와 같다.

대책	내용
촉진	1. 기존의 위험성평가 내역 재검토 2. 가스터빈 구조에 대한 위험요인 추가하여 평가 3. 낙하물 관련 위험요인 파악 4. 작업감독자 및 관리책임자 대상 위험성평가 기술 고도화 교육(안전작업허 가서 승인 자격 수준 고도화) 5. 고위험 작업에 대해 안전담당자가 위험성평가 추가 검토 (내부 변동성의 조직적 측면)
완화	1. 위험성 평가 내용에 낙하물 안전조치 불포함 시 제재기준 적용

4.3 안전교육

안전교육 체계와 관련한 변동성 관리대책은 아래 표와 같다.

대책	내용
촉진	1. A사 작업감독자 및 관리책임자 참석 워크숍 실시 2. 사고 원인조사 내용 기반으로 위험성평가 교육 3. 협력회사 관리감독 수준 고도화 교육

	4. A사는 사고원인 조사 내용과 대책을 B사에 전달
	5. B사는 C사 및 D사 대상으로 교육 실시
	6. A사는 공사 당일 일반적인 안전교육 이외 구체적인 위험성 평가 내용 교육
	(내부 및 외부 변동성의 사람/조직적 측면)
완화	1. 작업 전 실시하는 안전교육(TBM, tool box meeting)시 동시 작업요인 파악
	2. 낙하물 등 잠재된 위험요인 확인
	3. 위험요소 확인 이후 그 내용을 상호 확인 및 서명
	4. 기존 TBM 서명지 양식 수정
	5. A사 작업감독자는 작업 전 위험요인 확인 이후 작업승인
	(내부 및 외부 변동성의 사람/조직적 측면)

4.4 안전점검

A사, B사 및 C사 주관의 안전점검과 관련한 변동성 관리대책은 아래 표와 같다.

대책	내용
촉진	1. 핵심 위험(critical hazard) 지정
	2. 핵심 위험으로 지정된 작업에 대한 점검 강화
	3. 점검 시 낙하물 위험요인 미조치 시 제재기준 적용
	4. 낙하물 위험요인 발굴 및 보고 시상 제도 운영
	5. 작업자는 언제든지 작업감독자 또는 관리책임자에게 보고
	(내부 및 외부 변동성의 사람/조직적 측면)
감시	1. 안전작업허가서 내용과 실제 작업의 차이 점검 및 개선(WAI & WAD)
	2. 작업감독자와 관리책임자 2인 1조로 점검 및 개선
	3. 안전담당자는 수시로 점검 및 개선
	(내부 변동성의 조직적/사람 측면 및 외부 변동성의 사람 측면)

4.5 공사

벽체에 있던 1개의 플레이트 남겨짐, 벽체에 있던 플레이트가 90도 기움 및 가스터빈 커플링 작업 시행 등과 같은 공사의 변동성 관리대책은 아래 표와 같다.

대책	내용
방지	1. 덕트 플레이트 고정 방식 설계 검토 및 개선 2. 덕트를 제거하여도 플레이트가 고정될 수 있도록 개선 (외부변동성의 기술적 측면)
촉진	1. 공사기한을 맞추기 위해 무리한 작업 환경 파악/개선 2. 플레이트 1개가 남겨진 이후 시간이나 비용이 추가 발생하여도 제거를 유도할 수 있는 분위기 조성 3. 안전작업을 수행할 수 있는 충분한 공사기간 확보 4. 남겨진 플레이트를 제거할 추가 장비 동원과 관련한 비용 지원 5. 위험요인을 수시로 공유할 수 있는 체계 마련(단체 톡, 제안서, 시상 등) 6. 위험감수성 고도화(위험을 심각하게 생각하고 느끼게 할 수 있는 프로그램 마련) 7. 상하동시 작업 금지(상부 비계작업 및 하부 커플링 작업) 8. 전력 관련 기관에게 전력수급 계획시 충분한 공사기간 확보 요청 (내부 및 외부 변동성의 사람/조직적 측면)

Ⅲ AcciMap 시행

ECFCA 분석 결과를 참조하여 AcciMap 분석을 시행한다. Thoroman(2020)의 연구가 제안한 바와 같이 정부법규, 규제기관과 협회, 설계, 회사관리와 운영계획, 공사 및 결과를 분석하고 개선대책을 설명한다.

1. 정부법규

정부법규 문제로 인해 당사의 플레이트 사고가 발생했다는 직접적인 원인이 있다고 보기는 어렵다. 다만, 정부가 사고 예방에 관심을 두고 담당 부처에 적절한 예산지원, 전문가 양성 등을 통해 일반 기업체가 사고 예방을 효과적으로 한다면, 사고가 예방될 가능성이 있었다.

2. 규제기관

A사는 공정안전관리 대상 사업장으로 가스터빈 공사 시행 전이나 시행 중 사고의 원인

이 되었던 플레이트 낙하와 관련한 위험요인을 사업주에게 알려주었다면, 사고를 예방하는 데 도움이 되었을 것으로 생각한다.

3. 조직

B사가 작성하고 A사가 접수 및 검토한 안전작업계획서는 일반적인 내용으로 구성되어 있고, 플레이트가 낙하하는 위험을 파악하지 못하였다. A사의 작업감독자는 B사로부터 접수한 위험성 평가 결과를 기반으로 위험성 평가를 작성하였으나, 플레이트 낙하와 관련한 위험을 발견하지 못하였다. 그리고 안전작업허가 승인권자인 관리책임자 또한 이러한 위험을 확인하지 못하였다. 플레이트 낙하와 관련한 구체적인 위험 내용을 기반으로 하는 안전교육이 이루어지지 못하였다. 그리고 A사, B사 및 C사가 시행했던 안전 점검은 플레이트 낙하와 관련한 위험을 발견하지 못하였다.

4. 공사

가스터빈 정비를 위해서는 인클로저와 덕트를 해체해야 하므로 가스터빈 외부에 비계를 설치하였다. C사 작업담당자는 덕트 4면 중 3면을 제거와 동시에 플레이트 3개를 천장 크레인으로 옮겼다. 당시 벽체에 남겨져 있던 플레이트 1개를 제거하기 위해 천장 크레인을 사용하려고 하였으나, 닿지 않자 그대로 남겨두었다.

이후 덕트 본체를 천장 크레인을 사용하여 지면으로 이동하였다. 그리고 전기작업을 위한 비계 철거요청을 받고 가스터빈 외부에 설치했던 비계를 철거하는 동안 벽체에 남겨져 있던 플레이트가 충격으로 인해 90도 기울게 되었다. 이때 D사 비계 반장은 이러한 상황을 목격하였으나, 별다른 위험이 없는 것으로 판단하고 별도 조치나 보고하지 않았다. 덕트 본체 조립을 위한 비계설치와 하부에서 커플링 작업이 동시에 이루어졌다. 상부 비계설치 작업자가 발판을 설치하는 동안 충격을 받은 미고정 플레이트는 하부 커플링 작업자 방향으로 떨어졌다.

5. 결과

플레이트는 하부 구조물로 먼저 떨어진 이후 커플링 작업자 4명을 타격하는 사고가 발생하였다. 아래 그림과 같이 완성된 플레이트 낙하사고에 대한 AcciMap 적용도표를 참조한다.

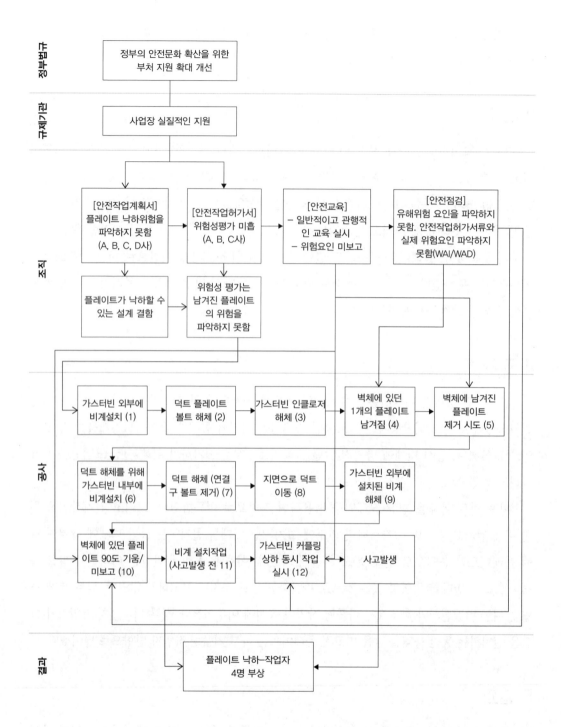

정부법규

정부의 안전문화 확산을 위한
부처 지원 확대 개선

규제기관

사업장 실질적인 지원

조직

[안전작업계획서]
플레이트 낙하위험을
파악하지 못함
(A, B, C, D사)

[안전작업허가서]
위험성평가 미흡
(A, B, C사)

[안전교육]
– 일반적이고 관행적
인 교육 실시
– 위험요인 미보고

[안전점검]
유해위험 요인을 파악하지
못함. 안전작업허가서류와
실제 위험요인 파악하지
못함(WAI/WAD)

플레이트가 낙하할 수
있는 설계 결함

위험성 평가는
남겨진 플레이트
의 위험을
파악하지 못함

공사

가스터빈 외부에
비계설치 (1)

덕트 플레이트
볼트 해체 (2)

가스터빈 인클로저
해체 (3)

벽체에 있던
1개의 플레이트
남겨짐 (4)

벽체에 남겨진
플레이트
제거 시도 (5)

덕트 해체를 위해
가스터빈 내부에
비계설치 (6)

덕트 해체 (연결
구 볼트 제거) (7)

지면으로 덕트
이동 (8)

가스터빈 외부에
설치된 비계
해체 (9)

벽체에 있던 플레
이트 90도 기움/
미보고 (10)

비계 설치작업
(사고발생 전 11)

가스터빈 커플링
상하 동시 작업
실시 (12)

사고발생

결과

플레이트 낙하–작업자
4명 부상

6. 개선대책

정부나 규제기관은 국가 차원의 안전문화를 구축하고 예산 증액을 통해 사업주의 안전보건 활동을 실질적으로 지원해야 한다.

조직은 안전보건관리시스템을 자율적으로 운영하여 관리 수준을 높여야 한다. 특히 공사 시행에 앞서 위험(hazard)요인 확인을 통해 위험(risk) 수준을 낮추어야 한다. A사는 관련 협력업체가 작성한 안전관리계획서 및 위험성 평가 내용을 전적으로 수용하지 말고 A사의 특정한 절차를 통해 위험을 다시 검증하여야 한다. 이를 통해 공사와 관련이 있는 작업자에게 실질적인 위험에 기반한 안전교육을 시행하여야 한다. B사는 C사가 제출한 안전관리계획과 위험성 평가 내용을 검토하고 개선해야 한다. C사는 D와의 기술 협약 외에 구체적인 안전관리계획을 검토하고 개선해야 한다.

D사는 소속 근로자가 유해 위험요인을 발견할 경우, 반드시 관리감독자에게 보고하는 기준을 수립하고 이행해야 한다. 그리고 이러한 활동을 기반으로 관련 회사는 점검을 하고 개선해야 한다. 일반적인 환경이나 작업자의 행동 이외에도 설비와 관련한 낙하물에 대한 특별한 위험을 점검해야 한다.

공사를 계획하는 단계에서 공사 일정, 품질, 안전관리 등의 필요조건을 파악해야 한다. 특히 공사기한에 맞추기 위해 안전관리를 빠뜨리는 상황을 만들지 않도록 한다. 무엇보다 작업자 스스로 위험요인을 자유롭게 예기하고 보고하도록 하는 프로그램을 만들어야 한다. 공사 시행에 추가로 필요한 장비나 도구 등을 효과적으로 사용하도록 권장하고 어려움을 살핀다.

작업자 상부에서 일어나는 유사한 작업을 사전에 살펴, 상하 동시 작업으로 인한 위험요인을 제거해야 한다. 이와 관련한 플레이트 낙하사고에 대한 AcciMap 적용 개선대책은 아래 그림과 같다.

정부법규	국가적인 안전문화 조성 (예산증액)
규제기관	사업주에 대한 실질적인 지원
설계	가스터빈 제조사는 가스터빈 인클로저와 덕트 연결 설계 구조변경 가스터빈 인클로저와 덕트를 해체하더라도 플레이트가 고정될 수 있는 구조 검토

회사의 안전관리

[안전작업계획서]	[안전작업허가서]	[안전교육]	[안전점검]
1. A사는 B가 제출한 작업 단계별 상세 위험요인을 확인/ 보완 2. 단계별 작업 위험성평가서 및 안전대책(구조물 등 시설 위험 포함) 3. A사의 표준화된 안전작업 계획서를 B사에 제공 4. JSA(Job Safety Analysis) 방식의 세부적인 위험성평가 실시 5. B사의 안전작업계획서를 A사와 함께 검토/발표회 실시 6. 구매 시스템에 안전작업계획서 접수 반영	1. 기존의 위험성평가 내역 재검토 2. 가스터빈 구조에 대한 위험 요인 추가하여 평가 3. 낙하물 관련 위험요인 파악 4. 작업감독자 및 관리책임자 대상 위험성평가 기술 고도화 교육 (안전작업허가서 승인 자격 수준 고도 화) 5. 고위험 작업에 대해 안전 담당자가 위험성평가 추가 검토 6. 위험성 평가 내용에 낙하물 안전조치 불포함 시 제재 기준 적용	1. A사 작업감독자 및 관리 책임자 참석 워크숍 실시 2. 사고 원인조사 내용 기반으로 위험성평가 교육 3. 협력회사 관리감독 수준 고도화 교육 4. A사는 사고 원인 조사 내용 과 대책을 B사에 전달 5. B사는 C사 및 D사 대상 으로 교육 실시 6. A사는 공사 당일 일반적인 안전교육 이외 구체적인 위험성 평가 내용 교육	1. 핵심위험(Critical hazard) 지정 2. 핵심위험으로 지정된 작업에 대한 점검 강화 3. 점검 시 낙하물 위험요인 미조치 시 제재기준 적용 4. 낙하물 위험요인 발굴 및 보고 시상제도 운영 5. 작업자는 언제든지 작업 감독자 또는 관리책임자에게 보고 6. 안전작업허가서 내용과 실제 작업의 차이 점검 및 개선 (WAI & WAD) 7. 작업감독자와 관리책임자 2 인 1조로 점검 및 개선 8. 안전담당자는 수시로 점검 및 개선

공사

1. 공사기한을 맞추기 위해 무리한 작업 환경 파악/개선
2. 플레이트 1개가 남겨진 이후 시간이나 비용이 추가 발생하여도 제거를 유도할 수 있는 분위기 조성
3. 안전작업을 수행할 수 있는 충분한 공사기간 확보
4. 남겨진 플레이트를 제거할 추가 장비 동원과 관련한 비용 지원
5. 위험요인을 수시로 공유할 수 있는 체계 마련 (단체 톡, 제안서, 시상 등)
6. 위험감수성 고도화 (위험을 심각하게 생각하고 느끼게 할 수 있는 프로그램 마련)
7. 상하동시 작업 금지 (상부 비계작업 및 하부 커플링 작업)
8. 전력 관련 기관에게 전력수급 계획 시 충분한 공사기간 확보 요청

Ⓥ STAMP 시행

플레이트 낙하사고에 대한 STAMP 분석은 기본정보 수집, 안전통제구조 설정, 요인별 손실분석, 통제구조결함발견과 개선대책 수립단계로 설명한다. 플레이트 낙하사고 STAMP 분석 단계는 아래 그림과 같다.

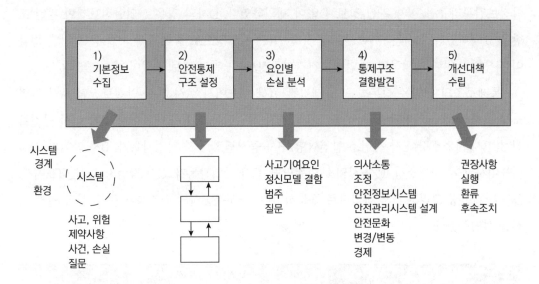

1. 기본정보 수집(assemble basic information)

ECFCA 분석 결과를 참조하여 STAMP분석을 시행한다

2. 안전통제 구조 설정(model safety control structure)

A사는 발전소를 소유한 회사로 B사와 가스터빈 정비 도급 계약을 맺었다. B사는 A사와 가스터빈 정비 도급 계약을 맺고 가스터빈 예방정비를 위해 C사와 가스터빈 정비 도급 계약을 맺어 업무를 수행하는 회사이다. C사는 B사와 가스터빈 정비 도급 계약을 맺고 가스터빈을 정비하는 회사이다. D사는 C사와 도급 계약을 맺고 기계설비 공사 지원 및 비계설치를 하는 회사이다.

통제구조(structure)를 설정하여 통제와 컨트롤러의 문제를 확인한다. 플레이트 낙하사고는 물리적인 통제 수단과 관계가 없어 STAMP 분석에 포함하지 않았다. 안전통제 관리적인 수단을 확인하기 위하여 관련 법령, 안전보건관리규정 및 절차 관련 조항을 요약하였다. 정부법규의 경우 산업안전보건법과 중대재해 처벌 등에 관한 법률을 요약하였다.

정부법규와 규제기관의 경우 중대재해처벌법과 산업안전보건법 요건에 해당하는 내용을 요약하였다. A사의 경우 산업안전보건법, 중대재해처벌법 및 안전보건관리규정/절차 관련 조항을 요약하였다. B사와 C사의 경우 산업안전보건법과 중대재해처벌법을 요약하였고, 안전보건관리규정/절차 관련 정보가 없어 제외하였다. D사의 경우 산업안전보건법 관련 조항을 요약하였다. D사는 상시 근로자 50인 미만 사업장으로 중대재해 처벌 등에 관한 법률이 적용되지 않아 제외하였고, 안전보건관리규정/절차 관련 정보가 없어 제외하였다.

통제구조의 책임은 정부법규, 규제기관, A사 대표이사, A사 본사 안전보건팀, A사 사업소장, A사 사업소 안전담당, A사 공사팀장, A사 작업감독자, B사 대표이사, B사 본사 안전보건팀, B사 사업소장, B사 사업소 안전담당, B사 공사팀장, B사 작업감독자, B사 작업자, C사 대표이사, C사 사업소장, C사 사업소 안전담당, C사 작업감독자, C사 작업자, D사 대표이사, D사 비계반장 그리고 D사 작업자로 구분하였다. 아래는 B사의 안전통제 구조 설정 일부 예시를 설명하였다.

관계자	책임
B사 사업 소장	1. 산업안전보건법 제15조 안전보건관리책임자로서 산업재해 예방계획의 수립, 안전보건관리규정의 작성 및 변경, 안전보건교육, 작업환경측정 등 작업환경의 점검 및 개선, 근로자의 건강진단 등 건강관리에 관한 사항, 산업재해의 원인조사 및 재발 방지대책 수립, 안전장치 및 보호구 구입 시 적격품 여부 확인, 그 밖에 근로자의 유해 · 위험 방지조치에 관한 사항 등을 관리한다. 안전관리자와 보건관리자에 대한 지휘와 감독을 한다.
B사 사업소 안전담당	1. 산업안전보건법 시행령 제18조 안전관리자의 업무 등에 따라 위험성평가에 관한 보좌 및 지도·조언, 안전인증 대상기계등 구입 시 적격품의 선정에 관한 보좌 및 지도·조언, 안전교육계획의 수립 및 안전교육 실시에 관한 보좌 및 지도·조언, 사업장 순회점검, 지도 및 조치 건의, 산업재해 발생의 원인조사·분석 및 재발 방지를 위한 기술적 보좌 및 지도 · 조언, 산업재해에 관한 통계의 유지·관리·분석을 위한 보좌 및 지도·조언, 법 또는 법에 따른 명령으로 정한 안전에 관한 사항의 이행에 관한 보좌 및 지도·조언 등

B사 공사 팀장	1. 산업안전보건법 시행령 제15조 관리감독자의 업무 등에 따라 기계·기구 또는 설비의 안전·보건 점검 및 이상 유무의 확인, 관리감독자에게 소속된 근로자의 작업복·보호구 및 방호장치의 점검과 그 착용·사용에 관한 교육 · 지도, 해당 작업에서 발생한 산업재해에 관한 보고 및 이에 대한 응급조치, 해당 작업의 작업장 정리·정돈 및 통로 확보에 관한 확인·감독, 유해·위험 요인의 파악에 대한 참여, 개선조치 시행에 대한 참여 등을 한다.
B사 작업 감독자	1. B사 공사팀장의 산업안전보건법 의무 실행
B사 작업자	1. 산업안전보건법 제6조 근로자의 의무에 따라 근로자는 법에 따른 명령으로 정하는 산업재해 예방을 위한 기준을 지켜야 하며, 사업주의 산업재해 예방에 관한 조치에 따라야 한다. 산업재해가 발생할 급박한 위험이 있을 때는 작업을 중지하고 대피할 수 있다. 유해위험 작업으로부터 보호받을 수 있도록 사업주가 제공한 보호구를 착용한다. 사업주가 제공하는 안전보건교육을 참여해야 한다. 근골격계 부담작업으로 인한 징후를 사업주에게 통지한다.

다음의 표는 가스터빈 공사 안전 통제구조이다.

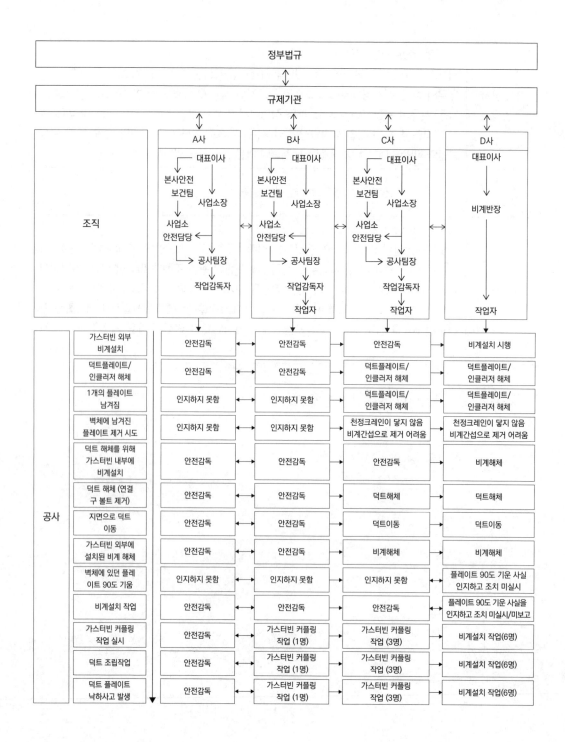

3. 요인별 손실분석(analyze each component in loss)

요인별 손실분석 단계에서는 공사관계자의 책임을 고려한다. 책임을 고려하는 과정에서 사후확신 편향(hindsight bias)이나 비판적인 용어를 사용하지 않는다. STAMP 요인별 손실분석은 정부법규, 규제기관, A사 대표이사, A사 본사 안전보건팀, A사 사업소장, A사 사업소 안전담당, A사 공사팀장, A사 작업감독자, B사 대표이사, B사 본사 안전보건팀, B사 사업소장, B사 사업소 안전담당, B사 공사팀장, B사 작업감독자, B사 작업자, C사 대표이사, C사 사업소장, C사 사업소 안전담당, C사 작업감독자, C사 작업자, D사 대표이사, D사 비계반장 그리고 D사 작업자를 대상으로 구분한다. 그리고 각 대상별로 책임을 이행하지 못한 사유, 제기된 질문 그리고 답변되지 않은 질문을 하면서 사고의 기여요인을 찾았다. 아래는 B사의 요인별 손실분석 일부 예시를 설명하였다.

구분	B사 사업소장
i) 책임을 이행하지 못한 사유	- 안전보건 의사소통 관리 미흡(위험성평가 관련) - 사업장 위험성평가 관리 미흡(안전작업허가서 관련) - 안전교육 및 훈련 효과 부족 - 협력회사 안전작업계획서 관리 미흡(안전작업계획서 관련) - 유해위험 요인 개선을 위한 안전점검 관리 미흡(안전점검 관련)
ii) 제기된 질문	- 사업장의 안전보건 관련한 위험요인을 어떻게 청취(A사, B사, C사, D사)하였는가? - 사업소장은 사업장 위험성평가 담당자가 플레이트 낙하 위험요인을 파악하게 하려면 어떻게 해야 하는가? - 사업소장은 사업장 위험성평가 승인권자(공사팀장)가 플레이트 낙하 위험요인을 파악하게 하려면 어떻게 해야 하는가? - 사업소장은 플레이트 낙하 위험요인을 파악할 수 있는 기술이나 교육을 받았는가? - 사업소장은 작업감독자와 공사팀장이 안전작업계획서 검토 시 플레이트 낙하 위험요인을 파악하게 하려면 어떻게 해야 하는가? - 사업소장은 B사, C사 점검자가 플레이트 낙하와 관련한 위험을 파악하게 하려면 어떻게 해야 하는가? - 사고 당일 상부 비계작업과 하부 가스터빈 커플링 작업을 동시에 시행하는 것을 승인한 이유는 무엇인가? - 위험한 상황을 발견했을 때 적절하게 보고하는 절차가 있는가?

구분	
iii) 답변되지 않은 질문	– 사업소장은 공사팀장과 감독자를 두고 안전담당의 지도조언을 받아 공사를 관리하는 위치에 있는 사람으로 플레이트 낙하위험을 효과적으로 파악하게 하려면 무엇을 해야 하는가? – A사, B사, C사, D사 공사관계자에게 벽체에 플레이트가 남겨져 있다는 사실을 들었는가?

구분	B사 작업감독자
i) 책임을 이행 하지 못한 사유	– 안전보건 의사소통 실시 미흡(위험성평가 관련) – 사업장 위험성평가 실시 미흡(안전작업허가서 관련) – 안전교육 및 훈련 효과 부족 – 협력회사 안전작업계획서 검토 및 개선 미흡(안전작업계획서 관련) – 유해위험 요인 개선을 위한 안전점검 실시 미흡(안전점검 관련)
ii) 제기된 질문	– 사업장의 안전보건 관련한 위험요인을 어떻게 청취(A사, B사, C사, D사)하였는가? – 위험성평가 시행 시 낙하와 관련한 위험요인을 파악하지 못한 이유는 무엇인가(정신모델-Mental model)? – 감독자는 플레이트 낙하 위험요인을 파악할 수 있는 기술이나 교육받았는가(정신모델-Mental model)? – 작업 전 A사, B사, C사, D사와의 공사미팅(TBM) 시 플레이트 낙하와 관련한 위험요인을 상호 공유하지 못한 이유는 무엇인가? – 안전교육에 플레이트 낙하와 관련한 위험요인이 누락된 이유는 무엇인가? – 안전작업계획서 검토 시 플레이트 낙하 위험요인을 파악하려면 무엇을 해야 하는가? – 감독자는 A사, B사, C사 점검자가 플레이트 낙하와 관련한 위험을 파악하게 하려면 어떻게 해야 하는가? – 안전점검 시 플레이트 낙하와 관련한 위험을 파악하려면 어떻게 해야 하는가? – 사고 당일 상부 비계작업과 하부 가스터빈 커플링 작업을 동시에 시행한 이유는 무엇인가? – 위험한 상황을 발견했을 때 적절하게 보고하는 절차가 있는가?
iii) 답변되지 않은 질문	– 감독자는 B사, C사, D사 공사관계자의 안전보건 활동을 감독하는 위치에 있는 사람으로 관계자가 플레이트 낙하위험을 효과적으로 파악하게 하려면 무엇을 해야 하는가? – A사, B사, C사, D사 공사관계자에게 벽체에 플레이트가 남겨져 있다는 사실을 들었는가?

4. 통제구조 결함발견(identify control structure flaws)

기본정보수집, 안전통제 구조 설정, 요인별 손실분석은 개별 요인 간 통제에 초점을 두었다. 즉 컨트롤러가 적절하게 통제를 못한 사유를 확인한 것이다. 이제는 통제구조 결함발견 (identify control structure flaws)을 통해 통제구조 전체를 바라보는 시각에서 통제의 비효율을 초래하는 사항을 확인한다. 시스템 전체를 바라보기 위해서는 의사소통, 조정, 안전 정보 시스템, 안전관리시스템 설계, 안전문화, 변화와 변동, 경제적 측면 등의 요인들을 설명한다.

4.1 정부법규

중대재해처벌법과 산업안전보건법에 따라 정부가 사고 예방에 관심을 두고 담당 부처에 적절한 예산지원, 전문가 양성 등을 통해 A사의 사고 예방 활동 지원이 필요하다.

4.2 규제기관

고용노동부 장관은 사업주의 자율적인 산업안전 및 보건 경영체제 확립을 위하여 사업의 자율적인 안전보건 경영체제 운영 등의 기법에 관한 연구 및 보급과 사업의 안전관리 및 보건관리 수준 향상을 지원한다.

4.3 의사소통 및 조정(communication and coordination)

사고가 발생하는 주요 원인은 안전통제 구조 요인 간 적절하지 않은 의사소통과 조정의 결과이다. 주로 안전작업계획서 작성과 검토 과정에서 A사, B사, C사, D사 간 미흡한 의사소통 및 조정이 있었다.

(1) B사의 공사팀장, 공사감독자와 안전담당자는 가스터빈 공사에 대한 위험요인을 파악하였다. 주로 추락, 감전, 넘어짐 등 일반적인 위험요인을 파악하였지만, 플레이트 낙하와 같은 잠재된 위험요인은 발견하지 못하였다.

(2) B사는 사고가 발생한 가스터빈이 설계와 시공을 동시에 시행했던 회사로서 가스터빈 공사 시 벽체에 플레이트가 남겨진다는 사실을 알고 있었던 것으로 파악되었다.

(3) A사, B사, C사, D사가 모여 안전작업 계획서에 관한 내용을 공유하였지만, 실질적인 위험을 파악하기 어려웠다.

4.4 안전정보 시스템(safety information system)

C사 작업감독자는 벽체에 남겨진 플레이트가 있다는 사실을 C사 사업소장에게 보고하고, C사 사업소장은 B사나 A사 관계자에게 보고했다면 사고는 예방될 수 있었다. 그리고 D사 비계반장은 플레이트가 90도 기울었다는 사실을 보고했다면, 사고는 예방될 수 있었다. A사는 공사관계자에게 위험요인을 보고할 것을 교육하였으나, 결과적으로 공사관계자가 이를 중요하게 생각하지 않았다.

4.5 안전관리시스템 설계(design of the safety management system)

안전관리시스템 체계는 STAMP 분석의 안전통제 구조와 유사하다. 안전관리시스템은 사고를 예방하기 위한 효과적인 체계로 주로 계획, 실행, 확인 및 개선하는 단계를 거치면서 성과를 개선하는 활동이다. 사고와 관련된 안전관리시스템 요인은 아래와 같이 안전작업허가서 작성, 안전교육, 안전점검 및 역할과 책임, 기본안전수칙을 검토한다.

(1) A사는 B사가 제출한 위험성 평가 내용을 기반으로 A사의 절차에 따라 위험성평가를 실시하였다. 하지만 벽체에 플레이트가 남는다는 사실을 알 수 없었다.
(2) A사와 B사는 위험성 평가 내용을 서면으로 검토하여 실질적인 위험성평가 검토가 될 수 없었다.
(3) 위험성 평가 내용(work as imagine)과 실제 작업 현장과의 괴리(work as done)가 있었다.
(4) A사와 B사 각각 위험성평가 담당자와 승인자 모두 플레이트 낙하와 관련한 위험을 알지 못하는 상황에서 작성, 검토 및 승인 과정이 이루어졌다.
(5) 안전교육 내용은 실질적인 위험요인을 발굴하고 보고하는 체계로 구성되어 있지 않다.
(6) A사 관리감독자 주관의 현장 안전 검증과 상시 안전 점검은 플레이트 낙하위험을 발견하지 못했다.
(7) A사 안전담당자의 상시 안전 점검은 플레이트 낙하위험을 발견하지 못했다.
(8) A사의 안전감리의 안전 점검은 플레이트 낙하위험을 발견하지 못했다.

⑼ B사와 C사의 안전 점검은 플레이트 낙하위험을 발견하지 못했다.

⑽ 가스터빈 설계자는 벽체에 플레이트가 남아도 떨어지지 않는 구조로 설계하지 않았다.

⑾ A사, B사, C사, D사의 대표이사, 본사 안전보건팀, 사업소장, 사업소 안전 담당, 공사팀장, 작업감독자, 비계반장 및 작업자에게 부여된 안전보건 관련 책임은 설정되어 있다. 하지만 구체적이지 않고 이행 수준이 미흡하다. 그리고 권한 부여에 대한 정보가 제한적이다.

⑿ A사의 기본안전수칙에 플레이트 낙하와 같은 잠재적인 위험요인을 포함하지 않았다. 만약 이러한 수칙을 포함하였다면 유해 위험요인을 파악할 가능성이 있었다.

4.6 변화와 변동(change and dynamic)

C사 감독자는 천장 크레인을 사용하여 3개의 플레이트를 제거하였다. 이후 벽체에 남은 플레이트를 제거하려고 하였으나, 천장 크레인이 닿지 않았다. 이러한 과정에서 C사 감독자는 D사 비계 반장에게 플레이트 제거를 요청하였다. 하지만 C사 감독자는 플레이트가 제거되었는지 확인하지 않았고 보고도 하지 않았다. D사 비계 반장은 벽체에 남겨진 플레이트가 90도 기운 것을 목격하였지만, 별도 조치와 보고를 하지 않았다. 이러한 변화와 변동에 대한 사전 관리가 미흡하여 플레이트는 낙하하였다. 아래 그림과 같이 통제구조의 책임과 결함요인을 파악하였다.

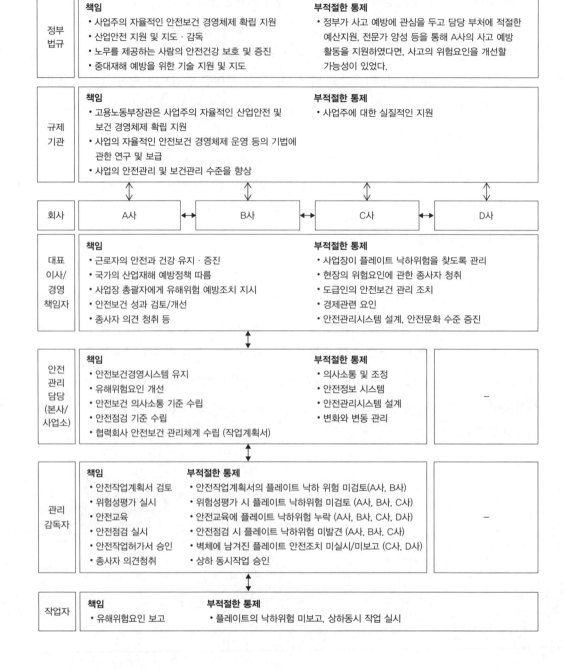

5. 개선대책 수립(create improvement program)

통제구조 결함을 개선하기 위하여 아래와 같은 대책을 수립한다.

5.1 정부법규

산업안전보건법에 따라 정부가 사고 예방에 관심을 두고 담당 부처에 적절한 예산지원, 전문가 양성 등을 통한 A사의 사고 예방 활동을 지원한다. 그리고 국가적인 안전문화 수준을 올려 대표이사와 관리감독자가 안전보건을 중요시하는 분위기를 조성한다.

5.2 규제기관

사업주에 대한 실질적인 지원

5.3 의사소통 및 조정(communication and coordination)

(1) A사는 B가 제출한 작업단계별 상세 위험요인을 확인/보완한다.

(2) 단계별 작업 위험성 평가서 및 안전대책(구조물 등 시설 위험 포함)을 수립한다.

(3) A사의 표준화된 안전 작업 계획서를 B사에 제공한다.

(4) Job safety analysis 방식의 세부적인 위험성 평가를 시행한다.

(5) B사의 안전 작업 계획서를 A사와 함께 검토/발표회를 실시한다.

5.4 안전정보 시스템(safety information system)

(1) 작업 전 실시하는 안전교육(TBM, tool box meeting) 시 동시 작업요인 파악한다.

(2) 낙하물 등 잠재된 위험요인을 확인한다.

(3) 위험 요소 확인 이후 그 내용을 상호 확인 및 서명한다.

(4) 기존 TBM 서명지 양식을 수정한다.

(5) A사 작업감독자는 작업 전 위험요인 확인 이후 작업을 승인한다.

(6) 안전보건 의견 청취회를 개최한다.

(7) 작업 중지 제도 수립 및 안내한다.

5.5 안전관리시스템 설계(design of the Safety management system)

(1) 기존의 위험성 평가 내용을 재검토한다.

(2) 가스터빈 구조에 대한 위험요인을 추가하여 평가한다.

(3) 낙하물 관련 위험요인을 파악한다.

(4) 작업감독자와 관리책임자 대상 위험성 평가 기술 고도화 교육(안전작업허가서 승인 자격 수준 고도화)을 시행한다.

(5) 고위험 작업에 대해 안전담당자가 위험성 평가를 추가 검토한다.

(6) A사 작업감독자와 관리책임자가 참석하는 안전 워크숍을 실시한다.

(7) 사고 원인조사 내용 기반으로 위험성 평가를 교육한다.

(8) 협력회사 관리감독 수준 고도화 교육을 시행한다.

(9) A사는 사고원인 조사 내용과 대책을 B사에 전달한다.

(10) B사는 C사 및 D사 대상으로 교육을 시행한다.

(11) A사는 공사 당일 일반적인 안전교육 이외 구체적인 위험성 평가 내용을 교육한다.

(12) 핵심위험(Critical hazard)을 지정한다.

(13) 핵심위험으로 지정된 작업에 대한 점검을 강화한다.

(14) 점검 시 낙하물 위험요인 미조치 시 제재기준을 적용한다.

(15) 안전작업허가서 내용과 실제 작업의 차이를 점검 및 개선(WAI & WAD)한다.

(16) A사의 기본안전수칙에 플레이트 낙하위험을 포함한다.

(17) 덕트 플레이트 고정 방식 설계를 검토 및 개선한다.

(18) 덕트를 제거하여도 플레이트가 고정될 수 있도록 개선한다.

5.6 변화와 변동(change and dynamic)

(1) 낙하물 위험요인 발굴 및 보고 시상제도를 운용한다.

(2) 작업자는 언제든지 작업감독자 또는 관리책임자에게 보고한다.

(3) 위험요인을 수시로 공유할 수 있는 체계를 마련(단체 톡, 제안서, 시상 등)한다.

(4) 위험감수성 고도화(위험을 심각하게 생각하고 느끼게 할 수 있는 프로그램 마련)한다.

Ⓥ 시스템적 사고조사 방법 적용의 의의

동일사고에 대해 시스템적 사고조사 방법인 FRAM, AcciMap 및 STAMP를 적용한 결과, 방법별 특성이 반영되어 사고조사를 효과적으로 시행할 수 있었고, 개선대책을 넓은 범위에서 효과적으로 수립할 수 있었다. 그리고 사고조사에 FRAM 방법을 먼저 적용한 결과, AcciMap과 STAMP 적용이 수월했다. 그 이유는 FRAM 방법을 먼저 적용하는 것은 어려웠지만, AcciMap과 STAMP보다 많은 요인에 대한 기능 변동성 확인과 시스템 전체 체계를 파악하는 데 유용했기 때문이다.

FRAM 기법의 장점은 사건과 기능을 확인하여 여섯 가지 측면 요인을 파악할 수 있다. FMV 사용하여 사고를 입체적 측면에서 바라볼 수 있다. 기능 변동성 관리대책을 제거, 예방, 완화 등으로 구분하여 재발 방지대책 수립이 쉽다. 기능적 그리고 구조적 측면에서 기여 요인을 파악할 수 있다. 단점은 사건과 기능을 확인하기까지 시간이 소요되고 숙련된 경험이 필요하다. 기능의 여섯 가지 측면을 세밀하게 분석해야 하므로 주관적인 판단이 반영된다. FMV 작성을 위한 지식이 필요하다.

AcciMap기법의 장점은 사고분석을 비교적 적은 시간 내 완료할 수 있다. 그리고 사고와 관련한 계층을 전체적으로 볼 수 있다. FRAM이나 STAMP 기법보다 사고분석이 수월하다. 단점은 주로 한 장에 사고와 관련한 계층 전체를 나타내므로 구체적인 사고 관련 요인이 빠질 여지가 있다. 따라서 사고분석 단계에서 구체적인 요인이 누락될 가능성이 있다.

STAMP 기법의 장점은 사고와 관련한 모든 관련자의 법적책임과 사내 안전보건관리규정 상의 책임 등을 세밀하게 검토할 수 있다. 그리고 책임을 이행하지 못한 사유를 객관적으로 질문할 수 있다. FRAM과 AcciMap보다 객관적인 사고분석, 신뢰성 확보와 다양하고 많은 개선대책 수립이 가능하다. 그리고 시스템적인 사고조사에 적합하다. 단점은 사고와 관련한 모든 계층 사람의 책임과 책임 불이행 확인 그리고 개선대책 수립이 필요하므로 사고분석에 시간이 많이 소요된다.

미국 에너지부 사고조사 핸드북 기반 사고분석 사례

2024년 발전소에서 발생했던 사고를 조사하고 분석하기 위하여 미국 에너지부(DoE, department of energy, 2012)의 사고와 운영 안전 분석(Accident and operational safety analysis) 핸드북 가이드라인을 적용하였다.

I 사고정보

1. 도급 계약 현황

A사는 발전소를 소유하고 운영하는 회사로 가스터빈 제조업체인 B사와 계약을 맺어 가스터빈의 품질과 신뢰성을 확보하고 있다. B사는 가스터빈을 제조하고 품질관리를 위해 A사와 서비스 계약을 맺고 있다. 그리고 B사는 가스터빈 공사와 관련한 비계설치, 작업지원 및 SA 파이프 해체 등을 위하여 C사와 계약을 맺고 있다.

2. 사고정보

A사는 가스터빈 정기보수를 위하여 B사와 공사 규모, 일정 및 방법 등에 대한 논의를 시행하였다. 가스터빈 공사가 한창 시행되는 가운데, 발전소 가스터빈 에어 시스템(Air System, 이하 AS) 파이프 볼트와 너트를 푸는 작업을 하는 동안 C사 작업자 한 명이 햄머렌치(Hammer Wrench)에 왼쪽 무릎을 다치는 사고가 있었다. 다친 근로자는 즉시 병원에 가서 X-ray와 CT촬영 결과, 부상을 입지 않았다. 그리고 병원 치료 후 복귀하여 잔여 업무를 수행하였다.

3. 사고상황

사고 당시 C사 근로자 두 명은 2인 1조로 가스터빈의 AS 파이프 볼트를 풀고 있었다. AS 파이프의 볼트와 너트가 견고하게 잠겨 있었기 때문에 너트에 햄머렌치(Hammer Wrench, 46mm)를 끼워서 고정하고 망치로 햄머렌치를 타격하여 볼트를 푸는 작업이었다. B사와 C사가 시행한 위험성평가에 따라 햄머렌치를 망치로 타격(근로자 A) 시 햄머렌치가 분리되어 주변에 있는 사람이 다칠 수 있었기 때문에 햄머렌치에 별도의 로프를 고정하고 잡아당겨 햄머렌치가 너트로부터 이탈되지 않도록 잡고(근로자 B, 재해자, SA로부터 직선거리 약 3미터 방향, 사진 1 참조) 있었다. 근로자 A가 지속적으로 햄머렌치를 망치로 타격(사진 2 참조)하던 동안 불행하게도 로프로 당겨지고 있던 햄머렌치가 너트에서 빠지면서 재해자의 왼쪽 무릎 방향으로 날아와 타격(사진 3 참조)것이다. 다음 사진은 사고 상황을 재현한 모습이다.

사진 1

사진 2

사진 3

Ⅱ 무슨 일이 있었는가?(what it happened)

A사의 안전보건관리 규정, 작업절차, 협력업체 관리, 위험성 평가, 안전작업허가 등의 관련 자료를 검토하였다. 그리고 사고와 관련된 A사 작업관리자와 작업허가자, B사 현장소장과 안전관리자, C사 현장소장, 목격자를 대상으로 인터뷰를 시행하였다.

A사와 B사 간 공사계약서, B사와 C사 간 공사계약서, A사와 B사 간 3개월 전 공사미팅,

1개월 전 공사미팅 기록, A사의 안전관리 계획서, B사의 안전관리계획, A사가 발행한 안전작업허가서, 위험성평가 내용, A사가 실시한 안전교육 이력, 공사 전 안전교육 이력, A사의 안전점검 이력, B사의 위험성평가 내용 등의 서류를 접수하고 분석하였다.

III 왜 일어났는가?(why it happened)

도급 계약, 공사협의, 안전관리계획서, 위험성평가 협의회, 안전작업허가서, 위험성평가, 안전교육, TBM, 안전점검, 가스터빈 분해, 햄머렌치 작업, 햄머렌치 이탈, 사고발생, 응급처치 및 병원으로 이동 및 재해자 복귀 등의 사건 별 ECFCA, 방벽분석 및 변화분석을 시행한다.

1. ECFCA 작성

1.1 도급 계약

A사와 B사 간 도급 계약에 따라 작업 위험성 평가를 수행한다는 조항이 있으나, B사와 C사 계약서를 확인하기 어려웠다. 다만, 해당 조항에 대한 구체적인 내용이 없는 것으로 추측한다. 이와 관련한 ECFCA는 다음 그림과 같다.

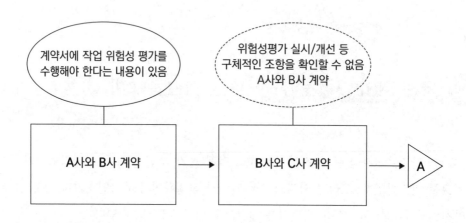

1.2 공사 협의 및 안전관리계획서

공사 3개월 전 A사와 B사는 공사항목 확인과 공사일정 조율 등의 협의를 시행하였다 ('24.2.15). 그리고 2개월 전 공사 일정 확정과 함께 A사는 B사에게 공사에 대한 안전관리계획서(이하 계획서)를 제출해 줄 것을 요청하였다. 또한 B사가 수행하는 작업은 A사의 안전기준에 따라 고위험 등급으로 분류되므로 별도의 위험성평가 협의회를 개최할 것을 요청하였다.

A사는 B사로부터 1차 계획서를 접수하였다('24.4.3). 주요 내용은 안전조직도, 작업자 명단, 작업일정, 위험성평가 검토 등의 내용이 포함되어 있으나, 작업단계를 세부적으로 구분하여 위험성평가를 시행하지 않았다. 위험성평가에 햄머렌치 사용과 관련한 위험요인이 누락되었으며, 이로 인해 햄머렌치 타격사고에 영향을 주었기 때문에 원인요인 C-1[1]으로 선정하였다. A사는 이후 B사로부터 보완된 2차 계획서를 접수하였으나, 이마저도 작업단계가 세부적이지 않아 다시 작성해 줄 것을 요청하였다('24.4.12). 이와 관련한 ECFCA는 다음 그림과 같다.

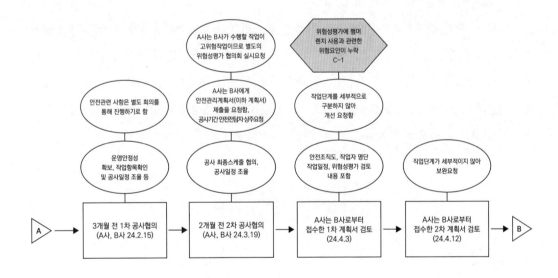

1.3 계획서 검토, 위험성평가, 안전작업허가서 및 위험성평가 협의회

A사는 B사로부터 세 번에 걸쳐 안전관리계획서를 접수하였다('24.4.17). 주요 위험성평가 대상은 작업준비, Enclosure, Gas 및 Cooling line 배관, Casing, 고온부품 분해, 부품 청소 및 Enclosure 조립 등이다. B사가 작성한 계획서에는 햄머렌치 사용과 관련한 위험요인이 누락되어 있었다. 또한 햄머렌치 사용과 관련한 인적오류 유발 가능성을 검토하지 않았으므로 원인요인 C-2로 선정하였다.

A사 정비팀 작업감독자(이하 CP, Competent Person)는 B사가 제출한 위험성평가 내용을 기반으로 별도의 위험성평가 검토를 시행하였다('24.4.17~26). 주요 위험요인은 협착, 낙하, 베임/찔림, 충돌, 넘어짐 및 추락으로 B사가 제출한 내용과 동일하였다.

당시 CP-1(정비팀 소속 CP)는 AS 파이프 해체 및 햄머렌치 타격과 관련한 위험을 알지 못했다. 이에 대한 상황(Context) 고려를 통해 ISM 일곱가지 원칙 중 '상황(ISM GP-3)-교육과 경험'을 선정하였다. CP-1는 위험성평가 내용을 기반으로 안전작업허가서(Permit to work, 이하 PTW) 작성을 준비하였다('24.4.26).

A사와 B사가 참여하는 위험성평가 협의를 실시하였다(24.4.29). A사가 주관이 되어 공사에 대한 전체 일정을 공유하였고, 이어서 B사 안전관리자가 안전관리 계획과 위험성평가 내용을 공유하였다. 당시 A사와 B사가 세부적인 위험성평가 내용을 공유하기에 시간적으로나 관리적으로나 미흡(형식적이고 피상적인 방식으로 실질적인 위험성평가 협의회가 되지 못했다)했던 것을 원인요인 C-3로 선정하였다. 이와 관련한 ECFCA는 다음 그림과 같다.

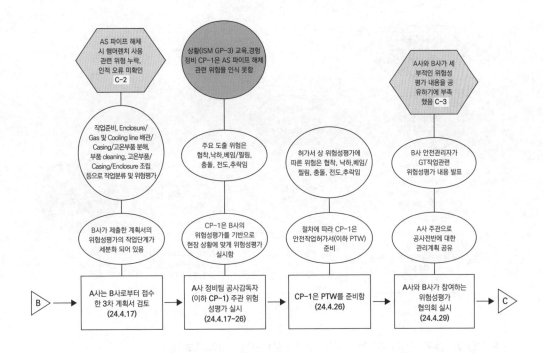

1.4 안전교육 및 PTW 승인

A사는 B사 모든 근로자를 대상으로 안전교육(안전정책, 비상대비로 안내, 보호구 착용, 기본 안전수칙, 화학물질 정보, PTW, 사고보고 등)을 시행하였다(24.5.3). 당시 A사는 햄머렌치 타격과 관련한 위험을 알리지 않았던 것을 원인요인 C-4로 선정하였다. 그리고 B사 안전관리자는 모든 근로자를 대상으로 B사의 안전관련 정보를 제공하였다(24.5.3). 당시 B사는 햄머렌치 타격과 관련한 위험을 알리지 않았던 것을 원인요인 C-5로 선정하였다.

CP-1이 작성한 PTW는 SAP-1(Senior Authorized Person의 약자임, 이하SAP)[2]의 검토를 통해 승인되었다(24.5.4). 공사 대상 가스터빈은 1호기와 2호기로 나뉘어 있으며, 공사는 1호기를 먼저하고 이후 2호기를 하는 계획으로 진행되었다. 당시 승인된 PTW는 1호기에 대한 것이었다. 위험성평가 내용은 협착, 낙하, 베임, 찔림, 넘어짐 및 추락 등으로 햄머렌치 타격과 관련한 위험은 없었다. 이에 대한 상황(Context) 고려를 통해 ISM 일곱 가지 원칙 중 '상황(ISM GP-3)-교육과 경험'을 선정하였다. 이와 관련한 ECFCA는 다음 그림과 같다.

---

2 PTW 승인권자로 주로 발전운영 부서의 리더로서 자격을 인증 받은 사람임. 가스터빈 1호기 공사에는 SAP-1이 PTW를 승인함.

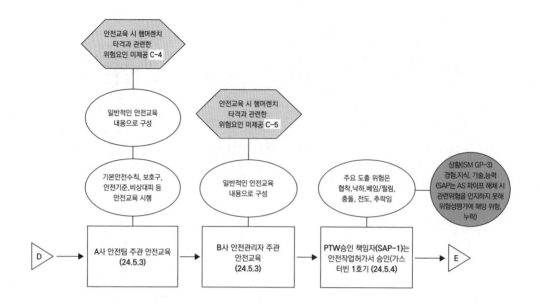

1.5 1호기 가스터빈 작업, TBM 시행 및 AS파이프 분해

가스터빈 1호기를 대상으로 CP-1은 TBM[3]활동을 통해 승인된 PTW를 기반으로 위험성 평가 내용과 일반적인 안전수칙을 C사 근로자에게 전달하였다. C사 근로자는 AS 파이프를 분해하기 위하여 너트에 햄머렌치를 끼워 고정하였다. 그리고 C사 보조자는 햄머렌치에 로프를 고정하고 잡아당겨 햄머렌치가 너트에서 이탈되지 않도록 당기면서 볼트와 너트를 해체하는 작업을 시행하였다(24.5/4~). 가스터빈 1호기에 대한 AS 파이프 해체 작업은 안전하게 마무리되었다(24.5.5). 이와 관련한 ECFCA는 다음 그림과 같다.

---

3 TBM은 Tool Box Meeting(이하 TBM)이라는 영어의 앞 글자를 모은 단어이다. 우리 말로 하면 툴 박스 미팅이라고 한다. 매일 작업 전 감독자가 주관하는 형태로 위험요인을 찾고 적절한 개선 대책을 수립하는 활동이다. 미국의 건설현장을 중심으로 감독자와 근로자가 공구함 주위에서 작업회의를 한 것이 모태가 되었다고 알려져 있다. TBM은 작업자와 관련 감독자가 함께 모여 안전 절차, 사고 예방, 장비 사용 및 작업장과 관련된 기타 관련 주제나 우려 사항을 논의하는 짧은 모임이다. 이와 유사한 용어는 다른 말로 Safety Moment, Safety Time-outs, Crew Safety Briefing, Safety Share, Safety Brief, Safety Minute, Tailgate Trainings, Stand-up Meetings, Tool Box Talks 또는 Safety Talks등이 있다. 한편 고용노동부는 TBM을 작업 전 안전점검회의로 표현하기도 한다. 현장에는 TBM이라는 용어가 고착되어 있으므로 향후에는 Safety Talk라는 용어를 사용해야 한다. 이와 관련한 문제점과 개선방안은 저자가 출간한 '휴먼 퍼포먼스 개선과 안전 마음챙김(2024, 박영사)'을 참고하기 바란다.

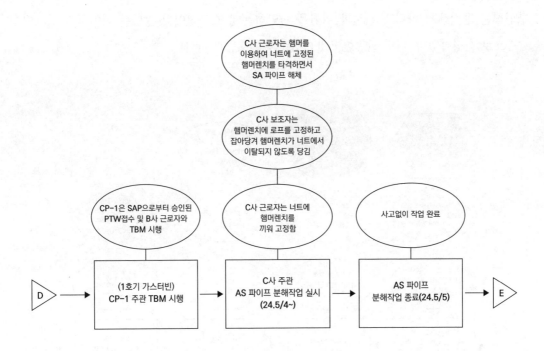

1.6 2 호기 가스터빈 작업, CP 교체, 위험성평가 및 PTW 승인

가스터빈 2호기 작업은 야간에도 시행되었다. 야간 가스터빈 작업에 대한 관리감독은 운전팀 소속 근로자가 CP인증 자격을 취득하고 진행하였다. CP인증 자격은 일정한 발전운영 경력과 안전관련 지식과 이론을 교육하고 Test하는 과정으로 진행된다. 운전팀 소속 근로자는 CP자격을 SAP으로부터 받고 CP-2로서 가스터빈 야간 작업을 관리감독하였다. 당시 CP 인증교육은 햄머렌치 타격과 관련한 위험을 파악하는데 효과적이지 않다는 점에서 원인요인 C-6으로 선정하였다.

CP자격을 받은 CP-2는 가스터빈 공사와 관련한 위험성평가를 시행하였다. 주요 도출 위험은 협착, 낙하, 베임/찔림, 충돌, 넘어짐 및 추락이었다. CP-2는 CP-1이 가스터빈 1호기 공사에서 사용했던 위험성평가 내용과 동일하게 사용하였다. 이에 대한 상황(Context) 고려를 통해 ISM 일곱가지 원칙 중 '상황(ISM GP-3)-교육과 경험'을 선정하였다.

CP-2는 위험성평가 내용을 기반으로 PTW를 준비하였다. 해당 PTW에 포함될 위험성평가 내용에는 햄머렌치 타격과 관련한 위험은 없었다.

CP-2가 작성한 PTW는 SAP-2(가스터빈 2호기 승인권자)의 검토를 통해 승인되었다. SAP-2는 햄머렌치 타격과 관련한 위험을 파악하지 못했다. SAP 자격을 받은 사람들의 위험인식은 햄머렌치 타격과 관련한 위험을 파악하는데 효과적이지 않다는 점에서 원인요인 C-7으로 선정하였다. 이와 관련한 ECFCA는 다음 그림과 같다.

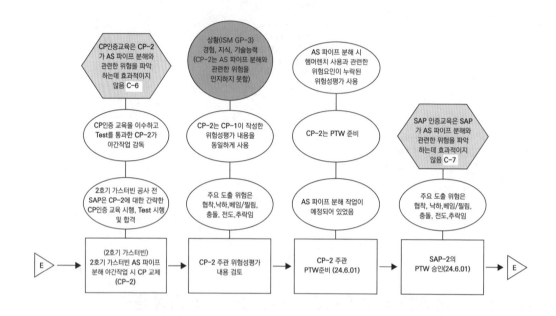

1.7 TBM 시행, AS 파이프 분해작업 준비 및 시행

B사 안전관리자, A사 CP-2 및 C사 관리감독자 주관의 TBM에서 사전에 준비한 위험성평가 내용을 기반으로 안전교육이 시행되었다(24.6.01). 당시 TBM은 햄머렌치 타격과 관련한 위험을 파악하는데 효과적이지 않다는 점에서 원인요인 C-8, C-9 및 C-10으로 선정하였다.

TBM을 마치고 AS 파이프 분해 작업 위치에서 C사 근로자와 보조자(재해자)는 작업 준비를 하였다. C사 근로자는 AS 파이프 분해를 위하여 너트에 햄머렌치를 끼워 고정하였다. 그리고 보조자(재해자)는 햄머렌치에 로프를 고정하고 로프를 잡아당겨 햄머렌치가 너트로부터 이탈되지 않도록 당겼다. 근로자는 망치를 이용하여 햄머렌치를 타격하고, 보조자는 로프를 잡아당기면서 AS 파이프 12개의 볼트와 너트를 분해하였다. 이와 관련한 ECFCA는 다음 그림과 같다.

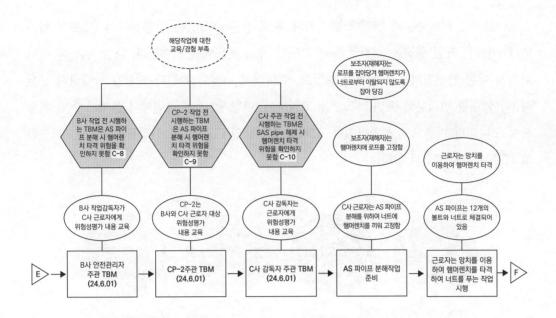

1.8 A사, B사, C사 안전점검

A사 CP-2는 가스터빈 공사의 품질과 안전을 전담으로 감독하는 사람이다. 작업 현장을 수시로 돌며 다양한 개선 피드백을 시행한다. 다만, CP-2는 해당작업에 대한 경험이 부족했으며, 햄머렌치 이탈과 관련한 위험을 파악하지 못했다. 이에 대한 변화분석 요인(Factor)을 고려하여 '어떻게(How)' 측면에서 통제체계 및 위험분석 모니터링 미흡으로 선정하였다. 그리고 원인요인 C-11로 선정하였다.

B사와 C사의 감독자는 가스터빈 공사의 품질과 안전을 관리하는 사람이다. 이들은 작업 현장을 수시로 돌며 다양한 개선 피드백을 시행한다. 다만, 이들은 해당작업에 대한 경험이 부족했으며, 햄머렌치 이탈과 관련한 위험을 파악하지 못했다. 이에 대한 변화분석 요인(Factor)을 고려하여 '어떻게(How)' 측면에서 통제체계 및 위험분석 모니터링 미흡으로 선정하였다. 그리고 원인요인 C-12로 선정하였다.

A사 안전팀은 가스터빈 공사의 품질과 안전을 관리하는 조직이다. 이들은 작업 현장을 수시로 돌며 다양한 개선 피드백을 시행한다. 다만, 이들은 야간 작업에 대한 안전점검을 시행하지 않았고, 햄머렌치 이탈과 관련한 위험을 파악하지 못했다. 이에 대한 변화분석 요인(Factor)을 고려하여 '어떻게(How)' 측면에서 통제체계 및 위험분석 모니터링 미흡으로 선정하였다. 그리고 원인요인 C-13으로 선정하였다.

A사는 공사의 품질과 안전을 관리하기 위해 전문성이 있는 안전감리 두 명을 선임하였다. 이들은 작업 현장을 수시로 돌며 다양한 개선 피드백을 시행한다. 다만, 이들은 야간 작업에 대한 안전점검을 시행하지 않았고, 햄머렌치 이탈과 관련한 위험을 파악하지 못했다. 이에 대한 변화분석 요인(Factor)을 고려하여 '어떻게(How)' 측면에서 통제체계 및 위험분석 모니터링 미흡으로 선정하였다. 그리고 원인요인 C-14으로 선정하였다. 이와 관련한 ECFCA는 다음 그림과 같다.

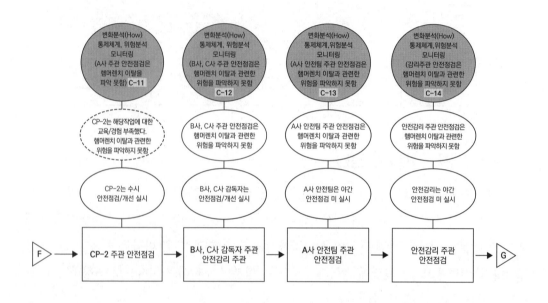

1.9 햄머렌치 이탈 및 타격사고, 응급처치 및 병원치료 및 복귀

근로자는 망치를 이용하여 햄머렌치를 타격하고, 보조자는 로프를 잡아당기면서 AS 파이프 12개의 볼트와 너트를 분해하는 작업 중 햄머렌치가 너트에서 조금씩 이탈하고 있었다. 당시 재해자는 발전소 구조물로 인해 햄머렌치를 볼 수 없는 곳에 위치하고 있었다. 햄머렌치는 너트에서 쉽게 이탈할 수 있는 구조이므로 원인요인 C-15로 선정하였다. 이에 대한 상황(Context) 고려를 통해 HPI-과제의 요구사항(Task Demands)의 'TD-4 반복적인 행동과 단조로움'을 선정하였다.

근로자 A가 망치질을 지속하는 가운데 햄머렌치는 너트에서 이탈되면서 재해자 방향으로 날아가 왼쪽 무릎을 타격하였다. 당시 재해자의 위치에서는 햄머렌치가 이탈되는 상황은 알 수 없었으므로 원인요인 C-16으로 선정하였다. 이에 대한 상황(Context) 고려를 통해 HPI-인간본성(Human Nature)의 'HN-6 부정확한 위험인식'을 선정하였다. 그리고 변화분석 요인(Factor)을 고려하여 '변화분석(Where)' 측면에서 재해자가 햄머렌치가 당겨지는 방향에 위치 및 '변화분석(What)' 측면에서 햄머렌치 사용으로 타격사고 발생으로 선정하였다.

사고이후 C 사 감독자는 재해자 응급처치를 하고 병원으로 후송하였다. 재해자는 X-ray 촬영 결과, 건상 상 특이사항 없이 발전소로 복귀하였다. 이와 관련한 ECFCA는 다음 그림과 같다.

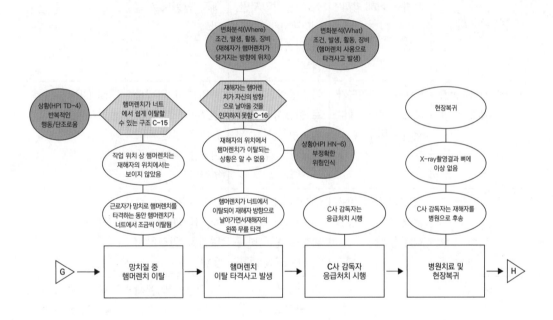

2. 방벽분석

방벽분석을 시행하기 위해 ECFCA를 참조하여 해당 사건과 관계가 깊은 내용을 확인하였다. 다음 표와 같이 어떤 방벽이 있었는가(What were the barriers), 어떻게 방벽이 작동하였는가?(How did each barrier perform), 왜 방벽이 실패했는가(why did barrier fail), 방벽이 어떻게 사고에 영향을 주었는가(how did the barrier affect the accident)를 확인하였다. 그리고 해당 사건과 관계가 깊은 별첨 9. HPI 및 별첨 10. ISM 일곱 가지 원칙을 검토하여 상황을 기재하였다.

위험(Hazard): 햄머렌치 타격			대상(Target): 재해자	
어떤 방벽이 있었나?(what were the barriers)	어떻게 방벽이 작동하였는가? (How did each barrier perform)	왜 방벽이 실패했는가(why did barrier fail)	방벽이 어떻게 사고에 영향을 주었는가(how did the barrier affect the accident)	상황(context)
햄머렌치 유도 로프사용	햄머렌치 유도로프를 사용하여 보조자의 손 상해 방지	햄머렌치 유도 로프를 사용하여 손 상해는 막았지만, 햄머렌치가 재해자를 타격하는 사고 발생	햄머렌치가 너트에서 빠지면서 재해자 방향으로 날아옴	ISM GP-5 위험성평가/통제
B사의 위험성평가 체계	B사의 위험성평가 체계 작업을 세부 단계로 미 분류	작업을 세부적으로 분류하지 않아 햄머렌치 사용 위험요인 누락	햄머렌치 위험요인 누락으로 햄머렌치로 인한 타격 사고에 영향을 주었음	ISM GP-5 위험성평가/통제
교육, 경험	CP-1은 AS 파이프 분해 관련 위험인식 못함	CP-1에게 햄머렌치 타격과 관련한 위험을 인식하도록 하는 교육 미흡	CP-1은 햄머렌치 타격과 관련한 위험을 인식하지 못함	ISM GP-3 경험, 지식, 기술, 능력
교육, 경험	SAP은 AS 파이프 분해 관련 위험 인식 못함	SAP에게 햄머렌치 타격과 관련한 위험을 인식하도록 하는 교육 미흡	SAP은 햄머렌치 타격과 관련한 위험을 인식하지 못함	ISM GP-3 경험, 지식, 기술, 능력
교육, 경험	CP-2는 AS 파이프 분해 관련 위험 인식 못함	CP-2에게 햄머렌치 타격과 관련한 위험을 인식하도록하는 교육 미흡	CP-2가 햄머렌치 타격과 관련한 위험을 인식하지 못함	ISM GP-3 경험, 지식, 기술, 능력
AS 작업에 대한 위험성평가 실시	협착,낙하,베임/찔림, 충돌 전도, 추락의 위험 도출	햄머렌치 타격에 대한 위험 요인 누락	AS작업에 사용되는 도구가 가진 특수성을 검토하지 못함	HPI HN-6 부정확한 위험 인식

| 햄머렌치 이탈 방지조치 | 로프를 이용하여 햄머렌치의 이탈을 방지함 | 작업중 햄머렌치 이탈 여부를 확인하지 않음 | 재해자는 햄머렌치가 날아올 수 있는 방향에 위치 | HPI TD-4 반복적인 행동/단조로움 |

3. 변화분석

변화분석 양식을 활용하여 사고와 관계된 내용을 작성한다. 다음의 표와 같이 좌측 열로부터 요인(Factor), 사고상황(Accident Situation), 이전, 이상 또는 사고가 발생하지 않을 상황(Prior, Ideal or Accident Free Situation), 차이(Difference) 및 영향평가(Evaluation of Effect)를 검토한다. 그리고 무엇(What), 언제(When), 장소(Where), 누가(Who), 어떻게(How) 등의 요인을 검토한다.

요인 (Factor)	사고상황(Accident Situation)	이전, 이상 또는 사고가 발생하지 않을 상황 (Prior, Ideal or Accident-Free Situation)	차이(Difference)	영향평가 (Evaluation of Effect)
무엇 (What) 조건, 발생, 활동, 장비	AS 파이프가 강하게 결속되어 햄머렌치를 사용하는 것으로 결정	• AS 파이프가 강하게 결속되어 유압에너지 형태의 렌치사용 • 가스터빈 1호기에서 햄머렌치를 사용한 경험이 있었음	• 유압에너지 형태의 렌치사용 시 손가락 끼임 사고 우려로 미사용 • 가스터빈 1호기에서 햄머렌치 사용	햄머렌치 사용으로 인해 타격 사고 발생
언제 (When) 발생, 확인, 장비상태, 일정	가스터빈 2호기 공사 시 신규로 CP-2 지정 및 SAP-2의 PTW 승인	• 가스터빈 1호기 공사 당시 CP-1 및 SAP-1 근무 시 사고가 없었음	가스터빈 1호기 햄머렌치 사용 시에는 사고가 없었고, 가스터빈 2호기 햄머렌치 사용	• 햄머렌치 사용으로 인한 위험요인은 잠재요인이었음

		• 일반적으로 햄머렌치 사용으로 인한 사고는 그동안 없었음	시 사고발행	• 그동안 햄머렌치 타격으로 인한 사고가 없어서 인식할 수 없었음
장소 (Where) 물리적장소, 환경, 조건	재해자가 위치한 장소는 햄머렌치를 당기는 동안 햄머렌치로 타격받을 수 있는 위치	재해자가 다른 장소에서 햄머렌치를 당겼다면 햄머렌치가 당겨지더라도 사고 미발생	작업장소를 안전한 곳으로 이동	작업자가 햄머렌치로 타격받을 수 있는 장소에 위치
누가(Who) 구성원 참여, 교육, 인증, 감독	• 야간 작업을 하는 동안 A사 안전팀과 안전감리의 안전점검이 없었음	• 야간 작업 시 안전담 요원 주관 안전점검 • 안전점검을 통해 햄머렌치와 관련한 위험요인 발견 및 개선	야간 작업에 대한 안전점검 및 개선 미흡	야간 작업의 경우에도 안전점검 시행 및 개선
어떻게 (How) 통제체계, 위험분석 모니터링	관리감독자는 재해자가 SAS pipe 볼트/너트 해체 시 햄머렌치가 이탈 될 위험을 파악 못 함	관리감독자가 SAS pipe 볼트/너트 해체 위험을 인지하고 작업을 개선할 수 있도록 관리감독	관리감독자가 SAS pipe 볼트/너트 해체위험을 사전 파악 시 사전 안전조치 가능	관리감독자가 SAS pipe 볼트/너트 해체 위험을 발견하지 못 해 근로자의 불안전한 행동이 개선되지 않아 사고발생

Ⅳ 직접원인

무슨 일이 있었는가, 왜 일어났는가, ECFCA 검토, 방벽분석 및 변화분석 검토를 통한 직접원인은 햄머렌치 사용과 재해자가 햄머렌치 타격 방향에 위치한 것이다.

V 기여원인

무슨 일이 있었는가, 왜 일어났는가, ECFCA 검토, 방벽분석 및 변화분석 검토를 통한 기여요인은 다음 표와 같이 16개 항목이다.

Causal Factor No.	내용
C-1	위험성평가에 햄머렌치 사용과 관련한 위험요인 누락
C-2	B사가 작성한 계획서가 햄머렌치 사용과 관련한 위험요인 누락
C-3	A사와 B사가 세부적인 위험성평가 내용을 공유하기에 시간적으로나 관리적으로나 미흡
C-4	A사 주관 안전교육은 햄머렌치 타격과 관련한 위험요인 미제공
C-5	B사 주관 안전교육은 햄머렌치 타격과 관련한 위험요인 미제공
C-6	CP인증교육은 CP-2가 AS 파이프 분해와 관련한 위험을 파악하는데 효과적이지 않음
C-7	SAP인증교육은 SAP가 AS 파이프 분해와 관련한 위험을 파악하는데 효과적이지 않음
C-8	B사 주관 TBM은 AS 파이프 분해 시 햄머렌치 타격 위험을 확인하지 못함
C-9	CP-2 주관 TBM은 AS 파이프 분해 시 햄머렌치 타격 위험을 확인하지 못함
C-10	C사 주관 TBM은 AS 파이프 분해 시 햄머렌치 타격 위험을 확인하지 못함
C-11	A사 주관 안전점검은 햄머렌치 이탈을 파악 못함
C-12	B사 및 C사 주관 안전점검은 햄머렌치 이탈과 관련한 위험을 파악하지 못함
C-13	A사 안전팀 주관 안전점검은 햄머렌치 이탈과 관련한 위험을 파악하지 못함
C-14	감리주관 안전점검은 햄머렌치 이탈과 관련한 위험을 파악하지 못함
C-15	햄머렌치가 Nut에서 쉽게 이탈할 수 있는 구조
C-16	재해자는 햄머렌치가 자신의 방향으로 날아올 것을 인지하지 못함

VI 근본원인

무슨 일이 있었는가, 왜 일어났는가, ECFCA 검토, 방벽분석 및 변화분석 검토를 통한 근본원인은 안전관리계획 수립 시 AS 파이프 볼트 및 너트 분리와 관련된 내용을 위험성평가 단계에서 검토하지 않았다. 그리고 햄머렌치 타격과 같은 위험을 검토하기 위한 인증, 교육 및 위험인식이 부족하였다. 마지막으로 위험요인을 식별할 수 있는 안전점검 수준이 낮았다.

중대산업재해 사후처리 가이드라인

　사업장에서 불의의 사고로 인해 중대산업재해(중대재해처벌법에 따른 것을 말한다)가 발생할 수 있다. 무엇보다 사고가 난 것은 결과이므로, 이에 대한 효과적인 대응이 필요하다. 이 가이드라인은 다양한 선행연구 그리고 저자가 경험했던 사고사례의 기억을 떠올려 설명한 내용으로 일반적인 수준에서 다양한 사업장에 적용이 가능할 것으로 판단한다. 이 가이드라인은 사고가 발생한 시점에서 주요 대상자(목격자와 관리감독자를 포함한 현장사람들, 경영책임자를 포함한 본사 사람들, 유가족, 경찰 관계자, 고용노동부 관계자, 환경청 및 지자체 관계자)가 사고 종결 시점까지 대응하는 단계로 설명한다.

　본 중대산업재해 사후처리 가이드라인은 저자의 판단에 따라 작성되었으므로, 회사의 특성이나 현장의 상황에 따라 사후처리가 달라질 수 있음을 참조하기 바란다.

I 사고발생 D-Day+1

1. 현장

1.1 재해자 후송

　사고를 목격한 동료 근로자 또는 관리감독자(사업장 책임자 포함)는 산업안전보건법 제54조 제1항에 따라 즉시 작업을 중지하고, 재해자를 작업장소로부터 대피시키는 등 필요한 안전·보건상의 조치를 한다. 그리고 119나 인근 병원에 연락하여 재해자를 긴급 후송할 수 있도록 조치한다.

1.2 사고보고

유가족에게 사고 사실과 재해자가 후송된 병원의 이름을 알려주어야 한다. 만약 사고가 유해화학물질과 관계가 있다면, 빠른 시간내에 해당 환경청과 지자체에 보고해야 한다.[1]

사업장의 관리감독자는 회사나 조직의 사고보고 체계(사업 부서장, 부문장, 안전보건 부서장, 경영책임자)에 따라 사내 최초 사고보고를 한다. 사고보고는 본 책자에서 설명한 바와 같이 핸드폰 SMS, 사내 인트라넷, FAX 또는 기타 방법을 적용하되, 사고내용은 6하 원칙에 따라 누가, 언제, 어디서, 무엇을, 어떻게, 왜 그랬는지 간략하게 작성한다. 필요 시 사고도면과 사진을 첨부하도록 한다. 산업안전보건법 제54조에 따라 본 책자 별첨 7과 8을 참조하여 고용노동부에 보고한다. 그리고 유관 경찰서에 사고사실을 알린다.

1.3 사고현장 격리

사고 현장은 추가적인 사고가 발생할 수 있는 가능성이 높은 지역이므로 사람들의 출입을 금지해야 하며, 증거는 보존되어야 한다. 사고가 발생한 지역 주변을 막을 수 있는 차폐막 등을 사용하여 격리한다. 산업안전보건법 제56조(중대재해 원인 조사 등)에 따라 누구든지 중대재해 발생현장을 훼손하거나, 고용노동부장관의 원인 조사를 방해해서는 안 된다.

2. 병원

사후처리 책임자는 유가족의 감정관리를 지원하고, 장례를 치를 수 있도록 물심양면으로 지원한다. 그리고 TF와 유기적인 협업을 시행한다.

---

[1] 화학물질이 유출·누출되어 인명 피해(병원입원 또는 병원진단서 등으로 증명)가 발생한 경우 및 나. 화학물질이 제2호 이상으로 유출·누출된 경우(화재·폭발사고를 포함한다) 15분 이내 즉시 신고해야 한다. 자세한 사항은 화학사고 즉시 신고에 관한 규정의 [별표 1] 화학사고 발생 시 즉시 신고 기준을 참조한다.

3. 본사

3.1 사고대응 TF

3.1.1 사후처리 책임자 선정

사고와 관련이 있는 사업부서의 장(상황에 따라 현장 또는 본사에 상주하며, 책임자 급에 있는 사람이다)을 사후처리 책임자로 지정할 것을 추천한다. 관련 업무는 TF구성, 유족과의 합의 총괄, 본사 안전보건 부서장과의 유기적인 업무 추진 및 관공서 업무 추진 등이다.

3.1.2 사고대응 TF 구성

TF에 사후처리 책임자, 법무관련 변호사, 인력부서의 장, 홍보부서의 장, 본사 안전보건 부서장이 참여할 것을 추천한다. TF원의 각 역할은 다음 표와 같다.

구분	역할
법무관련 변호사	• TF의 구성원으로서 산업안전보건법 및 산재보상에 관한 법률적 검토 및 자문에 관한 업무 수행 • 합의금을 산정하여 인력부서와 검토
인력부서의 장	• TF의 구성원으로서 평균임금 산정 등에 관한 업무 수행 • 합의금 산정을 위하여 변호사와 협업
홍보부서의 장	• 언론보도 모니터링 및 관리 • 사외 홍보문 작성 및 지원
본사 안전보건 부서장	• TF의 구성원으로서 대 관공서 업무 지원 • 사고조사팀에게 기술적 지원

3.2 사고조사팀

본 책자 제6장 사고조사 체계 구축을 참조하여 사고조사팀장을 선임한다. 사고조사팀장은 사고에 대한 개략적인 원인을 파악하고 사고조사소위원회에 보고한다. 그리고 필요 시 원인과 대책을 홍보부서의 장에게 공유하며, 홍보부서의 장은 전사 차원의 미디어 대응을 한다.

II 사고발생 D-Day+2

1. 병원

사후처리 책임자는 유가족의 감정관리를 지원하고, 장례를 치를 수 있도록 물심양면으로 지원한다. 그리고 TF와 유기적인 협업을 시행한다.

2. 현장

2.1 사고조사 지원

현장 관리감독자와 사후처리 책임자는 경찰과 고용노동부(필요 시 환경청, 지자체 포함)의 수사와 조사 인력이 사고현장을 확인할 수 있도록 업무를 지원한다. 그리고 본사의 사고조사 팀장의 업무를 지원한다.

2.2 경찰조사

형법상 업무상과실치사상죄, 산업안전보건법, 중대산업재해 및 중대시민재해 관련으로 참고인과 피의자 신문조사가 시행된다. 경찰은 목격자, 관리감독자, 해당 팀장, 담당자, 사업부장 및 경영책임자 중 임의로 선정하여 경찰서로 출두할 것을 요청할 것이다. 따라서 사후조사 책임자는 이에 대한 사전 준비(일관성 있는 사고내용 진술 등)를 해야 한다. 진술 조서 작성시 수사관이 질의하는 사항 외의 추가로 필요 없는 설명 등은 가급적 자제한다.

2.3 고용노동부 조사

산업안전보건법, 중대산업재해 및 중대시민재해 관련으로 참고인과 피의자 신문조사 시행된다. 조사는 경찰조사와 유사하게 진행된다. 사고 초기 경영책임자를 피의자로 지정하고, 안전보건과 관련한 조치 내역을 확인하게 된다.

산업안전보건법 제55조에 따라 고용노동부장관에 의한 작업중지 명령이 내려질 수 있다. 산업안전보건법 제55조 중대재해 발생 시 고용노동부장관의 작업중지 조치와 관련한 내용은 다음과 같다. 고용노동부장관은 중대재해가 발생하였을 때, 해당 사업장에 산업재해가 다시 발생할 급박한 위험이 있다고 판단되는 경우에는 그 작업의 중지를 명할 수 있다. i) 중대재해가 발생한 해당 작업, ii) 중대재해가 발생한 작업과 동일한 작업, iii) 고용노동부장관은 토사·구축물의 붕괴, 화재·폭발, 유해하거나 위험한 물질의 누출 등으로 인하여 중대재해가 발생하여 그 재해가 발생한 장소 주변으로 산업재해가 확산될 수 있다고 판단되는 등 불가피한 경우에는 해당 사업장의 작업을 중지할 수 있다. iv) 고용노동부장관은 사업주가 작업중지의 해제를 요청한 경우에는 작업중지 해제에 관한 전문가 등으로 구성된 심의위원회의 심의를 거쳐 고용노동부령으로 정하는 바에 따라 작업중지를 해제한다. v) 작업중지 해제의 요청 절차 및 방법, 심의위원회의 구성·운영, 그 밖에 필요한 사항은 고용노동부령으로 정한다.

고용노동부의 판단에 따라 현장을 포함한 본사까지 압수수색이 이루어질 수 있으므로 예의 주시해야 한다. 특히, 사고와 관련한 입증을 위하여 서류를 조작하거나 거짓으로 작성할 경우, 심각한 처벌이 이어질 수 있다는 점을 유념해야 한다.

중대재해처벌법 시행 초기 중대산업재해 발생 시 수사기관이 자료를 확보하기 위하여 현장과 본사를 압수수색하는 경우가 많이 있었다. 하지만, 사회적으로 큰 물의를 일으키는 사고가 아닐 경우에는 회사나 조직으로부터 임의의 자료를 접수하여 확보하는 추세로 보인다.

2.4 경찰조사 및 고용노동부 대응

경찰조사 및 고용노동부 관계자가 사고현장 방문 시 다양한 서류를 확인하므로 사전에 준비해야 한다. 다만, 두 기관이 원하는 서류를 위주로 제출하되, 필요가 없거나 회사나 조직 내부적으로 결정이 덜 된 서류 제출은 보류해야 한다. 다만, 제출을 보류하는 사유를 상세히 설명하여 두 기관의 관계자에게 회사나 조직이 증거를 조작하거나 은닉한다는 느낌을 주어서는 안된다. 서류를 제출할 경우, 해당 목록을 만들고 사본을 만들어 보관해야 한다.[2]

제출서류에 사고조사와 관련한 내용이 포함될 수 있다. 이 경우 사고의 원인을 속단하여 법규 위반 또는 안전조치 미이행 등의 사실을 적시하는 것은 향후 상당한 어려움을 초래할 수 있다. 또한 현재 사고조사팀을 통해 면밀한 사고조사가 시행되고 있다는 점을 강조하고, 향후 추가로 알게 될 내용에 따라 사실을 일부 변경될 수 있다는 여지를 남겨두어야 한다. 경찰이나 고용노동부가 제출을 원하는 자료는 다음과 같다. 하지만, 사고의 정황이나 상황에

2　형사소송법 제129조(압수목록의 교부)에 따라 압수한 경우에는 목록을 작성하여 소유자, 소지자, 보관자 기타 이에 준할 자에게 교부하여야 한다.

따라 다양한 서류를 요청할 수 있으니, 사전에 준비해 두는 것이 좋을 것으로 판단한다.

(1) 회사나 조직관련 정보

법인 등기부 등본(원·하도급), 사업자 등록증(원·하도급), 제품 개요, 조직도, 규정과 절차

(2) 계약관련 정보

도급 계약서 및 하도급 계약서

(3) 법적 선임관련 정보

안전보건관리 총괄 책임자 선임 신고서, 안전관리 책임자 선임계, 안전관리자 선임 신고서, 안전담당자 선임계 등

(4) 사고관련 정보

사고보고서, 사고현장 사진, 사고 상황도, 재해발생 경위, 재해 내용 및 원인 분석, 사고경위서, 재해자 인적사항, 목격자 진술서(문답 형식), 관리감독자 진술서(문답 형식), 사고 상황도 및 사진, 근로계약서, 출근부(출력일보), 작업일지 등

(5) 안전관리 활동 관련 정보

안전보건 목표 설정, 협의체 회의록, 안전교육일지(채용, 정기, 변경, 특별 교육 등), 보호구 지급대장, 유해위험기계의 경우 정기검사증 등, 중량물 취급 작업의 경우 작업 계획서, 안전점검일지, 건강진단 관련, 표준 안전관리비 사용 내역서 등

(6) 중대재해처벌법 관련 정보

중대재해처벌법 시행령 제4조 제1호에서 제9호 관련으로 안전·보건에 관한 목표와 경영방침, 안전보건 조직, 유해·위험요인을 확인하여 개선하는 업무절차, 안전보건 관련 예산, 안전보건관리책임자, 관리감독자 및 안전보건총괄책임자의 역할, 안전관리자, 보건관리자, 안전보건관리담당자 및 산업보건의 배치 현황, 종사자 의견 청취, 중대산업재해가 발생하거나 발생할 급박한 위험 대비 매뉴얼, 도급, 용역, 위탁 등을 하는 경우에는 종사자의 안전·보건 확보 등이 필요하다.

동법 시행령 제5조 2항에 따른 법규이행 현황이 필요하다. 동법 제4조 제1항 제2호에 따른 재해 발생 시 재발방지 대책의 수립 및 그 이행에 관한 조치가 필요하다. 그리고 동법 제4조 제1항 제3호에 따른 중앙행정기관 및 지방자치단체에서 접수한 명령서 등의 이행내역이 필요하다. 전술한 (1)~(5)까지의 정보는 (6) 중대재해처벌법 관련 정보와 동일할 수 있다. 이 경우 중대재해처벌법 관련 정보로 갈음할 수 있다.

3. 본사

3.1 사고조사팀

사고조사팀은 현장에서 사고조사를 시행하고, 사후처리 책임자와 사고조사소위원회와 지속적인 소통을 한다.

III 사고발생 D-Day+3~

1. 병원

사후처리 책임자는 유가족이 장례를 준비하고 치를 수 있도록 물심양면으로 지원한다. 영안실 대기조를 편성하고 TF와 유기적인 협업을 시행한다.

2. 현장

2.1 사고조사 지원

현장 관리감독자와 사후처리 책임자는 경찰과 고용노동부(필요 시 환경청, 지자체 포함)의 수사와 조사 인력이 사고현장을 확인할 수 있도록 업무를 지원한다. 그리고 본사의 사고조사 팀장의 업무를 지원한다.

2.2 특별감독 준비

고용노동부가 주관하는 특별감독을 준비한다. 특별 감독은 상당한 기간이 소요될 수 있고, 다양한 서류를 요구받게 되므로 이에 대한 담당자를 지정해 둘 것을 추천한다. 관리감독자는 사후처리 책임자와 긴밀히 협조하여 TF와 사고조사소위원회에 다양한 지원을 요청한다.

최근 다양한 증거는 전자정보에 따라 기록되고 있으므로 이에 대한 사전 준비가 필요하다. 현장에서 관련자들의 휴대전화를 봉인하여 압수할 수 있다. 컴퓨터의 검색 폴더를 조회하여 관련 파일을 외장하드에 복사하여 봉인할 수 있다. 따라서 다음과 같은 내용을 참조하여 고용노동부 조사관에게 부탁할 수 있다. i) 회사나 조직의 적절한 사람이 입회하여 진행할 수 있도록 요청해야 한다. ii) 영장에 기재된 압수수색 대상과 장소 등을 확인한다 iii) 압수된 관련 자료 복사 및 목록화를 한다.

3. 본사

3.1 사고대응 TF

3.1.1 특별감독 준비

고용노동부가 주관하는 특별감독을 준비한다. 특별 감독은 상당한 기간이 소요될 수 있고, 다양한 서류를 요구받게 되므로 이에 대한 담당자를 지정해 둘 것을 추천한다. 사후처리 책임자는 현장 관리감독자와 긴밀히 협조하고, TF와 사고조사소위원회에 다양한 지원을 요청한다. 특별감독은 현장에서 이루어진 것과 유사하게 진행될 수 있으므로 이에 대한 대응을 한다.

3.1.2 유가족 합의 준비

사후처리 책임자는 TF의 협조를 받아 유가족과의 합의가 원만하게 진행될 수 있도록 지원한다. 그리고 유가족이 보상과 관련한 서류를 준비하는 데 적극적인 지원을 한다.

3.1.3 합의금 산정 및 유가족과 협의

합의금 산출 방식에 따라 회사위로금을 산정하고 산재보상비용과 기타 비용을 산출한다. 그리고 사후처리 책임자가 유가족과 원만한 합의를 할 수 있도록 한다. 유가족 대표는 유족급여 일시금 1순위자(재해자 사망 당시 그에 의하여 부양되고 있던 처, 사실혼 포함, 자녀) 및 민법

제100조의 상속권자(호적상의 처, 자녀)가 포함되어야 한다. 따라서 사실혼 관계의 처가 있는지 여부 등 재해자의 가족상황을 조사하여 합법적인 합의 당사자를 결정하여야 한다(합의 시 직계 유족 외의 자가 합의 대표로 선임될 경우에는 직계 유족으로부터 위임장을 수령 받은 자이어야 하며, 합의서에 합의시에는 상기 유족 대표가 실시토록 한다).

3.1.4 가합의 준비

유족과 가합의금에 대한 협의를 완료하고, 유족에게 사망진단서 8부(병원 도착 전 사망 시는 사체 검안서)를 받아 경찰서와 고용노동부에 제출할 준비를 한다. 사고 이후 재해자 유족들이 인감증명이나 호적등본을 제시할 여유가 없으므로, 일단 가합의하여 합의금액과 지급 일시를 결정한다. 가합의 시 장례비 등 일부 금액을 지급할 경우에는 가합의서에 명시하고 합의서 외에 영수증을 수취한다. 가합의 시 본 합의에 다양한 서류가 추가로 필요하다는 것을 유족에게 미리 알린다.

합의금액 산정은 다양한 계산방식에 따라 진행된다. 사고의 경중, 회사나 조직의 책임 정도, 재해자의 위법 정도, 회사 이미지 관리, 언론보도, 보험가입 및 최근의 추세를 감안한다. 이에 대한 의사결정은 사고조사소위원회에게 결정한다.

3.1.5 본합의 준비

합의금 지급은 공증 사무소에서 지급하고 합의서는 공증하여 법적 효력을 명확하게 한다 (영수증 포함).

3.1.6 경찰과 검찰수사 대응

(1) 경찰수사 대응

사고라는 범죄가 발생한 이후 경찰은 업무상과실치사상죄[3] 여부를 수사하고 송치 또는

---

[3] 형법 제40조에 따른 상상적 경합은 한 개의 행위가 여러 개의 죄에 해당하는 경우에는 가장 무거운 죄에 대하여 정한 형으로 처벌한다고 규정하고 있다. 한편 법조경합은 1개의 범죄 행위가 외관상 수 개의 죄의 구성요건에 해당하는 것으로 보이나 실제로는 1개의 범죄를 구성하는 경우를 말한다. 예를 들면 산업안전보건법상의 안전보건관리책임자가 산업안전보건법 제38조와 제39조를 위반하여 근로자가 사망에 이르게 되면, 동법 제167조와 제168조에 따라 7년 이하의 징역 또는 1억원 이하의 벌금과 5년 이하의 징역 또는 5천만원 이하의 벌금을 부과하는 규정이 있다. 한편 전술한 사망관련으로 업무상과실치사상죄는 "5년 이하의 금고 또는 2천만원 이하의 벌금"을 규정하고 있다. 이때 상

불송치 결정을 한다. 경찰은 현장조사와 소환조사를 시행한다. 수사지휘 영장을 얻어 압수수색 및 체포구속을 한다. 다만, 경찰은 불송치 권한이 있다.

(2) 근로감독관

사고라는 범죄가 발생한 이후 검찰은 범인 특정, 증거 수집, 입건 여부, 신병 처리 여부 및 송치 등의 전반적인 업무를 수행한다. 이후 공소제기 또는 불기소를 통해 법원에서 공판을 거쳐 형이 집행된다. 여기에서 고용노동부의 근로감독관은 사법경찰관리의 직무를 수행할 자와 그 직무범위에 관한 법률 제6조의 2에 따라, 지방고용노동청, 지방고용노동청 지청 및 그 출장소에 근무하며 근로감독, 노사협력, 산업안전, 근로여성 보호 등의 업무에 종사하는 8급·9급의 국가공무원 중 그 소속 관서의 장의 추천에 의하여 그 근무지를 관할하는 지방검찰청검사장이 지명한 자는 범죄에 관하여 사법경찰리의 직무를 수행한다. 또한 근로감독관은 검사의 지휘를 받는다.

근로감독관은 현장조사, 산업안전보건법 위반 여부 조사, 중대재해처벌법 위반 여부를 조사하고, 수사지휘 영장을 얻어 압수수색 및 체포구속을 한다. 이에 따라 근로감독관은 검사에게 관련 사항을 송치한다.[4]

(3) 검사

검사는 경찰 및 근로감독관의 요청에 대한 보완수사를 시행하고, 사안에 따라 조사를 직접 지휘할 수 있다.

3.2 사고조사팀

사고조사팀은 현장에서 사고조사를 시행하고, 사후처리 TF장 및 사고조사소위원회와 지속적인 소통을 한다.

상적 경합에 따라 업무상 과실치사상죄의 법 조항 대신 산업안전보건법 제167조와 제168조에서 정한 높은 처벌을 받는다.

4 중대산업재해 발생: 준비와 대응상 유의사항-중대재해 발생 시 수사기관 대응, 이시원 변호사, 율촌 중대재해센터 TV.

Ⅳ 사고발생 D-Day+30

1. 현장

1.1 산업재해조사표 제출

산업안전보건법 시행규칙 제73조(산업재해 발생 보고 등)에 따라 사업주는 산업재해로 사망자가 발생하거나 3일 이상의 휴업이 필요한 부상을 입거나 질병에 걸린 사람이 발생한 경우에는 법 제57조제3항에 따라 해당 산업재해가 발생한 날부터 1개월 이내에 별지 제30호 서식의 산업재해조사표를 작성하여 관할 지방고용노동관서의 장에게 제출(전자문서로 제출하는 것을 포함한다)해야 한다. 사업주는 고용노동부령으로 정하는 산업재해에 대해서는 그 발생 개요·원인 및 보고 시기, 재발방지 계획 등을 고용노동부령으로 정하는 바에 따라 고용노동부장관에게 보고하여야 한다. 이를 지키지 않을 경우, 산업안전보건법 제175조(과태료) 및 산업안전보건법 시행령 제119조(과태료의 부과기준)에 따라 i) 중대재해 발생 보고를 하지 않거나 거짓으로 보고한 경우 3,000만원을 부과 ii) 산업재해를 보고하지 않은 경우 1차 700만원, 2차 1,000만원, 3차 1,500만원을 부과, iii) 산업재해를 거짓으로 보고한 경우 1,500만원을 부과한다. 산업재해조사표는 본 책자 별첨을 참조한다.

2. 본사

2.1 사고대응 TF

2.1.2 본합의

사후처리 책임자는 유가족과 시행한 가합의를 근거로 본합의를 시행한다. 본합의 시 필요서류에는 인감증명서 3부(유족 보상금 및 장의비 위임용, 합의 각서 공증용), 주민등록등본 사망 전 및 후 각 3부, 인감증명서, 산재 수급권자 및 상속권자 각 3부, 호적(제적) 등본 3부 및 인감도장(산재 수급권자 및 상속권자)이 필요하다.

2.2 사고조사팀

사고조사팀장은 사후처리 책임자, 안전보건 부서장과 협의하여 사고조사소위원회 개최를 하고, 사고조사와 관련한 내용을 보고한다.

 사고발생 D-Day+60

1. 현장

1.1 작업중지 명령에 대한 해제신청

고용노동부의 작업중지 명령 기간(작업중지에서 해제까지의 기간은 약 40일 이상 소요되는 것으로 보인다)에 따라 작업중지 해제신청서를 작성하여 제출한다.[5] 산업안전보건법 제55조에 따른 작업중지 해제 절차는 다음과 같다. i) 작업중지 명령을 받은 사업주(이하 '사업주')가 유해·위험 요인 파악 및 개선조치, 사업주가 작업중지 명령 해제신청서를 제출한다. 이때 유해·위험요인에 대한 안전·보건 개선조치 후 해당 작업 근로자 의견을 청취한 내용을 포함한다. ii) 관할 지방고용노동관서는 사업주로부터 접수한 해제신청을 받은 날부터 4일 이내 작업중지해제 심의위원회(이하 '심의위원회')를 개최한다. iii) 근로감독관은 현장 방문 및 작업자 면담 등을 통한 유해·위험요인 개선 여부를 확인한다. iv) 심의위원회 개최를 통해 작업중지 해제 여부가 결정된다. 사업주는 심의위원회에 출석하여 안전·보건 개선 조치가 이루어졌음을 설명한다. 심의위원회는 작업중지 해제 승인 또는 불승인 결정을 내린다. 승인 결정이 있으면 사업주는 작업 재개가 가능하고, 불승인 결정이 있는 경우 사업주는 보완 필요사항 조치 후 재신청해야 한다. 작업중지 명령 해제 이후 1월 이내 근로감독관이 현장의 안전·보건조치 이행 여부를 확인한다. 다음 그림은 작업중지 해제 절차 내용이다.[6]

---

5 산업안전보건법 시행규칙. (2024). 제69조 작업중지의 해제.
6 고용노동부. (2024). 작업중지 해제 절차 설명서.

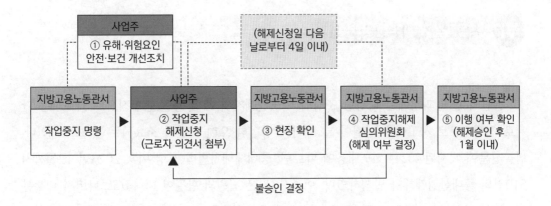

1.2 안전보건개선 계획서 제출

회사나 조직의 경영책임자는 안전보건 관리체제 등 산업재해 예방 및 작업환경의 개선을 위해 안전보건개선계획서를 작성한다. 그리고 60일 이내에 관할 지방 고용노동관서의 장에게 제출한다.

2. 본사

2.1 사조조사팀

사고조사팀장은 사고조사, 사고정보 수집, 사고분석, 개선방안 마련 등 다양한 내용을 사고조사소위원회에 보고한다. 사고조사팀장은 사고조사를 통한 강화 방안이 적시에 이행되고 있는지 확인하고, 사고조사소위원회에 보고한다. 사고조사 소위원회는 사고로 인한 근본 원인을 검토하여 재발을 방지할 수 있는 조치를 시행한다. 설계측면, 인력측면, 시설측면, 자원측면, 역량측면, 문서측면 등 다양한 분야를 검토한다. 이와 관련한 사항은 본 책자 제11장 개선방안 마련 및 결과보고를 참조한다.

법원의 판결 과정에는 다양한 조사와 이해관계자의 책임 등을 종합적으로 검토하는 단계로 진행되므로 사고이후 판결이 날 때까지 상당히 오랜 기간이 소요되는 것으로 보인다. 법률신문에 개제된(2024.9.29) 내용에 따르면, 중대재해처벌법 시행 이후 2023년 12월까지 510건의 중대산업재해가 발생하였다. 이중 13건은 법원의 판결이 내려졌고, 나머지 대부분의 사건들은 아직 노동청·검찰 수사 단계에 있다. 법원에서는 기소된 사건에서 모두 유죄로 판단하였으나, 노동청·검찰 수사 과정에서 이례적인 사고로서 경영책임자에 법 위반 책임을 묻기 어려운 사례 및 경영책임자가 중대재해처벌법상의 안전보건확보의무를 충실히 이행한 사례에서는 중대재해처벌법위반이 아니라는 판단을 하였다. 이러한 사유로 법원의 판결은 상당한 시간을 필요로 한다.

판결 동향을 살펴보면, 13건의 판결이 선고되었고, 실형은 1건 나머지 12건에서는 집행유예가 선고되었다. 그리고 13건의 판결 중 11건에서 중대재해처벌법 시행령 제3호와 제5호 위반이 인정되어 중대재해처벌법상 안전보건 확보의무 위반 사항 중 가장 빈번하게 인정되는 사항으로 확인되었다. 법원의 판결 과정에서 회사나 기업은 관련 법령 준수와 미준수 간의 다양한 상황을 방어하기 위해 별도의 법무법인을 선임하여 진행하는 것이 통상의 예인 것으로 보인다.

다음 표는 산업재해로 3일 이상의 휴업이 필요한 부상을 입거나 질병에 걸린 사람이 발생한 경우의 처리절차이다. 사고의 상황이나, 특성에 따라 다음의 절차는 변경될 수 있음을 감안해야 하지만, 통상적으로 적용할 수 있는 산업재해 처리 절차임을 참조한다.

구분	처리절차(필요서류)
산업재해	산업재해로 3일 이상의 휴업이 필요한 부상을 입거나 질병에 걸린 경우
재해자 후송	지정의료 기관 또는 긴급 의료시설을 갖춘 병원, 보고
사고현장 격리	추가 사고를 방지하기 위한 조치, 증거보존 등
사고보고	회사나 조직이 마련한 비상연락망을 참조하여 사고보고
사고조사	사고조사팀을 구성하여 사고의 원인조사 및 대책수립

산업재해 요양 신청	산업재해 요양 신청서 3부 작성(근로복지공단, 병원 및 사업주 각 1부 보관), 의사소견서 날인, 진술서 작성(본인/목격자 등), 관할 근로복지공단에 제출
휴업급여	휴업급여 청구서 3부, 병원확인, 근로계약서, 급여지급명세서, 갑근세 납부 증명서, 휴업급여는 평균임금의 70% 산정, 근로복지 공단에 제출
장해급여	장해 발생 시 장해급여 청구서 3부, 병원확인, 근로복지 공단에 제출
유족급여/장의비 (사망 시)	사망 시 유족급여 청구서 3부, 사망진단서, 주민등록 등본, 사고현장 사진, 목격자 진술서, 작업일지, 근로계약서, 급여대장, 출근카드, 안전 점검 일지, 사체검안서 8부, 사망진단서 8부, 주민등록 등본, 호적등본 등
산업재해 조사표	사고발생 30일 이전 산업재해조사표를 관할 노동관서에 제출
사고조사 보고	사고조사팀은 사고의 개요, 원인 및 대책을 보고하고 개선

Ⅶ 중대재해 처리 절차

다음 표는 산업재해로 사망사고가 발생한 경우의 처리절차이다. 사고의 상황이나, 특성에 따라 다음의 절차는 변경될 수 있음을 감안해야 하지만, 통상적으로 적용할 수 있는 중대재해 처리 절차임을 참조한다.

구분	처리절차(필요서류)
중대재해	산업재해로 사망자 1인 이상이 발생한 경우
재해자 후송	지정의료 기관 또는 긴급 의료시설을 갖춘 병원, 보고
사고현장 격리	추가 사고를 방지하기 위한 조치, 증거보존 등
사고조사	사고조사팀을 구성하여 사고의 원인조사 및 대책수립
사고보고	• 회사나 조직이 마련한 비상연락망을 참조하여 사고보고 • 고용노동부, 경찰, 근로복지공단 보고 • 유가족에게 사고 사실 알림
현장	재해자 후송, 사고보고, 사고현장 격리, 병원 유가족 지원, 사고조사 지원, 경찰조사 지원, 고용부 조사 지원, 특별감독 준비, 산업재해조사표 제출, 작업중지 해제 신청, 안전보건개선 계획서 제출 등

본사	(1) 사고대응 TF 법무관련 변호사, 인력부서의 장, 홍보부서의 장, 본사 안전보건 부서의 장이 참여하여 사고대응, 고용부 특별감독 준비, 유가족 합의 (2) 사후처리 책임자 사고와 관련이 있는 부서의 장으로 사고대응 TF 구성, 유족과 합의 총괄 등의 업무를 수행한다. (3) 사고조사소위원회 사고대응 TF, 사고조사팀의 보고를 받고 관련 의사 결정 (4) 사고조사팀 사고원인 조사 및 재발방지 대책 수립
고용부	현장조사, 작업중지 명령, 작업중지 해제 신청 접수 및 검토 등
경찰	현장조사, 관계자 면담 등
검찰	산업안전보건법 및 중대재해처벌법 등 관련 법령 위반 사실에 대한 판결
진단서 발급	• 병원 도착 이전 사망 시 사체검안서 8부 • 병원 도착 이후 사망 시 사망진단서 8부 • 경찰서 1부, 노동부 1부, 합의서 공증 1부 및 기타 2부 등
보상금 청구	합의서 1부, 유족보상금 일시 청구서 1부, 장의비 청구서 1부, 보험급여 수령위임장 1부, 사망진단서 또는 사체검안서 2부, 수급권자 호적등본(사망기록) 1부, 수급권자 주민등록등본(사망기록), 장제실행 확인서 1부, 보상금 가지급 영수증 1부, 기준임금 산정내역서 2부, 임금대장 사본(사망 전 3개월) 2부, 근로계약서 사본 2부, 출근카드 사본 2부, 현장사진 2부, 사고개요도 2부, 수급권자 인감증명서 1부, 안전교육 일지 사본 2부 등
보상금 수령	유족보상금 및 장의비 수령
보상 합의	합의서 작성, 합의보상금 산출, 유족대표와 보상금 합의
합의금 지급 (가 합의)	회사나 조직이 유족보상금, 장의비, 잔여 급여 등을 유족에게 지급하고, 이후 근로복지공단으로부터 관련 비용 수령
공증	보상금 수급권자와 합의각서 공증서 발급, 회사대표 위임장 1부(공증용), 대표 인감증명서 및 도자(공증용), 합의서 3부, 보상금 지급 영수증 1부, 법인 인간증명 2부, 위임자 주민등록증 및 도장, 수급권자 인감증명서 및 도장(공증용)
사망신고	주민등록지 사망신고 및 주민등록(제적)발급, 사망진단서 1부
매장/화장 신고서 발급	매장/화장 승인서 발급

매장/화장 시행	유족과 장례 협의, 장례 준비
경비 정산	사체본관료, 사체처치료, 사체관리료, 관대, 수의대, 삼베, 제물대, 염사수수료, 사체 운구대, 기타 경비 지급, 유족 식대, 유족 숙박료 지급 등
산업재해 조사표	사고발생 30일 이전 산업재해조사표를 관할 노동관서에 제출
사고조사 보고	사고조사팀은 사고의 개요, 원인 및 대책을 보고하고 개선

NATIONAL
CERTIFICATION BOARD

THE UNDERSIGNED HAS BEEN EVALUATED AND FOUND TO MEET THE STANDARDS OF
THE NATIONAL CERTIFICATION BOARD. THIS CERTIFICATION HAS BEEN DULY LISTED IN THE
NATIONAL CERTIFICATION REGISTRY OF THE
NATIONAL ASSOCIATION OF FIRE INVESTIGATORS, INTERNATIONAL

Jeongmo Yang
Certified Fire and Explosion Investigator

Number: 21714-12509
Effective: 12/22/2016

THE NATIONAL ASSOCIATION OF FIRE
INVESTIGATORS, INTERNATIONAL IS A NON
PROFIT ORGANIZATION INCORPORATED IN JUNE, 1961.
ITS PRIMARY PURPOSES ARE TO INCREASE THE KNOWLEDGE
AND IMPROVE THE SKILLS OF PERSON ENGAGED IN
THE INVESTIGATION OF FIRES, EXPLOSIONS, ARSON,
SUBROGATION, AND RELATED FIELDS, OR IN THE LITIGATION
WHICH ENSUES FROM SUCH INVESTIGATION.

NATIONAL ASSOCIATION OF
FIRE INVESTIGATORS, INTERNATIONAL
857 TALLEVAST ROAD
SARASOTA, FL 34243

Board of Certified Safety Professionals

ASP®

Upon the recommendation of the Board of Certified Safety Professionals,
by virtue of the authority vested in it, has conferred on

Jeongmo Yang

the credential of

Associate Safety Professional

and has granted the title as evidence of meeting the qualifications and passing the required
examination so long as this credential is not suspended or revoked and is renewed annually and meets
all recertification requirements.

The wallet card is the official documentation of certification.

BOARD PRESIDENT SIGNATURE

BOARD SECRETARY SIGNATURE

December 20, 2019
DATE ISSUED

ASP-31461
CERTIFICATION NUMBER

BOARD OF CERTIFIED SAFETY PROFESSIONALS

국제 안전보건자격 NEBOSH IGC (National Examination Board of Safety and Health, NEBOSH)

nebosh

NEBOSH International General Certificate in Occupational Health and Safety

This is to certify that

Jeong Mo Yang

was awarded this qualification on

03 July 2015

with Distinction

Sir Bill Callaghan
Chair

Teresa Budworth
Chief Executive

Master log certificate No: 00285741/706281
SQA Ref: R368 04

The National Examination
Board in Occupational
Safety and Health
Registered in
England & Wales No. 2698100
A Charitable Company
Charity No. 1010444

찾아보기

T

W

기타

저자 약력

양정모

- 공학박사(안전공학)
- 미국 안전전문가(ASP)
- 미국 화재폭발조사 자격(CFEI)
- 국제 안전보건자격(NEBOSH IGC)
- 산업안전기사(한국산업인력공단)

    1996년 LG그룹에 입사하여 현장 안전보건 관리를 시작으로 안전분야에 입문하였다. 2000년 승강기 분야 글로벌 외국계 투자회사의 본사에서 안전문화 구축, 안전기획, 국내와 해외 사업장을 대상으로 안전보건경영시스템 운영과 중대산업재해 예방 감사 수행, 경영층과 관리자 대상 안전 리더십 교육 그리고 감독자를 대상으로 위험인식 수준 향상 교육을 시행하였다. 2008년 영국 BP의 JV회사 발전소 현장 안전보건 책임자로 근무하면서 선진적인 위험성평가, 사고조사, 행동기반안전관리, 안전작업허가(PTW) 그리고 공정안전보건관리(PSM)를 하였다. 2013년부터 SK 계열회사에서 안전보건경영시스템 구축, 안전기획, 중대재해처벌법 대응, 시스템적 사고조사 방법 적용, 행동기반안전관리 프로그램 운영, 인적오류, 위험인식 개선 등의 업무를 하고 있다.

활동

· 세이프티퍼스트닷뉴스 자문위원(2025~)
· 한국시스템안전학회 이사(2022~)
· 공공기관 안전등급 심사위원(기획재정부, 2021.1~7)
· 인간공학연구회장(서울과학기술대학교, 2021~)

저서

· 새로운 안전문화-이론과 실행사례(2023, 박영사)
· 새로운 안전관리론-이론과 실행사례(2024, 박영사)
· 휴먼 퍼포먼스 개선과 안전 마음챙김(2024, 박영사)
· 사고에서 얻은 교훈-사고조사 이론과 실행사례(2025, 박영사)

논문

- Jeongmo Yang, PhD. (2025), The Application of a Behavior-Based Safety Program at Power Plant Sites: A Pre-Post Study, *International Journal of Clinical Case Reports and Reviews*, 22(1); DOI:10.31579/2690-4861/664.
- Yang, J., & Kwon, Y. (2022). Human factor analysis and classification system for the oil, gas, and process industry. Process Safety Progress.
- Yang, J., & Kwon, Y. (2022). The Application of a Behavior-Based Safety Program at Power Plant Sites: A Pre-Post Study.
- 양정모, & 권영국. (2018). 행동기반안전보건관리 프로그램이 안전행동, 안전 분위기 및 만족도에 미치는 영향. Journal of the Korean Society of Safety, 33(5), 109-119.
- 양정모. (2018). 행동기반안전보건관리 프로그램이 안전행동과 안전분위기 및 만족도에 미치는 영향. 서울과학기술대학교 석사학위 논문
- 양정모. (2022). 산업재해 예방에 긍정적인 영향을 주는 안전풍토 수준 향상에 관한 연구, 행동기반안전보건관리프로그램, HFACS-OGAPI 및 시스템적 사고조사 기법 적용을 중심으로. 서울과학기술대학교 박사학위 논문

사고에서 얻은 교훈: 사고조사 이론과 실행사례

초판발행   2025년 2월 28일

지은이   양정모
펴낸이   안종만 · 안상준

편 집   배근하
기획/마케팅   최동인
표지디자인   BEN STORY
제 작   고철민 · 김원표

펴낸곳   (주) **박영시**
                서울특별시 금천구 가산디지털2로 53, 210호(가산동, 한라시그마밸리)
                등록 1959. 3. 11. 제300-1959-1호(倫)

전 화   02)733-6771
f a x   02)736-4818
e-mail   pys@pybook.co.kr
homepage   www.pybook.co.kr
ISBN   979-11-303-2165-3   93530

정 가   32,000원